农业科学技术理论研究丛书

# 植物病害：经济学、病理学与分子生物学

谢联辉　林奇英　徐学荣　著

科学出版社

北　京

## 内 容 简 介

本书汇集了福建农林大学植物病毒研究所有关植物病害研究的原创性论文，其中包括水稻、甘薯、甘蔗、猕猴桃、龙眼等植物的主要病害及其病理学、分子生物学、经济学、生态学与绿色植保的科研成果。

本书可供从事植物病害病理学、分子生物学、植物保护经济学、植病生态控制的科研工作者、高校师生和农业推广人员参考。

**图书在版编目（CIP）数据**

植物病害：经济学、病理学与分子生物学/谢联辉等著. —北京：科学出版社，2009

（农业科学技术理论研究丛书）

ISBN 978-7-03-024633-2

Ⅰ. 植… Ⅱ. 谢… Ⅲ. 植物病害-文集 Ⅳ. S432-53

中国版本图书馆 CIP 数据核字（2009）第 080322 号

责任编辑：甄文全 /责任校对：张 琪

责任印制：张 伟/封面设计：北极光视界

科 学 出 版 社 出版

北京东黄城根北街 16 号

邮政编码：100717

http://www.sciencep.com

北京凌奇印刷有限责任公司 印刷

科学出版社发行 各地新华书店经销

*

2009 年 6 月第 一 版 开本：A4（880×1230）

2023 年 1 月第七次印刷 印张：16 3/4

字数：475 000

**定价：118.00元**

（如有印装质量问题，我社负责调换）

# 前　　言

福建农林大学植物病毒研究所，其前身为福建农学院植物病毒研究室（1979～1994）、福建农业大学植物病毒研究所（1994～2000），2000年改为现名。

本所成立30年来，先后获得植物病理学科的硕士学位授予点（1984）、博士学位授予点（1990）、博士后科研流动站（1994）、福建省211重点学科（1995）、农业部重点学科（1999）和国家重点学科（2001，2006），获准建设福建省植物病毒学重点实验室（1993）、福建省植物病毒工程研究中心（2003）、教育部生物农药与化学生物学重点实验室（2004）、财政部植物病原学特色专业实验室（2007）和农业部亚热带农业生物灾害与治理重点开放实验室（2008）。

30年来本所以一个中心（培养高层次人才）、三个推动（科技进步、经济发展和社会文明）为宗旨，以“献身、创新、求实、协作”为所训，以“敬业乐群、达士通人”为目标，主要从事以水稻为主的植物病毒和病毒病害的研究，期间随着学科发展和生产实际的需要，拓展了植物病害和天然产物的研究，先后主持和参加这些研究的有谢联辉、林奇英、吴祖建、周仲驹、胡方平、王宗华、欧阳明安、徐学荣和王林萍等教授，参与研究的博士后有蒋继宏等7位（已出站5位）、博士研究生有周仲驹等68位（已毕业51位）、硕士研究生有陈宇航等136位（已毕业94位），发表学术论文440多篇，出版专著、教材6部，为了及时总结、便于查阅，特将论文部分汇成三集出版，即《植物病毒：病理学与分子生物学》（其中2001年上半年以前发表的水稻病毒论文，已于2001年10月由福建科学技术出版社出版）、《植物病害：经济学、病理学与分子生物学》和《天然产物：纯化、性质与功能》。

考虑到全书格式的一致性，将原文中的作者简介和通讯作者予以删除。在编辑出版过程中，本所何敦春、高芳銮、张宁宁、欧阳明安、徐学荣、陈启建、庄军、出泽宏、蔡丽君、胡梅群、周剑雄、祝雯、丁新伦、林白雪、郑璐平、谭庆伟等同志做了大量工作，并得到科学出版社甄文全博士的指导和支持，谨此致以衷心的感谢！

谢联辉

2009年4月16日

# 目　录



## Ⅰ 总　论



## Ⅱ 水稻病害



## Ⅲ 甘薯病害



## Ⅳ 甘蔗病害

## Ⅴ　猕猴桃病害



## Ⅵ　龙眼病害



## Ⅶ　绿色植保



## Ⅷ　农药问题

# Ⅰ 总　　论

这一部分主要是有关植物病害经济学、病理学与分子生物学方面的一些综述性论文，包括研究现状、进展和问题。讨论了植物病害与持续农业、植物病害经济与病害管理、植物病原真菌群体遗传研究、植物病原植原体研究、植物抗病基因研究、植物抗病性研究及若干方法学的应用等。

# 植物病害与持续农业

欧阳迪莎，谢联辉，施祖美，吴祖建

（福建农林大学植物病毒研究所，福建福州　350002）

**摘　要**：持续农业是21世纪农业发展的必然趋势。植物病害是持续农业发展的一大障碍，植物病害在持续农业发展中所造成的危害是多方面的，这些危害严重地制约了持续农业的发展。本文分析了植物病害对持续农业的影响，最后提出几点建议。

**关键词**：植物病害；持续农业；植物病害防治；IPM

# Plant disease and sustainable agriculture

OUYANG Di-sha，XIE Lian-hui，SHI Zu-mei，WU Zu-jian

（Institute of Plant Virology，Fujian Agriculture and Forestry University，Fuzhou　350002）

**Abstract**：Sustainable agriculture is the main development tendency of agriculture on the 21st century. Plant disease is a great obstacle of development in the sustainable agriculture. Plant disease bring about many negative effects on the restrict development of sustainable agriculture. This article analyses the effects of plant disease in sustainable agriculture and brings forward some suggestions. In this paper，the effects of plant disease on sustainable agriculture were analyzed and some suggestions were brought forward at last.

**Key words**：plant disease；sustainable agriculture；plant disease control；IPM

据联合国粮食与农业组织（FAO）估计，谷物生产因病害损失10%，棉花生产因病害损失12%，全世界因有害生物所造成的经济损失高达1200亿美元，相当于中国农业总产值的1/2强，美国的1/3强，日本的2倍，英国的4倍多[1]。1970年美国玉米小斑病流行，损失10亿美元[2]。1990年我国小麦条锈病大流行，减产25亿公斤，1993年我国南方稻区稻瘟病大流行，减产稻谷150亿公斤[3]。可见植物病害是一个世界性的问题，对全球的影响非常重大，是农业生产的一大障碍。本文拟就植物病害与持续农业的关系作一探讨。

## 1　持续农业

持续农业（sustainable agriculture）是可持续发展的衍生概念，是可持续发展观在农业上的具体体现。1985年美国加利福尼亚州议会通过的“可持续农业研究教育法”在世界上首次提出“持续农业”这一新概念[4]。联合国粮食与农业组织（FAO）给持续农业下的定义是：管理保护自然资源基础，并调整技术和机构改革方向，以便确保获得和持续保护土地、水资源、植物和动物遗传资源，而且不会造成环境退化，同时技术上适用，经济上可行，能够被社会接受[4]。

福建农业大学学报（社会科学版），2001，4（增刊）：5-9

农业的持续发展不仅要考虑经济上的可持续性，还要考虑到生态上的可持续性和社会上的可持续性。三者的可持续性是互动的、相辅相成的。经济上的可持续发展是生态和社会可持续发展的基础和保证，同时也为生态和社会的可持续发展提供更多的物质支持。反之，生态和社会的良好状态促进经济的永续发展。简要地说，持续农业可理解为：生态上可恢复，经济上可再生产，社会上可接受，生产系统能够持续健康地发展的农业经营体系和技术体系[5]。持续农业是21世纪农业的主导方向，包括三个目标：粮食安全、消除贫困和保护生态环境以求得农业的持续发展[6]。

## 2 植物病害对持续农业的影响

病害对人类的影响是多方面的，就病毒而言，我们可以通过利用病毒的一些特性来服务人类。例如：病毒可以作为基因工程的有效载体，把基因、药物或其他任何有用物质送入到特定细胞中；可以将病毒外壳蛋白基因导入植株体内，获得能稳定遗传的抗这种病毒的植株；可以利用昆虫病毒来控制害虫；可以利用病毒使花卉（如郁金香）增色，提高观赏价值，使果实（如樱桃）产量增加，提高经济价值等。但是更多的情况是病毒的侵染导致植物的反常生长，造成经济损失，影响生产发展。虽然通过病害的防治可在一定程度上挽回农产品的产量、提高农民的经济收入、促进农业及其相关产业的发展，但是不科学的病害防治不仅会破坏生物的多样性，而且会造成农药残留和环境污染，直接危害人类健康。植物病害所致的产量损失及植病防治的这些不利影响都是制约农业可持续发展的重要因素。因此，植物病害是农业生产中的绊脚石，是持续农业的一大障碍，科学、合理的植物病害防治在持续农业中占据重要的地位，起着举足轻重的作用。

### 2.1 对粮食安全的影响

农业是国民经济的基础，农业的稳定和发展为粮食安全奠定了物质基础。大量事实表明，植物病害对粮食安全构成重大的威胁。历史上因为植物病害的暴发而造成的悲剧令人震惊，水稻矮缩病于19世纪末在日本一些地区流行，曾因此饿死1万余人[7]；1845年由于马铃薯晚疫病大流行造成了震惊世界的爱尔兰大饥荒[8]；孟加拉1942年大面积的水稻遭受胡麻斑病的侵害而失收，到1943年有200万人被饿死[9]；由于谷物霉病的发生使亚洲和非洲每年的经济损失超过1.3亿美元[10]。1991年、1992年和1996年水稻矮缩病在福建永泰、闽侯、松溪、柘荣等县大面积流行，病株发病率一般5%～30%，重者80%以上，减产10%～50%，有些田块甚至颗粒无收。据初步估计，福建省因该病每年损失粮食达200多万kg。植物病害对粮食安全有着直接和间接的影响，直接影响为：植物病害的发生导致粮食产量的减少和质量的降低。植物病害间接影响了品种布局、耕作制度、农业发展政策和农业管理体制，甚至影响一个国家乃至世界的稳定发展。中国是粮食生产大国和消费大国，人口基数庞大，人口增长速度快，粮食需求弹性和供给弹性都较小，中国粮食生产量和贸易量的波动都直接影响世界粮食的产量和贸易量。中国的粮食安全问题如果没有处理好的话，将会影响到本国乃至全世界的稳定和发展。在人口不断增长，粮食问题依旧存在的大背景下，农业灾害问题还是客观存在的。农业灾害是削弱粮食生产量的重要因素之一，植物病害是农业灾害的重要组成部分，植物病害所造成的损失不可低估。

### 2.2 对生态环境的影响

化学防治在植物病害防治中还占相当的比重，化学农药的使用在一定程度上提高了农作物的产量，促进了农业的发展，为人类的生存做出了重大的贡献，但是由于对其不科学、不合理的使用，化学农药产生的危害对土壤、对空气、对生态环境都能产生极坏的影响。农药对环境的污染分为生产性污染和非生产性污染，生产性污染主要指农药在生产过程中所产生的污染；非生产性污染包括生产厂家的三废排放、运输过程中农药的泄漏和农业生产过程中的不科学使用所造成的污染。农药对环境的影响表现为：农药的过量使用既导致土壤的污染，也导致大气的污染。据粗略估计，我国目前约有86.7万～106.7万公顷的农田土壤受到农药的污染[11]。农药使用不当还造成各种水质的严重恶化，黄玉瑶等（1996）发现单甲脒对各水生生物群落产生不同程度的影响，浮游生物比较敏感，用药后头几天，种类数量及生物多样性下降，浓度越大，影响越明显[12]。

### 2.3 对人类健康的影响

过量使用化学农药不仅会出现污染环境的问

题，还会出现农作物、畜禽产品和水产品的农药残留等问题。人体对农药的吸收主要是通过食物、呼吸和接触三种途径，通过食物进入人体的这种危险性最大。食物的农药残留量越高，对人体健康的危害越大。农药对人体的危害有慢性危害和急性危害两种，慢性危害主要影响人体生理的变化，全美资源保护委员会和儿童科学院调查指出：自 1950 年以来，儿童癌症患者增加 908%，成年人肾癌上升 109.4%，皮肤癌上升 321%，淋巴癌上升 158.6%，据认为与化学农药的使用有一定的关系[13]。急性危害主要表现为人体的农药中毒，近十年来，我国平均每年发生中毒事故约 10 万人，死亡 1 万多人[14]。据估计，全世界每年有 100 万人农药中毒，2 万人死亡[15]。

### 2.4　对消除贫困的影响

目前，全球约有 13 亿人生活在绝对贫困之中，非洲粮食产量低于人口增长速度，人均占有粮食呈下降趋势，是世界粮食危机的焦点[16]。目前我国 80%以上的贫困人口分布在经济落后的西部地区[16]。西部地区是我国农业灾害最为严重的地方，其中植物病害尤为严重。新中国成立后的 50 年间，西部地区平均每年受灾面积达 600 多万公顷。约占西部耕地总面积的 1/5[17]。植物病害的发生导致贫困人口的增加和生态环境的恶化。贫困和环境是密切相关的，贫困会逼使人们去开发仅有的资源，不去考虑子孙后代的需要，这种短期行为会加剧环境的恶化；反之，生态环境的恶化加剧贫困的发生。因为生态环境的恶化植物病害发生更加频繁，严重的植物病害导致农产品产量的减少、质量的降低、价格的降低和农民收入的减少，由于食物的短缺和消费者收入的减少，食物的供不应求会增加人们食用有污染产品的机会，从而导致健康危机。食物的短缺、收入的减少和健康危机三者之间的恶性循环又会加剧人类的贫困。福建省德化县原是马铃薯病害比较严重的地方，由于通过调运薯种，降低了病害的危害程度，带动了马铃薯种植业的发展，促进了经济的进步，为当地人民摆脱贫困做出了较大的贡献。同样是马铃薯病害比较严重的福建省寿宁县，发生病害后仍然只用当地的薯种来种植马铃薯，马铃薯严重的病害问题仍然不能解决，其薯块小，品质差，寿宁县马铃薯的产量和销售量远远没有德化县高，经济效益比较低下，当地人民脱贫的能力也较弱。

## 3　几点思考

大量事实表明，植物病害对持续农业的影响是重大的，是不容忽视的。我国早在 1975 年农林部召开的全国植物保护工作会议上就已经确定了“预防为主，综合防治”的植保工作方针，在有实施有害生物综合防治实验地也明显取得了一定的经济、生态和社会效益，但是在近几年的植物病害防治过程中，仍然存在不少的问题，针对这些问题提出以下几点对策。

### 3.1　大力推行 IPM，普及综合防治技术，设立农民田间学校

用持续农业的思想来指导植物病害防治是实现农业可持续发展目标的必然要求和重要途径。1959 年 Stern 等首次提出“有害生物综合防治”，简称 IPM（intergrated pest management）[18]。IPM 和持续农业的思想是相符合的，它是农业生产中不可缺少的一部分，是持续植保的重要保证，是发展持续农业的坚强支柱。在 1992 年的联合国环境发展大会上，来自世界 140 个国家首脑一致认为农业要走持续发展的道路，并将此决策写入 21 世纪宣言中，在宣言第 21 章的第 14 节中明确指出：IPM 有利于农业持续发展[11]。

到目前为止，IPM 仍是国际上被普遍接受并采用的策略。但是在我国农民对植物病害防治想得更多的是化学防治，对农业防治技术、物理防治技术、生物防治技术和其他防治技术尚缺乏全面的认识。因此，在大力推行 IPM 策略的同时要对 IPM 事业给予政策上的支持，保证 IPM 工作的稳定发展。普及综合防治技术是推行 IPM 策略的重要工作。设立农民田间学校（farmer field school）是普及综合防治技术的一种有效的手段，农民田间学校又简称为 FFS，是国际上推行 IPM 中培训农民的一种方法，FFS 通过对农民的培训，已经成为提高农民综合素质的一种有效方法。根据亚洲开发银行项目在我国山东省汶上试点的试验，培养一部分的农民教师到田间对农民进行实际培训，培训的内容包括防治技巧和识别植物病虫害和天敌种类等。经调查，受训农民基本不用化学农药防治棉花苗蚜，田间土地得到较好的保护，受训农民对农药的使用量比非受训农民减少 40%～88%[19]。我国在实施 IPM 策略的示范区中能够做到有效地控制植物病害，减少环境污染，降低防治成本，减少农作

物产量的损失，取得明显的经济、生态和社会效益。1989年以来，农业部全国植保总站组织9省14县开展水稻病虫综合防治，在水稻综合防治区田间农药用量下降了30%的情况下，增产稻谷5%～10%，每季稻每公顷增收1125元[20]。美国率先推行了IPM，并获得了成功。在作物产量和面积稳定的前提下，农药使用量减少40%以上，环境污染状况明显减轻，取得了良好的生态和经济效益[21]。

### 3.2 提高自然控制病害的能力，加强生态防治

1971年水稻稻瘟病大流行，在福建省三明地区损失严重，而在一个110多公顷的不施或很少施用农药的大队，对稻瘟病的防治主要采用栽培免疫，在这种情况下，整个大队被摘去历史上的“稻瘟病窝”帽子，获得了空前的高产[22]，可见自然控制病害的能力是不容轻视的，它对植物病害的防治效果并不亚于化学防治，甚至超过化学防治效果，因为生态防治兼顾了经济、生态和社会三者的效益，化学防治的最终效果虽然是稳住了农作物的产量，但是它没法保证农产品的品质和生态环境的良性循环，虽然化学农药试用的对象是有害生物，但是它作用于整个农田生态系统，生态系统势必受其影响不能良性地循环发展。病虫害的流行成灾，绝大多数都是人为引起的，是种植制度、品种布局、耕作倒茬或栽培管理等方面不周或植保措施未臻完善的结果[5]。可见农作物的合理布局、耕作制度的合理调整、抗性品种的充分利用和以水、肥调控为中心的栽培管理等措施都是防治植物病害的有效手段。结合这些防治措施可以达到非农药化学防治病害的效果，还可以降低植物病害防治成本，为整个农田生态系统创造良好的环境条件，促进生态环境的良性循环。自然控制病害的能力在植物病害防治中起的作用是不容置疑的，在未来的植物病害防治过程中应该不断地提高自然控制病害的能力，充分利用自然控制病害的作用，朝着持续农业的目标前进。

### 3.3 开发研制无公害农药，加强对农药的合理使用和农药生产、销售、使用的宏观管理，提高农药使用技术

化学农药的使用是造成环境污染、人体健康危害等问题的根源，要解决这些问题首先是要找出化学农药的替代物。无公害农药自身的种种优点，使得人们对它的使用避免了化学防治造成的不良影响。无公害农药在植物保护中扮演着重要的角色，它主要包括矿物质农药、动物源农药、微生物农药、植物性农药和化学合成的无公害农药。大力开发研制无公害农药，主要是以植物性农药和微生物农药为主要对象。对无公害农药的使用除了对生态环境的良性循环、生物多样性的保护和人体的健康安全做出贡献以外，还可以对国家的出口创汇做出重大的贡献；其次要加强对农药的合理使用和农药生产、销售、使用的宏观管理，依法禁止生产和使用毒性大、残留期长、有三害作用（致癌、致畸、致突变）的农药品种。目前人们对植物病害的防治在一定程度上还是依赖化学农药，未能直接过渡到全部使用无公害农药，而环境对农业行为具有一定的承受能力。我们对化学农药的使用只要控制在环境允许水平之下，就不会对整个生态系统造成破坏，也可大大减少农药残留问题。与此同时，我们还应注意农药使用技术的提高，中国是世界农药消费大国，年使用量约21万吨（以有效含量100%计），但农药的有效利用率仅在20%～30%[15]，与发达国家相比差距较大，今后务必加强这方面的指导工作。

### 3.4 增加农业投入，加强高新技术在综合防治中的应用

由于我国农业科技投入不足，农业科技对农业增长的贡献率低，农业产业水平低，产业结构不合理，粮食技术水平大大落后于世界先进国家水平。加入WTO以后，面对国外高质低价的粮食的冲击，我国粮食面临着前所未有的挑战。走农业集约化的道路是解决我国粮食安全的途径。农业集约化要求我们不断地增加对农业的资金、劳动和技术的投入，尤其是技术的投入，保证粮食的高效、高产和优质生产，保护和改善生态环境，推动持续农业的发展。

目前，高新技术在综合防治中的应用主要体现在以下几个方面，一是依托生物技术手段，利用遗传工程技术将抗性基因导入作物体内，使作物获得抗性，近10年来，抗病害作物品种已经进入了实际应用阶段[23]；利用脱毒技术进行作物抗病毒应用和利用细胞工程进行抗病育种。二是依托微电脑和卫星、航空遥感技术，利用地理统计学、地理信息系统、全球定位系统、有害生物危险性评估系

统、昆虫雷达检测网络等现代信息技术，建立全国性的灾变预警系统，加强农业地理信息系统和全球定位系统在灾变性病虫害灾变过程中的应用[6,24]。三是依托现代物理学和现代化学，建立新的IPM目标体系，即以特定生态区为对象的多作物主要病虫害综合防治体系。利用示踪元素，检测害虫动态或真菌、细菌的侵染过程；利用仿生药物，提高生物制剂的效用[2,25]。

## 参考文献


[1] 戈峰，李典谟. 可持续农业中的害虫规律问题. 昆虫知识，1997，34(1)：39-44

[2] 郭予元. 我国IPM研究进展回顾及对21世纪初发展目标的设想. 植物保护，1998，1：35-38

[3] 叶正襄. 可持续农业与植物保护. 见：中国农业可持续发展研究. 北京：中国农业科学技术出版社，1997，77-79

[4] 陈永宁."持续农业"与植物保护. 广西植保，1995,2：24-26

[5] 曾士迈. 持续农业和植物病理学. 植物病理学报，1995，25(3)：193-196

[6] 陈捷，张春财. 论世界持续农业(SA)与有害生物综合治理(IPM). 沈阳农业大学学报，1999，30(3)：183-188

[7] 梁训生，谢联辉. 植物病毒学. 北京：中国农业出版社，1996

[8] 屠豫钦. 农药和化学防治的"三E"问题——效力、效率和环境. 农药译丛，1998，20(3)：1-5

[9] 许志刚. 普通植物病理学. 北京：中国农业出版社，1997

[10] Chandrashekar A，Bandyopadhyay R，Hall AJ，et al. Technical and institutional options for sorghum grain mold management-proceedings-of-an-international-consultation，-ICRISAT，-Patancheru，-india，-18-19-May-2000：295

[11] 林玉锁，龚瑞忠，朱忠林. 农药与生态环境保护. 北京：化学工业出版社，2001

[12] 王小艺，黄炳球. 农药对农业生态系统的影响与生态学控制对策. 农业环境保护，1997，16(6)：279-282

[13] Pimental D，Acquay H，Biltoncn M，et al. Environmeutal and economic costs of Pesticide use. BioScience，1992，42(10)：750-776

[14] 蔡逆基. 农药环境毒理研究. 北京：中国环境科学出版社，1999

[15] 徐伟钧. 植物保护面临的问题及思考. 见：中国农学会. 中国农业可持续发展研究. 北京：中国农业科学技术出版社，1997，309-311

[16] 傅泽强，蔡运龙. 世界粮食安全态势及中国对策. 中国人口、资源与环境，2001，11(3)：45-49

[17] 赵曦. 中国西部贫困地区可持续发展研究. 中国人口、资源与环境，2001，11(1)：82-86

[18] Stern VM，Smith RF，van den Bosch R，et al. The Integrated Control Concept. Hilgardia，1959，29：81-101

[19] 李明力，华崇钊，段培奎等. 山东省农业有害生物发生趋势预测及IPM对策. 山东农业科学，1997，3：28-31

[20] 朴永范. 农作物病虫害防治现状及对策. 农业科技通讯，1997，1：32-33

[21] 张军. 植物性农药"东山再起"的背景分析. 见：中国农业可持续发展研究. 北京：中国农业科学技术出版社，1997，312-314

[22] 谢联辉. 水稻病毒：病理学与分子生物学. 福州：福建科学技术出版社，2001

[23] 郑永权，姚建仁，邵向东. 21世纪农药展望. 植物保护，1998，24(4)：39-40

[24] 程登发. 我国植保信息技术的发展与展望. 植物保护，1998，2：33-36

[25] 张家兴，王冬兰. 可持续农业中21世纪初的IPM. 植物保护，1998，6：38-40

# 植物病害与粮食安全*

欧阳迪莎[1]，施祖美[2]，吴祖建[1]，林卿[3]，徐学荣[3]，谢联辉[1]

(1 福建农林大学植物病毒研究所，福建福州　350002；2 福建省教育厅，福建福州　350001；
3 福建农林大学经济管理学院，福建福州　350002)

**摘　要：** 21 世纪的中国粮食安全问题应当引起人类充分重视，近年来我国粮食增产速度呈下降趋势，其中植物病害是粮食产出能力下降的原因之一。本文从植物病害与粮食安全的相互关系出发，从植物保护和经济双重角度考虑确保粮食安全的对策。

**关键词：** 植物病害；粮食安全

中国是人口大国，经济发展在区域上具有不平衡性，人们对粮食的需求差异很大，既要能满足量上的供应，又要有质的保证，我国农业生产承担着前所未有的巨大压力。21 世纪的粮食安全问题直接影响我国乃至全世界的稳定和发展，备受世人瞩目。作者认为对粮食安全的理解应该从量和质上综合考虑。目前我国对粮食安全的研究大都集中在粮食安全的供需预测、资源供给、技术储备、结构调整等几个方面，而植物病害对粮食安全的影响还未得到人们应有的重视，本文拟就植物病害与粮食安全的相互关系做一探讨。本文的“粮食”是针对广义的粮食，即食物。

## 1　植物病害与粮食安全

### 1.1　植物病害对粮食安全的影响

#### 1.1.1　对农产品产量的影响

据联合国粮农组织（FAO）估计，谷物生产因病害损失 10%，棉花生产因病害损失 12%，全世界因有害生物所造成的经济损失高达 1200 亿美元，相当于中国农业总产值的 1/2 强，美国的 1/3 强，日本的 2 倍，英国的 4 倍多[1]。1845 年由于马铃薯晚疫病大流行造成了震惊世界的爱尔兰大饥荒。孟加拉 1942 年大面积的水稻遭受胡麻斑病的侵害而失收，到 1943 年有 200 万人被饿死[2]。水稻矮缩病于 19 世纪末在日本一些地区流行，曾因此饿死 1 万余人[3]。1990 年我国小麦条锈病大流行，减产 25 亿公斤；1993 年我国南方稻区稻瘟病大流行，减产稻谷 150 亿公斤[4]。

#### 1.1.2　对农产品质量的影响

植物病害不仅降低农产品的产量，而且影响农产品的质量，主要表现在农产品的品质、外观和保质期在一定程度上变差、变坏或变短。例如，马铃薯病毒病会导致马铃薯的薯块变小；甘薯受细菌性枯萎病为害后，薯块容易变成褐色、易腐烂，具有苦臭味，且不易煮烂；龙眼鬼帚病致使龙眼花而不实，即使偶尔结实也是果小无味；荔枝霜霉病可引起大量落果和烂果，使荔枝果肉烂成浆状，并且具有强烈的酒味和酸味，有黄褐色的液体流出，大大缩短荔枝保质期，严重影响荔枝的储存和销售。除此之外，植物病害防治中农药的不合理使用也会直接降低农产品的质量。

#### 1.1.3　对农民经济收入和其他相关产业的影响

目前种植农作物仍然是我国农民获得收入的主要途径之一，植物病害大流行导致农作物产量的大量减少和质量的大幅度降低，使农户蒙受巨大的经济损失。首先，收入的减少将直接降低农民购买所需食物的经济能力；再者，农民收入的减少直接影响农民和地方政府对农业的再投入，尤其是对资金和科技的投入，致使农作物产量的提高受到限制，

农业环境与发展，2003，20（6）：24-26

收稿日期：2003-09-05　修改稿日期：2003-10-15

* 基金项目：福建省科技项目“农业可持续发展中的植保技术开发与效益分析”（2001Z129）

不利于农业及其相关产业的长远和持续发展，植物病害防治的有效性也不能得到充分的体现；第三，植物病害会影响其他相关产业的发展，特别是农产品加工业。如1880年，法国波尔多地区葡萄种植业因遭受霜霉病的危害而导致酿酒业濒临破产停业[2]。

#### 1.1.4　对人畜健康的影响

我国是世界农药使用大国，每年平均发生病虫害1.80亿～1.87亿公顷次，施用农药的防治面积为1.53亿公顷次左右。据有关资料统计，1980年我国农业环境受农药污染面积达0.13亿公顷左右，每年遭受的经济损失十分惊人。仅粮食一项，受农药和“三废”污染的粮食达828亿公斤，年经济损失（以粮食折算）达230亿～260亿元之巨[5]。2000年5月份农业部农药检定所组织北京、上海、重庆、山东和浙江5省市的农药检定所，对50个蔬菜品种、1293个样品的农药残留进行抽样检测，农药残留量超标率达30%，残留浓度高者为允许残留量的几倍甚至几十倍[6]。全美资源保护委员会和儿童科学院调查指出：自1950年以来，儿童癌症患者增加908%，成年人肾癌上升109.4%，皮肤癌上升321%，淋巴癌上升158.6%，据认为与化学农药的使用有一定的关系[7]。

### 1.2　粮食安全有利于植物病害防治

#### 1.2.1　粮食安全为植物病害防治提供更多的物质支持、技术手段和人力资源

粮食安全意味着农民经济收入的提高，能为植物病害的防治提供更多的物质支持，有利于农民和政府加大对农业资金、技术的再投入；有利于农业从粗放经营走向集约经营；有利于保护农业生态系统；有利于减少对资源的压力，不断满足人们日益增长的物质需求；有利于农民对自身进行再教育，从而提高劳动生产率；有利于引进国外先进技术、设备和专业人才，不断完善农业人力资源管理。美国作为一个高投入、高产出、高收益的国家，据统计，2001年农业整体上继续稳步发展，农场总收入2486亿美元，比2000年增长2.9%，实现了从1999年以来农场总收入连续3年的增长[8]。迄今为止，美国应用病虫害综合防治面积占整个作物面积90%以上，病虫害防治成本比原来下降30%左右[9]。

#### 1.2.2　粮食安全对植物病害防治提出了更高的要求

粮食安全从一定程度上表明一个国家的社会安定团结、经济稳定发展和生活水平不断提高，在这种条件下国民对粮食数量和品质的要求也会越来越高。发达国家从粮食安全质的方面，对植病防治提出了更高的要求，发展中国家则主要从量的方面对确保粮食安全的植病防治提出要求。在供过于求与供不应求的条件下，人们对粮食安全提出相应的植物病害防治要求。据联合国粮农组织统计，在高收入国家，人均收入增加1%，食物消费增加1%～2%；而在低收入国家，人均收入每增长1%，食物消费增长7%～8%[10]。这也说明发展中国家和发达国家相比，增加一样的人均收入，发展中国家食物消费的增长是发达国家的7～8倍。世界上粮食人均自给量最高的为加拿大（1825公斤/年），最低的为刚果（5公斤/年），两者相差了1820公斤/年；在发达国家，平均粮食年人均自给量为800公斤，而在贫困国家则不足200公斤[11]。由于经济相对落后，科学技术水平较低，发展中国家面临着巨大的压力，如何确保粮食安全已成为发展中国家的首要任务，因此，如何进一步提高植物病害防治水平，如何不断完善和改进植病防治技术，以满足发展中国家国民对食物消费的需求，植物病害防治任务任重而道远。

## 2　对策

### 2.1　加快农业在生物领域中的研究，增加农业科技投资，加强作物抗病育种研究

通过增强农业科技投资、加强作物抗病育种研究来提高作物品种的广泛适应性、稳定性和高产性，是防治植物病害保障粮食安全的关键：生物技术在农业生产中起着越来越重要的作用，细胞工程技术为优良品种的大量快速繁殖生产提供了良好条件，新兴的生物技术则为农作物的抗病、抗虫、抗旱、抗寒、抗逆、抗除草剂及品种改良等方面提供了广阔的应用前景。这有利于减少农药使用量，降低植物病害防治成本，减少农业环境污染。目前，我国农业科技投入太低，在农业科研投入中政府的财政拨款出现下降的趋势，科技贡献率只有30%～40%，与美国、加拿大等发达国家相比要低得多。因此，我国政府必须加强农业高新技术投入，加快

农业发展步伐，确保粮食安全。

## 2.2 因地制宜调整农业产业结构，利用区域生态优势降低植病防治成本

目前我国存在粮食品种结构、品质结构和地区结构矛盾，一些地区不顾自然环境条件，盲目要求粮食生产与第二产业相配套，违反自然条件来进行农业生产。由于耕作制度和栽培方式的变化、品种的更新等多因素的影响以及在生产过程中农民的农业技术不成熟、病虫害防治技术水平低等种种原因，导致病虫害种类发生变化和防治面积的逐年增加，粮食的区域优势无法充分发挥，降低了自然生态效益，削弱了地区优势，减少了农产品产量，降低了农业的比较优势，增加了病害防治成本和农业风险，加剧了农业生态环境污染。因此，应该合理调整农业产业结构，充分发挥区域优势和比较优势，合理地利用当地的资源优势，促进资源的高效利用，使农业风险降低到最小。作为福建沿海地区的典型代表，泉州湾星火技术产业带的区域生态优势在于生产出口果蔬和有机茶叶等，而对于南平市闽北星火技术产业带，它的区域生态优势是发展优质稻、竹业、水果、食用菌等产业，为了充分发挥这两个不同地区的生态优势，将植物病害防治成本降低到最小程度，最佳的选择是从实际出发，合理调整产业结构，体现区域特色。

## 2.3 采用有害生物综合防治策略，推进农业可持续发展

经济模型预测者和生态悲观主义者同时又在以下观点上达到一致：要确保粮食安全，还必须考虑不会使环境退化的农作制度[12]。如果环境没有受到不良影响，那么将不会对未来的粮食生产构成危害；如果环境受到不良影响，那么将对未来粮食生产产生不利影响，阻碍农业可持续发展。“有害生物综合防治”是推进持续农业的一大防治策略，它能够有效地减少在植物病害防治过程中农药、化肥的使用对环境的影响。有关资料表明采用有害生物防治策略大大减少对农药的使用量，减少农产品农药残留量，一方面可以充分保证农产品的产量，确保粮食量上提供的足够和稳定，大大降低植物病害防治成本；另一方面有利于提高农产品质量，增加农产品在国际国内市场上的竞争力，确保粮食质的安全；再者有利于保护农业生态环境和农业的可持续发展，有利于经济、社会和生态效益三者的同步提高。

## 2.4 改革土地制度，营造一个良好的政策环境

在确保粮食安全时，合适的农业政策环境起着重要的作用。目前农民土地经营规模小，经营地块既零碎又分散，不具备集聚效应。根据典型调查，当前我国每个农户所经营的8.5亩（1亩=1/15公顷）耕地，被零散地分割在六七块土地上[12]，不能形成规模效应。虽然农民对土地的承包期已经延长至30年，但是土地承包过程中仍存在不少问题，这无疑会刺激农户选择短期的防治行为，致使农产品的质量无法得到保证，土壤受农药的侵害越来越严重，不利于土壤的可持续利用和农业的可持续发展。因此要大力改革土地制度，加快土地使用权流转。加快土地使用权流转基于以下几个方面考虑：首先，土地使用权流转打破一家一户几亩地的经营，有利于规模效益的实现和产业化的发展，有利于农户降低防治成本，有利于用可持续的方法和措施来进行有害生物综合防治，以确保粮食在量和质上的安全。其次，土地流转可以促进土地资源的优化配置，土地的这种有偿转让使得土地向有经验、已掌握良好的植物病害防治技术的经营者集中，让土地资源和技术资源得到充分的结合，有利于提高土地的产出效益、劳动生产率和粮食商品率，使资源优势发挥到最大化。根据笔者到福建省惠安县走马埭现代农业示范区的调查，当地引入中绿公司承租土地使用权，并提供劳务的“公司+农户+基地”经营模式，建成116.67公顷，年出口创汇近2000万元人民币的外向蔬菜基地。基地年公顷产值由1.9万元提高到20.25万元，最高达75万元，增加10～40倍；粮食单产由6750kg/hm$^2$提高到7800 kg/hm$^2$，增产15.6%；片区农民通过出租耕地和参与基地生产年收入7000多万元，增收6倍多，取得了较好的经济效益和社会效益。

### 参考文献

[1] 戈峰，李典谟. 可持续农业中的害虫规律问题. 昆虫知识，1997,34(1):39-44
[2] 许志刚. 普通植物病理学. 北京:中国农业出版社,1997
[3] 梁训生,谢联辉. 植物病毒学. 北京:中国农业出版社,1996
[4] 叶正襄. 可持续农业与植物保护. 见:中国农学会. 中国农业可持续发展研究. 北京:中国农业科学技术出版社,1997,77-79
[5] 林玉锁,龚瑞忠,朱忠林. 农药与生态环境保护. 北京: 化学工业出版社,2001

[6] 张荣全,李彦. 我国蔬菜中农药残留污染的现状、原因及对策. 蔬菜,2001,6:4-5

[7] Pimental D, Acquay H, Biltoncn M, et al. BioScience,1992,42(10):750-776

[8] 世界经济年鉴编辑委员会. 世界经济年鉴,2002/2003

[9] 全国农技推广服务中心外经处. 美国病虫害综合防治(IPM)概况介绍. 植保技术与推广,1999,19(5):38-39

[10] 傅泽强,蔡运龙. 世界食物安全态势及中国对策. 中国人口、资源与环境,2001,11(3):45-49

[11] 沈寅初,张一宾. 生物农药. 北京:化学工业出版社,2000,2-101

[12] 朱杰,聂振邦,马晓河. 21世纪中国粮食问题. 北京:中国计划出版社,1999,2-24

# 植物病害管理中的政府行为

欧阳迪莎[1]，何敦春[1]，杨小山[1]，林　卿[2]，谢联辉[1]

（1 福建农林大学植物病毒研究所，福建福州　350002；2 福建师范大学经济管理学院，福建福州　350002）

**摘　要**：政府作为特殊主体，在植物病害管理（plant disease management，PDM）中具有不可替代性。当前植物病害管理面临诸多困境，如何通过优化政府行为来提高植物病害管理水平，是一个非常值得深入探讨的课题。本文在剖析研究植物病害管理政府行为的必要性的基础上，通过比较中美政府在植物病害管理行为模式上的差异，从中挖掘并借鉴美国先进经验，结合我国国情提出优化植物病害管理政府行为的若干建议。

**关键词**：植物病害；管理；PDM；政府行为

**中图分类号**：S4　**文献标识码**：A　**文章编号**：1008-0864（2005）03-0038-04

# Government's behavior in plant disease management

OUYANG Di-sha[1]，HE Dun-chun[1]，YANG Xiao-shan[1]，LIN Qing[2]，XIE Lian-hui[1]

（1 Institute of Plant Virology，Fujian Agriculture and Forestry University，Fuzhou　350002；
2 College of Economics and Management，Fujian Normal University，Fuzhou　350002）

**Abstract**：Government，as the special principal part，has a irreplaceable status on plant disease management（PDM）. Currently there are many puzzledoms during plant disease management，whereas how to optimize government's behavior for improvement PDM level is worth studying thoroughly. On the basis of the analysis on the necessity for government's behavior of PDM，the government's differences on the administration behavior mode of PDM between China and USA are compared. By referring to the advanced experience of USA，several suggestions of optimizing government's behavior in PDM are proposed combining with Chinese circumstance.

**Key words**：plant disease；management；PDM；government's behavior

植物病害的流行受到寄主植物群体、病原物群体、环境条件和人类活动诸方面多种因素的影响[1]。随着现代农业技术的日新月异，人类对植物病害的干预日趋频繁，尤其是不合理的人为干预，造成严重的生态破坏和环境污染，也带来了一系列的社会经济问题。研究植物病害系统中的人为因素，特别是植物病害管理中行为主体的研究日显重要。作为植物病害管理行为主体之一的政府，其行为具有不可替代性和重要性，会直接影响植物病害管理效果、农业资源利用效率和农业可持续发展进程。

中国农业科技导报，2005，7（3）：38-41

收稿日期：2004-11-11　修回日期：2005-03-10

# 1　研究植物病害管理中政府行为的必要性

## 1.1　由市场缺陷或市场不经济提出的

资源配置是社会经济发展中最基本的问题，在市场经济条件下，市场机制对资源配置起基础性作用。市场不仅是商品交换和商品价值实现的场所，也是实现社会资源配置的场所。在植物病害管理中，同样要遵循市场经济原则，根据市场来配置资源以提高效率，也同样存在着市场缺陷，即市场经济本身难以避免和克服的经济现象，如市场不能使各种农业资源配置达到最优、不能使农户的短期利益与国家的长期利益相协调、不能使农户利益与社会其他群体利益相协调、不能解决农户与消费者之间的矛盾。而且，农户的植物病害管理经济活动具有外部效应，单纯的市场调节无法提供满足社会需要的公共物品，导致市场失灵。因此，依靠市场之外的力量进行纠偏显得不可或缺，尤其是必不可少的政府宏观调控行为。

## 1.2　由其自身的要求提出的

政府为了克服市场缺陷而采取的政府行为，并没有排除也不可能排除政府行为本身的失灵或缺陷[2]。也就是说，政府行为这只“看得见的手”，虽然可以弥补市场的不足，但也有其局限性，其本身也存在缺乏效率和不公平问题。在植物病害管理中，虽然政府提供了有利于植物病害管理顺利进行的政策、技术、法律法规和服务，但是这一系列的政府行为本身仍然存在一定的缺陷，需要更完善的、更高层次的政府行为来克服植物病害管理的外部性，解决因外部性引起的资源配置的非帕累托最优问题，深入研究政府行为也因此具有深刻的意义。

## 1.3　由政府行为本身特性提出的

植物病害管理中的政府行为具有公益性、服务性、强制性和不可替代性，这些特性决定了政府有不可推卸的责任：为植物病害管理提供保障。首先，一些重大的植物病害应急防治、植物检疫、农民培训活动必须得到政府支持和帮助，否则是无法完成的。其次，从以往的经验可知，植物病害管理离不开农业政策的指导、农业技术的提供和推广、农资用品的保障以及必要的农业基础设施。而这些农业政策、农业技术创新体系、农业推广体系、农资供应体系和社会化服务体系往往是农户所无法做到的，必须依靠政府行为。再者，植物病害管理工作不仅涉及农业部门，还涉及立法、财政、金融、工商、税收、供销等部门，因此植物病害管理需要各部门的密切配合，这必须依靠政府的强制行为，通过各种手段来统筹管理。

# 2　中美植物病害管理的政府行为模式比较和启示

## 2.1　中美政府行为在IPM推广体系层面的差异

目前有害生物综合防治（IPM）是植物病害管理的主要策略，也是研究中美植物病害管理的政府行为差异的主要内容。美国IPM推广体系是以州立大学为依托和基础的推广体系，由联邦农业推广局、州农业推广站和县推广站三个层次组成，其中州一级农业推广站设在州立大学内，是全国推广体系的核心，既负责农业教育和科研，又负责全州的农业推广工作，集农业教育、科研、推广为一体。美国IPM推广队伍不仅有量上的保证，更难得的是整个队伍的业务素质较高。其中州一级有推广专家4000多名，全部是具有博士学位的教授，县级推广人员12 000多人，其中25％具博士学位，硕士学位占绝大多数[3]。

我国的IPM推广体系以政府（农业部）为基础，由国家、省、市、县、乡五级推广部门组成，其特征是科研、教育、推广各成一体，加上推广队伍数量不足和人员素质偏低，造成推广效率低下。至今我国有31.3％的县仍未建立农业技术推广中心，18％的乡镇仍未建立农业技术推广站，34％的村仍无农技服务组织或专职农技人员[3]。

## 2.2　中美政府行为在农业科研投入层面的差异

美国政府十分重视农业投入，仅从农业科研投入方面便可见一斑。在政府投资总量和强度（占农业国内生产总值的比重）上美国政府和非政府都给予了大力支持，20世纪90年代政府和非政府的投资总量和强度几乎持平。与此相比，我国政府和非政府投入都远远落后，在政府的农业科研投资总量和农业科研投资强度方面，分别仅为美国的23.36％和9.9％，而在非政府方面，也分别仅为美国的0.67％和0.43％，详见表1。

表1　20世纪90年代中美农业科研投资构成的比较[4]

| 国家 | 投资总量/百万美元 | | | 投资强度/% | | |
|---|---|---|---|---|---|---|
| | 政府投资 | 非政府投资 | 合计 | 政府投资 | 非政府投资 | 合计 |
| 美国 | 2053 | 2381 | 4434 | 2.02 | 2.34 | 4.36 |
| 中国 | 479.5 | 16.0 | 495.5 | 0.20 | 0.01 | 0.37 |

### 2.3　中美政府行为在农药管理层面的差异

美国农药管理体系较为健全，联邦环境保护局（EPA）对农药的监督和管理负主要责任，其他联邦机构如农业部、食品及药物管理局、职业安全及卫生管理局和消费者产品安全委员会也被授权从事各自专业内的管理[5]，这种管理体系不仅在分工上比较明确、市场监督管理上比较严密，而且在法律法规上也比较健全，执法严格，对处罚的规定也比较详尽和具体，现有《联邦杀虫剂、杀菌剂和杀鼠剂法》（FIFRA)、《联邦食品、药品和化妆品法》（FFDCA)、《农药登记和分类程序》、《农药登记标准》、《农药和农药器具标志条例》和《农产品农药残留量条例》等一系列农药管理法规。

与美国相比，我国对农药的监督管理和立法力度大大滞后，不仅农药市场监督力度不够，而且缺乏必要的立法，迄今只有《农药登记规定》、《农药安全使用规定》、《农药安全使用标准》、《农药管理条例》等技术规范、标准和条例[6]，更为重要的是，我国对违规行为及其后果的约束力相当薄弱，几乎没有相应的处罚规定。

### 2.4　启示

美国政府在优化植物病害管理中发挥了极其重要的作用，给我们以重要的启示：①建立并执行政府主导型的植物病害管理策略——植物病害生态管理策略（ecological plant disease management，EPDM)；②政府在教育、科技、资金等方面的投入是植物病害管理可持续发展的关键所在；③完善的农药管理法律法规是缓解植物病害化学防治外部性问题的有效手段；④实现从单一的提供产中服务向农业产前、产中、产后服务转化、拓展政府服务领域和细化政府服务职能是优化植物病害管理的强有力保障。

## 3　优化政府行为提升植物病害管理水平的若干建议

### 3.1　政府行为的逻辑起点：提高工作效率

有效的政府行为是保证植物病害管理成功的必要前提，植物病害防治的成功离不开合理有效的政府行为。新世纪植物病害管理面临更多挑战，对政府行为提出更高要求。一方面，政府要加强各部门的合作，增强工作的综合性、协调性和互动性，寻求植物病害管理可持续发展的有效途径；另一方面，政府要在社会系统内统筹农户与国家、农户与社会其他群体的利益，总揽全局，协调各方利益，充分调动各方的积极性和创造性，努力提高政府的工作效率，以推动植物病害管理和农业的可持续发展，从根本上增强我国植物病害管理能力，提高植物病害管理水平。

### 3.2　完善政策和法律体系，优化植物病害管理的政府行为

#### 3.2.1　完善政策，诱导农户采用政府主导型的植物病害管理策略

政策是影响农业发展和结构调整的重要因素，政策影响农业绩效和结构调整是通过影响人的经济行为选择而实现的[7]。很多欧洲国家关注化学农药使用造成的环境污染问题，曾试图利用政策手段来缓解农药利和弊之间的矛盾。但是现实总不很理想，目前以现有的管理体系来控制因使用农药造成的污染，并达到当今所需的环境质量水平是相当困难的，此时政策的完善就显得十分必要[8,9]。农业政策深刻影响农户的行为选择，最终影响植物病害管理效果。植物病害管理的可持续发展需要一整套既能维持管理工作正常进行，又能确保管理方法和技术创新的政策体系，尤其是在农业产业结构调整和城乡统筹加速深化之际，强大而有效的农业政策体系是植物病害管理得以可持续发展的关键所在，是集成经济、生态和社会三效益的基础保证，它有

利于促使农户追求自身利益最大化目标与社会目标（或公众利益）保持一致，有利于保证政策措施与农户行为的利益驱动的一致性，有利于诱导农户采用政府主导型的植物病害管理技术，即更多地着眼于整个国家、社会和经济的持续发展，更多地关注环境保护。

3.2.2 健全法制，夯实政府依法行政的基础

植物病害管理涉及有关生态安全和食品安全的方方面面，尤其需要树立依法植保的观念。世界各国植物病害管理的成功经验表明，健全的法制是植物病害管理的根本保障，政府应根据实际需要，制定相应的法律法规，加强执法力度，提高执法水平，充实执法手段，使植物病害管理在法制轨道上健康有序地进行。农药残留超标已成为我国农产品出口的一大主要问题，要解决这一问题，政府除了要加大整顿农药市场秩序、调整农药产品结构和规范农药市场的力度外，更应该着手完善法律法规，尤其应重视植物检疫和农药管理两方面的法制建设，才能提高植物病害管理水平，确保农产品安全，增加出口创汇，顺应经济一体化和贸易自由化的趋势。

## 3.3 加大政府投资和服务力度，切实履行政府职责

3.3.1 加大植物病害管理的科技和教育投资，发挥政府职能作用

美国著名经济学家、诺贝尔奖金获得者 TW 舒尔茨计算出美国战后农业生产的增加，20%是靠物质投入所得，80%靠教育及与教育相关科学技术的作用[10]。虽然经济模型预测者和生态悲观主义者在某些观点上有分歧，但是两者都认为：要确保粮食安全，必须加强农业科技研究的投资[11]。目前，我国农业科技教育投入太低，在农业科研教育投入中政府的财政拨款出现下降的趋势，科技贡献率只有30%～40%，与美国、加拿大等发达国家相比要低得多。美国在农村广泛开办培训班，利用冬季或农闲对青年农民进行系统培训，同时还举办农民继续教育班，向成年农民传授新的技术知识[12]。国外的经验表明：农业科技教育的深入得力于政府的大力支持，面对我国加入 WTO 农业面临的新挑战，政府应加大农业科技教育投入，吸取国外农业科技教育的先进经验，以提高农产品科技含量、降低农产品成本、提高农产品品质为目的，多方筹集农业教育办学资金，鼓励农民参加技术培训，以获取采用新植物病害防治技术的能力。

3.3.2 拓展政府服务领域，细化政府服务职能

面对农业产业结构调整和优质无公害农产品生产发展的新形势，政府应积极转变职能，发挥在植物病害管理服务中的主导、协调和组织作用，实现从“行政指令型”向“服务型”的转变，优化服务行为。首先，政府应优化植物病害预测预报服务。结合现实中存在的一些问题，政府应加强测报体系建设，重视先进测报技术的研发，尤其要重视信息技术在测报工作上的应用，从总体上不断提高病害信息的咨询服务水平。其次，政府应优化植保技术推广服务。政府应加强植保推广体系的建设，培养一些具有高素质的专门人才，借鉴国外先进经验，实现科教推广的有机结合，并利用多媒体、网络、远程教育以及传统的广播、电视、杂志、报纸等农业推广媒体，形成植保技术推广多元化格局。

## 参考文献

[1] 许志刚. 普通植物病理学. 北京：中国农业出版社，1997，242
[2] 陈宪. 市场经济中的政府行为. 上海：立信会计出版社，1995，4
[3] 陈志英. 我国与美国农业推广的比较研究. 农业科技管理，2003，22(2)：23-25
[4] 黄季焜，胡瑞法，张林秀等. 中国农业科技投资经济. 北京：中国农业出版社，2000，101
[5] Office of Pesticide Programs，United States Environmental Protection Agency. The Federal Insecticide，Fungicide，and Rodentkide Act（FIFRA）and Federal Food，Drug，and Cosmetic Act（FFDCA）As Amended by the Food Quality Protection Act（FQPA）of August 3，1996，73L97001. March，1997
[6] 叶亚平，单正军. 我国农药环境管理状况及对策研究. 农村生态环境，2002，18(1)：62-64
[7] 李成贵. 中国农业政策－理论框架与应用分析. 北京：社会科学出版社，1999，43
[8] Falconer KE. Pesticide environmental indicators and environmental policy. Journal of Environmental Management，2002，(65)：285-300
[9] Falconer KE. Managing diffuse environmental contamination from agricultural pesticides：an economic perspective on issues and policy options，with particular reference to Europe. Agriculture，Ecosystems and Environment，1998，69：37-54

[10] 曹志平. 生态环境可持续管理:指标体系与研究进展. 北京:中国环境科学出版社，1999，132
[11] McCalla AF. Prospects for food security in the 21st Century: with special emphasis on Africa. Agricultural Economics，1999，20:95-103
[12] 朱雪明. 国外农民教育. 世界农业，2003，2:61

# 植病经济与病害生态治理

谢联辉，林奇英，徐学荣

（福建农林大学植物病毒研究所，福建福州　350002）

**摘要**：本文从植物病害及病害的不恰当防治造成的经济损失与生态污染损失，导出了植病经济—植病经济学产生的必然。从植病经济学和病害发生的规律性出发，提出植病管理的核心——是防不是治，是重在保护植物健康，而不是重在消灭病原生物，进而提出务必以现行的有害生物综合治理（IPM）向以植物生态系统群体健康为主导的有害生物生态治理（EPM）的新模式跨越。

**关键词**：植病经济；植病经济学；植物生态系统群体健康；有害生物综合治理；有害生物生态治理

**中图分类号**：S47617　**文章编号**：1007-4333（2005）04-0039-04　**文献标识码**：A

# Plant disease economy and ecologic management of plant diseases

XIE Lian-hui，LIN Qi-ying，XU Xue-rong

（Institute of Plant Virology，Fujian Agriculture and Forestry University，Fuzhou　350002）

**Abstract**：Economics of plant disease (studies on plant disease economy) was established based on the losses of economy and ecological effects of their environmental pollution caused by plant diseases and their mismanagement. According to the principles of plant diseases and economics of plant disease，the core of plant disease management should be prevention rather than cure，namely protecting host plants rather than eliminating pathogens. We proposed to transform integrated pest management (IPM) to ecological pest management (EPM) with the rule of population health in the plant ecosystem.

**Key words**：plant disease economy；economics of plant disease；population health in the plant ecosystem；integrated pest management；ecological pest management

植物病害对食物安全、生态安全、经济发展和社会稳定产生什么影响？植物病理学对食物安全、生态安全、经济发展和社会稳定又能有多大作为？这是一个值得深入研究的问题。本文拟从植病经济（植物病害经济）与病害治理理念 2 个层面作一初步探讨。

中国农业大学学报，2005，10（4）：39-42
收稿日期：2005-06-21

# 1 植病经济与植病经济学

## 1.1 病害损失与食物安全

植物病害对食物安全的威胁，贯穿古今，遍及中外，往往造成灾难性的损失。无论是粮食作物还是经济植物，均未能幸免，例如：

1）水稻：水稻胡麻斑病——1943年在孟加拉造成大饥荒，饿死200万人[1,2]；水稻东格鲁病——在东南亚具毁灭性，仅菲律宾于20世纪40年代每年造成的稻谷损失即达14亿kg[3]，至今仍是东南亚国家稻米产量的主要限制因素，据估计每年因此病造成的经济损失在15亿美元以上[3~5]；水稻黄矮病与矮缩病——1971～1972年和1976～1978年先后在中国浙江、湖南两病并发流行，分别损失稻谷2.6亿公斤和5亿公斤[6]；稻瘟病——韩国1980年大流行，损失稻谷30亿公斤，中国1993年大流行，减产稻谷150亿公斤[7,8]。

2）小麦：小麦条锈病——中国于1950年、1964年和1990年大流行，分别损失小麦60亿公斤、30亿公斤和25亿公斤[9]；小麦秆锈病——中国东北春麦区于1923～1958年有8次大流行，其中仅1948年即减产5.6亿公斤，福建冬麦区自1949～1965年有6次大流行，轻者损失20%～30%，重者损失达40%～50%[10]。

3）玉米：玉米小斑病——1970年在美国大流行，损失10亿美元[1]；在中国大发生年减产10%～30%，重病田减产80%，甚至绝收[11]。

4）马铃薯：马铃薯晚疫病——1845～1846年造成爱尔兰饥荒，结果约有100多万人饿死、200万人移居海外[1,2,12]；中国于1950年在东北、华北、西南、西北大流行，损失30%～50%[12]。

5）柑橘：柑橘速衰病（tristeza）——在世界范围内因此病已摧毁了柑橘树1亿株，最早在南美洲的阿根廷（1931）和巴西（1937）暴发，当时病死树即达3000万株，之后在多个国家相继暴发[1,13]；中国柑橘产区受害株达60%～100%[13,14]；柑橘黄龙病——在亚非的37个国家因其摧毁的柑橘在1亿株以上，具毁灭性，中国盛产芦柑和蕉柑的广东汕头和福建漳州两地区，几年间柑园全部被毁[15]。

6）可可：可可肿枝病——在非洲具毁灭性，仅加纳自1946～1981年便已砍伐病树1.79亿株[16]。

“民以食为天”，灾难性的食物危机，令人震惊。上列事例说明，植物病害不仅是食物安全、生态安全的重要影响因素之一，而且是经济发展和社会稳定的一个重要影响因素。据称，在世界各种作物的生产能力中，因病虫草害平均损失33.7%，加上产后损失的9%～20%，总共损失在43%～54%[1]，约占整个生产能力的1/2。

另据联合国粮农组织（FAO）估计，因病害造成的损失，谷物生产为10%，棉花生产为12%，全世界因有害生物造成的经济损失高达1200亿美元，相当于中国农业总产值的1/2强，美国的1/3强，日本的2倍，英国的4倍多[17]。因此，植物病害/有害生物及其所造成的损失，不能不与经济相联系，如何用经济学的理论与方法，来研究植病的过程和管理，这就是植病经济及植病经济学产生的必然。

## 1.2 人为干预与生态安全

病害的暴发、流行，是人类干预自然、破坏生态所致（虫、草、鼠害等生物灾害亦然）。对病害（及其他生物灾害）来说，原始森林、野生植物——一般不流行成灾；混交林/多样性栽培——基本安全；大面积种植遗传单一的作物/品种、高感品种或盲目追求高产的栽培措施——十分危险（1970年美国玉米小斑病的大流行，就因大量推广遗传单一的T型细胞质雄性不育系玉米所致）；盲目引种，生物入侵——极端危险。

病害的防治常是“就病治病”，而忽视了寄主植物的能动性和生态环境的安全性。尽管1967年FAO罗马会议提出了“有害生物综合治理”（integrated pest management，IPM）。1975年中国植保会议提出了“预防为主、综合防治”的方针，但在实际工作中还是以治为主，而且这种“治”又多是依赖于化学农药——以单位施药量（平均$kg/hm^2$）来说，福建省和全国2000年比1990年分别增加了72.2%和52.5%。

Widawsky等[18]分别使用农药价值量、农药数量与农药有效成分对我国东部地区农药的生产弹性进行了计算，结果表明该地区农药使用边际生产率已经很小，有的地方甚至已经成为负值。从经济效益的角度看，农药使用是过量了，过量的农药投入对生态安全形成严重威胁。

就全国而言，化学防治面积（含病虫草害）已达每年27亿公顷次[19]，且农药施用量以每年10%

速度递增[20]。由于大面积大量施用农药，不仅增加了农业成本（我国每年仅农药投资即达20亿元人民币），而且造成严重的生态污染。据不完全统计，全国农药污染每年直接经济损失为147亿元[21]，而由环境污染和生态破坏造成的损失每年高达2000多亿元[22]。人为地对病害的不恰当干预（滥施农药等），不仅造成环境污染和食物污染，危及生态安全和食品安全，而且也造成了过高的防治成本及费用。

因此在植病防治上不仅要有理念的新突破，而且要有经济的新思维——运用经济学的理论和方法，研究植病对经济的影响和植物病理学对经济的贡献，分析人对植病的认识、行为及结果，分析植病流行、成灾风险及其安全阈值，指导植病的科学管理，以最大限度减少植病的经济损失，实现植病管理的最优化——低成本、高效益（经济、生态、社会效益，下称三大效益）。这就是植病经济和植病经济学产生的重要意义。

## 2　植病经济学与病害生态治理

植病经济学的指导思想是实现植病管理的最优化。任何严重的植物病害，它的发生发展都有它的规律性，只有严格而灵活（因时、因地、因病制宜）地按其规律性搞好植病管理，才能事半功倍。

目前的问题是，多数病害一旦发生就迅速传播，要想治愈既不现实（不符合三益要求），也很困难。基于这一事实，所谓植病防治，关键在防——在于保护植物免受病害，或受感染而不造成危害，而不是等发病后才治。根据这一理念，植病管理的核心就不应只是针对防治对象——植物病害，而应着重针对保护对象——植物群体健康。

20世纪在有害生物防治模式上，实现了两次跨越[23]。一是第二次世界大战以前以农业措施为主的传统模式向第二次世界大战以后以化学农药为主的防治模式跨越；二是20世纪70年代以前以化学农药为主的防治模式向20世纪70年代以后以有害生物综合治理（IPM）模式跨越。

IPM“是一种针对有害生物的治理系统，按照种群动态及与之相联系的环境关系，应用所有适当的技术和方法，尽可能相互配合，使种群数量保持在经济损失水平以下”；“运用各种综合技术，防治对农作物有潜在危险的各种有害生物”[24]。IPM模式的提出和推广，对协调应用综防技术、合理使用化学农药，减少环境污染起了积极作用；中国于1975年确定的“预防为主，综合防治”植保方针亦然，取得了肯定的成绩。

但就本质而言，IPM指导思想仍是以主要针对防治对象（有害生物）设计的，且是整合（“所有”/“各种”）技术组装的，缺乏主体性。因此要想摆脱人类的根本困境，遏制生态环境的进一步恶化，做到经济合理，实现植病或有害生物管理的最优化，就务必在病害或有害生物管理模式上有一个新跨越，即以现行的有害生物综合治理（IPM）向以植物生态系统群体健康为主导的有害生物生态治理（ecological pest management，EPM）的新模式跨越。

## 3　病害生态治理的内涵与实践

植物病害是植物在生物因素和非生物因素作用下的生态系统失衡所致，病害的生态治理就在于通过相关的措施（包括必要的绿色化学措施），促进和调控各种生物因素（寄主植物、病原生物、非致病微生物）与非生物因素（环境因素）的生态平衡，将病原生物种群数量及其危害程度控制在三大效益允许的阈值之内，确保植物生态系统群体健康。

植物病害的生态治理，可从宏观和微观两个层次来进行。就宏观层次看，要处理好植物－病原生物－非致病微生物－时空环境－人为因素五个方面的关系，任何有利植物不利病原生物的非致病微生物种群、时空环境和人为因素，都能营造健康的植物生态系统，从而达到保护植物群体健康的目的，如

（1）抗字优先：优先选用抗病品种是最有效、最经济的方法，特别是许多病毒病，采用抗、避、除、治四字原则，灵活运用，被证明是有效的治理方法[25,26]。

（2）栽培控病：通过肥水调控，确保水稻“骨肉相称”，降低稻株体内可溶性氮和非可溶性氮的比例，使稻瘟得以大面积控制[23,27]；利用水稻品种多样性或水稻抗病基因多样性混栽套种，取得了大面积的控瘟增产效果[28,29]。

（3）耕作改制：小麦秆锈病，1949～1965年在福建有6次大流行，在东北有4次大流行，给小麦生产造成严重损失[10]。随着1966年菌源越冬基地（莆田八月麦）的发现，通过耕作改制——不种八月麦，改种甘薯、水稻，切断病害循环，使该病得以根本控制[23]。

(4) 杜绝入侵：通过检疫手段，杜绝危险病原物入侵[23]。

从微观层次看，要处理好植物—病原生物—非致病微生物—细胞环境（微生态）—人为因素和植物—病原生物—非致病微生物—分子环境（分子生态）—人为因素两个层面的关系，任何有利植物不利病原生物的非致病微生物种群、细胞环境和分子环境以及人为因素，都有利于营造健康的微生态和分子生态系统，从而达到保护植物群体健康的目的。如陈延熙等研制的增产菌（多种蜡质芽孢杆菌）就是很好的微生态制剂，他们通过全国30个省市近2.7亿公顷土地的50多种作物上施用，取得了抗病增产的巨大成功——一般增产10%以上，与对照比，稻瘟减轻61.4%～73.6%，小麦纹枯病减少60.2%～74.3%，棉花烂铃减少50.3%～70.2%，油菜菌核病减少56.2%～81.3%，在短短几年内共为国家增产粮食150亿公斤，产值达100亿元[30]。

在营造和改善健康的分子生态环境方面，采用基因治疗、交叉保护和分子生态制剂是很有应用前景的，如几种菌物蛋白和绞股蓝蛋白已被分离纯化，并被证明对烟草花叶病毒（*Tobacco mosaic virus*）具有很好的抑制活性[31-34]。

## 参考文献


[1] Agrois GN. 植物病理学. 陈永萱. 北京：中国农业出版社，1997，13-17

[2] 弗赖伊 WE. 植物病害管理原理. 黄亦存，张斌成译. 北京：科学出版社，1988，1-11

[3] Ou SH. Rice diseases. 2nd ed. London：Commonwealth Mycological Institute，UK，1985

[4] Herdt RW. Equity considerations in setting priories for third world rice biotechnology research. Development：Seeds of Change，1988，4：19-24

[5] Anjaneyulu A，Satapathy MK，Shukla VD. Rice tungro. New Delhi：Science Publishers，1995，1-17

[6] 谢联辉，林奇英. 我国水稻病毒病研究的进展. 中国农业科学，1984，6：58-65

[7] 孙漱源. 稻瘟病. 见：方中达. 中国农业百科全书·植物病理学卷. 北京：农业出版社，1996，116-120

[8] 叶正襄. 可持续农业与植物保护. 见：中国农学会. 中国农业可持续发展研究. 北京：中国农业科学技术出版社，1997，77-79

[9] 汪可宁. 小麦锈病. 见：中国农科院植保所. 中国农作物病虫害. 第二版. 北京：中国农业出版社，1995，271-284

[10] 吴友三. 小麦杆锈病. 见：方中达. 中国农业百科全书·植物病理学卷. 北京：中国农业出版社，1995，497-499

[11] 吴全安. 玉米小斑病. 见：方中达. 中国农业百科全书·植物病理学卷. 北京：中国农业出版社，1996，564-565

[12] 黄河. 马铃薯晚疫病. 见：方中达. 中国农业百科全书·植物病理学卷. 北京：中国农业出版社，1996，299-300

[13] Bos L. Plant virus epidemiology. Oxford：Blackwell，1983，7-24

[14] 赵学源，蒋元晖，张权炳. 柑橘苗黄型衰退病毒的分布概况和六种酸橙类砧木对它的反应. 植物病理学报，1979，9(1)：61-64

[15] 柯冲. 柑橘黄龙病. 见：方中达. 中国农业百科全书·植物病理学卷. 北京：中国农业出版社，1996，163-165

[16] Owusu GK. Plant virus epidemiology. Oxford：Blackwell，1983，73-83

[17] 戈峰，李典谟. 可持续农业中的害虫规律问题. 昆虫知识，1997，34(1)：39-94

[18] Widawsky D，Rozelle S，Jin SQ，et al. Pesticide productivity，host-plant resistance and productivity in China. Agricultural Economics，1998，19：203-217

[19] 屠豫钦. 西部大开发对中国农药与化学防治的期望. 农药市场信息，2002，5：12

[20] 曹志平. 生态环境可持续管理. 北京：中国环境科学出版社，1999，93-133

[21] 刘澄，商燕. 外部性与环境税收. 税务研究，1998，9：32-36

[22] 梁洪学，潘永强. 经济外部性的负效应和环境保护. 中国环境管理，1999，5：20-21

[23] 谢联辉. 21世纪我国植物保护问题的若干思考. 中国农业科技导报，2003，5(5)：5-7

[24] 张履鸿. 害虫综合防治. 见：吴福生. 中国农业百科全书·昆虫卷. 北京：中国农业出版社，1990，141-142

[25] 谢联辉，林奇英，朱其亮等. 福建水稻东格鲁病发生和防治研究. 福建农学院学报，1983，12(4)：275-284

[26] 谢联辉，林奇英，吴祖建等. 中国水稻病毒病的诊断、监测和防治对策. 福建农业大学学报，1994，23(3)：280-285

[27] 林传光，曾士迈，褚菊等. 植物免疫学，北京：中国农业出版社，1961，71-78

[28] Zhu YY，Chen HR，Fan JH，et al. Genetic diversity and disease control in rice. Nature，2000，406：718-722

[29] 朱有勇，Hei Leung，陈海如等. 利用抗病基因多样性持续控制水稻病害. 中国农业科学，2004，37(6)：832-839

[30] 严志农. 植物微生态制剂——增产菌及应用. 植物微生态学研究. 北京：北京农业大学出版社，1991，67-70

[31] 孙慧，吴祖建，谢联辉等. 杨树菇(*Agrocybe aegetita*)中一种抑制TMV侵染的蛋白质纯化及部分特征. 生物化学与生物物理学报，2001，33(3)：351-354

[32] 付鸣佳，吴祖建，林奇英等. 榆黄蘑中一种抗病毒蛋白的纯化及其抗TMV和HBV的活性. 中国病毒学，2002，17(4)：350-353

[33] 吴丽萍，吴祖建，林奇英等. 毛头鬼伞(*Coprinus comatus*)中一种碱性蛋白的纯化及其活性. 微生物学报，2003，43(6)：793-798

[34] 林毅，陈国强，吴祖建等. 绞股蓝抗TMV蛋白的分离及编码基因的序列分析. 农业生物技术学报，2003，11(4)：365-369

# 植物病理学文献计算机检索系统研究*

唐乐尘，林奇英，谢联辉，吴祖建

（福建农学院植物保护系，福建福州　350002）

**摘　要：** 可在微机上运行的植物病理学文献检索系统。已在 Foxbase 或 dBASEⅢ支持下开发成功。用户可以从作物、病原、研究专题、题录、作者、年份、期刊等几十方面查询刊所需要的文献，查询结果以整齐的格式打印出，也可以各个条录单独地打印在卡片上；同时可以把挑选出的题录保留下来，成为某专题的数据库。检索词建立、查询操作等均在菜单提示下进行，键代码或检索词即可查询，系统具有一定的模糊查询功能。本文提出的孪生数据库技术可节省大量的存储空间。

**关键字：** 文献检索；植物病理学；数据库；电子计算机

# A flexible information retrieval system on phytopathology

TANG Le-chen, LIN Qi-ying, XIE Lian-hui, WU Zu-jian

(Department of Plant Protection, Fujian Agricultural College, Fuzhou　350002)

**Abstract:** The information retrieval system on phytopathology running on the microcomputer supported by Foxbase or dBASEⅢ was established. Request topics would quickly be output when the search terms were input into the computer. According to the prompts in the menu, one can either type the codes standing for various crops, pathogens and subjects, or input the searching terms in Chinese. This system possesses the capacity of free text searching, so that the informal keywords in Chinese can be used as searching terms. Search results can be printed out either in neat format or in card format separately. Meantime the request topics can be retrieved as a special base. A twin base technique in the paper was proposed to economize the memory space.

**Key words:** information retrieval; phytopathology; data base; microcomputer

虽然计算机进入文献领域已有 20 多年的历史，但是我国只是 20 世纪 80 年代以后才开始这一领域的开发研究工作。在国际上，从 80 年代开始，文献数据库已成为商品大量地向社会提供，尤其是近几年来发展十分迅速。例如，1985 年美国的 Biosciences Information Service 和 Information Access Co. 联合研究，建立了生物行业数据库——BioBusiness，包括农业、药品、食品和生物技术四大方面，提供联机检索服务，以查询文献题录为主，75％的记录有文摘正文[1]。

---

福建农学院学报，1991，20（3）：291-296

收稿日期：1990-12-14

* 基金项目：农业部和福建省科委资助项目

美国的卡得拉联合公司（Cuadra Associates Inc.）每年春、秋各出版1次“联机数据库指南”，介绍商业化的数据库。目前已推出的数据库有2大类：资源数据库和文献数据库。前者提供数据资料，后者供查询文献资料[2]。目前我国在图书资料管理方面正在向计算机系统管理方面发展，已逐步进入实用阶段，但是实用的文献检索查询系统还少见报道。各行业的数据库系统各有其特点，本文介绍作者研制的植物病理学文献检索系统的特点。

## 1 系统设计

采用的系统软件是汉化的 FoxBASE，其检索查询速度快，适于在微机上开发中、小型数据库时采用；而且 Foxbase 与 dBASEⅢ完全兼容，后者几乎是近年来我国微机上的唯一数据库软件，是普通计算机用户最熟悉的软件之一。因此，FoxBASE 编制的软件易为用户所掌握，便于用户扩充、修改，系统由数据库建立、修改、排序、查询、打印等模块组成。系统程序结构模块化，便于软件维护和扩展。操作均在菜单式提示和选择下进行，既方便用户，又可提高操作速度。

为了便于科研人员方便地查询、利用资料，植物病理学文献必须从作物、病原、研究专题3个不同的角度进行归类，因此，在数据库中增设了作物、病原、研究专题3个检索词字段。这3个字段中的内容均以字母作为代码，既压缩了记录长度，又加快了查询速度；同时在输入查询条件时，亦以字母代码输入，既方便又快速。作物和病原字段均只占1个字节，即以单个字母作为代码。因此，最大可用代码数量为26个，常见作物、常见病原均可以用代码字段检索，其余的少数非常见作物、病原的检索，则可以输入其名称，在题目字段中进行检索。采用以上的处理方式，既避免了代码太多、太复杂而造成的操作难度增加，又保证了所有作物、病原都可以从不同的途径进行检索。

在确定检索词代码时，既要兼顾到明确、方便，又要考虑到病理学研究的特点。小麦、水稻等主要作物各以1个代码表示，其他作物则以归类的方式赋予代码。例如，十字花科、葫芦科等分别赋予1个代码，这不仅是为了减少代码的数量，也符合病理学专题研究的需要病原也是以其分类学特点进行归类，而不只是从病害名称上进行归类，这有利于按病理学的要求进行查询检索。研究专题涉及病害调查、病原鉴定、发生特点、防治措施和农药使用等领域。因为1个文献常涉及2个专题领域，所以把专题字段的长度定为2个字节，1个代码字母代表1个专题领域，2个字母则可以分别代表2个专题领域。

为了便于操作，把3个代码字段的代码表分别编写成3个子程序（放在过程文件中），在建数据库、修改、查询时均在需要输入代码的时候在屏幕上显示代码表，帮助操作人员快速无误地输入代码，把代码表编成子程序在不同的场合下调用，不仅简化了程序，还保证了代码的一致性，尤其是需要对代码进行修改时，更显示出这种模块化程序设计的优越之处。

本系统是根据几个检索条件的组合进行查询的，所以没有建立索引文件。用户可以根据需要，选择作者、年份、主题、期刊、作物、病原、研究专题等几个检索条件的组合进行查询。在菜单式提示下输入所需查询的作物、病原、研究专题等查询条件，程序自动地进行条件组合，产生标准的 FOR＜条件＞格式，把符合条件的记录拷贝到1个临时性的数据库中以供打印输出。虽然检索的时间稍微长一些（在主频为10MHz 的 AST-286 上，扫描1000条记录约需0.8s），但是，对所有已收集到的文献进行“普查”，产生出某专题研究所需要的文献题录，多花费几秒钟是值得的。在中型数据库中，速度并不是主要的矛盾，不在索引下检索，虽然速度降低了，但是却便于在题目字段中进行模糊查询。

文献题目的长度差异很大。测定2000条文献题日的长度结果表明。题目长度大部分在20～38字节，最长的达104字节，其中长度大于56字节的文献约占5%（表1）。为了节省存储空间，我们设计了“孪生数据库”技术，主数据库的题目字段长度定为56字节，副数据库的题目字段长度定为104字节。用于存放题目长度大于56字节的文献，2个数据库的其他字段则完全相同。这样处理可以节省约28%的存储空间。在程序中实现2个孪生数据库的连接，用户并不感到副数据库的存在。

## 2 系统简介

本系统包括7个功能模块（图1）。采取调用公用子程序办法，编写的程序很紧凑，7个模块只占7800节，放在1个过程文件中。主程序显示菜单式选择，调用各模块。因此整个系统简洁明了，只包括1个主程序和1个过程文件，主数据库和副数据库、3 个运行过程中需用到的暂存数据库。

**表 1　植物病理学文献题目长度频率分布**

| 年份 | $x<20$ | $20<x<26$ | $26<x<32$ | $32<x<38$ | $38<x<44$ | $44<x<50$ | $50<x<56$ | $x>56$ |
|---|---|---|---|---|---|---|---|---|
| 1982～1985 | 18.3 | 24.3 | 24.8 | 14.0 | 7.5 | 6.0 | 2.5 | 2.8 |
| 1986 | 13.8 | 23.8 | 22.8 | 17.5 | 6.3 | 6.5 | 4.0 | 5.5 |
| 1987 | 13.0 | 23.0 | 24.5 | 18.3 | 7.0 | 4.8 | 2.8 | 5.0 |
| 1988 | 11.5 | 22.3 | 24.8 | 19.5 | 10.8 | 6.8 | 3.0 | 3.5 |
| 1989 | 9.5 | 22.0 | 25.3 | 16.8 | 8.0 | 6.1 | 5.5 | 6.3 |
| 平均 | 13.2 | 23.1 | 24.4 | 17.2 | 7.8 | 6.1 | 3.6 | 4.6 |

所测试的文献来源于全国报刊索引

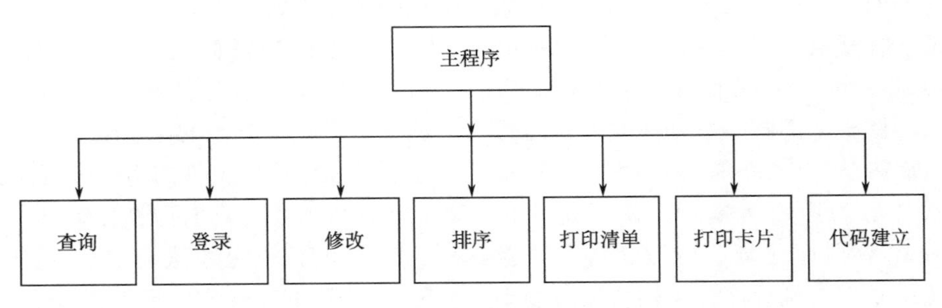


图 1　系统框图

如何处理字段内容长度差别很大的“不定长”字段，曾有一些报道。例如，“不定长”字段只存放记录指针，另建 1 个辅助数据库存放实际内容，字段内容长的可以占据 2 个以上的记录[3,4]。但是数据输入、删除、修改、查询时，均需要较复杂的程序来实现，难以在实际应用中推广。因此本系统提出“孪生数据库”技术，可节省大量的存储空间，程序只是比单库运行的稍微复杂一些。例如，检索查询时，分别在主数据库和副数据库中检索，结果分别输到 2 个临时性数据库中，然后再合并为 1 个库输出（图 2）。在记录登录过程中，长记录也是自动地追加到副数据库中，基本上只需在程序中增写一些语句，即可实现双库并行运行，操作过程并没有复杂化。与单库运行的相比，只是在从主库的操作转到副库的操作时和 2 个分库连接时，多花费了一些时间，对用户而言，这样的时间开销是不明显的。

整个系统均具有良好的用户界面，尽量在屏幕上给出操作提示，以菜单方式引导用户正确无误地操作。在登录和修改文献时，均以格式屏幕输入方式，屏幕格式与卡片记载格式相同，便于操作和核对。排序时屏幕上也出现各字段名和相应的代码，只需输入代码即可按你所挑选的字段排序，而且可以进行多字段排序。排序模块和打印模块不仅用在本系统中，也适合于其他数据库的排序和打印。代码建立模块可用在用户自建代码表、进行修改等。

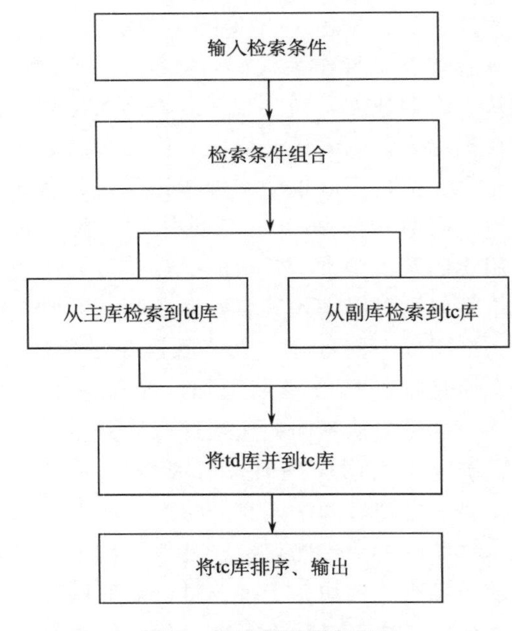


图 2　文献查询检索流程

## 3　系统特点

本系统是专业性很强的中型数据库，因此不采纳通用大型数据库的检索词和检索方式。抓住植物病理学研究方向的特点，从作物、病原、研究专题3个角度为主进行检索，从而可以方便地使用代码作为检索词。代码的安排合理、易记忆，而且在输入代码时即出现菜单式提示，从而操作迅速方便，尤其是适合于不熟悉中文输入的用户使用。

模糊查询功能如何是评价一个检索系统性能的重要指标。因此在系统设计时力求避免在太严厉的条件下进行归类、建立检索词。系统以较宽松的条件进行查询。方便用户尽可能多地收集到有关资料，病原的代码表中1个代码代表1个属，甚至1个类群。这样既避免代码太多，又有利于模糊查询。

在程序设计中合理地利用 $ 运算符，进行子字符串比较运算，可以在运行速度下降很少的情况下得到较满意的模糊查询性能，尤其是在进行某研究专题文献检索时，最适于采用这样的设计方式。模糊查询时，只需输入题目中的任意字符串，即可检索出该条录，所以克服了系统中检索词（代码）范围的限制。例如，作物代码中没有油菜的代码，那么在模糊查询下输入“油菜”，即可以找出题目中含有“油菜”的文献。

模糊查询总是在降低检索速度下得到的，而对于中、小型数据库来说，速度并不是最主要的问题；而且 FoxBASE 的查询速度比 dBASEⅢ快了约10倍，在实际应用中只需等待几秒钟。用户并不感到速度太慢，而查询性能却大大增强了。尤其是在争取多收集一些有关资料时，灵活的查询手段使用户可以更全面地收集文献。

本系统的打印输出性能好，有多种打印输出方式供用户选择，各个条录可以单独地打印在卡片上，可以一次性地打印出若干张卡片，然后裁剪；可以以清单方式打印出某专题的文献题录，格式整齐；也可以以表格方式打印出题录清单，从而满足不同的需要。同时可以把挑选出的题录保留下来，成为某专题的数据库。因此，节省了科研人员大量的摘录、收集资料的时间。

“孪生数据库”技术适合在某一字段内容长度变化很大时使用，如果这一字段的长度是记录的各字段中最长的，那么节省的存储空间更大。对于大、中型数据库而言，节省存储空间是主要矛盾之一。本系统的题目字段适合以“孪生数据库”技术处理，为了实现副数据库的连接，只需在程序中增写一些语句，基本上不影响运行速度，与其他的处理方式比较，显示出其独特的优点。

本系统程序结构模块化，易于修改和扩充；甚至于代码表也以模块化的子程序形式提供，不仅方便地多次调用，在修改代码表时也不会产生在不同的场合出现不一致代码表的错误。尤其是代码表中还有一些来利用的代码，用户可以方便地自定义，以满足不同用户的需要。用户只要在相应的子程序代码表中增写代码内容，就可以在增添记录、修改、建检索词和查询操作时出现新的代码表菜单。

## 4 讨论

虽然大型综合性数据库可以提供广泛的信息，但是检索词和查询方式却常难以满足各专业的需要。中型的专业性数据库能根据各专业的特点提供更有效的服务，而且中型数据库适于在微机上运行，易开发、开支小、使用方便。近几年来，欧美各国的专业性数据库发展迅速，根据中文特点，做好专业性数据库开发工作，才能迎接“信息化”的挑战。

在数据库中采用代码表，不仅压缩了存储空间，又便于操作，同时检索速度也大幅度增快，代码的合理性、易记忆性和统一性都是重要的问题。我们希望全国同行加强交流，制定统一的标准代码表。

本系统采用的“孪生数据库”技术，只需在程序中增写一些语句即可实现不定长字段的分库管理，既不影响程序的模块结构，又可有效地节省存储空间。如果数据库记录储量太，还可以用“三库并联”技术，进一步节省存储空间。

虽然用“孪生数据库”技术可以有效地解决不定长字段所造成的存储空间浪费问题，但是，笔者认为还是有必要为了信息的标准化制定适宜的标准——对文章题目长度做出限制。例如，规定题目长度不得超过28个汉字（56字节）。制定标准对今后长远的信息处理是有利的，这也是信息社会发展的必然结果。

### 参考文献

[1] 李培. 生物商业数据库——Biobusiness. 世界图书，1988，9：35-36

[2] 白忠乐. 当今数据库发展趋势. 世界图书，1988，12：31-32

[3] 李生林. dBASE 中不定长字段的解决办法. 计算机工程与应用，1988，7：59-61

[4] 曹宝香. dBASE 中不定长字段解决办法的改进. 计算机工程与应用，1988，12：48-49

# 对植物病原真菌群体遗传研究范畴及其意义的认识*

王宗华[1]，鲁国东[1]，谢联辉[1]，单卫星[2]，李振岐[2]

（1 福建农业大学植物保护系病毒所，福建福州 350002；2 西北农业大学植物保护系，陕西杨陵 712100）

众所周知，植物病原真菌对人类具有重要的经济和社会影响。古罗马人崇拜锈神 Robigus，以祈祷麦子免受锈病之灾；马铃薯晚疫病引起 19 世纪欧洲大灾荒，以致 1500 万人饿死和大量人口移居北美；1970 年玉米小斑病造成美国 10 亿美元以上的损失。据估计，迄今为止，每年由于真菌性病害引起的产量损失仍在 5%～10%。利用抗病性是控制农作物真菌性病害最重要最有效的手段。在现代农业生产条件下，高产抗病品种可以迅速得到大面积推广，产生经济效益，但是一旦一个品种大面积种植，它的抗病性就极易丧失，成为农作物稳产高产的重要限制因素。因此，明确引起植物抗病性丧失的原因及其机制并合理利用抗性资源，已成为植物病理学研究的热点之一。研究已经明确，植物抗病性的丧失主要是由于病原真菌的毒性发生变异，或由于抗病基因选择作用引起的非优势毒性类群演变为优势类群所致，但要真正明确其机制，还有待于对植物病原真菌群体遗传规律的深入研究。

在农业生态系中，利用抗病品种、杀菌剂等防治植物真菌性病害的措施是针对群体而非某一个体的。已知病原真菌群体是变化的，会适应防治策略及其生存环境的变化而变化。因此，植物病理学家应当力图去理解植物病原真菌群体在不同的时空条件和防治策略下是如何变化的，通过研究明确植物病原真菌的群体遗传结构及其动态演化规律，揭示二者相互作用的群体遗传机制，为植物真菌性病害综合防治提供理论依据。

## 1 植物病原真菌群体遗传研究的主要范畴

要研究植物病原真菌群体遗传规律，首先要明确群体的定义。群体遗传学家定义的经典的生物群体是指同种个体的集合，包含所有的基因型；一个孟德尔群体是指在个体间有相互交配可能性并随着世代进行基因交流的有性繁殖群体。由于植物病原真菌生活史中，无性阶段特别发达，有的甚至丧失了有性生殖的能力，即使是像稻瘟菌已经发现人工条件下可以交配形成有性世代，但在自然界中迄今尚未发现有性世代[1]。以无性繁殖为主的群体，在一有限的空间内（同一块田）可以有无数的真菌繁殖体（无性系），但其基因型数量可能很有限，因此其有效群体可能很小；植物病原真菌群体大小还受寄主的生长和消亡强烈影响；而且普遍存在的基因漂移又趋向于防止群体的生殖隔离，使得植物病原真菌群体的界限难以划分，因而难以直接应用这一群体定义。因此，Olivieri 等（1990）用“暂居群体”（metapopulation）这一概念来描述植物病原真菌的群体，即把病原真菌的群体看作是一个暂居的，要经过反复的消亡（extinction）和再定殖（recolonization）过程的群体[1]。在实际研究中，可以把在一定空间（如一个病圃或一个区域）和有限时间（如一年或多年，一个或若干个生长季）的病菌群体（基因库）抽样的总和作为群体来分析。

界定了群体定义之后，就要分析群体的遗传结构。所谓遗传结构，是指群体内和群体间遗传变异的量和分布特点。群体遗传结构反映了病原真菌的进化史及其演化潜能。在自然选择演化过程中，个体间的适合度有差异。Fisher 自然选择基本定律指出群体的平均适合度总是在增加，增加的量与遗传群体与群体遗传多样性的量成比例。许多因素影响群体遗传结构的演化。这些因素包括：变异、生殖方式、基因流或迁移、群体的大小和选择。植物病原真菌群体遗传学的最终目的是确定哪些因素在病原真菌演化中起主要作用，并掌握这些演化因素的

---

植物病理学报，1998，28（1）：5-9

收稿日期：1997-11-11

* 基金项目：福建省科委和省自然科学基金重点资助项目

互作规律，从而依据病原真菌群体遗传结构组成特点及其演化规律来确定应采用的植物病害防治策略[2]。

由此分析可见，植物病原真菌群体遗传研究就是要回答以下主要问题：

（1）群体中有多少遗传多样性？

（2）群体内遗传多样性如何分布（或空间范围）？

（3）群体间遗传多样性如何分布（或时间结构）？

（4）无性和有性生殖如何影响群体结构？

（5）迁移和遗传漂变如何影响群体结构？

（6）选择作用如何影响群体结构？

（7）如何界定该病原菌的“群体”（即通过基因流和生殖方式界定什么样的地理或种的边界）？

（8）不同的防治策略如何影响群体遗传结构？

（9）该病原演化的潜能如何（即在环境变化时，是快速抑或缓慢变化）？

# 2 植物病原真菌群体遗传研究的意义

## 2.1 认识病原真菌群体遗传的多样性

植物病原真菌群体具有丰富的遗传多样性。首先表现为有丰富的毒性多样性。自从发现病原真菌群体毒性分化现象以来，毒性分析已成为认识病原真菌群体遗传结构的重要方法。迄今已大量地开展了锈菌、稻瘟菌、白粉菌等主要病原真菌的多年的毒性分析与监测工作，并通过遗传分析的方法建立了基因对基因关系[3]，为指导抗病育种工作奠定了良好的基础。但是大量研究表明在同一套鉴别品种上被鉴定具有相同毒性谱的分离物，在其他遗传位点，包括毒性位点本身，仍然存在显著的差异。因此，病原真菌的小种往往由遗传上不同的个体组成。对一些病原真菌的DNA指纹分析表明遗传背景不同的谱系存在相同的致病型[4]，这对以毒性基因为遗传标记得出的一些病原真菌群体生物学特征的结论之可靠性提出了疑问。其次表现为有丰富的基因型变异和分布。McDonald等（1990）用RFLP和DNA指纹分析方法发现小麦颖枯菌（*Septoria tritici*）在同一块麦田中存在数以千计的基因型，不同基因型的病菌群体以镶嵌的方式分布。他们甚至还发现，在同一病斑上也存在不同的基因型，表明一些病斑是由不同基因型的病菌个体同时侵染所致。McDonald等（1993）又发现在大麦颖枯菌（*Stagonospora nodorum*）的群体内存在类似程度的遗传多样性及分布特征，在一块麦田中采集的83个分离物中检测到50个不同的基因型。Kohn等（1991）对油菜菌核病菌（*Sclearotinia sclerotiorum*）的指纹分析发现，在同一块田内存在多达88个不同的基因型；Milgroom等（1992）对25m$^2$小区内采集的板栗疫病菌（*Cryphonectria parasitica*）的39个分离物进行DNA指纹分析，检测到了33个基因型；但Smith等（1990，1992）用RAPD标记和线粒体DNA及核DNA的RFIP分析，发现*Armillaria bulbosa*在15公顷范围内的分离物在遗传上绝大多数是一致的，表明有些真菌的个体可在相当大的空间较长时期内稳定生存[5,6]。

## 2.2 认识植物病原真菌群体遗传结构特点及其演化过程

已知影响病原真菌群体遗传结构演化的因素主要包括群体大小、生殖方式、基因漂移以及选择作用等。

一个包含数以百万计繁殖个体的群体，较数以千计个体的群体而言，必然存在较多的突变体。由于病原真菌群体较大，往往会有较多的毒性基因或抗药性基因的突变体。一般情况下，基因发生变异的概率非常低，群体大小对其遗传结构的影响可以忽略。但是病原真菌群体过小，会由于抽样误差造成群体中等位基因频率，特别是基因型组合频率的显著下降[7]，这一过程称为随机遗传漂变（random genetic drift）。遗传漂变的效应与群体大小反相关，亦即小群体比大群体要经受更多的遗传漂变，因而会失去更多的等位基因多样性。遗传漂变的效应是促进群体的分化，由于农业生态系的特点，植物病原真菌群体极不稳定，经常经受着轮作、品种更换以及农药施用等农作措施的影响，对那些在同一地区不能完成其周年生活史循环的病菌尤为突出，因而遗传漂变在植物病原真菌群体的进化中可能非常重要。McDermott等（1993）和Wolfe等（1992）利用毒性基因、抗药性以及DNA分子标记等遗传标记的研究表明，欧洲大麦白粉菌群体总体上存在大量基因型的变异，根据毒性基因标记测定的基因多样性达0.41，其中多达80%的变异表现在地区乃至田块的水平，因此他们认为遗传漂变在大麦白粉菌群体进化中的作用是显著的[6]。此外，对于由少量个体建立的新群体而言，在奠基者群体与其衍生的群体中基因频率往往会有很大差异，这就是所谓奠基者效应（founder principle）[7]。

生殖方式决定了植物病原真菌群体适应变异的能力。进行有性生殖的群体可更迅速地通过产生或组合新的毒性基因或抗药性基因而克服寄主的抗性或化学农药的毒力。虽然有不少病原菌在其生活史中都经历有性和无性生殖阶段，更多的病原真菌迄今只发现无性生殖阶段，但其群体变异却是显而易见的。研究表明，以无性繁殖为主的病原真菌往往有显著的准性生殖过程，从而发生了遗传重组，有利于其遗传变异和群体进化。此外，有些真菌尽管在自然界中很难见到有性生殖，但在人工条件下，依然保持良好的育性，如稻瘟菌就是最好的例子。

在自然和农业生态系下，病原真菌群体经受着多种多样的选择作用。DNA 分子标记的建立促进了关于选择作用对病原真菌群体遗传结构影响的研究。DNA 指纹分析可用于追踪病菌特定菌系（基因型）在田间的存活及其动态。一些研究发现，寄主的基因型对病原真菌群体的遗传结构具有显著的影响，对专性寄生菌如锈菌、白粉菌以及霜霉菌尤为突出，而对寄主范围比较广或具有较强腐生能力的病原真菌，尚需研究揭示除寄主选择外的选择压力在其群体进化中的作用[2]。

由于植物病原真菌的个体微小，易导致自然或人为地使其基因、个体乃至群体由一地向另一地迁移，即基因漂移（gene flow）。自然选择导致生物种群对特定环境的适应，而外来个体引入的往往是适应其他环境的基因，因此通常认为基因漂移阻碍生物的进化。然而，基因漂移可以将优秀基因或组合传遍整个生物种群，所以推动了生物种群对环境的适应。高的基因漂移频率有利于病菌不同群体在遗传结构上的均一化，因而加速了植物丧失抗病性或杀菌剂丧失杀菌活性的进程。群体的遗传分化和基因漂移是相对的，基因漂移趋向于阻止群体的遗传分化。

## 2.3 指导植物病害防治

认识植物病原真菌的群体遗传特征对抗病育种、抗病基因的合理布局以及开发更有效的病害防治策略具有重要的参考价值。

抗病育种首先要有好的抗性种质资源，对病原真菌遗传变异及其分布的认识有助于对种质资源抗病性的正确评价。品种抗病性的鉴定工作通常在病圃中进行，这是基于病圃中病原物群体有足够多的毒性多样性，能代表病菌在大田中的遗传多样性之认识，但往往是有些品种在病圃中表现抗性良好，一到大田却丧失了抗性，原因可能是病圃的病菌群体没有代表性，如我们的研究就发现福建龙岩江山稻瘟病圃的稻瘟菌群体遗传结构较简单，很难代表大田发病情况（未发表）。因此只有明确病圃和大田病菌群体遗传结构及其关系，才能更好地对品种抗病性进行评价。

对病原真菌群体的遗传分析还有助于揭示寄主基因型对病菌的选择作用，因而对培育地区或生态环境特异的抗病品种具有重要参考价值。对水稻品种与稻瘟菌群体相互作用的研究发现，病菌的谱系与寄主品种之间存在显著的特异性作用，一些品种仅受属于特定谱系的病菌侵染，属于同一谱系的一些或所有病菌分离物仅对一些品种有致病性，而对其他品种则不致病[4,8,9]。因此尽管同一谱系内存在毒性分化，但病菌的每个谱系在品种水平上的致病范围受遗传上的控制，这对培育抗病品种具有重要意义。培育抗病菌谱系特异的抗病品种（广谱抗病）可望较培育病菌小种特异性的抗病品种更为有效和持久，这一设想在培育抗瘟水稻品种上已初步取得实验证据[8]。同时该途径亦可用于鉴定抗原，通过分析不同品种对病菌谱系而非小种的抗病性，可望鉴定到更为持久的抗原材料。

培育对病菌谱系特异的抗病品种设想的前提是病菌特定的基因型或谱系克服寄主抗性的潜力有限。对一些植物病原菌的毒性分析表明，病菌无毒基因活性的丧失决定其毒性特征，无毒基因的丢失或发生点突变均可拓宽病菌的毒性谱。如果无毒基因的缺失或失活是病原菌拓宽毒性谱的主要策略，那么病菌毒性的进化在遗传上是有限的，但对一些病原真菌的研究发现不存在病菌毒性变异显著的限制因素。对马铃薯晚疫病菌的研究表明，在病菌的无性系群体内毒性多样性似乎是无限的，可能还有其他许多机制参与病菌的致病性分化。因此，病菌的谱系限制其毒性变异这种情况是否在植物病原真菌中具有普遍性，还需要大量的资料积累来验证。

明确病菌群体的遗传结构不仅对培育抗病品种有重要的参考价值，而且对抗病品种的合理布局亦具重要意义。合理布局抗病品种有助于防止病菌毒性变异，从而延长抗病品种的使用寿命。遗传结构复杂的病原真菌群体适应环境的能力更强，更容易克服寄主的抗病性。因此对遗传结构单一的病原真菌群体，使用垂直抗性品种可以有效地控制病害而不致使抗性迅速丧失；而对遗传结构复杂的群体使用抗性基因单一的垂直抗性品种则有抗性很快丧失的潜在危险，在这些病害流行区使用水平抗性（非小种专化性的）品种可望阻止新毒性小种的产生。此外，辅以化学药剂以降低病菌接种体量，可望将病菌克服寄主抗性的潜在危险降至最低点。因此，可以通过优化品种抗性与农药的使用，而达到有效防治病害的目的。

抗病品种的合理布局作为长期有效地控制病害的方法已成功地用于控制某些真菌性病害，比如通过对我国小麦条锈病流行体系的研究，明确了病菌的毒性易变区，将品种布局纳入病害控制策略，实践已证明在稳定小麦条锈病流行上发挥着重要作用[10]。

当然，在实施抗病基因布局时，首先要充分了解不同区域病菌群体的遗传结构及其演化规律。而目前抗病基因的合理布局作为对一些真菌病害的有效控制措施之一，主要是基于对病菌群体毒性分析结果进行的，其合理性会受到一定限制。应用DNA分子标记对病原真菌群体遗传结构及其变化动态的分析可望进一步改善抗病基因的布局。

综上所述，植物病原真菌群体遗传学就是利用群体遗传学原理与方法在群体水平上研究植物病原真菌遗传变异及其与植物相互作用的规律，以指导植物病害综合防治。既有重要的理论意义，又有重大的经济意义。特别是近年随着群体分子遗传研究方法的建立与发展，为研究植物病原真菌群体遗传规律提供了重要手段。国际上该领域的研究已有很大进展[5]，相比之下，我国在这一领域的研究却刚刚起步，亟待加强。

## 参考文献


[1] Olivieri I, Couvet D, Gouyon PH. The genetics of transient populations: research at the metapopulation level. Trends in Ecology and Evolution, 1990, 5: 207-210

[2] McDonald BA. The population genetics of fungi: tools and techniques. Phytopathology, 1997, 87: 448-453

[3] Flor HH. Current status of the gene-for-gene concept. Annual Review of Phytopathology, 1971, 45: 680-685

[4] Levy M, Correa FJ, Zeigler RS, et al. Genetic diversity of the blast fungus in a disease nursery in Colombia. Phytopathology, 1993, 83: 1427-1433

[5] McDonald BA, Martinez JP. Restriction fragment length polymorphisms in *Septoria tritici* occur at a high frequency. Current Genetics, 1990, 17: 133-138

[6] McDonald JM, Brandle U, Dutly F, et al. Genetic variation in powdery mildew of barley: development of RAPD, SCAR, and VNTR markers. Phytopathology, 1994, 84: 1316-1321

[7] Barrett JA. The dynamics of gene's in populations. *In*: Wolfe MS, Caten CE. Populations of plant pathogens: their dynamics and genetics. Oxford: Blackwell Scientific Publications, 1987, 39-53

[8] Zeigler RS, Leong SA, Teng PS. Rice blast disease. Wallingford: CAB International, UK, 1994

[9] 沈瑛，朱培良，袁筱萍. 我国稻瘟病菌有性态的研究. 中国农业科学，1994，27(1)：25-29

[10] 李振岐，商鸿生. 小麦锈病及其防治. 上海：上海科学技术出版社，1989

# 福建菌物资源研究与利用现状、问题及对策

王宗华[1]，陈昭炫[1]，谢联辉[2]

（1 福建农业大学植物保护系，福建福州　350002；2 福建农业大学植物病毒研究所，福建福州　350002）

**摘　要**：阐述了菌物的含义及其经济重要性，总结分析了福建省菌物资源研究与利用现状和存在的问题，并提出了相应的对策。

**关键词**：菌物资源；食用菌；菌根；菌物生态

**中图分类号**：Q949.3

# The current status，problems and future strategy for study and utilization of fungal resources in Fujian

WANG Zong-hua [1]，CHEN Zhao-xuan [1]，XIE Lian-hui [2]

（1 Department of Plant Protection，Fujian Agricultural University，Fuzhou　350002；
2 Institute of Plant Virology，Fujian Agricultural University，Fuzhou　350002）

**Abstract**：This paper discussed the definition and economical importance of fungi，and also discussed the current status，problems and future strategy for study and utilization of fungal resources in Fujian.

**Key words**：fungal resources；edible fungi；mycorrhizal fungi；fungal ecology

资源短缺是当今世界面临的主要问题之一。生物资源是可再生的资源，如何协调发展、保护环境，从而保护并有效利用生物资源已成为世界性的重大课题。

在生物资源中，动物和植物资源的重要性已得到普遍认识，而关于菌物资源的重要性却远远没有引起足够的重视。

因此，本文结合福建实际情况，就菌物的含义及其经济重要性、菌物资源研究与利用现状、存在的问题及对策等方面进行阐述以期引起人们对菌物资源研究与利用的重视。

## 1　菌物的范畴及其经济重要性

### 1.1　菌物的范畴

菌物对农业、医药与工业生产以及在维护生态平衡中起着重要作用。然而，何谓菌物？菌物的范畴如何？

历史上，菌物在生物中的界级归属有很大变化。早在1753年，林奈将生物分为植物与动物两界，菌物类生物被归入植物界。从此将菌物看作植物的观点整整持续了200年。随着对生物进化的深入研究，认识到生物在进化过程中，一方面表现出

福建农业大学学报，1996，25（1）：446-449.

收稿日期：1996-07-18

亲缘关系，另一方面则表现出营养关系，而且明确菌物的自养、异养，是既不同于植物之光合自养，又不同于动物之摄食异养之营养关系的。

三类真核生物在生态系统中分别起着生产、消费与分解的作用。Whittaker（1969）按细胞核的性质、个体发育、营养方式等特征建立了生物五界分类系统，将菌物独立为界。该系统已被广大生物学者接受。然而进入20世纪80年代以来，对菌物细胞化学、超微结构和分子生物学的深入研究，结果发现菌物远不只是一类单元的生物界级系统。因此，出现了生物八界分类系统[1]，并被广泛接受，由Hawksworth等[2]主编的《真菌辞典》（第八版）也采纳了该系统。原来的菌物界被分别归入真菌界（Eumycota或Fungi）、藻物界（Chromista）和原生生物界（Protozoa）。壶菌—接合菌—子囊菌—担子菌代表了一条真菌（true fungi）的进化路线，而卵菌、粘菌则与真菌相去甚远，但学术界将这类生物统称为菌物（fungi）。更通俗地说，菌物就是真菌、卵菌和粘菌生物之总和。值得注意的是，这里所指真菌与传统所指真菌含义有很大差别，为避免混淆，裘维蕃[3]提出将“fungi”译为菌物，并为国内菌物学者认同。为此，“中国真菌学会”已更名为“中国菌物学会”[4]。

### 1.2 菌物的经济重要性

菌物对人类之经济重要性表现为有害与有益两个方面。

菌物引起植物与动物的多种病害。最著名的有如水稻稻瘟病、马铃薯晚疫病、小麦锈病，人与动物的皮肤病等。菌物还引起木材的腐烂，食物污染与腐败、引致中毒等，如食物长霉、黄曲霉素致癌、毒蘑菇等。

菌物又起着不可估量的有益的作用。主要包括如下几个方面：一是维持生态平衡。大多数菌物是腐生的，在生物降解中充当分解者的重要作用。如果没有菌物，世界将充满动植物死尸与残余物。幸运的是菌物具有高效率的酶类，可以使动植物死后迅速被分解，最终以可被利用的形态重新回到生物圈中去，促进物质循环，是维持生态平衡不可缺少的一环。这是菌物的间接价值，但这种价值要远远高于直接经济价值。遗憾的是，许多人并未意识到。二是菌物与动植物共生，促进了动植物的生长。已知菌物与90%维管束植物共生形成菌根，能够促进植物吸收养分和水分，增强抗病力等。三是菌物可以作为动物和人的重要食物来源。食用菌是人们菜篮子的重要组成部分。据统计，1990年全世界食用菌产量已达37.63万吨。产值约75亿美元。蘑菇等食用菌除作为得到新粮食的手段外，还可以直接利用大量存在的农业、畜产的废弃物，对资源的再利用具有重要的生态意义。此外，在英国自20世纪60年代以来就开始开发菌物蛋白质食物，目前已上市，为寻找新食物资源提供了新的思路。菌物与藻类共生形成的地衣，是北极食草动物的食料。菌物还是食品加工、医药、工业生产的重要原料。如利用酵母菌发酵生产面包、乙醇；还可利用菌物代谢物生产青霉素、柠檬酸、纤维素酶以及抗癌药物等。菌物还是重要的生物学研究材料，在现代分子遗传学中，酵母菌、黑粉菌已被广泛用于基因克隆和转化等，成为不可缺少的实验生物。综上所述，菌物是关系到社会和环境发展的，与植物、动物具有同等重要性的一类生物，因此，对其进行深入的研究、保护与利用具有重要的意义。

## 2 福建菌物资源研究、利用现状与问题

### 2.1 菌物资源的调查研究

在福建，早期菌物的研究是从菌物所引起的植物病害开始的。林传光、裘维蕃等于1937～1941年调查了福建经济植物病害；1940～1947年，王清和又对福建栽培植物病害做过采集与鉴定，共报道91种作物314种病害，其中绝大多数是菌物引致的病害。林榕和陈青莲研究了福建黑粉菌科数种菌物。张学博于1951～1960年在福州大田作物、蔬菜、果树、茶树、桑木等83种植物上查到411种病害[5~7]。黄年来等（1973）记述了数百积福建经济菌类[8]。1979～1989年，陈昭炫、黄年来、庄剑云等10几位科学家对武夷山等自然保护区菌物多样性进行了系统考察与研究。共采集到标本5000余份（不包括地衣型真菌），鉴定出505种，其中粘菌19种。食用、药用等经济真菌150种，农林植物病原菌325种，虫生真菌11种；发现新属1个（*Furcouncinula* Z. X. Chen），新种10个，新组合1个以及国内新记录15个，还发现多种珍稀真菌。此外，对白粉苗、锈菌生态学也进行了系统分析，指出武夷山白粉菌资源十分丰富，以球针壳属（*Phyllactinia*）最多，而且多数白粉菌分布在500～1000m处。武夷山锈菌区系基本上属于温带性质，温带型的种占60%以上，但也有不少亚

热带和热带型的种。该区在锈菌的种属组成上与日本及我国台湾省相近。已知种中分别有74%和60%以上与之相同，说明它们同属一个区系。寄生在蕨类上被称为“活化石”的拟夏孢锈（*Uredinopsis*）和明痂孢锈（*Hyalopsora*）等，也在武夷山上采集到若干种，推测第四纪冰期该地区可能也是古老生物的天然避难所之一[9,10]。

在武夷山菌物研究的基础上。陈昭炫认为福建白粉菌物种具有多样性[11]。有白粉菌有性型12属82种和变种，并著有《福建白粉菌》。

江昌木等对福建VA菌根资源进行了调查[12]。发现在福州地区所调查的26科68种植物中有21科58种是VA菌根性植物，并查明有6属26种是VA菌物，其中13种是我国大陆新记录种。

以上这些调查结果为明确我省菌物资源，开展植物菌物病害防治与有益菌物资源的保护利用奠定了基础。然而，要做到充分认识我省菌物多样性还远远不够。由于资金、人员缺乏，进一步的研究也难以开展。

### 2.2　菌物资源的利用

福建气候温暖，雨量充沛，森林资源丰富，特别适合食用菌和药用菌的生长，为我省发展食用菌、药用菌生产提供了优越条件，古田红曲便是我省广泛利用菌物的典型例证。

食用菌的栽培利用历史悠久。早在1929年，林森县（现闽侯县）三山农艺社潘志农先生在全国率先引种、栽培蘑菇、香菇、草菇、金针菇等。新中国成立后，随着科教事业的发展，我省食用菌生产有了长足发展，继续在全国处于领先地位。三明真菌研究所等单位的科技人员开展了食用菌育种栽培研究与技术推广工作。先后大规模种植蘑菇、草菇、香菇、银耳、平菇、黑木耳、茯苓、凤尾菇、金针菇、竹荪、猴头菇、灵芝等获得成功，栽培技术与工艺都有很大突破，如银耳从木栽到瓶栽，再到袋栽，实现工厂化栽培；香菇从木生、段栽到砖栽，再到袋栽，并实现工厂化、机械化和反季节栽培；以及蘑菇从一次发酵到二次发酵，实现规范化栽培等。为解决菌林矛盾，林占熺等又发明了菌草技术。1990年我省食用菌产量已达15.2万吨，1993年总产量超过22.5万吨，位居全国榜首[13]。在龙海、古田、晋江等地形成了全省最大的蘑菇、银耳、香菇、金针菇生产基地，从业人员超过百万，成为全国最大的食用菌生产基地。随着栽培技术与工艺的发展，食用菌、药用菌保鲜与加工方面也有很大发展。除了脱水菇（香菇、木耳、竹荪、灵芝等）、罐头菇（蘑菇、平菇、草菇、猴头菇、金针菇）外，保鲜菇的加工生产与出口近几年又有新发展。特别是以罗源、屏南为龙头，向全省辐射，形成了规模效应。据统计，1993～1994年仅罗源县香菇保鲜厂就有60多家。此外，金针菇、猴头菇、香菇、蘑菇、灵芝、银耳、茯苓、竹荪等的保健与药用价值也得到进一步开发，已有针剂、片剂、冲剂、胶囊、口服液、饮料、化妆品上市，并出口创汇。极大地提高了食用菌、药用菌栽培的效益。

然而，我省在菌物利用上还存在许多问题，不利于菌物产业化的进一步发展。其中最突出的问题是：①在行政管理上，缺乏权威性的宏观管理机构和调控手段。产供销体系也不完善，以致菌物产业化不能健康发展。②菌林矛盾突出，香菇、银耳等木生食用菌的生产原料主要是阔叶林木。由于阔叶树种造林面积有限，食用菌、药用菌发展过快，以致主要生产基地出现严重的菌林矛盾，不同程度地破坏了当地的生态环境，既影响农业生产，也不利于野生菌物的保护和菌物产业的进一步发展。③科研力量不足，菌物学研究落后，优良菌种退化、老化。病虫害防治等栽培技术不过硬，不能适应生产需要。④现行栽培利用的菌物种类有限，菌根菌也基本上未得到应用。

## 3　福建菌物的资源研究、利用对策

综上所述，我省在菌物资源研究与利用上已开展了大量工作，但是还存在不少问题。要进一步发展菌物事业，有效控制动植物菌物病害，充分发挥菌物资源的经济效益，必须加强开展如下几项工作。

（1）加强菌物科学普及工作，加深全社会对保护菌物多样性重要性的认识。同时加紧培养菌物技术人才，建立完整的菌物学教学、科研、推广体系。

（2）继续开展我省菌物资源多样性的调查研究，以明确菌物物种资源，开展对珍稀菌物种类的保护。此外，还应系统开展菌物生态学研究，以利充分发挥菌物在维持生态平衡中的作用。

（3）加强对食用菌、药用菌生产的宏观指导，加速营造阔叶林，如金鸡树、合欢、梧桐等，并积极推广菌草栽培食用菌技术。大力发展草生食用菌，逐步缩小菌林矛盾。

（4）加强开展大宗食用菌、药用菌品种选育与改进及保鲜与深加工的研究。开发利用珍稀菌种、菌毒、菌药等，并大力推广高产栽培与病虫防治技术，促进食用菌、药用菌生产的高产、稳产、高效益。以科技为先导，以质取胜，开展无农药、无公害生产，使我省食用菌、药用菌生产沿着专业化、基地化、集团化方向发展。

（5）加强菌根菌的研究与利用。这是当今菌物学研究热点之一，国内其他省市已紧紧跟上。我省虽已起步，但差距还很大。目前拟就菌根资源、菌根生态及菌根应用等方面重点研究突破。

（6）加强国际菌物科技合作，充分发掘及利用我省菌物资源，使我省菌物研究与利用水平上一个新台阶。

**致谢** 洪健尔、王元贞、谢宝贵等老师提供了大量宝贵意见，谨此致以衷心感谢！

## 参考文献

[1] Cavalier ST. Eukaryole kingdoms：Seven or nine? Bio System，1981，14：461-481

[2] Hawksworth DL，Kirk PM，Sutton BC，et al. Ainsworth and Bishby's Dictionary of Fungi. 8th. London：CAB International，1995

[3] 裘维蕃. 对菌物学进展的前瞻. 真菌学报，1991，10（2）：81-84

[4] 刘杏忠，裘维蕃. 菌物之概念. 植物病理学报，1993，23（4）：289-291

[5] 张学博. 福州附近经济植物病害名录. 福建农学院学报，1982，11（4）：75-85

[6] 张学博. 福州附近经济植物病害名录. 福建农学院学报，1983，12（1）：77-86

[7] 张学博. 福州附近经济植物病害名录. 福建农学院学报，1983，12（3）：281-280

[8] 黄年来，吴经纶. 福建菌类图鉴（第一集）. 福建省三明地区真菌试验站. 1973

[9] 陈昭炫. 福建白粉苗. 福州：福建科学技术出版社，1993，120

[10] Zhuang JY. A provisional list of *Uredinales* of Fujian Province，China. 真菌学报，1983，2（3）：146-158

[11] 陈昭炫，吴经纶. 武夷山自然保护区放线菌与真菌考察报告. 见：福建省科学技术委员会. 武夷山自然保护区科学考察报告集. 福州：福建科学技术出版社，1993，84-130

[12] 江昌木，陈昭炫. 福建 VA 菌根资源的调查与鉴定. 福建农业大学硕士学位论文，1994

[13] 福建经济年鉴编委会. 福建经济年鉴. 福州：福建人民出版社，1994

# RFLP在植物类菌原体鉴定和分类中的应用

林含新，谢联辉

（福建农业大学植物病毒研究所，福建福州　350002）

植物类菌原体（mycoplasma-like organism，MLO）为1967年日本学者土居原二首次发现，现已报道了近600种植物上有这类病害，经济损失严重[1]。由于目前MLO在体外无法进行培养[2]，给植物MLO病害的病原鉴定和分类带来了极大的困难。早期MLO的鉴定和分类主要依据生物学特性，如症状学、寄主范围、介体专化性、多抗血清等，这些方法费时费工，需要大量的材料，结果常常不可靠。在过去的七八年间，MLO特异性探针及DNA杂交技术的发展，为MLO的鉴定和分类提供了一种快速、可靠的方法，根据从不同MLO中克隆出的DNA探针，研究MLO之间的遗传相关性，初步划分了翠菊黄化（AY）、榆木黄化（EY）、桉树黄化（AshY）、X病、三叶草变叶（CP）5个MLO类群[3-9]，每个类群中MLO之间的DNA序列具有广泛的一致性，而不同类群间的MLO差别很大。但若要得到更详细的基因型情况，如同一类群中各成员之间的遗传相关性，以及各成员内株系（或基因型）的分化情况，则必须通过RFLP分析来进行。下面就RFLP的原理及应用概况作一介绍。

## 1　原理

RFLP（restriction fragment length polymorphism）为限制性片段长度多态性。限制性内切核酸酶能识别双链DNA分子中特异的短序列，并在特定的位点将DNA切开，由此产生的DNA片段称为限制性片段。用同一种限制性内切核酸酶切割不同个体基因组DNA后，含同源序列的酶切片段在长度上表现出的差异就是RFLP。差异的显示和检测是用克隆的DNA片段作为探针进行分子杂交，再通过放射自显影（或非同位素技术）实现的[10]。

RFLP分析是建立在核酸杂交的基础上，其所用的探针分为两类：一类是特异性核酸探针，另一类是通用性的核酸探针。特异性核酸探针仅能检测少数几种MLO，无通用性，而且目前也仅克隆出几种MLO的特异性探针。后来研究发现大多数MLO的16S rRNA序列具有较高的同源性[11]，所以人们根据该基因序列设计了一些DNA探针，其中包括通用性探针，用于多种MLO的检测与鉴定[2,12-16]。近二三年来，人们把聚合酶链反应（polymerase chain reaction，PCR）技术运用于MLO的鉴定和分类中[12,13,17-21]，并与RFLP分析相结合[2,14-16,22-26]。PCR技术的原理是：首先合成两个寡核苷酸片段作为引物，一个引物可以和靶序列的一端相结合，另一引物可以和靶序列的另一端相结合，在DNA聚合酶的作用下进行体外扩增，一再重复变性、引物结合和DNA复制这一循环过程，便可以取得靶序列的大量拷贝1$\mu$g的DNA经过20个循环的扩增之后增加了$2\times10^5$倍。由于PCR扩增的无限性，病株中只含有极少量的MLO都可得到高浓度的病原产物，在PCR反应中，以通用性探针为引物对不同的MLO进行扩增，其产物酶切后可直接通过电泳进行RFLP分析，MLO之间相似率计算公式为$F=2N_{XY}/(N_X+N_Y)$，其中$N_X$和$N_Y$分别代表株系X和Y中的限制性杂交片段数或酶切后的片段数；$N_{XY}$代表两个株系共有的杂交片段数或酶切片段数[2,21]。

## 2　应用

Davis等研究了意大利北部的葡萄黄化病FDU株系与南部的FDB株系以及意大利长春花绿化病G株系之间的区别，发现FDB与MLO-G株系之

微生物学通报，1996，23（2）：98-101
收稿日期：1994-11-05

间有同源性，其 RFLP 相似率达到 38%，而 FDU 与 FDB 之间则无多大同源性，RFLP 相似率仅达 13%，这个结果表明至少有两个不同的 MLO 基因组类群与意大利的葡萄黄化病有关[21]。

葡萄黄化病不但发生于意大利，在法国、德国、美国也报道了与黄化症状相似的葡萄病害[27]。Prince 等通过 RFLP 分析对来自这些国家的 10 个株系进行了鉴定和分类，发现它们分属于三个不同的 MLO 基因组类群，其中来自美国弗吉尼亚的 FDVA1 株系和来自意大利北部的 FAU 株系属于 X 病类群；来自意大利南部帕格利尔地区的 FDB 株系和拉齐奥地区的 FDR 株系、北部的 CA1、CH1、SAN1、SAN2 株系以及来自德国的 FDG 株系都属于翠菊黄化病类群；而来自法国的 FDF 株系属于榆木黄化病类群[16]。

Lee 等研究了加拿大桃东方 X 病害（CX）和西方 X 病（WX）及三叶草黄化病（CYE）的关系，这三种病症状相似，寄主范围也相似，但亲缘关系不明。RFLP 分析结果发现 CX 与 WX 之间的相似率为 0.53，CX 与 CYE 之间为 0.31，WX 与 CYE 之间为 0.39，这三者虽然同属于 X 病类群，但显然代表着三个不同的基因型[9]。1993 年，Lee 等根据密执根翠菊黄化病的 16S rRNA 的保守区序列设计了一些引物，其中通用性引物 R16F2R2 只扩增病株中的核酸而不扩增健株中的核酸，他们利用这个引物扩增了来自北美洲、亚洲和欧洲的 40 种 MLO 的核酸，并进行 RFLP 分析，结果发现这 40 种 MLO 可以分为 9 个不同的 16S rRNA 组和 14 个亚组，其中 5 个组与 5 个根据核酸点杂交分析建立的基因组类群是一致的（表 1）[2]。

**表 1　据 16S rDNA 序列的 RFLP 分析而建立的类菌原体（MLO）分类[a]**

| MLO 株系 | MLO | 来源 | 16S rRNA 组[b] | 类群型[c] |
|---|---|---|---|---|
| BB | 番茄巨芽 | 阿肯萨斯 | I-A | AY（I） |
| OKAY1 | 西方翠菊黄化 | 俄克托苛马 | I-A | AY（I） |
| AY27 | 西方翠菊黄化 | 加拿大 | I-A | AY（I） |
| CN13 | 长春花细叶 | 康涅狄格 | I-A | AY（I） |
| CN1 | 长春花细叶 | 康涅狄格 | I-A | AY（I） |
| NJAY | 新泽西翠菊黄化 | 新泽西 | I-A | AY（I） |
| NAY | 东方翠菊黄化 | 加拿大 | I-A | AY（I） |
| AY1 | 马里兰翠菊黄化* | 马里兰 | I-B | AY（Ⅱ） |
| DAY | 西方翠菊矮缩黄化 | 加利福尼亚 | I-B | AY（Ⅱ） |
| SAY2 | 西方翠菊严重黄化 | 加利福尼亚 | I-B | AY（Ⅱ） |
| TLAY2 | Tulelake 翠菊黄化 | 加利福尼亚 | I-B | AY（Ⅱ） |
| OKAY3 | 西方翠菊黄化 | 俄克拉荷马 | I-B | AY（Ⅱ） |
| CY2 | 翠菊黄化 | 意大利 | I-B | AY（Ⅱ） |
| NYAY | 东方翠菊黄化 | 纽约 | I-B | AY（Ⅱ） |
| CPh | 三叶草变叶* | 加拿大 | I-C | AY（Ⅲ） |
| MIAY | 密执根翠菊黄化 | 密执根 | I-B | …[d] |
| SL1 | 长春花黄化 | 密苏里 | I-A | … |
| SL5 | 长春花黄化 | 密苏里 | I-B | … |
| SL7 | 长春花黄化 | 密苏里 | I-B | … |
| SL8 | 长春花黄化 | 密苏里 | I-B | … |
| Hyphl | 绣球花变叶* | 意大利 | I-B | … |
| $IO_bWB$ | 甘薯丛枝 | 中国台湾地区 | I-B | … |
| $P_aWB$ | 泡桐丛枝* | 中国台湾地区 | I-D | … |
| BBSI | 蓝浆果矮缩* | 密执根 | I-E | … |
| $P_nWB$ | 花生丛枝 | 中国台湾地区 | Ⅱ | … |
| RBCWB | 红鸟仙儿掌丛枝 | 中国台湾地区 | Ⅱ | … |
| UDI | 红鸟仙儿掌丛枝 | 中国台湾地区 | Ⅱ | … |
| CX | 加拿大桃 X 病* | 加拿大 | m-A | PX（I） |
| WX | 西方 X 病 | 加利福尼亚 | Ⅲ-A | PX（Ⅱ） |
| CYE | 三叶草黄化* | 加拿大 | Ⅲ-B | PX（Ⅲ） |
| LY3 | 可可致死黄化 | 佛罗里达 | Ⅳ-B | … |

续表

| MLO 株系 | MLO | 来源 | 16S rRNA 组[b] | 类群型[c] |
|---|---|---|---|---|
| EY1 | 榆木黄化* | 纽约 | Ⅴ | EY |
| EY2 | 榆木黄化 | 纽约 | Ⅴ | EY |
| EYlta | 意大利榆木黄化 | 意大利 | Ⅴ | EY |
| CP | 三叶草丛枝* | 加拿大 | Ⅵ | CP |
| PWB | 马铃薯丛枝 | 加拿大 | Ⅵ | CP |
| VR | 甜菜叶蝉传绿化病 | 加利福尼亚 | Ⅵ | … |
| AshY | 桉树黄化* | 纽约 | Ⅶ | AshY |
| LIWB | Loofah 丛枝* | 中国台湾地区 | Ⅷ | … |
| PPWB | 鸽子豌豆丛枝* | 佛罗里达 | Ⅳ | … |
| AP-A | 苹果丛枝 | 意大利 | X-A[e] | … |
| AP-G | 苹果丛枝 | 德国 | X-A[e] | … |
| ACLR | 杏树褪绿卷叶 | 意大利 | X-B[e] | … |

a. RFLP 分析所用限制酶：*Alu* Ⅰ、*Mse* Ⅰ、*Hpa* Ⅰ、*npa* Ⅱ、*Kpn* Ⅰ、*Eco*R Ⅰ、*Eco*R Ⅱ、*Dra* Ⅰ、*Rsa* Ⅰ、*Hinf* Ⅰ、*HaeII* Ⅰ、*Sau*3A、*Taq* Ⅰ、*Tha* Ⅰ；b. A、B、C、D 代表 16S rRNA 亚组；c. AY、PX、EY、CP、AshY 分别代表翠菊黄化、桃 X 病、榆木黄化、三叶草变叶、桉树黄化类群；d. 未定；e. 未发表资料；* 各亚组典型成员

最近，Lee 等设计出一些 16S rRNA 特异性引物，其中 R16F1/R1 能特异性地扩增 16S rRNAⅠ组，R16F2/R1 能特异性扩增Ⅱ组，R16F1/R1 能特异性扩增Ⅴ组，利用这 3 个特异性引物和通用性引物 R16F2/R2 同时进行 PCR 扩增、RFLP 分析就能鉴定出混合感染的 MLO 病原[26]。

Schneider 等根据 16S rRNA 基因序列合成了 5 个引物，对来自世界各地的 52 个 MLO 分离物进行 16S rDNA 的 PCR 扩增、RFLP 分析，发现利用 *Alu* Ⅰ酶可以将这些分离物分为 7 个组，Ⅰ～Ⅷ组的典型成员分别为美国翠菊黄化（AAY）、杏树褪绿卷叶（ACLR）、榆木黄化（AshY）、桉树黄化（EY）、苹果变叶（AP）、西方 X 病（WX）、甘蔗白叶（SCWL）[24]。

## 3　讨论

类菌原体仅能在植物的韧皮部为害，病原浓度低，在植物各器官内分布不均匀，在体外无法培养[26]，传统的生物学技术难于进行快速、精确、灵敏的检测和鉴定，给 MLO 的分类带来了极大的困难。而 RFLP 分析与 PCR 技术的结合给我们提供了一种十分灵敏的方法，即使在复杂的感染情况下，如一种植物或昆虫介体同时感染上 2 种或 2 种以上的 MLO，都能进行准确的鉴定。目前的工作已为我们提供了一个植物类菌原体分类的基本轮廓[2,24]，现在已有可能在不同的寄主中检测和鉴定尚不清楚的 MLO 病原。

RFLP 分析应用于植物类菌原体的鉴定和分类中只是近三年来的事[2,14-17,22-26]。早在 1974 年，Grozdzicker 等已将 RFLP 用作腺病毒温度敏感突变的遗传标记。此后，RFLP 得到了广泛的应用，范围包括人类遗传病的基因治疗、动植物遗传图谱的建立、植物亲缘关系和进化起源的研究、基因组结构的研究及基因突变的研究等领域[28]。

## 参 考 文 献


[1] McCoy RE, Candwell A, Chang CJ, et al. The mycoplasma, Vol 5. New York: Academic Press, 1989, 545-560

[2] Lee IM, Hammond RW, Davis RE, et al. Universal amplification and analysis of pathogen 16S rRNA for classification and identification of mycoplasmalike organisms. Phytopathology, 1993, 83: 834-842

[3] Davis RE, Lee IM, Douglas SM, et al. Molecular cloning and detection of chromosomal and extrachromosomal DNA of the mycoplasmalike organism associated with little leaf disease in periwinkle (*Catharanthus roseus*). Phytopathology, 1990, 80: 789-793

[4] Davis RE, Lee IM, SinclairWA, et al. Cloned DNA probes specific for detection of a mycoplasmalike organism associated with ash yellows disease. Mol Plant Microbe Interact, 1992, 5: 163-169

[5] Lee IM, Davis RE, Hiruki C. Genetic Interrelatedness among clover proliferation mycoplasmalike organisms (MLOs) and other MLOs investigated by nucleic acid hybridization and restriction fragment length polymorphism analyses. Appl Environ Microbiol, 1991, 57: 3565-3569

[6] Lee IM, Davis RE, Chen TA, et al. Classification of MLOs in the aster yellows MLO strain cluster on basis of RFLP analyses. Phytopathology, 1991, 81: 1169

[7] Lee IM, Davis RE, Hiruki C. Development and use of cloned nucleic acid hybridization probes for disease diagnosis and detection. Phytopathology, 1990, 80: 958

[8] Lee IM, Gunderson DE, Davis RE, et al. Classification of MLOs in the aster yellows MLO strain cluster on basis of RFLP analyses. Phytopathology, 1991, 81: 1179

[9] Lee IM, Gunderson DE, Davis RE, et al. Detection of DNA of plant pathogenic mycoplasmalike organisms by a polymerase chain reaction that amplifies a sequence of the 16S rRNA gene. Journal of Bacteriology, 1992, 174: 6694-6698

[10] 朱立煌. RFLP连锁图与遗传育种. 作物杂志, 1991, 3: 7-9

[11] Lim P, Sears BB. 16S rRNA sequence indicates that plant-pathogenic mycoplasmalike organisms are evolutionarily distinct from animal mycoplasmas. Journal of Bacteriology, 1989, 171: 5901-5906

[12] Deng S, Hirukic C. J Microbiol Methods. 1991, 14: 53-61

[13] Ahrens U, Seemüller E. Detection of DNA of plant pathogenic mycoplasmalike organisms by a polymerase chain reaction that amplifies a sequence of the 16S rRNA gene. Phytopathology, 1992, 82: 828-832

[14] Lee IM, Hammond RW, Davis RE, et al. Universal amplification and analysis of pathogen 16S rDNA for classification and identification of mycoplasmalike organisms. Phytopathology, 1993, 83(8): 834-842

[15] Mogen BD, Oleson AE. Homology of pCS1 Plasmid Sequences with Chromosomal DNA in *Clavibacter michiganense* subsp. *sepedonicum*: evidence for the presence of a repeated sequence and plasmid integration. Appl Environ Microbiol, 1987, 53: 2476-2481

[16] Prince JP, Davis RE, Wolf TK, et al. Molecular detection of diverse mycoplasmalike organisms (MLOs) associated with grapevine yellows and their classification with aster yellows, X-disease, and elm yellows MLOs. Phytopathology, 1993, 83: 1130-1137

[17] Davis RE, Prince JP, Hammond RW, et al. Detection of Italian periwinkle virescence mycoplasmalike organism (MLO) and evidence of its relatedness with aster yellows MLOs based on polymerase chain reaction amplification of DNA. Petria, 1992, 2: 184-193

[18] Deng S, Hiruki C. Genetic relatedness between two nonculturable acid hybridization and polymerase chain reaction. Phytopathology, 1991, 81: 1475-1479

[19] Kirkpatrick BC, Gao J, Harrison NA. Phylogenetic relationships of 15 MLOs established by PCR sequencing of variable regions within the 16S ribosomal RNA gene. Phytopathology, 1992, 82: 1083

[20] Lee IM, Davis RE, Sinclair WA, et al. Genetic relatedness of mycoplasmalike organisms detected in *Ulmus* spp. in the United States and Italy by means of DNA probes and polymerase chain reactions. Phytopathology, 1993, 83: 829-833

[21] Davis RE, Dally EL. Bertaccini, restriction fragment length polymorphism analyses and dot hybridizations distinguish mycoplasmalike organisms associated with Flavescence Dorée and southern European grapevine yellows disease in Italy. Phytopathology, 1993, 83: 772-776

[22] Lee IM, Davis RE, Chen TA, et al. Genotype-based system for identification and classification of mycoplasmalike organisms (MLOs) in the aster yellows MLO strain cluster. Phytopathology, 1992, 82: 977-986

[23] Davis RE, Lee IM. Cluster-specific polymerase chain reaction amplification of 16S rDNA sequences for detection and identification of mycoplasmalike organisms. Phytopathology, 1993, 83: 1008-1011

[24] Schneider B, Ahrens U, Kirkpatrick BC. Classification of plant-pathogenic mycoplasma-like organisms using restriction-site analysis of PCR-amplified 16S rDNA. J Gen Microbiol, 1993, 139: 519-527

[25] Griffiths HM, Sinclair WA, Davis RE. Characterization of mycoplasmalike organisms from *Fraxinus*, *Syringa*, and associated plants from geographically diverse sites. Phytopathology, 1994, 84: 119-126

[26] Lee IM, Gundersen DE, Hammond RW, et al. Use of mycoplasmalike organism (MLO) group-specific oligonucleotide primers for nested-PCR assays to detect mixed-MLO infections in a single host plant. Phytopathology, 1994, 84: 559-566

[27] Caudwell A. Epidemiology and characterization of flavescence doree (FD) and other grapevine yellows. Agronomie, 1990, 10: 655-663

# cDNA 文库和 PCR 技术相结合的方法克隆目的基因

鲁国东[1]，王宗华[1]，郑学勤[2]，谢联辉[1]

（1 福建农业大学植物保护系，福建福州 350002；
2 中国热带农业科学院热带生物技术国家重点实验室，海南儋州 571737）

**摘　要**：建立了一个以 PCR 为基础，结合 cDNA 文库构建来克隆基因的方法，即通过寻找基因的保守区段，设计合成一对特异性引物——以双链 cDNA-pBluescript Ⅰ SK 载体连接物为模板，利用载体上的标准测序引物和基因的特异性引物——PCR 扩增出包含 cDNA 两末端部分的基因。运用该方法我们克隆了稻瘟病菌（*Magnaporthe grisea*）的 3-磷酸甘油醛脱氢酶基因（*gpd*）。与其他克隆方法相比，该方法不但稳定而且有快速与简便的优点。

**关键词**：基因克隆方法；cDNA 文库；PCR 技术；稻瘟病菌

# Gene isolated by using a new method based on DNA library and PCR technique

LU Guo-dong[1]，WANG Zong-hua[1]，ZHENG Xue-qin[2]，XIE Lian-hui[1]

（1 Department of Plant Protection，Fujian Agricultural University，Fuzhou 350002；
2 National Key Biotechnology Laboratory for Tropical Crops，Chinese Academy of Tropical Agricultural Sciences，Danzhou 571737）

**Abstract**：A simple and efficient method was established for cloning full cDNA by polymerase chain reaction（PCR）and cDNA library screening. Two specific primers were synthesized based on the conserved sequences of genes. Ligation products of dscDNA-pBluescript Ⅰ SK were used as template directly in PCR experiments. The 3′region cDNA was amplified by using specific primer P1 and the standard sequencing primer T7. The 5′region of cDNA was amplified hy using specific primer P2 and the sequencing primer T3. We cloned the glyceradehyde-3-phosphate dehydrogenase gene of *Magnaporthe grisea* by this new method.

**Key words**：gene cloning ；new method；cDNA library；PCR technique；*Magnaporthe grisea*

基因的克隆为分子生物学和基因工程研究的基础。近年来随着生物技术的发展，出现了越来越多的克隆基因的方法和手段。例如，基因组减法技术、转座子标记技术、差异 cDNA 显示技术、基因组定位和标记技术等[1-3]。但通过聚合酶链反应（PCR）的方法克隆目的基因仍为已知的最为简便的方法。PCR 法的原理是以目标生物体的总 DNA 或 RNA（对于 RNA，需逆转录为 cDNA）为模

农业生物技术学报，1998，6（3）：257-261
收稿日期：1998-01-05

板，以人工合成的一对寡核甘酸为引物，在适宜反应体系下，通过变性、退火和延伸的多次循环，扩增出介于两个引物之间的DNA片段。若该对引物分别位于某一基因的5′端和3′端，则就可以扩增出完整的目的基因。PCR法克隆基因的关键是特异性引物的设计与合成。要在一个物种中克隆新基因，一般的方法是参照其他物种中该基因的两末端序列，设计一对引物，但对于许多基因来说，在各物种间的保守性并不是那么大，而且往往在基因的两末端不具保守序列，或者两末端虽具有保守序列，但该序列不适宜设计为PCR引物。因此，采取PCR法直接克隆基因就行不通，而往往是通过在基因内部寻找保守区段，并以之为基础设计引物，借助PCR扩增出基因的一部分，然后将该部分标记为探针，从基因文库或cDNA文库中钓起相应的完整基因。也可以采取在cDNA的5′端通过末端转移酶加上同聚寡核苷酸引物，与基因内部的一端特异性引物扩增出包含cDNA 5′端的基因片段，利用cDNA 3′端的寡聚核苷酸oligo（dT）和基因内部的另一端特异性引物扩增出包含cDNA 3′端的基因片段[4]。但探针杂交从文库中钓取基因的过程较为复杂，易受假阳性的干扰，而cDNA末端加同聚寡核苷酸引物的方法则极不稳定。为此，本实验建立了一个以PCR为基础，结合cDNA文库的构建来克隆基因的快速方法，并用此方法克隆了稻瘟病菌的3-磷酸甘油醛脱氢酶基因（*gpd*）。

## 1 材料与方法

### 1.1 材料

所用稻瘟病菌菌株85-14B1为水稻的强致病菌株，由中国水稻研究所生物工程系提供，大肠杆菌宿主菌株DH5α，克隆载体pBluescriptⅠ SK（简写为pBS）均由中国热带农业科学院热带生物技术国家重点实验室提供。包含*Asperillus nidulans*的*gpdA*基因的质粒pAN5-22由Dr. Punt惠赠。

限制性内切核酸酶和cDNA合成试剂盒为Promega公司产品，DNA合成试剂为ABI公司产品，地高辛标记与检测试剂盒为Boeheringer Mannheim公司产品，PCR试剂盒、T3引物（5′-ATTAACCCTCACTAAAGGGA-3′）和T7引物（5′-TAATACGACTCACTATAGGG-3′）均为华美公司产品。

### 1.2 稻瘟病菌mRNA的提取

培养稻瘟病菌85-14B1的菌丝，过滤收集菌丝后用3倍体积的0.9%NaCl冲洗，放入研体，加液氮磨成粉末，然后按Sambrook等[5]中盐酸胍和有机溶剂的方法抽提总RNA，再用Promega公司的磁吸附法提取mRNA（见产品说明）。

### 1.3 稻瘟病菌cDNA的合成

以oligo（dT）15为引物按Promega公司cDNA合成试剂盒说明合成稻瘟病菌的cDNA。合成后的双链cDNA进行Sepharose CL-4B离心柱层析后，在两末端加上*Eco*RⅠ接头，并与经*Eco*RⅠ完全酶切的pBS质粒相连。

### 1.4 引物的合成和PCR反应

通过计算机比较已报道的12种丝状真菌的*gpd*基因核苷酸序列[6-8]，找出最为保守的区域，结合PCR引物的设计原则，设计了一对引物：P1：5′-GAGTCCACTGGTGTCTTCAC-3′，P2：5′-CCACTCGTTGTCGTACCA-3′。

按图1所示，以稻瘟病菌的双链cDNA＋pBS连接反应物为模板，利用标准测序引物T3和特异性引物P3扩增基因的5′端序列，利用测序引物T7和特异性引物P1扩增基因的3′端序列。PCR反应条件为：94℃变性50s，50℃退火90s，72℃延伸150s，30个循环后72℃保温7min。

### 1.5 PCR产物的克隆

PCR产物经低熔点琼脂糖凝胶回收后，克隆到pBS/*Sma*Ⅰ T载体上。T载体的构建按Marchuk等[9]的方法。用限制性内切核酸酶消化后，经琼脂糖凝胶电泳鉴定重组克隆。

## 2 结果与分析

### 2.1 稻瘟病菌mRNA提取及cDNA的合成

稻瘟病菌总RNA提取后经紫外分光光度计测定，$OD_{260}/OD_{280}=1.9$，其紫外吸收曲线显示典型的核酸吸收峰，说明RNA较纯净。1%的甲醛琼脂糖凝胶电泳结果显示有三条明显的条带，它们为RNA中含量最大的28S、18S和5S，而且在这三条带之间均匀分布着大小不同，相互之间无法辨认的RNA带，它们为不同分子质量的mRNA和一

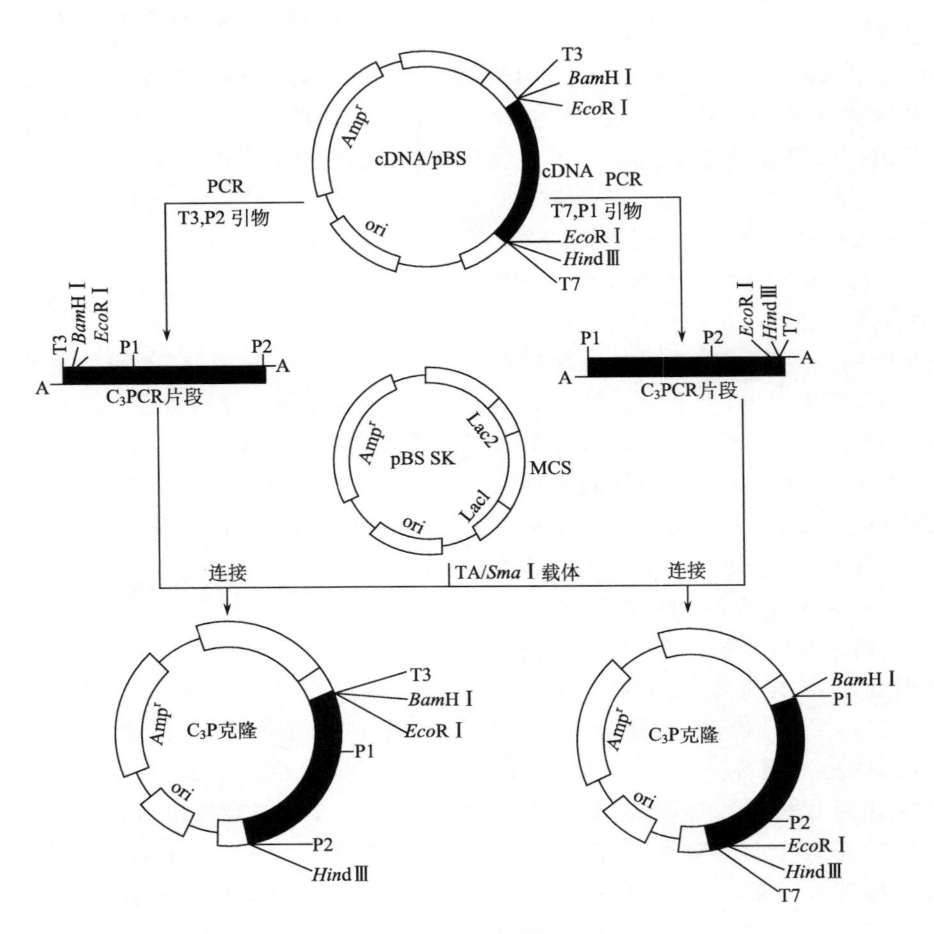


图 1　*gpd* 基因的克隆策略

些低分子质量的其他 RNA（如 tRNA、核内小分子 RNA 等）（图略）。说明所抽提的 RNA 完整性较好，未被降解。因此，我们用此总 RNA 进行 mRNA 的分离，并合成了 cDNA 第一、二条链。双链 cDNA 末端加接头后与 pBS 质粒相连。

## 2.2　PCR 反应及产物的克隆

在正式克隆前，首先对合成的引物进行了检验。以稻瘟病菌 85-14B1 总 DNA 为模板，合成的 P1 和 P2 为延伸引物，结果扩增出一条分子质量在 750bp 左右的特异性条带（图略）。该长度与其他真菌 *gpd* 基因核苷酸序列中对应位置的长度相似，说明所扩增出的条带很可能即为稻瘟病菌 *gpd* 基因的一部分，非同位素地高辛（DIG）标记的 pAN5-22 探针可以与该条带杂交，进一步证实了该推测。以上试验证明，我们设计的引物正确。

双链 cDNA 与 pBS 连接后，以连接混合物为模板，利用测序引物 T3 和引物 P2，经 PCR 后扩增出一条长约为 1000bp 的特异性条带，命名为 $C_5$PCR片段；利用测序引物 T7 和引物 P1，扩增出一条长约为 800bp 的特异性条带，命名为 $C_3$PCR 片段（图 2）。上述两片段经低熔点凝胶回收后，与 pBS/T 载体连接，转化大肠杆菌 DH5α，涂布在 X-gal 和 IPTG 的氯苄青霉素平板中，分别获得近 100 个白色菌落。其中 $C_5$PCR 片段得到的克隆称为 $C_5$P 克隆，$C_3$PCR 片段得到的克隆称为 $C_3$P 克隆。分别挑选白色菌落，小量培养后抽提质粒 DNA，用 1%琼脂糖凝胶电泳分析，选出分子质量比质粒对照大的 $C_5$P 克隆和 $C_3$P 克隆，做双酶切 *Bam*H Ⅰ/*Hind*Ⅲ鉴定（图 3 和图 4）。结果发现 $C_5$P2、$C_5$P4 和 $C_3$P6 分别具有 1kb 左右的插入片段，从图 1 的基因克隆策略，参照其他真菌 *gpd* 基因的序列长度，我们推测该 1kb 左右片段即为包含稻瘟病菌 *gpd* 基因 5′端序列的片段。$C_3$P15 和$C_3$P20 在 800bp 左右的插入片段，该片段即可能为包含稻瘟病菌 *gpd* 基因 3′端部分的片段。

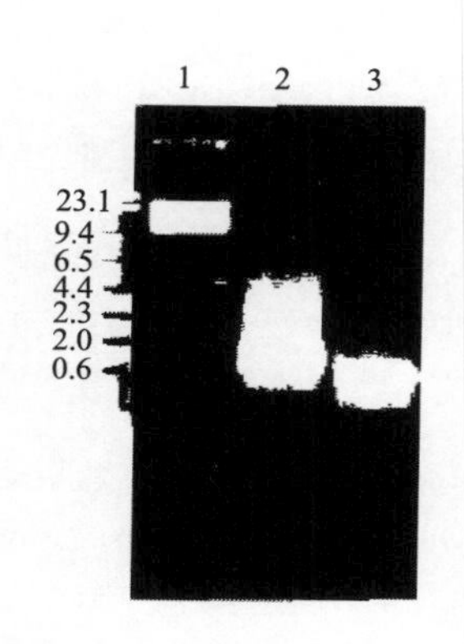


图 2 cDNA 5′端和 3′端片段的 PCR 扩增

1. λ*Hind*Ⅲ maker；2. $C_5$PCR 片段；3. $C_3$PCR 片段

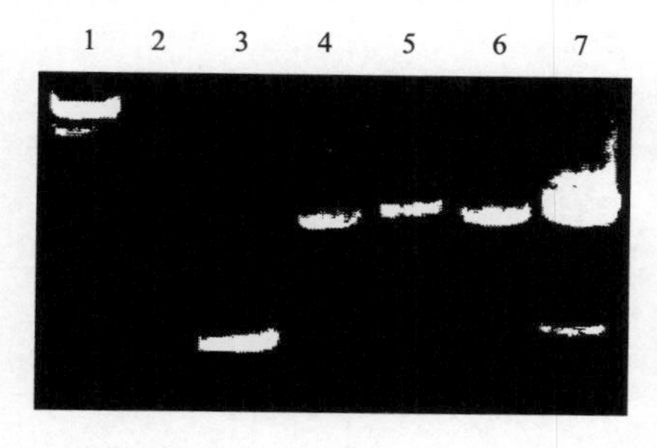


图 3 $C_5$P 克隆双酶切（*Bam*HⅠ/*Hind*Ⅲ）电泳鉴定

1. λ*Hind* Ⅲ marker；2. 线状 pBS 质粒 DNA；3. $C_5$PR 片段；4～7. 分别为 $C_5P_1$、$C_5P_2$、$C_5P_4$、$C_5P_5$ 克隆

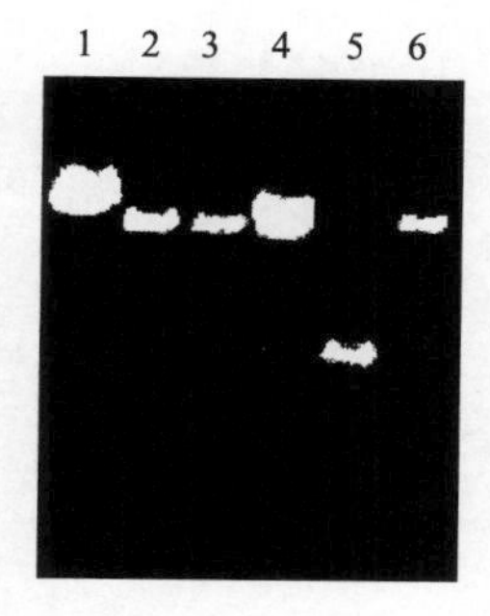


图 4 $C_3$P 克隆双酶切（*Bam* HⅠ/*Hind* Ⅲ）电泳鉴定

1～4. 分别为 $C_3P_{11}$、$C_3P_{15}$、$C_3P_{18}$、$C_3P_{20}$ 克隆；5. $C_3$PCR 片段；6. 线状 pBS 质粒 DNA

根据我们的克隆策略以及 P1、P2 引物在同源基因中的位置，该两片段将有部分序列交叉重复。分别测序后根据重复序列进行合并，获得稻瘟病菌 *gpd* 基因的全部编码区序列。该序列长 1011bp，编码 336 个氨基酸，与已知真菌的 *gpd* 基因序列相比，其核苷酸序列同源性为 61.4%～86.3%，氨基酸序列同源性为 64.6%～86.3%，特别在该酶的活性功能区具有近 100%的相同氨基酸序列（结果另文发表）。

## 3 讨论

cDNA 合成和克隆中最为关键的一步是总 RNA 和 mRNA 的提取。本试验使用盐酸胍和有机溶剂的方法抽提稻瘟病菌的总 RNA。比通常所用的异硫氰酸胍和氯化铯超速离心的方法花费低且无需超速离心。使用 Promega 公司的磁力吸附法分离 mRNA 具有快速、简便和得率高的优点，本试验也证明该方法分离的 mRNA 纯度足以满足 cDNA的合成及克隆需要。

人们发现 *Taq* DNA 聚合酶具有不依赖于模板的 3′端转移酶活性，往往在扩增后 DNA 片段的 3′端加上一个碱基，而且强烈地偏向加上腺嘌呤 A。因此若采取与平末端载体相连的方式克隆 PCR 片段，效率通常很低，为了提高克隆效率，一般采用的方法是在引物 5′端添加限制性内切核酸酶识别位点，扩增结束后通过限制酶作用使 DNA 片段的两端产生黏性末端，然后相应地在载体上也用同样限制酶切割产生互补的黏性末端，这样连接可以大大地提高克隆效率。但当限制酶识别序列太靠近 DNA 片段的末端时，许多限制酶往往不能切割。所以通常要在引物的 5′端加上至少 12 个碱基，这势必增加了合成引物的费用。另一种方法是将扩增后的 PCR 片段用 T4 DNA 聚合酶补平，与经平末端酶（*Sma*Ⅰ、*Eco*R Ⅴ）消化并脱磷酸的载体连接、克隆，但该方法的克隆效率同样较低。本试验利用 *Taq* DNA 聚合酶的 3′端转移酶特性，预先在载体的 3′端加上碱基 T，构建成 T 载体，这样正好与 PCR 片段 3′端的碱基 A 互补，形成黏性末端的连接，大大提高了连接效率。同时载体末端的碱基 T 可以防止载体自连。

本试验所用方法具有普遍适用性，它的优点在于只需从基因内部寻找一个特异性序列，作为引物，就可以借此扩增包含 cDNA 5′端或 3′端序列的基因。基因之间存在同源性是生物中存在的普遍现象，寻找同源序列并不困难。与探针杂交筛选 cDNA 文库相比，本方法不但简便、快速，而且更为灵敏。因为从理论上说只要存在一个分子的目的 DNA 模板，就可以通过 PCR 扩增到该 DNA 片段。因此本方法只要有一个分子的双链 cDNA-pBS 连接产物就有可能通过 PCR 获得目的基因。而用探针筛选文库的方法中，一方面 cDNA 文库构建时，双链 cDNA-pBS 连接产物或双链 cDNA-λ 噬菌体载体连接产物必须通过转化或转染大肠杆菌细胞获得 cDNA 文库，此过程中转化效率的限制势必影响含有目的基因克隆的获得；另一方面，探针杂交中存在漏检和易受假阳性干扰的问题。我们已经将克隆的稻病菌 *gpd* 基因 cDNA 两端分别测序，获得的序列与其他丝状真菌 *gpd* 基因序列有着高度的同源性，进一步说明本方法可行。当然，用 PCR 的方法克隆基因存在 *Taq* DNA 聚合酶误配的问题，但可通过重复实验加以解决。

## 参 考 文 献


[1] Gibson S, Somerville C. Isolating plant genes. TibTech, 1993, 11(7):306-313

[2] Liang P, Pardee AB. Differential display of eukaryotic messenger RNA by means of the polymerase chain reaction. Science, 1992, 257(14):967-971

[3] Lisitsyn N, Lisitsyn N, Wigler M. Cloning the differences between two complex genomes. Science, 1993, 259(12):946-951

[4] 朱平. PCR 基因扩增实验操作手册. 北京：中国科学技术出版社，1992

[5] Sambrook J, Fritsch EF, Maniatis T. Molecular cloning: a laboratory manual. 2nd. New York: Cold Spring Harbor Laboratory Press, 1989

[6] Punt PJ, Dingemanse MA, Jacobs-Meijsing BJM, et al. Isolation and characterization of the glyceraldehyde-3-phosphate dehydrogenase gene of *Aspergillus nidulans*. Genet, 1988, 69: 49-57

[7] Smith TL, Leong SA. Isolation and characterization of a *Ustilago maydis* glyceraldehyde-3 -phosphate dehydrogenase-encoding gene. Gene, 1990, 93:111-117

[8] Templeton MD, Rikketink EHA, Solon SL, et al. Cloning and molecular charaterization of the glyceraldehyde-3-phosphate dehydrogenase-encoding gene and cDNA from the plant pathogenic fungus *Glomerella cingulata*. Gene, 1992, 122:225-230

[9] Marchuk D, Drumn M, Saulino A . Construction of T-vectors, a rapid and general system for direct cloning of unmodifled PCR products. Nucl Acrds Res, 1991, 19(5):1154

# 植物抗病基因的研究进展

张春嵋，吴祖建，林奇英，谢联辉

（福建农业大学植物保护系，福建福州　350002；福建省植物病毒学重点实验室，福建福州　350002）

**摘　要**：近年来，已有10多个植物抗病基因被克隆并定序。植物抗病基因编码的蛋白，大多含有富氨酸重复单位（LRR）和核苷酸结合位点（NBS）等结构。在植物与病原物的互作中，这些蛋白可作为受体识别由病原物无毒基因编码的激发子，从而激发一系列防卫反应，使植物表现出抗病性。克隆的植物抗病基因可用于培育基因工程植株而大大加快育种速度。本文对目前植物抗病基因研究中存在的问题及发展前景也进行了探讨。

**关键词**：植物抗病基因；作用机制；应用

# Advances in plant disease resistance gene

ZHANG Chun-mei，WU Zu-jian，LIN Qi-ying，XIE Lian-hui

（Department of Plant Protection，Fujian Agricultural University，Fuzhou　350002；Fujian Key Laboratory of Plant Virology，Fujian Agricultural University，Fuzhou　350002）

**Abstract**：More than ten plant disease resistance genes have been cloned and sequenced in the past several years. Proteins encoded by resistance genes usually contain leucine - rich repeats（LRR） and nucleotide binding site（NBS）. Pathogens carrying avirulence genes can be recognized by plant disease resistance genes. The recognition will then induce a series of defense responses and prevent the plant from being ill. Cloned resistance genes can be used in transgenic plants and greatly speed up plant breeding. The problems and prospects in this research area were also discussed.

**Key words**：plant disease resistance gene ；mechanism；application

植物抗病性及其机制研究一直是植物病理学和植物抗病育种中的热点问题。植物受到病原物侵染后，最常见的表现方式是通过诱导产生过敏反应，进而激发一系列防卫反应，产生组织或全株抗性。根据基因对基因学说，这种诱导是从植物对来自病原物的特异信号分子或称激发子（elicitor）的识别开始的。激发子直接或间接地由病原物的无毒基因（avirulence gene，*avr* 基因）编码，而植物抗病基因（disease resistance gene，*R* 基因）则编码激发子的受体。根据 *R* 基因和 *avr* 基因显性互作时，寄主才表现出抗性，其他情况下寄主均表现为感病[5]。

多年来人们应用遗传图谱和分子标记技术，已经对一些主要农作物的重要抗病基因进行了定位和遗传学研究，如水稻的抗稻瘟病基因[1-2,6-9]。但是在1992年植物抗病基因的研究才真正取得突破性

生物技术通报，1999，15（1）：22-27

进展，首次从玉米中克隆到 *Hml* 基因[10]。至今已有 10 多个 *R* 基因被克隆出来，部分基因的结构、功能和抗病机制已明确，有可能利用这些基因进行分子育种，为在生产上有效控制植物病害提供了一条新途径。本文拟就抗病基因的研究现状、存在的问题和发展前景做一评述。

# 1 *R* 基因的克隆及特性

植物抗病基因通常成簇位于植物基因组的特殊区域，构成一个序列相似的可特异识别不同病原物的多基因家族。例如，大麦中已经确认在 *Mla* 基因座位上有 23 个识别不同禾白粉菌（*Erysiphe graminis*）的基因[11]，亚麻中的 M 座位也有 7 个锈病抗性基因紧密连锁[12]。

20 世纪 90 年代以来，基于作图的基因克隆（map-based gene cloning）和转座子示踪（transposon tagging）等基因分离技术的迅速发展，使 *R* 基因的克隆成为可能。1992 年 Johal 和 Briggs[10] 通过转座子示踪法，首次从玉米中克隆到抗圆斑病基因 *Hml*。*Hml* 基因编码一个依赖于 NADPH 的 HC-毒素还原酶（HCTR），能使病原真菌炭色旋孢腔菌（*Cochliobolus carbonum*）产生的致病因子 HC-毒素失活。但 HC-毒素缺陷菌株对不含 *Hml* 的寄主也没有致病性，说明 *Hml* 与 HC-毒素基因的作用机理与经典的基因对基因关系有所区别。此后克隆到的 *R* 基因均符合基因对基因作用模式（表 1）。

**表 1　植物抗病基因的分离及其产物特性**

| *R* 基因 | 植物 | 分离方法 | 拮抗病原物 | 基因产物特性 | 类型 |
|---|---|---|---|---|---|
| *Hml*[10] | 玉米 | 转座子示踪 | *Cochliobolus carbonum* 小种 1 | 毒素还原酶 | 1 |
| *Pot*[13] | 番茄 | 基于作图 | *Pseudomonas syingae* pv. *tomato* | Ser/Thr 蛋白激酶 | 2 |
| *Xa*21[14] | 水稻 | 基于作图 | *Xanthomonas oryzae* pv. *oryzae* | LRR，Ser/Thr 蛋白激酶，TM | 3 |
| *Cf*-9[15] | 番茄 | 转座子示踪 | *Cladosporium fulvun* | LRR，TM | 4 |
| *Cf*-2[16] | 番茄 | 基于作图 | *Cladosporium fulvum* | LRR，TM | 4 |
| *Hsl*pro-[17] | 甜菜 | 基于作图 | *Heterodera schachtii* | LRR，TM | 4 |
| *L*6[18] | 亚麻 | 转座子示踪 | *Melampsora lini* | NBS，LRR | 4 |
| *N*[19,20] | 烟草 | 转座子示踪 | 烟草花叶病毒 | IL-IR，NBS，LRR | 4 |
| *Prf*[21] | 番茄 | 基于作图 | *Pseudomona syringac* pv. *tomato* | LZ，NBS，LRR | 4 |
| *RPM*1[22] | 拟南芥 | 基于作图 | *Pseudomonas syringae* | LZ，NBS，LRR | 4 |
| *RPS*2[23,24] | 拟南芥 | 基于作图 | *Pseudomona syringae* pvs. *tomato* & *maculicola* | LZ，NBS，LRR | 4 |

Ser：丝氨酸；Thr：苏氨酸；LRR：富亮氨酸重复单位；TM：跨膜域；NBS：核苷酸结合位点；LZ：亮氨酸拉链；IL-IR：白细胞介素-1 受体

从表 1 可以看出，虽然植物的种类各不相同，所拮抗的病原物类型也不一样，但 *R* 基因产物的序列和结构上有许多共同特征，如许多 *R* 基因编码的蛋白均含有 C 端的富亮氨酸重复单位（LRR）和 N 端的核苷酸结合位点（NBS）。LRR 常与蛋白之间的相互作用有关，在植物与病原物的互作中可能作为与激发子结合的受体域。根据基因产物的结构特点，可将 *R* 基因分为 4 种类型：*Hml* 编码还原酶、*Pto* 编码激酶、*Xa*21 编码含 LRR 和激酶功能域的蛋白，这三者分别代表一种类型，其余编码含 LRR 而无激酶功能域的蛋白，可归为类型 4。根据编码蛋白是否含有 NBS，又可将第 4 型 *R* 基因分成 2 个亚型，虽然根据蛋白的结构特点，尤其是它们与在动物的免疫系统中起受体和信号传递作用的蛋白（如 IL-1R）在结构上的相似性，可以推测其功能，但除 *Pto* 外，关于这些 *R* 基因的产物如何在防卫反应的激发中起作用仍然缺乏直接的证据。可以肯定的是，这些蛋白质有的定位于胞内（如 N 和 Pto），有的为跨膜蛋白（如 *Cf*-9 和 *Xa*21），它们与病原物 *avr* 基因产物的互作机制，应该不只是一种简单模式。

# 2 *R* 基因的作用机制

## 2.1 *R* 基因与 *avr* 基因的互作

关于 *R* 基因和 *avr* 基因的互作机制，有一种假设已被广泛接受，即激发子/受体模式，这是从基因对基因学说发展而来的，该模式认为植物体内*R*基因编码的产物（即受体）可识别出病原物*avr*基因所编码的产物（即激发子），进而激发防卫反应。

对于受体与激发子识别的场所是在胞内还是胞外，至今仍不能确定。一般认为，识别过程是在胞外进行的。例如，水稻的*Xa*21基因，其编码蛋白与动物的酪氨酸受体激酶类似，N端位于胞外，含有LRR，C端为胞内的激酶功能域，中间则为跨膜区域[14]。这样的蛋白结构就能单独完成胞外信号的接收和转换：含LRR的胞外域识别并结合来自病原物的激发子，由此激活胞内的催化域，从而引发防卫反应。但是编码胞内蛋白的*R*基因如何在胞外病原物的识别中起作用？编码蛋白激酶的*Pto*基因能否单独完成特异性识别以启动防卫应？这些疑问曾使人们对激发子/受体模式产生怀疑。有一种观点认为，有些植物病原细菌也像某些哺乳动物的病原菌那样，通过一种类似Ⅲ型的蛋白分泌系统，将*avr*基因编码的蛋白直接引入植物细胞并与胞内的蛋白作用[25]。已有证据表明这种机制是可能的，如当丁香假单胞菌大豆致病变种（*P. syringae* pv. *glycinea*）的*avrB*基因在植物细胞中表达时，可诱导出依赖*R*基因的过敏反应[26]。*Pto*-*avrPto*基因互作的研究也显示病原细菌的avrPto蛋白进入植物细胞后，可与胞内的*Pto*激酶直接作用[27]。至于病原真菌是否也采用这种机制，目前还不清楚。

对*Pto*及其连锁基因的研究揭示了植物*R*基因与病原细菌*avr*基因的互作机制。番茄中引起对杀虫剂倍硫磷（fenthion）敏感的*Fen*基因与抗丁香假单胞杆菌的*Pto*基因紧密连锁，且两者的序列同源性的80%以上，但*Fen*编码的蛋白并不与*avrPto*蛋白作用。而当Fen蛋白中加入一小段来自Pto蛋白的与底物结合有关的片段时，就可以和avrPto蛋白作用了。相反，若在*Pto*或*avrPto*基因的相关位点发生突变，则Pto和avrPto蛋白的相互作用就受到干扰[27,28]。可见*Pto*和*avrPto*基因的特定序列决定了寄主对病原物识别的特异性。

研究结果也表明，*Pto*和*avrPto*基因的识别还需要*Prf*基因的参与[21]。*Prf*基因与*Pto*基因紧密连锁，编码一个含LRR和NBS的蛋白。从结构上看，*Pto*和*Prf*基因编码的蛋白分别类似于水稻*Xa*21基因编码蛋白的胞外和胞内域，由此推测Pto和Prf蛋白很可能形成了一个以成分的受体体系，在功能上相当于*Xa*21所编码的类酪氨酸受体激酶。是否可以进一步推测，类型4的有些*R*基因（如*Cf*-9）也和*Prf*基因一样，与编码类似于Pto激酶的另一基因共同完成与*Xa*21基因相当的功能呢？但奇怪的是，含LRR和Prf蛋白却与特异性无关，avrPto蛋白进入植物细胞后不与Prf结合，而是与Pto直接结合，有可能是形成一个复合物后再与Prf结合[28]。目前尚不清楚其他*R*基因对病原物*avr*基因的识别是与*Pto*和*Prf*的关系类似，由类似*Pto*的基因决定识别的特异性，还是与*Pto*-*Prf*不同，由含LRR的*R*基因完成对病原物的识别。虽然LRR常与蛋白与蛋白的相互作用有关，但LRR与病原物的激发子之间的作用还缺乏直接的证据，对LRR的结构也还不甚了解。

## 2.2 防卫反应的激发

与防卫反应有关的某些植物防卫基因的表达调控已有较深入的研究[3]，相比之下，在*R*基因识别*avr*基因之后是如何进行信号传导进而激发防卫反应的，还不是清楚。*Pto*及相关基因的互作研究为此提供了一些线索。Zhou等[29]发现激酶活性为Pto蛋白发挥抗病功能所必需，认为avrPto蛋白的结合可能直接激活了Pto蛋白的激酶活性，并将与Pto蛋白结合的Ptil蛋白磷酸化，进而引发其下游蛋白的一系列磷酸化级联反应。这个研究小组还鉴定出与激发过程有关的另外3个基因*Pti*4、*Pti*5和*Pti*6[30]。Pto激酶直接作用于这些基因编码的蛋白并使之磷酸化，而这些蛋白磷酸化之后又要特异地识别一段DNA序列并与之结合[30]。该DNA序列存在于编码PR蛋白（pathogen-related protein，病程相关蛋白）的许多基因的启动子区域内，意味着*Pti*可能参与了*PR*基因的表达调控，从而在*R*基因和防卫基因之间建立了直接的联系。拟南芥中也发现了类似*Pti*的基因[31]，但其编码蛋白的结构和功能及在细胞中的定位均有待进一步研究。

烟草的*N*基因编码的蛋白也是一个胞质内定位的蛋白，其氨基端与哺乳动物IL-1R和果蝇Toll蛋白的胞质域具有同源性[20]。在哺乳动物的免疫系统中，对病原物信号的识别是在胞外进行的。IL-1R的胞质域在病原物信号的作用下，可引起转录因子NF-αB的激活及从胞质到胞核的移位，进而激活防卫基因的转录和表达。烟草的N蛋白有可能也采用了类似的机制[5]，这是一种不同于Prf-

Pto 激活机制。但目前这只是推测，因为至少有一个问题需要回答，那就是，谁来完成胞外信号的识别呢？

## 3　*R* 基因的应用

传统的植物抗病育种已有近百年的历史，鉴定出了众多抗病基因，也培育出不少抗病品种，为抗病基因的分离与利用提供了很好的材料。而抗病基因的定位和克隆，不仅为这些基因的有效利用和定向操作、改良农作物品种、培育基因工程植株提供了可能，而且势必大大加快育种速度并提高时效。例如，水稻白叶枯病是亚洲和非洲最重要的病害之一，按照传统的育种程序培育抗病品种需要 7～10 年，若以克隆的 *R* 基因（如 *Xa*21）转化植株，则可望在 2 年内育成。另外，由于常常存在基因连锁现象，按传统育种程序往往很难获得既有抗病性，又良好农艺性状（如稻米品质、产量）的品种，而 *R* 基因克隆之后，其可操作性大大提高，在品种改良上将具有更大的优越性。

目前，在抗病毒基因工程中使用较多的策略，多是利用病毒基因，如病毒的外壳蛋白（CP）基因、卫星 RNA 等，这些外来基因对植物及其生态环境或多或少存在着一定的危险性。而植物来源的 *R* 基因是由植物与其生态环境历经长期的协同进化而来，用之转化植株，是从提高植物本身内在的抗性入手，避免了危险因子的引入，因而具有较高的安全性。

此外，虽然以各种策略培育出的抗病毒工程植株，在温室和小区试验中，有些也显示出了对病毒较好的抗性，但一旦进入大田使用，则抗性水平大大降低甚至完全丧失。其部分原因是在大田条件下，植株往往受到一种病毒的多次感染或两种以上病毒的混合感染。即便是采取最早发展起来的也是最为成熟的转 *CP* 基因策略育成的植株也只能延迟发病，表现出对病毒侵染的早期抗性，而不足以有效控制病毒的侵染，而且其抗性往往只针对基因来源的病毒或其亲缘种，具有较大的专化性和局限性。

*R* 基因的克隆和应用，使得转 *R* 基因策略有望成为解决这类问题的一个有效对策。已经发现，有些植物 *R* 基因具有广谱抗性。例如，将长雄蕊野生稻（*Oryza longistaminata*）的一个白叶枯病菌抗性基因座转化栽培稻 IR24 品种，得到的渐渗杂交系（introgression line）IRBB21 对印度和菲律宾的所有白叶枯病菌均有抗性[32]。另一个例子是拟南芥的 *RPM*1 基因，该基因对携带 *avrRpml* 或 *avrB* 基因的丁香假单胞杆菌均具有抗性，而这两个无毒基因彼此并不相关[22]。广谱抗性的机制尚不清楚。由于病原物 *avr* 基因之间存在着同源性[4]，可能抗病基因的识别位点正好就位于这类保守区域内，也可能因为一个受体上有多个激发子结合位点，因而一个 *R* 基因可以识别不同病原物 *avr* 基因的不同序列。利用 *R* 基因的广谱抗性，可以大大减少达到控制病害目的所需的基因数量。

## 4　存在问题及展望

虽然在短短几年时间内就有 10 多个 *R* 基因得到克隆，但与已发现和定位的基因数量相比，还是相差太远。目前用于分离 *R* 基因的主要方法是基于作图的克隆及转座子示踪，这些方法都是既费力又费时。而 *R* 基因的分离，可以更好地阐明与过敏反应有关的植物与病原物互作的分子机制，并为激发子/受体模式提供直接证据。因此，寻找快速有效的 *R* 基因分离方法，是今后必须解决的重点问题之一。由于 *R* 基因序列在某些区域具有很高的同源性，因此有可能通过 PCR 方法将 *R* 基因分离出来。例如，Kanazin 等[33]和 Yu 等[34]分别用烟草 *N* 基因、拟南芥 *RPS*2 基因和亚麻 $L^6$ 基因保守区的简并寡核苷酸引物从大豆中扩增并克隆到称为抗病基因类似物（resistance gene analogs, RGAa）[33]或候选抗病基因（candidate disease resistance genes）[34]的基因片段。从单子叶植物水稻和大麦中也得到了类似的结果[35]。

上述分离得到的这些基因片段，都还不能确定其是否为 *R* 基因，由此反映出另一个问题，即 *R* 基因的判定标准问题。Michelmore[36]曾提出三个标准：①引物位点之间存在序列基元（motif），如 NBS 的开放阅读框；②与表型定义的抗病基因共分离；③为成簇多基因家庭的成员。但即便符合这三个标准，在划分时仍有可能出现分歧。例如，番茄中的 *Prf* 和 *Pro* 基因，根据这三个标准只有 *Prf* 可以归为 *R* 基因，然而如果根据 *R* 基因严格的定义（来自基因对基因学说），是指在植物-病原物互作中决定特异的基因，则只能将 *Pto* 归为 *R* 基因（本文将 2 个基因都列为 *R* 基因）。可见，*R* 基因的鉴定标准也是一个必须解决的问题。这个问题一旦解决，不仅可使 PCR 扩增方法真正用于 *R* 基因的分离，而且在 *R* 基因的筛选鉴定方法上，可以利用基于 PCR 的分子标记，大大加快和简化筛选过程。

*R* 基因是植物-病原物相互关系中的一个关键因子。*R* 基因的克隆，使得人们可以对植物-病原物相互识别的分子模式直接进行研究，从而有助于更快揭示植物与病原物互作的分子机理。同时，*R* 基因又是植物诱导抗性遗传机制中的重要环节。由 *R* 基因对病原物的识别开始的植物防卫反应，涉及多种基因的表达调控。其中有些防卫基因的表达调控规律，现已了解得比较清楚[3]，但 *R* 基因与这些基因的关系以及它们的结构、功能，都有待进一步研究。

将克隆的 *R* 基因应用于抗病育种，具有高效、安全和广谱的优点，是很有应用前景的抗病途径之一，并已取得了一定进展[37-39]。传统的育种实践已经证明，*R* 基因可在同一种作物的不同品种间或近缘物种间转移，但远缘杂交则相当困难。*R* 基因的克隆和应用，则可望突破这种限制，使 *R* 基因在亲缘关系较远的不同物种间转移。但由于真核表达系统的复杂性，*R* 基因最终能否成功转移并表达其原有抗性，还取决于转移基因的修饰和改造、基因表达的时空调控等问题的解决。针对转移基因的抗性持久性以及在植物中的表达时期，已有人提出将 *R* 基因和相应的 *avr* 基因共同导入植物体内，并将它们置于病原物诱导的启动子之下的转基因策略[40]。从理论上看，这种策略与单独转化植物的 *R* 基因或病原物的 *avr* 基因相比具有更广谱和稳定的抗性，但目前还没有成功应用的报道。虽然和其他抗病基因工程策略一样，从培育出转 *R* 基因的工程植株，到真正用于田间病害的控制，还有很长的路要走，但是随着对植物-病原物分子识别、过敏反应的分子基础和植物抗病性激活机制的深入了解，以及转基因技术的进一步发展，存在的问题最终必将得到解决。

## 参 考 文 献


[1] 朱立煌，徐吉臣，陈英等. 用分子标记定位一个未知的抗稻瘟病基因. 中国科学（B辑），1994，24：1048-1052

[2] 郑康乐，Kochert G，钱惠荣等. 应用 DNA 标记定位水稻的抗稻瘟病基因. 植物病理学报，1995，25：307-313

[3] 董汉松. 植物抗病防卫基因表达调控与诱导抗性遗传的机制. 植物病理学报，1996，26：289-293

[4] 何晨阳，王金生. 试论病原物的致病基因. 植物病理学报，1994，24：97-99

[5] Staskawicz BJ，Ausubel FM，Barker BJ，et al. Molecular genetics of plant disease resistance. Science，1995，268：661-667

[6] Inukai T，Nelson RJ，Zeijgler RS，et al. Allelism of blast resistancegenes in near isogenic lines of rice. Phytopathol，1994，84：1278-1283

[7] Wang GL，Mackill DJ，Bonman JM，et al. RFLP mapping of genescomfering complete and partial resistance to blast in adurably resistantrice cultivar. Genetics，1994，136：1421-1434

[8] Yu ZH，Mackill DJ，Bonman JM，et al. Tagging genes for blast resistance in rice via linkage to RFLP markers. Theor Appl Genet，1991，81：417-476

[9] Yu ZH，Mackill DJ，Bonman JM，et al. Molecular mapping of abacterial blight resistance gene on chromosome 8in rice. Rice Genet New Lett，1996，11：142-144

[10] Johal GS，Briggs SP. Reductase activity encoded by the HM1 diseaseresistance gene in maize. Science，1992，258：985-987

[11] DeScenzo RA，Wise RP，Mahadevappa M. High - resolution mapping of the Hor1/ Mla/ Hor2 region on chromosome 5Sin barley. Mol Plant-Microbe Interact，1994，7：657-666

[12] Ellis GJ，Lawrence GJ，Finnegan EJ，et al. Contrasting complexity of two rust resistance loci in flax. PNAS，1995，92：4185-4188

[13] Martin GB，Brommmonschenkel SH，Chunwongse J，et al. Map-based cloning of a protein kinase gene conferring disease resistancein tomato. Science，1993，262：1432-1436

[14] Song WY，Wang GL，Chen LL，et al. Areceptor kinase -like proteinencoded by the rice disease resistance gene，*Xa*21. Science，1995，270：1804-1806

[15] Jones DA，Thomas CM，Hammond -Kosack KE，et al. Isolation of the tomato *Cf*-9 gene for resistance to *Cladosporium fulvum* by transposon tagging. Science，1994，266：789-793

[16] Dixon MS，Jones DA，Keddie JS，et al. The tomato Cf -disease resistance locus comprises two functional genes encoding leucine -richrepeat proteins. Cell，1996，84：451-459

[17] Cai D，Kleine M，Kifle S，et al. Positional cloning of a gene for nematode resistance in sugar beet. Science，1997，275：832-834

[18] Lawrence GJ，Finnegan EJ，Ayliffe MA，et al. The *T6* gene for flaxrust resistance is related to the *Arabipsis* bacterial resistance gene *RPS*2 and the tobacco viral resistance gene *N*. Plant Cell，1995，7：1195-1206

[19] Dinesh KS，Whitham S，Choi D，et al. Transposon tagging of to bacco mosaic virus resistance gene *N*：Its possible role in the TMV-N- mediated signal transduction pathway. PNAS，1995，92：4175-4180

[20] Whitham S，Dinesh - Kumar SP，Choi D，et al. The product of the tobacco mosaic virus resistance gene *N*：Similarity to toll and the interleukin-receptor. Cell，1994，78：1011-1015

[21] Salmeron JM，Oldroyd GE，Rommens CM，et al. Tomato *Prf* is amember of the LRR class of plant disease resistance genes and liesembedded within the Pto kinase gene cluster. Cell，1996，86：123-133

[22] Grant MR，Godiard L，Straube E，et al. Structure of the *Ara-*

*bidopsis* RPM1 gene enabling dual specificity disease resistance. Science, 1995, 269: 843-846

[23] Bent AF, Kunkel BN, Dahlbeck D, et al. *RPS2* of *Arabidopsisthaliana*: a leucine-rich repeat class of plant disease resistance genes . Science, *1994*, *265*: *1856*

[24] Mindrinos M, Katagiri F, Yu GL, et al. The *A. thaliana* disease resis tance gene *RPS2* encodes a protein comtaining a nucleotide-binding site and leucine-rich repeats. Cell, 1994, 78: 1089-1099

[25] Barinaga M. Ashared strategy for virulence. Science, 1996, 272: 1261

[26] Lamb C. A ligand-receptor mechanism in plant - pathogen recognition. Science, 1996, 274: 2038-2039.

[27] Scofield SR, Tobias CM, Rathjen JP, et al. Molecular basis of gene-for-gene specificity in bacterial speck disease of tomato. Science, 1996, 274: 2063-2065

[28] Tang XY, Frederick RD, Zhou JM, et al. Initiation of plant diseaseresistance by physical interaction of avrPto and Pto kinase. Science, 1996, 274: 2060-2063

[29] Zhou JM, Loh YT, Bressan RY, et al. The tomato gene Ptil encodes a serine/ threonine kinase that is phosphorylated by Pto and is involved in the hypersensitive response. Cell, 1995, 83: 925-935

[30] Zhou JM, Tang XY, Martin GB. The Pto kinase comferring resistanceto tomato bacterial speck disease interacts with proteims that bind acis-element of pathogenesis-related genes. EMBOJ, 1997, 16: 3207-3218

[31] Century KS, Shapino AD, Repetti PP, et al. NDR1 a pathogen-induced component required for *Arobidopsis* disease resistance. Science, 1997, 278: 1963-1965

[32] Khush GS, Bacalangco E, Ogawa T. A new gene for resistance to bacterial blight from O. *longistaminata*. Rice Genetics News, 1990, 7: 121-122

[33] Kanazin V, Marek LF, Shoemaker RC. Resistance gene analogs are conserved and clustered in soybean. PNAS, 1996, 93: 11746-11750

[34] Yu YG, Buss GR, Maroof MA. Isolation of a superfamily of candidate disease-resistance genes in soybean based on a conserved nucleotide-biding site. PNAS, 1996, 93: 11751-11756

[35] Leister D, Kurth J, Laurie DA, et al. Rapid reorganization of resistance gene homologues in cereal genomes. PNAS, 1998, 95: 370-375

[36] Michelmore R. Flood warning - resistance genes unleashed. Nature Genet, 1996, 14: 376-378

[37] Wang GL, Song WY, Ruan DL, et al. The cloned gene, *Xa21*, confers resistance to multiple *Xanthomonas oryzae* pv. *oryzae* is olates intransgenic plants. Mol Plant Microbe Interact, 1996, 9: 850-855

[38] Thilmony RL, Chen Z, Bressan RA, et al. Expression of the tomato *Pto* gene in tobacco enhances resistance to *Pseudomonas syringae* pv. *tobaci* expressing avrPto. Plant Cell, 1996, 8: 1683-1693

[39] Whitham S, McCormick S, Baker B. The *N* gene of tobacco confers resistanec to Tobacco mosaic virus in transgenic tomato. PNAS, 1996, 93: 8776-8781

[40] de Wit PJBM. Molecular characterization of gene-for-gene systemsin plant-fungus interactions and the application of avirulence genes in control of plant pathogens. Annu Rev Phytopathol, 1992, 30: 391-418

# 病程相关蛋白与植物抗病性研究

刘利华[1,2]，林奇英[2]，谢华安[3]，谢联辉[2]

（1 福建省农业科学院中心实验室，福建福州 350003；
2 福建农林大学植物病毒研究所，福建福州 350002；
3 福建省农业科学院，福建福州 350003）

**摘 要**：从病程相关蛋白的生物学功能，在植物组织细胞中的分布和运输，其编码基因的诱导和表达、转基因植物研究，以及与植物抗病性关系等方面对这一研究领域进行回顾，并对病程相关蛋白研究及其在植物抗病育种中的应用进行分析和讨论。

**关键词**：病程相关蛋白；抗病性

# Pathogenesis-related proteins and plant disease resistance

LIU Li-hua [1,2]，LIN Qi-ying [2]，XIE Hua-an [3]，XIE Lian-hui [2]

（1 Central Laboratory，Fujian Academy of Agricultural Sciences，Fuzhou 350003；
2 Institute of Plant Virology，Fujian Agricultural University，Fuzhou 350002；
3 Fujian Academy of Agricultural Sciences，Fuzhou 350003）

**Abstract**：The biological functions of PRs，localization and transportation in the plant tissues and cells，induction and expression of coding genes and transgenic plants as well as the relationship between PRs and plant disease resistance were reviewed. The respect on PRs and its application in disease-resistant breeding were also discussed in this paper.

**Key words**：pathogenesis-related proteins（PRs）；disease resistance

Van Loon 等（1970）在烟草花叶病毒（TMV）侵染的烟草叶片中检测到与过敏性反应（HR）相关的蛋白，命名为病程相关蛋白（pathogenesis-related proteins，PRs）。之后，病程相关蛋白的研究报道日渐增多，病程相关蛋白的种类、生物学功能、在植物组织细胞中的分布、物理化学性质及分子生物学等方面的研究十分活跃，尤其是它们与植物抗病性的关系引起人们的关注。在我国已有研究报道，也有一些综述文章发表[1,2]。一些关于植物抗病性分子机制、抗病防卫基因调控等综述文章也谈到了病程相关蛋白[3-5]。本文拟对近几年病程相关蛋白研究，特别是它们与植物抗病性关系进行回顾和展望。

## 1 病程相关蛋白的定义、命名及生物学性质

病程相关蛋白是由植物寄主基因编码，在病程相关情况下诱导生成的一类蛋白质。植物病原细

福建农业学报，1999，2（4）：53-56
收稿时间：1998-07-24

菌、真菌、病毒和类病毒都可以诱导病程相关蛋白生成，类似病原物效果的化合物和能诱导相似胁迫条件的化合物也能诱导植物合成病程相关蛋白，自然老化时合成的有关酶也都属于病程相关蛋白。迄今为止，已在30多种植物中发现病程相关蛋白，为了不引起混乱，病程相关蛋白有自己的命名规则。按照其氨基酸序列、血清学关系和（或）酶、生物学活性将病程相关蛋白进行分属，每一种或每一个品种按照它们在SDS-PAGE中迁移率编号，病程相关蛋白的编码基因仍按照植物基因命名委员会规则命名。已发现的病程相关蛋白归类为11个属，即PR-1到PR-11。其中，PR-1、PR-4、PR-5具抗真菌功能，PR-2具β-1,3-葡聚糖酶活性，PR-3、PR-8、PR-1具有几丁酶活性，PR-6为蛋白酶抑制剂，PR-7为内源蛋白酶，PR-9具有过氧化物酶活性，PR-10具有类核糖核酸酶活性[6,7]。

病程相关蛋白的合成机制包括诱导子的诱导、信号传递、合成调节和合成部位[8]。它们在细胞的租面内质网上合成，经不同加工途径分泌到液泡和细胞间隙。合成后的蛋白如果与N端信号肽结合则进入内质网空腔，在此，N端信号肽被切除，经羧基化后进入高尔基体，与囊膜上的受体结合后到液泡膜上，这类蛋白一般为酸性蛋白；另一条途径是合成后的蛋白与C端信号肽结合，最后分泌到细胞原生质膜[2]。也有实验表明，病程相关蛋白能够通过胞间连丝分选到其他组织细胞。Murillo等[9]用产白玉米的PRms蛋白抗体来确定真菌*Gibberella fujikuroi*感染的玉米根胚中的蛋白。结果显示，PRms蛋白定位在分化的原生木质部的薄壁组织接触区，在中心充满薄壁组织细胞的维管束也是如此。但是在这些细胞中未发现PRms蛋白mRNA的积累，表明维管束中心髓薄壁细胞这一类细胞的PRms蛋白是输入的，而不是在这些细胞中合成的。PRms蛋白定位分析也显示了植物蛋白通过胞间连丝分选的一种可能机制。

## 2 病程相关蛋白与植物诱导抗性

病程相关蛋白首先在被TMV侵染的烟草叶片中检测到，它与过敏性反应相关。在以后的研究中，它们与植物诱导抗性的联系，尤其是它与过敏性反应和系统性获得抗性的关系，病程相关蛋白对病原物的作用，对植物抗性表达的影响，以及系统信号的传递和对诱导抗性具有的协同作用等引起人们的关注[10]。Munch等[11]研究了小麦中由半显性作用抗性基因*Sr5*和*Sr24*调节的抗真菌水解酶β-1,3-葡聚糖酶（EC3.2.1.39）和几丁酶（EC3.2.1.14）的病程相关表达作为对小麦杆锈菌（*Puccinia graminla* f. sp. *tritici*，Pg1）抗性反应的一部分。栽培品系Pre-*Sr5*中由*Sr5*基因调节的完全抗性（感染型为零），与互作早期当第一个吸器形成时被穿透细胞的过敏性反应密切相关。植物抗性包括接种24～48h后β-1,3-葡聚糖酶活性迅速上升，在Pre-*Sr5*和Pre-*Sr24*两个品系都有一个主要的细胞外30kD的β-1,3-葡聚糖酶异构体。另两个次要的异构体（32kD和23kD）仅在Pre-*Sr*24品系中检测到。在抗性品系中酶活性上升和新异构体出现都落后于编码β-1,3-葡聚糖酶和几丁酶的mRNA的积累，它们的转录子在病原物进入叶片前和典型过敏性反应出现前约16h能检测到，这也表明了在病原物和寄主细胞紧密接触前防卫基因的激活信号就被植物识别了。Czernic等[12]报道了烟草和茄假单胞杆菌（*Pseudomonas solanacearum*）间不亲和时期，一个叫做*hsr*（过敏反应相关）基因在过敏反应中被优先激活，*str*（敏感相关）基因在亲和性和不亲和性互作时都强烈表达。对两个*hsr* cDNA克隆*hsr*515和*hsr*201的特性和表达的研究表明，*hsr*515编码单一氧化酶P450，非常相似于油梨成熟相关蛋白CYP71A1，*hsr*201与番茄果实成熟时表达的一个基因*PTom*36相似。Girbes等[13]指出，许多植物含有*N*-糖苷酶活性的核糖体钝化蛋白（RIP），它将敏感核糖体大rRNA脱嘌呤，从而抑制蛋白质的合成。已检测过的所有RIP都抑制植物和动物病毒的复制。Bol等[14]也指出病原物侵染引起的植物过敏性反应与编码病程相关蛋白基因表达的诱导及植物对病毒、真菌和细菌的系统获得抗性的发展相关。也有研究表明，TMV感染烟草诱导产生的系统抗性，不仅对烟草花叶病毒有作用，对其他病原物如烟草枯斑病毒、真菌和细菌也有抵抗作用[1]，反之亦然。

许多研究显示，病程相关蛋白总是与水杨酸和植物防卫反应联系在一起，植物内源水杨酸的积累对病程相关蛋白、植物寄主系统获得抗性和过敏性反应的诱导起重要作用。Chen等[15]和Takahashi等[16]发现内源水杨酸含量上升与烟草抗TMV和编码病程相关蛋白PR-1这样的防卫相关基因的诱导相关。水杨酸的作用方式之一是抑制过氧化氢降解酶的作用，从而提高过氧化氢含量。通过设计反义RNA降低过氧化氢酶合成的实验来模拟水杨酸作用，能够反义定向表达烟草过氧化氢酶 1（cat1）和过氧化氢酶 2（cat2）基因的转基因烟草植株。分析表明，过氧化氢酶高活性水平的适当下降与如 PR-1 合成的植物防卫激发之间没有相关性，但在过氧化氢酶活性严重下降的 3 个独立的反义过氧化氢酶转基因植物（ASCAT1 Nos 16，17，18）的一些较低位叶上发生褪绿和坏死。这些叶片中 PR-1含量很高，对 TMV 抗性上升。过氧化氢酶含量下降引起的坏死和水杨酸含量上升可能对这些防卫反应的诱导起作用。Keller 等[17]研究了 *Phytophthora* spp. 分泌的蛋白激发子对烟草坏死和系统性获得抗性的诱导，表达编码水杨酸酯水解酶的细菌 *NahG* 基因的烟草植株对黑茎病菌 *P. parasitica* var. *nicotianae* 的侵染不表现系统性获得抗性，以及病程相关蛋白诱导生成的变化，认为水杨酸参与系统获得抗性和能抵抗 *Phytophthora* spp. 病害，而没有介入类过敏性坏死。

## 3 病程相蛋白的基因、表达及转基因植物研究

近年来，病程相关蛋白编码基因的表达、核苷酸序列分析，转基因植物在病原物和植物寄主互作研究中的作用及其在抗病育种中的应用受到重视。每一类病程相关蛋白都是由一个小基因家族编码，有许多异构体，不同植物中诱导生成的同一种功能的病程相关蛋白也有差异。如几丁酶是由一个基因家族编码，分子质量差别很大，最大的达 39.0kD，最小的只有 12.5kD。Graham 和张世明曾对几丁酶做过专门综述[18,19]。Breda 等[20]在 *Pseudomonas syringae* pv. *pisi* 浸润苜蓿叶片后发现几种 mRNA 积累，其中一个命名为 MsPR10-1 的，克隆编码一个与 PR-10 非常相似的多肽。MsPR10-1 的转录子在不亲和互作时期的叶缘中含量特别高，用 Northern 和原位杂交方法测定转录子的积累表明 MsPR10-1 为系统表达类型，在靠近和远离侵染点的维管束中表达。de Bolle 等[21]研究来源于紫茉莉（*Mirabilis jalapa*）和尾穗苋（*A. caudatus*）的编码种子抗微生物多肽 AMP 的 cDNA，在发现 Mj-$AMP_2$和 Ac-AMP 分别由一个前体蛋白加工来的基础上，制备了 4 个基因结构：Mj-$AMP_2$野生型基因结构，Mj-$AMP_2$突变型基因结构（由编码大麦植物凝血素羧基末端多肽，一个已知的液泡靶信号的序列延伸的结构），Ac-$AMP_2$野生型基因结构；以及 Ac$AMP_2$突变型基因结构（删去了编码其 C 端前肽序列的截短结构），进一步研究转基因烟草中这些抗微生物多肽的加工、分选和生物学活性。加工和定位分析显示，切去 C 端精氨酸的 Ac-$AMP_2$都定位于野生型和突变型基因结构的烟草植株细胞内液体碎片上，去掉羧基末端精氨酸的 Mj-$AMP_2$：在表达带有大麦凝血素前多肽突变体的前体蛋白的植物的细胞外积累。从这些转基因烟草提纯的 $AMP_2$ 体外抗真菌活性类似于其真蛋白的活性。

Zhu 等[22]利用 PCR 扩增的水稻苯基雨氨酸解氨酶（PAL）DNA 片段作探针，从水稻基因文库分离到苯基丙氨酸解氨酶基因组序列。在水稻基因组中有一个小的 PAL 基因家族，其中一个叫做 *ZB8* 的基因为 4660 个碱基，编码 710 个氨基酸的多肽。用真菌细胞壁处理水稻悬浮培养细胞，在 30min 内转录子含量上升，1～2h 达到最高。用 ZB8 启动子与 β-葡聚糖酶的基因融合后转入水稻和烟草植株研究 ZB8 的转录作用。对转基因烟草和水稻植株各部位 β-葡聚糖酶活性、启动子存在部位和含量，以及由伤口、TMV 和真菌细胞壁诱导后葡聚糖酶活性及其转录子含量分析表明，ZB8 启动子在发育过程受到调节，由胁迫诱导。Tsuchiya 等[23]将从大豆分离到的病程相关内源 β-1,3-葡聚糖酶的 cDNA 与从水稻分离来的花药绒毡层特异启动子（Osg6B 启动子）融合，产生的杂合体基因引入到烟草。在四分体形成时期，花药绒毡层中 Osg6B 启动子活跃，比正常植株的内源葡聚糖酶活性发生时间早，引起可育花粉数量大量下降。Grandorf 等[24]指出，为了得到对植物病原物持久、广谱的抗性，用来自植物、动物和微生物的抗微生物多肽的编码基因转化植物。这些抗微生物成分的含量提高不仅影响靶病原，而且影响如菌根、根瘤细菌和其他参与植物健康、废物分解和营养循环的有益微生物。病程相关蛋白基因序列及同源性分析、基因表达及调控和转基因植物研究，对植物诱导抗性机制的认识，以及在抗病育种中的应用都是十分有益的。

## 4 讨论

综上所述，病程相关蛋白研究取得了可喜的进展，显示出了病程相关蛋白与植物诱导抗性的密切关系，以及其转基因植物在植物抗病育种中应用的潜力。但也有研究显示某些植物品种受到不同病原物侵染后，诱导生成的病程相关蛋白的生物学功能

表现不一样。例如，儿丁酶被普遍认为在植物抗病中起重要作用，但是，Egea 等[25]在研究黄瓜花叶病毒（CMV）接种辣椒 Amerieano（耐病）和 Smith-5（敏感）两个品系后诱导的儿丁酶和葡聚糖酶的活性后，认为葡聚糖酶参与了 Americano 对 CMV 的抗性机制，而儿丁酶异构体在两个品系中没有表现差异。杜良成等[1]曾研究了儿丁酶和 β-1,3-葡聚糖酶在水稻抗稻瘟病中的地位，发现这两个酶的诱导和分布与品种的感病或抗病能力没有直接联系。但在体外，感病品种诱导产生的儿丁酶在低于体内水平时就能抑制稻瘟菌孢子的萌发，说明此酶具有很高的抗稻瘟菌孢子能力。这些研究结果表明，病程相关蛋白的生物学功能受到其环境条件的影响，在不同植物品种或同一品种不同品系中它们的生物学功能也有差异。我们知道，病程相关蛋白在核糖体上合成后，由于其前体带有的 N 端或 C 端信号肽的不同，其加工、分选及在细胞中的分布也不同。蔡学忠等[2]指出只有与植物不亲和的病原菌诱发产生的病程相关蛋白才分布于细胞间隙中。病程相关蛋白的诱导、表达及其生物学功能发挥是一个较复杂过程，研究其在不同条件下的功能与作用将是很有必要的。

病程相关蛋白不仅受到病原物病毒、类病毒、细菌和真菌等诱导，一些化合物，如水杨酸、噻菌灵、乙烯利及丙二酸钠、青霉素等，也都能诱导植物病程相关蛋白的生成。Chikara 等[26]用水杨酸处理水稻悬浮培养细胞，诱导细胞生成儿丁酶，保护细胞免受脱乙酰壳多糖细胞毒素的影响。蔡新忠等[27]用水杨酸溶液喷洒水稻幼苗，可以提高水稻幼苗对稻瘟病的抗性。Midoh 等[28]用噻菌灵（probenazole）处理水稻诱导一个编码 PBZI 蛋白的基因表达。PBZI 蛋白与 PR-1 蛋白间氨基酸序列源。PBZI1 mRNA 不被伤口诱导，但明显受水稻暴发性真菌病原物诱导，而且不亲和品种比亲和品种在接种后诱导快很多。Bera 等[29]用植保素如青霉素和丙二酸钠喷洒对纹枯病感病的水稻品种，都能诱导病程相关蛋白的生成。但青霉素能诱导大量病程相关蛋白，并显著减轻水稻纹枯病。也有研究表明[1]，烟草花叶病毒（TMV）感染烟草诱导产生的系统抗性，不仅对 TMV 有作用，对其他病原物如烟草枯斑病毒、真菌和细菌都有抵抗作用，反之亦然。这些研究结果显示，诱导子在植物病程相关蛋白的诱导合成及植物诱导抗性中的重要作用。研究诱导子对病程相关蛋白的诱导作用和效果，筛选高效、安全而又经济适用的诱导子，对生产实践将具有十分重要的意义。

植物在受到病原物侵染时通过诱导产生的防卫反应为拮抗，它们主要包括活性氧的释放，防卫基因表达，过敏性反应（HR）和系统获得抗性（SAR）等。防卫基因表达的产物可分为：①病程相关蛋白基因；②细胞壁蛋白基因；③次生物质合成基因，编码植保素及木质素生物合成所需酶[5]。然而，植物保卫素（phytoalexins）在植物抗病性中起重要作用的观点与病程相关蛋白有许多相似之处。Wheeler[30]指出植物保卫素由病原物侵染或受到伤害而发生积累，诱发抗病性的化学、物理和生物因素也刺激它们的合成，一般在抗病反应比在感病反应中植物保卫素的积累更迅速，数量也多。因而，病程相关蛋白和植保素在植物抗病性中的关系值得探讨，有益于加深对植物抗病机理的认识和了解。

病程相关蛋白只在病原物侵染或其他病程相关情况或某些化合物（如水杨酸、噻菌灵等）的诱导下生成和大量积累，其基因启动子的特殊作用已引起人们的关注，如 PR-1A 的启动子已被应用于植物基因工程。β-1,3-葡聚糖酶与花粉特异启动子融合后转入烟草植株引起花粉育性下降。这些为病程相关蛋白研究展现了更广阔的前景。开展病程相关蛋白的合成机制及功能研究，从细胞和分子水平研究病程相关蛋白的功能及其编码基因的表达、遗传规律和植物诱导抗性，并与植物常规抗病育种紧密结合起来，必将对病原物和植物寄主之间的相互作用机制的认识，以及植物抗病育种都具有十分重要的作用。

## 参考文献

[1] 杜良戚，王钧．病原相关蛋白及其在植物抗病中的作用．植物生理学通讯，1990，4：1-6

[2] 蔡新忠，束风鸣，郑重．植物病程相关蛋白．植物生理学通讯，1995，3(2)：129-136

[3] 王金生．植物抗病性丹子机制．植物病理学报，1995，25(4)：289-295

[4] 董汉松．植物抗病防卫基因表达调控与诱导抗性遗传的机制．植物病理学报，1996，26(4)：289-293

[5] 张德水，陈受宜．植物抗病性的丹子生物学研究进展．植物病理学报，1997，27(2)：97-103

[6] van Loon LC. The nomenclature of pathogenesis-related proteins. Physiol Mol Plant Pathol，1990，37：229-230

[7] van Loon LC，Pierpoint WS，Boll，et al. Recommendations for naming plant pathogenesis-related proteins. Plant Molecular Bi-

ology Reporter, 1994, 12(3):245-264

[8] 方中达. 中国农业百科全书·植物病理学卷. 北京:中国农业出版社, 1996, 17-20

[9] Murillo I, Cavallarin L, Aegundo BS. The maize pathogenesis-related protein localizes to plasmodesmata in maize radicles. Plant Cell, 1997, 9(2) :145-156

[10] van Loon LC. Induced resistance in plants and the role of pathogenesis-related proteins. European Journal of Plant Pathology, 1997,103:753-765

[11] Munch-Garthoff S, Neuhaus JM, Boller T, et al. Expression of β-1, 3-glucanase and chitinase in healthy, stem-rust-affected and ebcitor-treated -isogenie wheat lines showing *Sr*5or *Sr*24-specified race-specific rust resistance. Planta, 1997, 201(2): 235-244

[12] Czermie P, Huang HC, Marco Y. Characterization of *hsr*201 and *hsr*515 by phytopathogenic bacteria. Plant Molecular Biology, 1998, 81(2):255-265

[13] Girbes T, Torre CD, Iglesias R, et al. RIP for virus. Nature, 1996, 379:6587, 6777-6778

[14] Bol JF, Bunchel AS, Knoester M, et al. Regulation of the expression of plant defense genes. Plant Growth Regulation, 1996, 18(1~2):87-81

[15] Chen Z, Malamy J, Henning J, et al. Induction, modification and transduction of the salicylic acid signal in plant defense responses. Pro Nat Acad Sci, 1995, 92(10): 4134-4137

[16] Takahashi H, Chen Z, Du H, et al. Development of necrosis and activation of disease resismnce in tranngenic tobacco plants with severely reduced catalase levels . Plant Journa1, 1997, 11 (5):993-1005

[17] Ketlar H, Bonnet P, Galiam, et al. Salicylic acid mediates elieitin-induced systemic acquired resistance, but not necrosis in tobacco. Molecular Plant Microbe Interactions, 1996, 9(8): 696-703

[18] Graham LS, Sticklen MB . Plant chitinases. Canadian Journal of Botany, 1994, 78 (8):1057-1083

[19] 张世明. 高等植物几丁酶研究进展. 植物生理学通讯, 1989, 1:8-13

[20] Breda C, Sallaud C, El Turk J, et al. Defense-reaction in Medicago sativa, a gene encoding a class10 PR protein is expressed in vascular bundles . Molecular Plant-Microbe Interactions, 1998, 9(8):718-719

[21] de Bolle MF , Osborn RW, Goderis IJ, et al. Antimicrobial peptides from *Mirabilis jalapa* and *Amaranthus caudatus*: expression, processing, localization and biological activity in transgenic tobacco . Plant Molecular Biology, 1996, 31(5): 993-1008

[22] Zhu Q, Debi T, Beech A, et al. Cloning and properties of a rice gene encoding phenyialanine ammonia-lyase. Plant Molecular Biology, 1995, 29(3):538-550

[23] Tsuchiya T, Toriyama K, Yoshikawa M, et al. Taptum-specific expression of the gene for an end of β-1,3-glucanase causes male sterility in transgenic tobacco . Plant Cell Physiology, 1998, 38(3):487-494

[24] Glandorf DCM, Bakker PAHM, van Loon LC. Influence of the production of antibacterial and antifungal proteins by transgenic plant on the saprophyoc sod microflors . Acta Botantca Neerlaedica, 1997, 46(1):85-104

[25] Egea C, Alcazer MD, Candela M E. beta-1,3-Gtucanase and chininase a pathogenesis-related proteins in the defense reaction of two *Capsicum annuum* culltivars infected with cucumber mosaic virns. Biologia Plantarum, 1996, 38(3):437-443

[26] Chikara Masuta, Marc VDB, Guy Bauw, et al. Differential effects of elicitors on the viability of rice suspension cell. Plant Physiology, 1991, 97:819-829

[27] 蔡新忠, 郑重, 宋凤鸣. 水杨酸对水稻幼苗抗瘟性的诱导作用. 植物病理学报, 1996, 26(1):7-12

[28] Midoh N, Lwata M. Cloning and characterization of a probenazole-inducible gene for an intracellular pathogenesis-related protein in rice . plant and Cell Physiology, 1998, 37 (1):9-18

[29] Bera S, Purkayastha RP. Differential response of pathogenesis-related proteins to phytoalexin elicitors and its impact on sheath b light disease of rice . Indian Journal of Experimental Biology, 1994, 82(12):902-908

[30] Wheeler H. 植物病程. 沈崇尧译. 北京:科学出版社, 1979

# 泊松分布在生物学中的应用*

庄　军，林奇英

（福建农林大学植物病毒研究所，福建福州　350002）

**摘　要**：泊松分布广泛应用于遗传学的遗传图距计算、生物物理学的辐射生物学的定量分析、病毒学中的病毒感染率计算、分子生物学中一个基因文库所需克隆数的估计、PCR扩增片段保真率的估算以及酵母单双杂交中转化率的估计等学科领域，本文对此进行了简要评述。

**关键词**：泊松分布；遗传图距；辐射生物学；基因文库；转化率

**中国分类号**：Q691；Q612

**文章标识码**：A　**文章编号**：1007-7146（2007）05-0655-04

# The applications of poisson distribution in biology

ZHUANG Jun，LIN Qi-ying

（Institute of Plant Virology，Fujian Agriculture and Forestry University，Fuzhou　350002）

**Abstract**：Poisson distribution has been used widely in some subjects，such as the calculation of genetic map distance，the quantitative analysis of radiation biology，the calculation of infectious rate by viruses，the estimation for the number of recombinants in a gene library and the reliability of the PCR fragments，and the computation of the rate of yeast one-hybrid (or two-hybrid). In this paper，these analyses were briefly introduced.

**Key words**：Poisson distribution；genetic map distance；radiation biology；gene library reliability；the rate of transformation

泊松分布（Poisson distribution）作为二项分布的近似，其概率函数为 $p(x)=\frac{m^0}{x!}e^{-m}$ （$x=0$，1，2，…，其中 $m$ 为分布平均数），是概率论中最主要的几个分布之一。现已发现许多随机现象服从泊松分布，由于它的离散性，便于计算，日益显示出其重要性。同时它也适合描述许多生物学过程，如在遗传学、生物物理学、病毒学及分子生物学上有着广泛应用。

## 1　泊松分布在遗传图距计算中的应用

在遗传学上，计算遗传图距的基本方法是建立在重组率基础上的，根据重组率的大小作出有关基因间的距离，绘出线性基因图；可是，如果所研究的两基因座相距甚远，其间可发生双交换、三交换、四交换或更高数目交换，而形成的配子总有一半是非重组型的[1]。若简单地把重组率看做交换

激光生物学报，2007，16（5）：655-658

* 基金项目：国家自然科学基金（30671357）

率，交换率自然就被减低了，图距也随之缩小。那么，我们可利用泊松分布原理来描述减数分裂过程中染色体上某区段交换的分布。在图距计算应用中，$x$ 表示交换数，$m$ 表示对总样本来说每进行一次减数分裂两基因座间的平均交换数，而基因间不发生交换的概率为 $p(0)=\frac{m^0}{0!}e^{-m}=e^{-m}$，则基因间至少发生一次交换的概率为 $p=1-p(0)=1-e^{-m}$，而在减数分裂中产生有限次交换其结果是重组率仅为交换率的一半，则重组率 $RF=\frac{1}{2}(1-e^{-m})$，这一公式将重组率与平均数联系起来。由于遗传作图基于交换频率与染色体区域大小呈正相关，所以平均交换数 $m$ 可能是这一过程的最基本变量可被看作遗传图距的最好依据。

# 2　泊松分布在辐射生物学定量分析中的应用

## 2.1　“靶学说”的公式化

从 20 世纪 20 年代发展起来的定量辐射生物学，其特点是应用量子物理概念和数学方法解释实验结果。其基本概念基于一个假设：辐射所致的生物效应均是由于细胞的靶体积发生了一次电离作用或是“能量沉积事件的结果”，这就是所谓的“靶学说”，已得到大量实验事实的有力支持。“靶学说”被公认为辐射对活细胞作用的第一基本理论，其要点如下：①细胞或生物体内存在对辐射敏感的区域或结构，称为“靶”。②辐射与生物系统的相互作用是随机的过程，“击中”是彼此无关的事件。③不同生物分子或细胞的靶具有不同的损伤击中数[2]。现以一生物大分子失活为例：规定辐射剂量 $D$ 用单位体积内的平均击中数来表示，靶的体积为 $V$，则每靶平均击中数为 $VD$，根据泊松分布，则靶被 $n$ 次击中的概率为 $p(n)=\frac{(VD)^n}{n!}e^{-VD}$。从生物学上考虑，若靶失活只需一次击中，则靶未被击中的概率，即个体存活的概率为 $p(0)=\frac{(VD)^0}{0!}e^{-VD}=e^{-VD}$。设 $D_0$ 为每靶平均发生一次击中的剂量，即满足 $VD_0=1$。此时个体存活的概率为 $p=e^{-vD_0}=e^{-1}=0.37$，$D_0$ 在这种情况下又可写成 $D_{37}$，其意思是指在此剂量下每靶发生一次击中。然而只有 63% 的靶被击中，37% 的靶未被击中，这可用事件的随机性来解释。倘若靶被击中 $n$ 次才导致分子或个体失活，那么就是说不大于 $(n-1)$ 次击中的个体仍能存活，则群体的存活率的数学表达式称为单靶多击方程为 $p=e^{-vD}[1+VD+\frac{(VD)^2}{2!}+\Lambda+\frac{(VD)^{n-1}}{(n-1)!}]=e^{-VD}\sum_{k=0}^{n-1}\frac{(VD)^k}{k!}$

## 2.2　靶体积与靶分子质量的计算

对 $p(0)=e^{-VD}$ 公式两边取对数得 $\ln p(0)=-VD$，因此给一个剂量并测出相应的存活率，便可求出体积 $V$ 值。在进行靶体积计算时需给定两个条件：一是将辐射剂量单位换算成“击中/g”；二是对发生一次击中事件所需的平均能量的沉积值做出估计。如一般测得 DNA 的平均能量的沉积值为 60eV，Gy（戈瑞）为辐射剂量单位，1Gy（J/kg）$=6.24\times$ 1015eV/g，1Gy 相当于 $6.24\times$ 1015/60$=1.04\times10^{14}$击中/g，于是靶的质量为 $M=\frac{1}{D_{37}}\times\frac{1}{1.04\times10^{14}}=\frac{0.96\times10^{-14}}{D_{37}}$，因而靶体积 $V=\frac{M}{\rho}=\frac{0.96\times10^{-14}}{\rho D_{37}}$，式中 $\rho$ 为靶物质密度，所以靶的分子质量为 $\frac{6.02\times10^{23}\times0.96\times10^{-14}}{\rho D_{37}}=\frac{5.8\times10^{9}}{D_{37}}$。上述方法也适用于靶体积很小的生物分子包括酶及酶的简单体系。值得一提的是“疯牛病”，其病原是一种感染性蛋白颗粒（prion），也称朊病毒。这种由不含核酸的蛋白质引起的传染病叫做蛋白粒体病，过去较常见的蛋白粒体病是羊瘙痒病（scapie），它的病原长期困扰着人们，而首先提出羊瘙痒病的病原可能是不含核酸的感染性蛋白质这一重大推断是著名辐射生物学家 Aiper[5] 巧妙地应用靶理论，将辐射剂量效应（病原体的失活率）曲线及靶分子大小的计算与多种波长的 UV 照射相结合，很好地证明了病原体的复制不涉及核酸，再次肯定了经典靶理论在估算靶分子质量上的价值。她还认为尤其对那些不能获得纯品又不能用电镜鉴别的亚微实体，该方法可能是唯一有效的测定分子质量法。当然应该指出，应用靶理论计算靶分子质量的方法很难推广到细胞以上的复杂体系。

# 3　泊松分布在计算病毒粒体对细胞感染率中的应用

在感染病毒的细胞培养物中，培养细胞可被不同数量的病毒粒体感染，了解病毒粒体在培养细胞上的分布，即了解病毒粒体所感染的细胞比率[3]。

而受感染的细胞比率取决于每个细胞中所含有的病毒粒体的平均数，称感染重数（$m$）。感染细胞的病毒粒体是指那些早期起始感染的粒体，无活性病毒粒体不计。因此，$m$ 同感染细胞病毒粒体总数（$N$）和细胞总数（$C$）的关系是 $m=\frac{aN}{C}$，式中 $a$ 是指细胞早期起始感染病毒粒体的比率，如果 $a$ 能确定，则 $m$ 值可由已知的 $N$ 值与 $C$ 值计算出来。实际上细胞大小和表面特性等许多方面细胞是不同的，但这些偏差是可忽略的，现假定对细胞来说被感染的能力都一样。由泊松分布可知 $p(n)=\frac{m^n}{n!}e^{-m}$，则未被感染的细胞比率 $p(0)=\frac{m^0}{0!}e^{-m}=e^{-m}$，那么感染重数 $m$ 也可以通过未被感染的细胞比率 $p(0)$ 的试验测定来求得，$m=-\ln p(0)$。

我们在水稻条纹病毒（RSV）感染水稻悬浮细胞的实验中也尝试应用泊松分布进行分析。先以RSV提取液侵染水稻悬浮细胞，并用苯异硫氰酸荧光素（FTIC）标记感染细胞，在荧光显微镜下观察病毒侵染情况，测出未被感染的水稻悬浮细胞数，计算出感染重数，接着计算出被单一病毒粒体感染的细胞概率 $p(1)=me^{-m}$，被多次感染的细胞概率 $p(>1)=1-e^{-m}(m+1)$。了解病毒粒体在细胞中的增殖情况，对深入研究病毒侵染和增殖机制有一定意义。

## 4　泊松分布在估计一个基因文库所需克隆数中的应用

在分子生物学中，一个完整的基因文库所需克隆数的估计对基因克隆实验方案的设计具有重要意义。由于基因组DNA是从大量细胞中提取的，每个细胞中均含有全部基因组DNA，那么每一种限制性片段的数目是大量的，因此可以说各限制性片段的数目是相等的[4]。在基因克隆中，基因组DNA用限制酶切割后与载体混合反应以及随后的过程均是随机的生化反应过程。第一，对克隆来说一限制性片段要么被克隆、要么不被克隆，只有这两种结果；第二，由于总体限制性片段是大量的，被克隆的对总体影响很小；第三，在克隆中一片段被克隆的概率为 $f$（$f$ 较小），不被克隆的概率为 $1-f$，且克隆时这两种概率都不变。综上所述，基因克隆的过程符合泊松分布，可用泊松分布来分析计算。设 $p$ 为基因被克隆的概率；$N$ 为要求的克隆的概率为 $p$ 时一个基因文库所需含有重组DNA的克隆数；$f$ 为限制性片段的平均长度与基因组DNA总长度之比，若基因组DNA被限制酶切割成 $n$ 个DNA片段，$f$ 即 $\frac{1}{n}$。则在克隆数为 $N$ 时，任一段被克隆一次或一次以上的概率为 $p=1-p(0)=1-e^{-Nf}$，可推出 $N=-\frac{\ln(1-p)}{f}$，一般要求目的基因序列出现的概率 $p$ 的期望值定为99%，那么 $N=-n\ln(1-p)=-n\ln(1-0.99)=4.605n$。在此，也可用二项分布来计算，在克隆数为 $N$ 时任一段被克隆 $X$ 次的概率为 $C_N^X f^X(1-f)^{N-X}$，则全部出现的可能概率分布为 $f^N+C_N^X f^{N-1}(1-f)+C_N^{N-2}f^{N-2}(1-f)^2+\cdots+C_N^X f^X(1-f)^{N-X}+\cdots+C_N^1 f(1-f)^N+(1-f)^N=1$，则任一段被克隆一次及一次以上的概率为 $p=1-(1-f)^N$，所以 $(1-f)^N=1-p$，两边取自然对数得 $N\ln(1-f)^N=\ln(1-p)$，则 $N=\frac{\ln(1-p)}{\ln(1-f)}=\frac{\ln(1-p)}{\ln(1-\frac{1}{n})}\approx -n\ln(1-p)$，我们可以看出与泊松分布推导出来的结果一致，也说明泊松分布是二项分布在特定条件下的转换。

## 5　泊松分布在估算PCR扩增片段保真率中的应用

PCR技术最广泛的应用是从高度复杂的模板中特异性的扩增目的序列，而目的序列通常在 *Taq* DNA聚合酶的作用下进行指数级的扩增。一般来说，DNA聚合酶都会以低而限定的速率产生错配，该错配率随酶、反应条件和序列的不同而异。如 *Taq* DNA聚合酶产生的错配主要是指单碱基的替换，在高浓度 $Mg^{2+}$ 与高核苷酸浓度的条件下，错配率可高于 $10^{-3}$/nt，而在另一些条件下，错配率则低于 $10^{-5}$/nt。一般认为具有校正活性的聚合酶（如 *Pfu* 聚合酶）的错配率要比 *Taq* 酶低得多。PCR过程中，扩增产物作为后续循环反应的模板，因此由 *Taq* 酶产生的错配而引起序列的改变具有相继性，由于不存在根据序列信息进行选择，使得序列的突变因而得到积累，结果是相当一部分扩增片段的序列被点突变。

由于PCR扩增出现的错配是随机分布的，而且突变的与正确的序列具有等同的扩增效率，则产生错配序列的概率符合泊松分布，那么就可估算PCR扩增后所产生的正确序列片段的比例[6]。若扩增效率为 $k$，则每个循环结束时，原来存在的

DNA链（表示循环刚开始时所含的模板链）的含量$R_0$与新合成链（循环中合成的新链）的含量$R_N$，关系式表示如下：$R_0=\frac{1}{k+1}$，$R_N=\frac{k}{k+1}$，其中$0<k<1$。根据泊松分布，经过一次循环扩增产生正确序列的概率$p(0)=\frac{(mL)^0}{0!}e^{-mL}=e^{-mL}$（其中$m$表示单核苷酸的错配率，$L$表示扩增片段的核苷酸数目）。只要有新合成的链就会有新的突变，则当第一次循环后，正确序列链的比率$f=\frac{1+ke^{-mL}}{k+1}$，因此经过$n$次循环后，正确序列的比例$F=f^N=\left(\frac{1+ke^{-mL}}{k+1}\right)^n$。如扩增一个长为2.5kb的目的片段，假定扩增效率为0.7以及*Taq*酶的错配率为$10^{-5}$，则经过30轮循环后，产物中带有正确序列片段所占的比例为73%。在获取扩增的目的片段之后，一般是与适当的载体连接，转化大肠杆菌，挑取重组克隆。当实验要求重组克隆所携带目的片段的序列保真度为100%时，上述分析将对所需挑取的重组克隆数提供理论依据。

## 6 泊松分布在酵母单双杂交中转化率的计算

酵母单双杂交是分别研究DNA与蛋白质互作和蛋白与蛋白之间互作的两个系统。基于许多真核生物转录因子都是以模块形式存在的，它们的转录激活域和DNA结合域在结构和功能上都有区别，这就允许构建不同融合基因的载体（诱饵载体——双杂或报告载体——单杂，文库载体）。以Clontech公司的酵母单杂交文库构建和筛选系统为例来说明，宿主菌为营养突变型酵母（如Y187酵母菌株），先构建带有多个拷贝DNA作用元件的报告载体，接着通过SMART（switching mechanism at 5′ end of RNA transcript RNA，转录5′端转换机制）技术扩增全长cDNA并同源重组进行文库构建，以共转化筛选阳性克隆[7,8]。这系统是在营养缺陷型的培养基（SD/-Trp/-Leu/-His）上筛选同时携带有报告质粒和插入转录因子cDNA文库质粒的酵母阳性克隆。由于酵母不像大肠杆菌具有质粒不相容性，细胞中可存在多种不同的质粒，这为共转化筛选提供方便，但也增加了假阳性的概率，因为一个酵母转化细胞中可能存在两个或两个以上不同cDNA插入片段的文库质粒，这也给我们进一步验证阳性克隆带来困难。酵母转化细胞是大量的，质粒转化酵母细胞是独立随机的生化过程，要么被转化、要么不被转化，只有这两种结果；又因为质粒数也是大量的，被转化进酵母细胞的对总体的影响几乎可忽略不计，且每个酵母细胞被转化的概率较小，其过程符合泊松分布。现以酵母单杂交转化的实验数据来说明，若在SD/-Trp（筛选含报告质粒的转化子）的培养基上长出的克隆数为$3.4\times10^6$，在SD/-Leu（筛选含文库质粒的转化子）培养基上长出的克隆数为$3.6\times10^6$，在SD/-Trp/-Leu（筛选都含有报告质粒和文库质粒的转化子）培养基上长出的克隆数为$8.0\times10^5$。则含有文库质粒的酵母细胞概率为$1-e^{-m_1}$（$m_1$表示酵母细胞中所含有文库质粒的平均数），含有报告质粒的酵母细胞概率为$1-e^{-m_2}$（其中$m_2$表示酵母细胞中所含有的报告质粒的平均数），根据概率的性质得共同含有报告质粒和文库质粒的细胞概率为$1-e^{-m_1}+1-e^{-m_2}-(1-e^{-m_1})(1-e^{-m_2})=1-e^{-(m_1+m_2)}$，由于被用于转化的酵母感受态的细胞数量是一定的，根据在不同营养缺陷型的培养基上长出的克隆数，可设文库质粒转化的细胞概率为$3.6x$，报告质粒转化的细胞概率为$3.4x$，共同含有报告质粒和文库质粒的细胞概率为$0.8x$；则$1-e^{-(m_1+m_2)}=1-(1-3.6x)(1-3.4x)=3.6x+3.4x-0.8x$，即$7.0x-12.24x^2=6.2x$，解得$x=0.06536$；由$1-e^{-m_1}=3.6x=0.2353$，解得$m_1=0.2345$，则一个酵母细胞只含有一个cDNA文库质粒的概率为$m_1e^{-m_1}=0.2051$，一个酵母细胞含有多个cDNA文库质粒的概率$1-e^{-m_1}-m_1e^{-m_1}=0.0302$，那么每8个酵母转化子中就有1个转化子含有多个cDNA文库质粒。

类似的，可将泊松分布用于酵母双杂交的酵母转化率分析。当然每次实验的转化效率会有差别，我们可根据在营养缺陷型的培养基上长出的转化子的数目，计算出每个酵母细胞中所含有的质粒平均数$m$，来进一步推算出细胞所含有的质粒数的情况。这为实验的筛选工作提供理论依据，以减少盲目性。

## 7 结语

泊松分布在生物学领域有着广阔的应用前景，对生物学中所涉及的概率研究起到了重要的指导作用。可以说，当考察生物学的对象数较大而事件是随机发生的且发生的概率较小时，都可应用泊松分布来分析。

## 参考文献


[1]王亚馥，戴灼华. 遗传学. 北京：高等教育出版社，2000，154-367

[2] 丘冠英，彭银祥. 生物物理学. 武汉：武汉大学出版社，2000，163-189

[3] 王继科，曲连东. 病毒形态结构与结构参数. 北京：中国农业出版社，2000，95-167

[4] 侯占铭. Clarke-Carbon 公式的推导. 遗传，2000，22(2)：101-102

[5]Alper T. The scrapie enigma：insights from radition experimems. Radiat Res，1993，135(3)：283-292

[6] Mullis KB. PCR 聚合酶链式反应. 陈受宜，朱立煌译. 北京：科学出版社，1998，3-45

[7] Zhu YY，Machleder EM，Chenchik A，et al. Reverse transcriptase template switching：a smart approach for full-length cDNA library construction. BioTechniques，2001，30：827-897

[8] Wellenreuther R，Schupp I，Poustka A，et al. SMART amplication combined with cDNA size fractionation in order to obtain large full-length clones. BMC Genomics，2004，5：36-43

# Ⅱ 水稻病害

这一部分着重研究分析水稻稻瘟病菌的群体遗传学、分子遗传学，稻瘟病菌育性及其交配型和生理小种以及水稻细菌性条斑病菌胞外产物性状等。

# 稻瘟病菌分子遗传学研究进展*

鲁国东[1]，王宗华[1]，谢联辉[2]

（1 福建农业大学植物保护系，福建福州　350002；2 福建农业大学植物病毒研究所，福建福州　350002）

**摘　要：**分子生物学技术的介入使稻瘟病菌遗传规律的研究得到迅速发展。人们已经建立了稻瘟病菌的遗传转化体系，构建其遗传图谱并克隆了数种与致病性有关的基因，同时利用重复 DNA 序列从分子水平上对病菌的群体遗传学进行了研究。稻瘟病菌分子遗传学研究的进一步发展，将有利于揭示病菌的致病机理并为病害的防治提供新的思路和手段。

**关键词：**稻瘟病菌；分子遗传学；致病性

**中图分类号：**S432.44

# Advances in molecular genetic studies of the rice blast fungus

LU Guo-dong[1]，WANG Zong-hua[1]，XIE Lian-hui[2]

（1 Department of Plant Protection，Fujian Agricultural University，Fuzhou　350002；
2 Institute of Plant Virology，Fujian Agricultural University，Fuzhou　350002）

**Abstract**：The rapid development of genetics of rice blast fungus（*Magnaporthe grisea*）had been obtained with application of moleular techniques. In this review，we described the advances in transformation systems and genetic maps of the fungus，and the relationship between cloned genes and pathogenicity. The application of repetitive DNA sequences（MGR）for host specificity and phylogenelic analysis were also discussed.

**Key words**：rice blast fungus；molecular genetics；pathogenicity

稻瘟病是由 *Magnaporthe grisea*（无性：*Pyricularia grisea* 或 *P. oryzae*）侵染引起的世界性水稻病害，防治该病的有效措施是培育抗病品种。但稻瘟病菌在漫长的进化过程中形成了遗传上的多样性和复杂性，在致病性方面表现多变性，使得抗病品种的抗性不稳定。从病菌本身的遗传研究着手，可望阐明小种的变异规律，以及病菌的致病机理。近年来，稻瘟病菌有性世代的发现以及分子生物学技术的应用，大大地推进了其遗传规律的研究，使人们对该病的认识达到一个新的高度[1]。本文从分子遗传学的角度阐述其研究进展。

## 1　稻瘟病菌遗传转化体系的建立

遗传转化体系的建立是分子水平上研究病菌致病机理的前提。同时有效的转化系统可以用来导入有益外源基因，获得带有目的性状的工程菌，而后者可能直接用于生产实践，为病害防治提供一种新的方法。

福建农业大学学报，1997，26（1）：56-63

收稿日期：1996-09-26

* 基金项目：福建省教委基金资助项目（K95020）

Parsons等首次报道了稻瘟病菌的遗传转化[2]。用紫外光处理*M. grisea*，获得一系列精氨酸缺陷株（$Arg^-$），从中进一步筛选出1个鸟氨酸羧基转移酶缺失的$ArgB^-$菌株，以此作为受体，转化用供体为携带构巢曲霉（*Aspergillus nidulans*）鸟氨酸羧基转移酶基因（$ArgB^+$）的质粒$pMA_2$。当$pMA_2$转入受体后，受体菌可由精氨酸缺陷型转变为自养型，可以从缺少精氨酸的培养基上方便地检出转化菌株。研究表明，转化子基因组的1个位点上往往有单拷贝或多拷贝载体的整合，整合过程常常伴随重排。Daboussi等也报道了应用*Aspergillus*硝酸还原酶基因转化*M. grisea*硝酸还原酶缺陷株，互补其氯酸抗性[3]。

但营养或抗性互补作为选择手段建立的转化体系，限制了其受体必须是经过一系列诱变和筛选获得的各种缺陷型菌株，这不但繁杂而且对一些菌来说很困难。因此需要一种能在原养型菌中进行筛选的标记。而抗生素选择标记是一种理想的标记，理论上它可将任何菌株作为受体。目前使用最为普遍的是以潮霉素B（hygromycin B，HmB）抗性为选择标记[4-7]。HmB是一种氨基糖苷类抗生素，可通过与70S和80S核糖体结合干扰蛋白质合成而抑制原核和真核生物细胞的生长，但可由HmB抗性基因（*hph*）编码的HmB磷酸转移酶经磷酸化而失去作用，从而使带有基因的细胞获得HmB抗性[5,8]、除了以HmB为抗性选择标记外，应用*Neurospora crassa*的*Bml*基因[9]和*A. terreus*的*BSD*基因[10]为选择标记，同样可以使稻瘟病菌获得对苯菌灵（benomy1）和杀稻瘟菌素S（blasticidin S）的抗性，从而进行抗性筛选。

尽管稻瘟病菌已能成功地转化，但其转化频率很低，一般为每微克DNA含有1～30转化子。为了提高转化频率，黄大年等（1995）进行了转化媒介和转化条件的研究，发现提高PEG（聚乙二醇）浓度，PEG浓度和$CaCl_2$浓度的合理配合以及添加鲱鱼精DNA可以明显地提高转化频率，其中尤以添加鲱鱼精DNA的增幅最大，而热冲击和质粒线形化并不能显著地提高转化频率，相反，添加受体DNA则会降低转化效率[11]。同样用电击法进行转化并不能像转化细菌和一些真菌那样大幅度地提高转化效率[4,6]。最近Shi等应用限制性内切核酸酶介导质粒DNA整合（REMI）的方法，将*M. grisea*的转化频率提高了10倍[12]。

普通转化体系中载体为一般质粒，能容纳的外源插入片段太小，小于10kb。这些质粒若要用于构建基因文库，以通过功能互补的方法进行基因克隆，则因其可容纳片段小所需筛选的克隆数太多。为此鲁国东等[4]构建了一种cosmid质粒，并以此质粒建立了*M. grisea*的转化体系和基因组文库。若经过体外包装，该cosmid质粒可以容纳30～40kb的外源DNA片段[4]。

## 2 重复DNA序列应用于稻瘟病菌群体遗传学研究

稻瘟病菌生理小种的鉴别对于防治病害具有重要意义，传统鉴别方法是根据菌株在鉴别品种上的反应划分小种。但这种方法划分的小种往往因鉴别品种的不同而不同，另外在接种过程中环境及外界条件的干扰也会影响不同研究者的研究结果，使之难以比较。例如，Ou等曾报道在菲律宾田间采集的生理小种多达250个，它们是不稳定的，而且可以继续分化成新的生理小种[13,14]。但Latterell等和其他研究者认为，稻瘟病菌的致病性变异是相对少的，它们相对稳定、缺乏标准化的鉴定过程是导致这些差异的原因[15]。*M. grisea*基因组中重复DNA序列的分析为研究小种的遗传变异提供了一种崭新的方法。

Hamer[16]、Hamer等[17]利用$^{32}P$标记的*M. grisea*基因组总DNA为探针，从*M. grisea* EMBL$_3$基因文库中筛选出5个含重复DNA序列（MGR）的克隆。分析表明MGR是组高度多态的重复序列。每个单倍体基因组有40～50拷贝的MGR散布在各条染色体中，用重复序列MGR586作为探针可在对水稻致病的*M. grisea*基因组中检测到50kb或更多的大小在0.7～20kb的*Eco*RⅠ片段，不同菌株中检测到的带型不同，而在对水稻非致病的菌中检测到的杂交带很少。

Levy等[18]使用MGR586作为探针对美国部分稻瘟病菌株进行了指纹分析（finger-prints），这些菌株来自不同的稻田和品种，跨越30年的时间。结果发现在所有检测的菌株中MGR指纹都不一样，平均包含52个长度在1.3～18kb的*Eco*RⅠ片段。根据MGR指纹的相似程度可将这些菌株区分成8个不同谱系，其中6个谱系只表现一种致病型（IB-1、IC-17、IG-1A、IG-1B、IH-1和IB-49A）；2个谱系表现出多种致病型（IB-49B/IB-54和IB-45/ID-13），而归属IB-49和IG-1致病型的菌株中有不同的谱系、谱系的区分不受菌株采集地点、时间的影响，同一谱系内可以由来自不同水稻生产区域，跨越数10年的不同菌株组成。因此可以认为稻瘟病菌的致病性相对稳定。

Borromeo等[19]使用线粒体DNA（mtDNA）酶切，核糖体DNA（rDNA）杂交和重复序列杂交的方法，将来自水稻和16种杂草的*M. grisea*菌株进行了DNA多态性分析。虽然这几种方法都可将供试的*M. grisea*菌株分为几种不同的类群，但只有使用重复序列MGR586的指纹分析可以明确地将侵染水稻和侵染杂草的*M. grisea*菌株区分开来。侵染水稻的菌株表现出高拷贝的杂交带，而侵染杂草的菌株表现低拷贝的杂交带。因此，虽然侵染水稻和侵染许多田间杂草的*M. grisea*同属一祖先，但杂草的*M. grisea*病菌不可能作为水稻的侵染源。

应用MGR586 DNA探针，Xia等[20]分析了来自阿肯色州2块不同稻田的113 *M. grisea*菌株，结果可以将它们区分为7个不同的指纹组（A～G），A为优势组，分别占2块田菌株数的72%和52%，这7个组与先前Levy等[18]报道的8个指纹组非常相似，但致病型与DNA指纹组之间的关系更为复杂。比如，Levy等[18]报道有6个指纹组分别只对应一种致病型，而在该研究中这6个组有3个组对应多种致病型。为了进一步弄清指纹型与致病型之间的关系，Levy等[21]又分析了致病性变异大，致病型种类多的哥伦比亚SantaRosa稻瘟病育种圃的151个菌株，它们采自15个水稻品种。根据它们对国际鉴别品种的反应可以分为39个致病型，而根据MGR DNA指纹分析可将它们归为6种不同的遗传谱系（SRL-1～SRL-6）。虽然每一种谱系对应一系列特异性的品种。但却表现出通常不重叠的致病型。在所有39种致病型中，33种表现出谱系的特异性（85%），如果去除那些不能重新侵染原分离品种的菌株，则所剩的23种致病型中有21种具有谱系的特异性（91%）。而且，谱系内的不同致病型通常表现为近似的致病谱，它们的不同只是对鉴别品种中的个别品种的反应不一样。对所有鉴别品种都不致病的31个菌株用指纹分析同样可以区分开来。当它们被归到一个对某一品种致病的谱系时，这些菌株很可能也对该品种致病，或者是该品种的潜在致病菌株。因此遗传谱系的结果能更好地用来预测品种抗性的持续时间，更好地指导抗病育种。同样Zeigler等[22]通过测定菲律宾的234个菌株。发现了谱系和致病型之间没有简单明显的对应关系，根据234个菌株对15个水稻品种和6个近等基因系的反应，可分为71种致病型。MGR586 DNA指纹分析则把它分为6个谱系。用无毒基因$AVR_2$-YAMO和$PWL_2$作为探针的杂交结果分出的类型与指纹分析是一致的。在每种谱系中都包含有多种致病型，但大多数致病型（92%）都分别只对应于一种谱系。对所测试谱系，不同的品种表现出不同的抗性谱，籼稻和粳稻似乎有互补的抗性谱。Zeigler等[22]借鉴Wolfe和Schwarzbach的“菌株-品种”组合的概念，提出以“谱系-寄主”组合或“谱系-抗性基因”组合的形式提供信息，更有利于指导抗病育种。首先用谱系来划分菌株，在保证提供更多有用信息的前提下，大大减少了划分的类群，更具实用性，同时抗性鉴定时可减少工作量。因为对于某一“寄主-谱系”组合，鉴定时若发现数种亲和性反应则可以断定该谱系对寄主是亲和的，因此无需做进一步鉴定。其次对于某一寄主若在一个谱系内既发现致病的菌株，也发现非致病的菌株，那么可以推测这个谱系内的菌株是该品种的毒性易变种一谱系内的不亲和菌株不稳定，因此品种抗性也不持久。而且根据“寄主-谱系”的鉴定结果可以发现即使是被认为普遍感病的品种，也携带对某一谱系抗性的基因，通过交叉互补可应用于抗病育种。

利用重复序列探针进行多态性分析的缺点是步骤多，同以PCR为基础的随机引物多态性（RAPD）相比，它费时费力而且花费较高。为此Bernardo等[23]建立了利用RAPD对*M. grisea*进行指纹分析的方法。通过27个10碱基引物的随机筛选，发现有17个引物在5个*M. grisea*菌株中发现多态性，其中引物J-06（5′-TCGTTCCGCA-3′）能产生清晰的DNA条带。对来自菲律宾国际水稻研究所稻瘟病圃的120个菌株试验表明，以它产生的多态性划分的组跟MGR586重复DNA探针划分的组非常一致。每种MGR谱系对应于一个或几个RAPD（J-06）类型。但RAPD的缺点是扩增出的带型较少，因此提供给系谱分析的信息也较少，所以今后实际应用时可以通过RAPD先将大量的菌株归类，然后再用MGR586探针分析，建立谱系。这样可大大减少工作量。

在国内沈瑛等[24]利用美国普度大学的MGR586探针对我国四川、广东、陕西和浙江省的13个菌株进行了DNA指纹分析；以后又分析了12个省（市）108个稻区401个稻瘟病菌株的

MGR-DNA 指纹及其与致病性的关系，区分出 45 个致病型和 54 个谱系[25]。朱衡等[26,27]参照 Hamer 等[28]的方法，从日本稳定菌株北 1 的基因组文库中克隆了一套重复序列，用其中的 POR6 对中国北方的部分稻瘟病菌株进行了指纹分析；他们也获得了类似结果。同时朱衡等[28]发现一些转管培养菌中致病型发生变化的菌株，DNA 指纹也有变化。

## 3 稻瘟病菌遗传图谱的构建和基因定位

对于一些未知生化功能基因的克隆常用染色体步移的方法，采用此方法的先决条件是构建含有丰富致密标记的遗传图谱。用 Guy11 和 2539 为作图亲本，初步建立了 *M. grisea* 的遗传图谱[29,30]。该图谱使用了 99 个 RFLP 标记，2 个同工酶位点和交配型位点，共包含 11 个连锁群，分布于 7 条染色体。图谱覆盖了基因组的约 460cM，加上连锁群之间不相连的最小距离 20cm，图谱总共可代表 620cm，但为不饱和图谱，特别在染色体 1 和染色体 5 上只有少量的标记。该图谱中还定位了 2 个基因，乳酸脱氢酶基因（LDH3，定位在染色体 1）和交配型基因（MAT1，定位在染色体 7）。利用该图谱 Smith 等[31]将对品种特异性致病基因 Avrl-Co39 定位于染色体 1，与该基因紧密连锁的 2 个标记的距离分别为 11.8 cM（估计 260kb）和 17.2cM（估计 380kb）[31]。最近，Farman 等[32]又定位了 *M. grisea* 的全部 14 个端粒。

重复序列 MGR 因可提供极其丰富多样的信息，因此可以很好地运用于基因定位。Hamer 等[27]利用 MGR586 探针定位了 *M. grisea* 的 SMO 基因位点，该位点定位于 2 个重复序列 MGR2 和 MGR10 之间，与它们的距离分别为 3 个和 6 个重组单位。在稻瘟病菌中 *SMO* 基因控制细胞的形态，当它突变时病菌的分生孢子、附着胞和子囊的形态发生异常变化，并且对水稻的致病性也减弱。同样 Valent 等[33]发现无毒基因 *Avr*1-Co39 与 1 个 *MGR* 片段连锁。基于 MGR586 在基因定位上的快速和简便，Romao 等[34]根据 *M. grisea* 水稻致病菌和非致病菌杂交的 MGR 多态性，构建了含 8 个连锁群的遗传图谱。该图谱包含 57 个 MGR 标记，定位了 3 个与黑色素形成有关的基因 *Alb*1、*Rs* Ⅱ 和 *Buf*1，1 个交配型基因 *Mat*1，1 个与细胞形态有关基因 *Smol* 和 1 个核仁形成区 rDNA 位点 *Rdn*1。

Sweigard 等[35]使用已克隆基因、基因组 cosmid 克隆、重复 DNA 序列和 1 个端粒位点构建了另一张 *M. grisea* 遗传图谱。图谱中定位了 3 个无毒基因 *Avr* Ⅰ-TSUY、*Avr*2-YAMO 和 *Avr*1-MARA，其中前 2 个基因定位于菌株 4224-7-8 染色体 1 的 2 对应末端，*Avr*1-MARA 定位于染色体 2b 末端 19cM 处。

## 4 稻瘟病菌基因的克隆及与致病性的关系

基因克隆及表达是分子遗传学研究的基础，也是揭示 *M. grisea* 致病分子机理的前提。最早由 Valent 等[36]用酵母菌 *Saccharomyces cerevisiae* 的 *ILV*2 基因作为异源探针，从 *M. grisea* 基因文库中克隆了编码乙酰乳酸合成酶的基因 *ILV*1、迄今为止已有十几种基因得以克隆（表 1）。

角质酶是许多真菌都产生的胞外酶。它分解角质，而角质为植物表皮的主要成分。在 *Fusarium solani*、*Colletotrichum gloeosporioides* 等病原真菌中角质酶在菌丝穿透植物表皮细胞时起着重要作用。为了研究角质酶在 *M. grisea* 致病中的作用，Sweigard 等[37]克隆了编码该酶的基因 *CUT*1。基因编码 228 个氮基酸，与 *C. gloeosporioides* 角质酶的氨基酸同源性达 74%。当以角质为唯一碳源培养基时，基因大量表达，并且在基因的多拷贝转化子中酶活性增加。但 *CUT*1 基因的缺失或突变并不影响稻瘟病菌的致病性，同时在 *CUT*1 突变体中仍能检测到角质酶的活性。说明在 *M. grisea* 中还存在一些未被检测到的基因也编码角质酶活性。因此虽然可以断言 *CUT*1 基因与致病性无关，但不能肯定角质酶与 *M. grisea* 的致病性关系[38]。利用差异 cDNA 克隆的方法 Talbot 等[39]克隆了 1 种编码小分子质量、富含半胱氨酸的疏水性蛋白基因 *MPG*1。*MPG*1 基因在病菌侵染期和症状发展期大量表达，同时在缺少氮和碳培养基的分生孢子和菌丝中也表达。研究表明 *MPG*1 与 *M. grisea* 的致病有关，当它突变时病菌形成附着胞的能力减弱，同时在寄主中产生的病斑数也减少。类似的基因 *mif*23 和 *mif*29 也由 Lee 等[40]克隆，它们分别长 1.2kb 和 3.1kb，都在附着胞形成过程中特异表达，与病害有关。稻瘟病菌的交配型基因 *Mat*1-1 和 *Mat*1-2 也由 Kang 等[41]采用基因组减法技术成功克隆，它们分别长 2.5kb 和 3.5kb，决定病菌的交配类型及形成有性世代的能力。最近 Valent

等[42]根据基因定位，采用染色体步移的方法克隆了 *M. grisea* 水稻致病菌中决定品种社糯（Yashiro-mochi）致病特异性的无毒基因 *Avr*2-YAMO 和杂草致病菌的无毒基因 *PWL*2。无毒基因与寄主中的抗性基因互作，决定发病与否。当 *Avr*2-YAMO 突变时，病菌由原来表现对社糯的非亲和反应转变为亲和反应。同时若把 *Avr*2-YAMO 基因导入原来对社糯致病的菌株，可以使其转化为对该品种不致病。

**表 1　已克隆的稻瘟病菌基因**

| 基因 | 编码产物 | 克隆方法 | 文献 |
|---|---|---|---|
| *ILV*1 | 乙酰乳酸合成酶 | 异源探针杂交 | [36] |
| TUB1 | β-微管蛋白、表现苯菌灵抗性 | 异源探针杂交 | [36] |
| *LYS*1 | 赖氨酸合成酶 | 功能互补法 | [36] |
| *Rsy*1 | 黑色素合成酶 | cDNA 表达文库的抗体筛选 | [36] |
| *CUT*1 | 角质酶 | 异源探针杂交 | [37] |
| *MPG*1 | 与致病性有关的疏水性蛋白 | 差异 cDNA 克隆 | [39] |
| *Mif*23，*mif*29 | 产物未知，附着胞形成期表达 | 差异 DNA 文库 | [40] |
| *Mat*1-1，*Mat*1-2 | 产物未知，决定交配型 | 基因组减法技术 | [41] |
| *ERG*2 | 甾醇异构酶 | 异源探针杂交 | [42] |
| *Aw*2-YAMO | 产物未知，决定致病特异性 | 基因定位法 | [43] |
| *PWL*2 | 产物未知，决定致病特异性 | 基因定位法 | [43] |

## 5　稻瘟病菌中类似转座子结构元件的克隆

Hamer 等[16]在克隆 MGR 重复序列时就发现重复序列 MGR583 包含 1 个可读框，它编码的氨基酸序列与 1 种转座子的逆转录酶相似。后来 Dobinson 等[44]在杂草 *Eleusine* 的致病 *M. grisea* 菌中克隆了 1 个称为 grasshopper（grh）的反向元件。DNA 序列分析表明，grh 可能与 1 组转座子有关，具有 1 个长的末端重复序列，末端 198bp 完全正向重复，其中包含有多数反向转座子所具有的 5′端和 3′端重复序列，以及短的反向末端重复序列。在 grh 元件内发现 1 个可读框，编码的序列与逆转录酶 RNaseH 和反向元件 *Pol* 基因的整合酶序列相似。通过与其他反向元件的比较发现，grh 与反向转座子 gypsy 家族有关。与此同时 Skinner 等[30]在水稻致病的 *M. grisea* 菌中克隆了 1 个结构与 *Alu* 相似的重复 DNA 序列，该序列编码的多肽与发现于高等植物和一些真菌中的转座子相似。Kachroo 等[45]克隆了 1 组重复 DNA 序列，其中 1 个序列可能编码 1 种反向重复转座子 *Pot*2[45]。*Pot*2 长 1857bp，具有 43bp 的完全末端反向重复（TIR），在 TIR 中包含有 16bp 的正向重复，它的蛋白质编码区与另一种植物病原真菌 *Fusarium oxysporum* 的转座元件 *Fot*1 非常相似。跟其他许多转座元件一样，*Pot*2 在目标插入位点富含 TA 碱基。每个单倍体基因组中约含有 100 个拷贝的 *Pot*2，因此 *Pot*2 可能是一种有活性的转座子。

*M. grisea* 中众多类似转座子元件的发现可能是该菌易变性的一个原因。因为转座子可以引起染色体的缺失、插入、倒位、重复和易位。对转座元件的分布和动态进行研究，将有助于人们认识它们在基因组成上的作用和病菌在自然群体中的致病性变异。同时转座子还可用来标记基因，为病菌的遗传操作提供一种简便的方法。

## 6　总结与展望

综上所述，我们可以看到分子生物学技术的介入已大大地推进了稻瘟病遗传学的研究。以 *M. grisea* 为受体的遗传转化体系的构建，是克隆和表达基因、研究病菌致病机理的基础，但目前存在的问题是所有转化体系中转化频率都太低，大大低于大肠杆菌（$10^3$～$10^6$ kb）和一些真菌（1～10kb）。从稻瘟病菌自身寻找一些高效表达的启动子和自主复制序列，构建成新型的转化载体是解决问题的关键。重复序列 MGR 探针的应用给病菌群体遗传学和系统发育的研究带来了深刻的变化。通过 MGR DNA 指纹分析人们发现稻瘟病菌并不是高度变化，不能有效分类的，而是相对稳定，可以根据它们的指纹相似率将来源不同的稻瘟病菌株分为有限数量的类群。DNA指纹的研究还发现，同属于*M. grisea*种的水稻致病菌与杂草致病菌之间有着显著的差别，杂草上的病菌并不能成为水稻的潜在侵染源。同样发现于巴西小麦上造成严重危害的*M. grisea*，在DNA指纹上也与水稻致病菌有着较大的区别。因此小麦瘟病并不是来源于水稻瘟，而更可能是来源于同一地区的杂草瘟，或者它们是与水稻和杂草致病菌平行的另一进化类群。MGR DNA探针应用于稻瘟病菌的系谱分析给抗病育种提供了新的信息，尤其是"品种-谱系"概念的应用将加速广谱和持久抗性基因的鉴定和利用。今后在进一步研究世界各地稻瘟病菌的指纹组（谱系）与致病性关系的基础上，可通过国际合作，对世界范围内的稻瘟病菌进行统一的指纹分析，划分类群，制定各种类群的代表菌株，建立主要抗源或抗性基因与各类群病菌的致病关系。这样不仅可以监测全球范围内的稻瘟病菌变化规律和发生动态，指导抗病育种，为品种合理布局，发挥抗病持久性提供信息；而且还可以规范小种的鉴定方法，简化小种鉴定程序。从田间分离到的菌株可以通过分析其指纹图谱，与各类群代表菌株的图谱对照，进行直接分类，从而避免了传统小种鉴定中人为和环境因素的影响。

*M. grisea*遗传图谱的构建和基因定位是通过染色体步移方法分离人们感兴趣基因的基础，今后的努力是构建更为饱和致密的图谱，定位更加丰富的有用基因。近期通过交换Sweigard[35,37,38]、Skinner等[30]和Romao等[34]所建图谱中的不同探针，可望构建成一个接近饱和的遗传图谱。已克隆的一些基因给我们提供了稻瘟病菌基因组组成和基因编码规律以及病菌分子致病机理的初步信息。今后通过克隆更多与致病有关的基因，分析鉴定这些基因的编码产物及其在致病中的作用，将有利于最终揭示其复杂的致病机理，而致病机理的认识将对病害的防治产生深远的影响。人们可以从病菌致病的薄弱环节着手开发高效无毒的新型杀菌剂，也可以通过基因工程技术改造物种，产生持久抗性的植物新品种或产生竞争性的工程菌，而后者可以给病害的防治提供一种新的思路与手段。

## 参考文献


[1] Valent B. 1990. Rice blast as a model system for plant pathology. Phytopathology, 80(1): 33-36

[2] Parsons KA, Chumley FG, Valem B. Genetic transformation of the fungal pathogen responsible for rice blast disease. PNAS, 1987, 84: 4161-4168

[3] Daboussi MJ, Dielli A, Gerlinger CT, et al. Transformation of seven species of filamentous fungal using the nitrate reductase gene of *Aspergillus nidulans*. Curr Genet, 1989, 15: 453-456

[4] 鲁国东，黄大年，冉垒洲等. 以cosmid质粒为载体的稻瘟病菌转化体系的建立及病菌基因文库的构建. 中国水稻科学，1995, 9(3): 156-160

[5] 杨炜，黄大年，王金霞等. 以潮霉素抗性为选择标记的稻瘟病菌原生质体转化. 遗传学报，1994, 21(4):305-312

[6] 陶全洲. 利用显性选择标记基因转化稻瘟病菌. 中国水稻科学，1993, 7(4): 232-238

[7] Leung H, Lehtmen UT, Karjalainen R, et al. Transformation of the rice blast fungus *Magnaporthe grisea* to hygromyc B resistance. Curr Genet, 1990, 17: 409-411

[8] Punt PJ, Oliver RP, Dingemanse MA, et al. Transform ation of *Aspergillus* based on the hygromycin B resistance marker from *Escherichia coli*. Gene. 1987, 56: 117-124

[9] Orbach MJ, Porro EB. Yanofsky C. Cloning and characterization of the gene for beta-tubulin from abenomyl-resistant mutant of *Neurospora crosso* and its use as a dominant selectable marker. Mol Cell Biol, 1986, 6: 2452-2461

[10] Kimura M, Kamakura T, Tan QZ, et al. Cloning of the blasficidin S deaminase gene(BSD) from *Aspergillus terreus* and its use as a gelectable marker for *Schizosaccaromyces porobe* and *Pyricularia oryzae*. Mol Gen Genet, 1994, 242: 121- 129

[11] 黄大年，王金霞，杨炜等. 提高稻瘟病菌转化频率的研究. 中国水稻科学，1995, 9 (1): 15-20

[12] Shi ZX. Chrisan D, Leung H. Enhanced transformation in *Magnaporthe grisea* by restriction enzyme mediated integration of plasmid DNA. Phytopathology, 1995, 85: 329-333

[13] Ou SH. Pathogert variability and host resistance in rice hlast disease. Artnu Rev Phytopathol, 1980, 18: 167-187

[14] Ou SH. Ricedisease slough. UK, Commonwealth Agricultural Bureau, 1985, 109-201

[15] Latterell FM, Rossi AE. Longevity and pathogenic stability of *Pyricularia oryzae*. Phytopathology, 1986, 76: 231-235

[16] Hamer JE, Farrall L, Orbach MJ, et al. Host species-specific conservation of a family of repeated DNA sequences in the genome of a fungal plant pathogen. PNAS, 1989, 86: 9981-9985

[17] Hamer JE. Molecular probes for rice blast disease. Science, 1991, 252: 632-633

[18] Levy M, Roman J, Marchetti MA, et al. DNA fingerprinting with a dispersed repeated sequence resolves pathotype diversity in the rice blast fungus. The Plant Cell, 1991, 3: 95-102

[19] Borromeo ES, Nelson RJ, Bonman JM, et al. Genetic differentiation among isolates of *Pyricularia* infecting rice and weed hosts. Phytopathology, 1993, 83(4): 393-399

[20] Xia JQ, Correll JC, Lee FN, et al. DNA fingerprinting to examine microgeographic variation in the *Magnaporthe grisea*

(*Pyricularia grisea*)population in two rice fields in Arkansas. Phytopathology, 1993, 83: 1029-1035

[21] Levy M, Correa-Victoria FJt, Zeigler RS. Genetic diversity ofthe rice blastfungusin a disease nurseryin Colombia. Phytopothotogy, 1993, 83(12): l427-1433

[22] Zeigler RS, Cuoc LX, Scort RP, et al. The relationship between lineage and virulence in *Pyricularia grisea* in the Philippines. Phytopathlogy, 1995, 85(4): 443-451

[23] Bernardo MA, Naqvi N, Leung H, et al. A rapid method for DNA ftingerprihting of the rice blast fungus *Pyricularia grisea*. International Rice Research Notes, 1993, 18(1): 48-50

[24] 沈瑛，朱培良，袁筱萍. 中国稻瘟病菌的遗传多样性. 植物病理学报，1993，23(4)：309-313

[25] 沈瑛，朱培良，袁筱萍等. 我国稻瘟病菌的遗传多样性及其地理分布. 中国农业科学，1996，29(4)：39-46

[26] 朱衡，蒋璃如，陈美玲等. 稻瘟病菌株的 DNA 指纹及其与小种致病性相互关系的研究. 作物学报，1994，20(3)：257-263

[27] 朱衡，翟文学，陈美玲等. 稻瘟病菌重复顺序 POR6 和稻瘟病菌的分型. 真菌学报，1995，14(3)：218-225

[28] Hamer JE, Givan S. Genetic mapping with dispersed repeated sequences in the rice blast fungus: mapping the SMO locus. Mol Gen Genet, 1990, 223: 487-495

[29] Skinner DZ, Leung H, Leong SA. Genetic map of the blast fungus *Magnaporthe grisea*. *In*: O'eBrien SJ. Genetic maps (5th). New York: Cold Spring Harbor Laboratory Press, 1990, 382-383

[30] Skinner DZ, Budde AD. Farman ML, et al. Genome organization of *Magnaporthe grisea* genetic map, electrophoreuc karyotype, and occurrence of repeated DNAs. Theor Appl Genet, 1993, 87: 545-557

[31] Smith JR, Leong SA. Mapping of a *Magnaporthe grisea* locus affecting rice (*Oryza satroa*) cultivar specificity. Theor Appl Genet, 1994, 88: 901-908

[32] Farman ML, Leong SA. Genetic and physical mapping of telomeres on the rice blast fungus, *Magnaporthe grisea*. Genetics, 1995, 140: 479-492

[33] Valent B, Farrall L, Chumley FG. *Magnaporthe grisea* genes for pathogenicity and virulence identified through a series of backcrosses. Genetics, 1991, 127: 87-101

[34] Romao J, Hamer JE. Genetic organization of a repeated DNA sequence family in the rice blast fungus. PNAS. 1992, 89: 5316-5320

[35] Sweigard JA, Valent B, Orbach MJ, et al. Genetic map of the rice blast fungus *Magnaporthe grisea*. *In*: O'eBrien SJ. Genetic maps(6th). New York: Cold Spring Harbor Laboratory Press, 1993, 3112- 3115

[36] Valent B, Chumley FG. Molecular genetic analysis of the rice blast fungus, *Magnaporthe grisea*. Annu Rev Phytopathol, 1991, 29: 443-467

[37] Sweigard JA, Chumley FG, Valent B. Cloning and analysis of *CUT*1. a cutinase gene from *Magnaporthe grisea*. Mol Gen Genet, 1992, 232: 174-182

[38] Sweigard JA, Chumley EG, Valent B. Disruption of a *Magnaporthe grisea* cutinase gene. Mol Gen Genet, 1992, 232: 183-190

[39] Talbot NJ, Ebbote DJ, Hamer JE. Identification and characterization of *MPG*1, a gene involved in pathogenicity from the rice blast fungus *Magnaporthe grisea*. The Plant Cell, 1993, 5: 1575-1590

[40] Lee YH, Dean RA. Stage-specific gene expression during appressorium formation of *Magnaporthe grisea*. Experimental Mycology, 1993. 17(3): 215-222

[41] Kang S, Chumley FG, Valent B. Isolation of the mating-type genes of the phytopathogenic fungus *Magnaporthe grisea* using genomic subtraction. Genetics, 1994, 138: 289-296

[42] Keon JP Rt, James CS, Court S, et al. Isolation of the *ERG*2 gene, encoding sterol$\Delta^8 \rightarrow \Delta^7$ isomerase from the rice blast fungus *Magnaporthe grisea* and its expression in the maize smut pathogen *Ustilago maydis*. Curr Genet, 1994, 25(8): 531-537

[43] Valent B, Chumley FG. A virulence genes and mechanisms of genetic instability in the rice blast fungus. *In*: Zeigler RS, Leong SA, Teng PS. Rice blast disease. Wallingford: CMB International, 1994, 111-134

[44] Dobinson KF, Harris RE, Hamer JE. Grasshopper, a long terminal repeat (LTR) retroelement in the phytopathogenic fungus *Magnaporthe grisea*. Mol Plant-Microbe Interact, 1993, 6(1): 114-126

[45] Kachroo P, Leong SAt, Chattoo BB. *Pot*2, an inverted rat transposon from the rice blast fungus *Magnaporthe grisea*. Mol Gen Genet, 1994, 295: 339-348

# 稻瘟病菌的电击转化*

鲁国东[1]，黄大年[2]，谢联辉[1]

（1 福建农业大学植物保护系，福建福州 350002；2 中国水稻研究所生物工程系，浙江杭州 310006）

**摘　要**：建立电击法转化稻瘟病菌的操作体系。初步结果表明，运用电击法可以成功地对稻瘟病菌的原生质体实行遗传转化。当使用 0.2cm 电击杯时，最适电击参数为电容 25μF，电场强度 300 kV/m，外加电阻 800Ω 实验结果同时表明，在电击介质中加入 10 g/LPEG8000 可以显著地提高稻瘟病菌的转化频率，电击法转化具有简便、快速的特点，其转化频率与 PEG 化学融合法相当，可成为 PEG 融合法的一种有效补充。

**关键词**：稻瘟病菌；电击法；转化

# Transformation of *Magnaporthe grisea* by electroporation

LU Guo-dong[1]，HUANG Da-nian[2]，XIE Lian-hui[1]

（1 Department of Plant Protection，Fujian Agricultural College，Fuzhou 350002；
2 Department of Biotechnology，China National Rice Research Institute，Hangzhou 310006）

**Abstract**：The electroporation is a new bioelectric technique which has been gradually used in gene transformation in recent years. The use of this technique to transform *Magnaporthe grisea* with plasmid DNA was investigated. The initial results were as follows；①the best electrical conditions for electroporation were a field Strength of 300 kV/m with a capacitance of 25μF and a parallel resistance of 800Ω；②the use of 10g/L PEG8000 in the electroporation medium could increase the transformation efficiency obviously. Electropocation was rapid and easy to perform，and the transformation efficiency for *M. grisea* was similar to PEG mediated transformation. Therefore，it provided an alternative method useful for introducing DNA into the fungi.

**Key words**：*Magnaporthe grisea*；electroporation；transformation

有效的转化体系是真菌分子遗传学研究的基础。目前已在 30 多种丝状真菌中建立了 DNA 的转化技术[1]，同时也已成功建立了稻瘟病菌的转化体系[2-4]。通常用于转化的方法为 PEG 化学融合法，该方法虽普遍采用，但步骤多，且 PEG 对真核和原核生物的细胞有毒害作用。另据已有的资料来看，PEG 法转化丝状真菌的频率大多不高。近年来电击转化技术在许多实验材料（动物细胞、植物原生质体、细菌、酵母及其他真菌）的遗传转化方面显示了 PEG 化学融合法不可替代的优越性[5]。

---

福建农林大学学报，1997，26（3）：298-302

收稿日期：1996-09-11

* 基金项目：福建省教委基金资助项目（K95020）

该方法是通过短时程、高强度的电脉冲作用使生物膜的类脂分子层发生瞬时混乱，膜通透性暂时增大，形象地说就是“穿孔”，亲水性物质通过这些微孔进入细胞。实验表明，电击法不但可以进行丝状真菌的转化，而且对一些细菌[6,7]和丝状真菌[8]来说，该方法还可以大幅度地提高转化频率。

本文报道了电击法对于稻瘟病菌原生质体的转化，并探讨了转化过程中的最佳参数。

# 1 材料与方法

## 1.1 材料

稻瘟病菌株 2539W 由国际水稻研究所提供；质粒 pSVhygB 为本实验室构建[2]，其含有能在真菌中表达的潮霉素 B 抗性基因；宿主大肠杆菌为 DH1。

崩溃酶（Novozyme-234）、β-葡萄糖苷酸酶、潮霉素 B 和 PEG8000（聚乙二醇）为 Sigma 公司产品；限制性内切核酸酶为 Bioeheringer Mannheim 公司产品；α-$^{32}$P-dCTP 购自北京福瑞生物工程公司。实验所用的电击仪为 Bio-Rad 公司生产的基因脉冲仪（Gene Pulser）及附带的脉冲控制器（Pulse Controller）。

## 1.2 pSVhygB 质粒的大量制备

采取碱裂解法[9]大量抽提质粒 DNA，用 PEG 沉淀法进行纯化，将纯化的质粒 DNA 在紫外分光光度计下测定含量与纯度，并用酶切分析鉴定所提取质粒 DNA 准确无误。

## 1.3 稻瘟病菌原生质体的制备

按王金霞等的方法[10]略作修改制备稻瘟病菌 2539W 的原生质体。Novozyme-234 的质量分数（以菌丝鲜重计）为 10～20mg/g，裂解后的原生质体用 0.7mol/L NaCl 洗 1 次后，改用 1.2mol/L 的山梨醇洗 3 次，最后沉淀溶于 1.2mol/L 山梨醇水溶液，调节至每毫升含 $1\times10^8$ 个细胞。

## 1.4 电击法转化原生质体

取 400μL 稻瘟病菌原生质体悬浮液，加入 10μg pSVhygB 质粒 DNA，放置冰上。转移至 0.2cm的灭菌电击杯中（Bio-Rad 公司产品），在 Bio-Rad 公司的电击仪上电击。电击时设置不同的电场强度、外加电阻（通过调节脉冲控制器）以及添加不同质量浓度的 PEG8000 溶液。电击后将反应物移入离心管，加入 2mL 的 YGS 培养液（5g/L 酵母抽提物、20g/L 葡萄糖、1.2mol/L 山梨醇），冰上放置 10min，然后在 28℃下水浴 2h。离心收集原生质体，重悬于 1.2mol/L 山梨醇溶液，涂布于含潮霉素 B 100mg/L 的 $RM_2$ 再生培养基平板上（3g/L 酵母抽提物、3g/L 水解酪蛋白、10g/L 蔗糖、1.2mol/L 山梨醇、15g/L 琼脂），28℃ 培养 6～7d。

## 1.5 转化子的 Southern 杂交分析

稻瘟病菌总 DNA 的提取采用 CTAB 法[3]；酶切和 Southern 杂交参照 Sambrook 等方法[9]。总 DNA 或完全酶切后的 DNA 经 7g/L 琼脂糖凝胶电泳后，转移至尼龙膜（Genescreen，Du Punt 公司产品）上进行杂交。杂交所用探针为$^{58}$P 标记的 pSVhygB 质粒 DNA（按 Boehringer Mannheim 公司的 Nick Translation Kit 进行标记）。杂交后按 Du Punt 公司推荐的方法进行洗膜和曝光。

# 2 结果与分析

## 2.1 不同电击条件的转化结果

电击法转化原生质体的效果主要与电击时所用的脉冲电场强度、脉冲持续时间和脉冲个数等有关。脉冲电场强度由电场间的电压和电极距离决定。本实验统一采用 0.2cm 的电击杯，因此电极间距离固定为 0.2cm，电场强度则由电压的大小决定。脉冲持续时间则随电路中电容和电阻而改变，本实验因使用同一电容 25μF，因此电阻的变化直接影响转化的效果，为方便起见实验中脉冲个数都为 1 次。

不同电场强度电击实验结果（图 1）表明，当使用 25μF 电容，外加电阻 200Ω 情况下，最适宜的电场强度为 3.00kV/m，其转化频率为每微克 DNA1 0.1 个转化子。不同外加电阻的实验结果（图 2）表明。当电容 25μF，电场强度 200kV/m 时，最适宜的外加电阻为 800Ω，这时转化频率为每微克 DNA 9.8 个转化子。

实验表明，一些真菌和细菌的电击转化过程中，在反应物中加入适量的 PEG8000 可以提高转化频率[8]。不同质量浓度的 PEG8000 对转化频率影响的实验结果（图 3）表明，加入适量的 PEG8000 可以显著地提高转化频率，当电击反应物中含 10g/L 的 PEG8000 时可以获得最佳的转化效果，转化频率为每微克 DNA 25.5 个转化子；超过 10g/L PEG8000 时，转化频率则出现下降趋势。

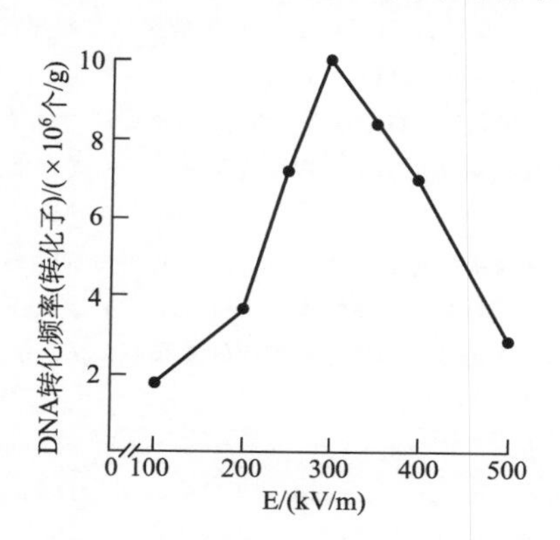


图 1 不同电场强度对电击的影响

电容为 25μF；外加电阻 200Ω

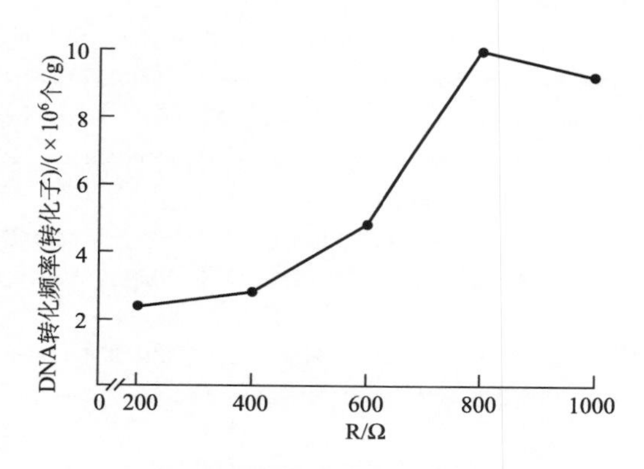


图 2 不同外加电阻对电击的影响

电容为 25μF；电场强度 200kV/m

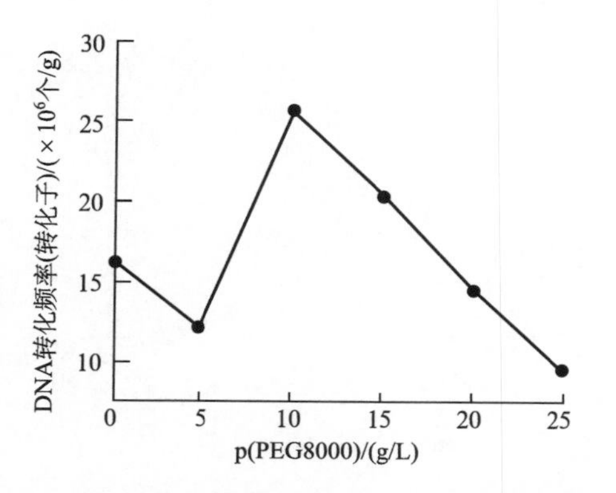


图 3 不同质量浓度的 PEG8000 对转化频率的影响

电容为 25μF；外加电阻 800Ω；电场强度 300kV/m

### 2.2 转化子的 Southern 杂交分析

为了检测转化于中质粒 DNA 的整合形式，进行了转化子的 Southern 杂交分析。随机挑选 4 个转化子提取 DNA，分别进行总 DNA 和 *Hind* Ⅲ完全酶切后 DNA 的 Southern 印迹和杂交，结果如图 4。所有转化子均产生强的杂交带（A～D），而对照则不具杂交信号（第 1 道），说明 pSVhygB 质粒 DNA 已稳定地整合于转化子染色体 DNA 中。因为 *Hind* Ⅲ在 pSVhygB 上有 1 个切点。因此转化子中 pSVhygB DNA 的 1 个位点的整合将产生 2 条杂交带。

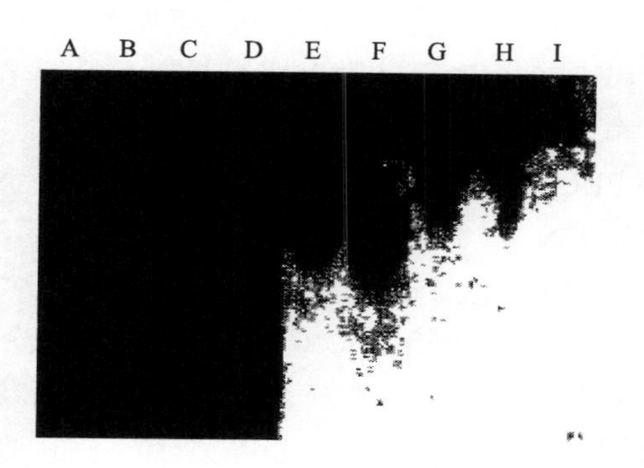


图 4 转化子的 Southern 杂交分析

A～D. 转化子总 DNA（$T_1$～$T_4$）；E～H. 转化子总 DNA *Hind* Ⅲ 酶切（$T_1$～$T_4$）；I. 阴性对照（非转化 DNA）

样品 1（E）转化子即为单位点整合，而样品 2（F）中至少产生 4 条带，该转化子为多位点整合。样品 3 和样品 4（G、H）中杂交带出现于大分子质量区域［$(15\sim25)\times10^8$ bp］，该区域内迁移率相近的条带很难区分，不排除多个片段处于同一位置的可能，因此它们的整合形式不能确定。

## 3 讨论

实验表明，电击法可以成功地实现对稻瘟病菌的转化，表现为在平板中出现潮霉素 B 抗性的转化子和质粒 DNA 与转化子杂交的阳性反应。前者说明外源基因，即潮霉素 B 抗性基因通过转化进入稻瘟病菌细胞并得以表达；后者则说明外源基因已稳定地整合在稻瘟病菌的染色体上。因电击法具有操作简单、省时的特点，而且从已有的报道来看，该法适用范围很广，因此可以成为 PEG 化学融合法的有效补充。

由于不同生物细胞的大小及对电击的敏感性很不相同，因此将电击法运用于转化一物种时，首先应当寻找该物种的最佳转化参数。高等动植物细胞常用的电场强度为 50～1200kV/m，细菌由于细胞体积小，需要较高的电场强度，通常为 600～1200 kV/m，本实验的最佳电场为 300 kV/m。介于两类生物之间，但更接近于高等真核生物，同时应该注意到，在转化中电场强度和脉冲长度是互补的，电场强度较高。所需的脉冲则较短，反之则较长。从理论上说只需调节一方即可达到最佳的转化效果。但电场强度太高或脉冲时间过长常会造成细胞穿孔后不可逆的损伤或死亡，从而导致转化频率大大降低。因此实际操作时往往根据不同的物种寻找适宜强度的电场，然后配与适当脉冲长度，而后者则可通过外加电阻大小的不同来调节。

PEG8000之所以可以明显提高稻瘟病菌的转化频率，其原因尚不清楚。笔者推测原因有二：其一为PEG8000促进受体细胞成丛，易于接触和摄取供体DNA。同时PEG8000可增加细胞膜的穿透性，使DNA容易进入细胞内，该原理与化学法转化类似。其二为PEG8000的加入改变了电击介质中的离子强度，从而影响了介质的电导性和脉冲持续时间。

尽管使用最佳的电击条件，即电击介质中加入10g/L PEG8000，电容25$\mu$F，电场强度300kV/m和外加电阻800Ω，稻瘟病菌的转化频率也只有每微克DNA 25.5个转化子，与PEG化学融合法的频率相当。虽然通过进一步优化转化参数，还可能提高转化频率，如提高电击介质中原生质体和质粒DNA的浓度等。但似乎可以认为电击法转化稻瘟病菌并不能像细菌和一些真菌那样大幅度地提高转化频率，该结论与陶全洲[4]和Richey等[5]的结果一致。

## 参考文献


[1] 黄大年，王盒囊，橱炜等. 提高稻瘟病菌转化频率的研究. 中国水稻科学，1998，9(1)：15-20

[2] 鲁国东，黄大年，陶全洲等. 以cosmid质粒为载体的稻瘟病菌转化体系的建立及病菌基因文库的构建. 中国水稻科学，1995，9(3)：156-160

[3] 杨炜，黄大年，王金霞等. 以潮霉素抗性为选择标记的稻盛病菌原生质体转化. 遗传学报，1994，21(4)：305-312

[4] 陶全洲. 利用显性选择标记基因转化稻瘟病菌. 中国水稻科学，1993，7(4)：232-238

[5] Richey MG，Marek ET，Schardl CL，et al. Transformation of filamentous fungi with plasmid DNA by electroporation. Phytopathology，1989，79：844-847

[6] Ausubel FM，Brent R，Kingaton RE，et al. Current protocols in molecular biology. Wiley Interscience (Supplement)，1989，5：184-187

[7] Fiedler S，Wirth R. Transformation of bacteria with plasmid DNA by electroporation. Annal Biochem，1988，170：38-44

[8] Goldman GH，Geremia M，Montagu M，et al. Transformation of filamentous fungi by high voltage electroporation. Bio-Rad Bulletin，1990，1352：1-5

[9] Sambrook J，Fritach EF，Maniatis T. 1995. 分子克隆实验指南. 第二版. 金名雁，黎孟枫. 北京：科学出版社，1989，24-28，474-491

[10] 王金霞，黄大年，杨炜等. 稻瘟病菌原生质体制备和再生的研究. 中国水稻科学，1992，6(1)：33-38

# 以cosmid质粒为载体的稻瘟病菌转化体系的建立及病菌基因文库的构建

鲁国东[1]，黄大年[2]，陶全洲[3]，杨 炜[2]，谢联辉[1]

（1 福建农业大学植物保护系，福建福州 350002；2 中国水稻研究所生物工程系，浙江杭州 310006；
3 中国科学院上海生物化学研究所，上海 200031）

**摘 要**：用潮霉素B（hygromycin B）抗性基因和λ噬菌体的cos位点组建了一种cosmid质粒pSV*hyg* B，以此质粒建立了稻瘟病菌的转化体系，并且构建了病菌的基因组文库。结果表明，pSV*hyg* B质粒可用于稳定地转化稻瘟病菌，转化频率约为15个转化子/μg DNA，电击法转化并不能有效地提高稻瘟病菌的转化频率。构建的稻瘟病基因文库中包含将近10 000个重组子克隆，随机挑取12个重组子的鉴定表明，都包含有外源插入片段，说明所建文库已达要求。

**关键词**：cosmid质粒；基因组文库；潮霉素B抗性标记；稻瘟病菌；转化

# Establishment of transformation system and genomic DNA library of *Magnaporthe grisea* with cosmid vector

LU Guo-dong[1]，HUANG Da-nian[2]，TAO Quan-zhou[3]，YANG Wei[2]，XIE Lian-hui[1]

（1 Department of Plant Protection，Fujian Agricultural University，Fuzhou 350002；
2 Department of Biotechnology；China National Rice Research Institute，Hangzhou 310006；
3 Shanghai Institute of Biochemistry，Chinese Academy of Sciences Shanghai 200031）

**Abstract**：A new cosmid vector pSV*hyg* B containing hygromycin B resistance gene and bacterlophage λcos site was constructed. Using the pSV*hyg* B the genomic DNA library of *Magnaporthe grisea* was constructed. It showed that pSV*hyg* B can stably transform *M. grisea* with frequency 15 transformants per microgarn DNA and electroporation could not improved the transformation efficiency. There approximately had 10 000 recombinant clones in our genomic DNA library，more than that of the requirement for *M. grisea*.

**Key words**：cosmid vector；genomic DNA library；hygromycin B resistant marker；*Magnaporthe grisea*；transformation

稻瘟病 *Magnaporthe grisea*（无性世代 *Pyricularia oryzae*）为水稻的主要病害。水稻与稻瘟病菌之间的关系被认为是典型的“基因对基因”关系。稻瘟病的有性与无性世代都易于人工培养，其遗传转化体系也已初步建立[1-3]，因此稻瘟病被认为是分子植物病理学研究的模式病害[4]。从分子水平上研究其致病机理，不仅可以为防病致病提供科学依据，同时也为研究其他作物的类似病害

中国水稻科学，1995，9（3）：156-160
收稿日期：1994-9-20

提供借鉴。

研究病菌致病的分子机理，首先要克隆一些与致病有关的基因，而利用构建基因文库的方法来克隆目的基因是基因工程中常用的手段。在低等生物中，对于编码产物未知基因的克隆主要采用功能互补法，即通过构建某一性状野生型个体的基因组文库，用该文库转化相应的突变体，然后经过一定的途径筛选出能使突变体恢复成野生型性状的克隆，进一步亚克隆就可分离出控制该性状的基因。该方法克隆基因时，要求用以构建文库的载体必须具有适当的选择标记。以潮霉素 B 抗性为标记的稻瘟病菌转化体系虽已建立[1,2,5,6]，但这些转化体系中载体仅为一般质粒，能容纳的外源插入片段太小，若用于建库需筛选的克隆数太多，不利于操作。为此我们构建了一种 cosmid 质粒，并以此建立了稻瘟病菌的遗传转化体系和病菌 2539W 菌株的基因组文库。

## 1　材料与方法

### 1.1　材料

稻瘟病菌株 2539W、2539B 由国际水稻研究所提供，质粒 pSV50 由美国堪萨斯大学医学中心 Wilson 博士惠赠，宿主大肠杆菌菌株为 $DH_1$。

限制性内切核酸酶为 Boeheringer Mannheim 产品，碱性磷酸酶、蛋白酶 K、潮霉素 B 为 Sigrna 产品，λDNA 包装蛋白系统为 Promega 产品，$T_4$ DNA 连接酶为华美产品。

### 1.2　cosmid 载体的构建

如图 1 所示，将质粒 pCSN43 和 pSV50 分别用 *Sal* Ⅰ 酶切，从低熔点胶上回收 pCSN43 的 2.4kb 片段和 pSV50 的 5.32kb 片段，用 $T_4$ DNA 连接酶连接，转化大肠杆菌 $DH_1$。低熔点胶上回收 DNA 和大肠杆菌的转化按 Sambrook[8]。

### 1.3　稻瘟病菌的转化

按王金霞等[7]的方法制备稻瘟病菌的原生质球，用 STC 溶液（1.2mol/L 山梨醇，10mmol/L Tris-CL，pH7.5，10mmol/L $CaCl_2$）调节浓度至 $1\times10^8$ 个细胞/mL。取 100μL 原生质球，加入 10μg pSV*hyg*B DNA，混匀后室温下放置 20min，加入 1.25mL PEG 溶液（40%PEG4000，50mol/L Tris-Cl，pH7.5，50mmol/L $CaCl_2$），小心混匀，室温下静置 20min 后，加 4mL STC 溶液稀释，于 4℃，5000*g* 离心 5min，弃上清，沉淀悬于 2.5mL 培养液（0.5%酵母抽提物，2%葡萄糖，1.2mol/L 山梨醇），28℃水浴保温 2h，离心收集原生质球，重新悬浮于 0.2mL STC 溶液，涂布在含有 100μg/mL潮霉素 B 的再生培养基（0.3%酵母抽提物，0.3%水解酪蛋白，1%蔗糖，1.2mol/L 山梨醇，1.5%琼脂）平板上，28℃培养 6～7d。转化子的 Southern 杂交分析按 Sambrook 等[8]方法进行。

### 1.4　稻瘟病菌大分子 DNA 的制备

挑取病菌菌丝块，放入装有 100mL 淀粉酵母培养液的三角烧瓶，28℃静止培养 48h 后，摇床上振荡培养 48h，然后用纱布滤去菌丝块，将滤液平均分配到新鲜培养液中，继续培养 24～48h。过滤收集菌体，用液氮磨碎，加入 10 倍体积的抽提液（10mmol/L Tris-Cl，pH8.0，0.1mol/L EDTA，pH8.0，0.5%SDS）混匀后，加 20μg/mL RNase，37℃水浴 1h，然后加入 100μg/mL 蛋白酶 K，50℃水浴 3h。冷却后用等体积酚抽提 3 次，水相加入乙醇沉淀后，挑出丝状沉淀溶于 TE 缓冲液。

### 1.5　外源 DNA 片段及载体的制备

用 *Sau*3A Ⅰ 酶按 Sambrook 等[8]方法，对稻瘟病菌 2539W DNA 进行部分酶切试验，获得酶切成 30～40kb 片段大小的最适条件，然后依此条件大量酶切 DNA，用 10%～40%蔗糖密度梯度超离心分布回收 30～40kb 大小的 DNA 片段[5,8]。同时碱裂解法制备 pSV*hyg*B 质粒 DNA，过 Sepharose 4B 柱纯化质粒，将纯化的质粒用 *Bgl* Ⅱ 完全酶切，并用碱性磷酸酶进行脱磷酸处理。

### 1.6　连接及体外包装

已酶切且脱磷酸的载体 DNA 与 2539W 的 30～40kb DNA 片段，按摩尔比 6∶1 混匀后，用 T4 DNA 连接酶 16℃下连接过夜。连接物用 λ 噬菌体包装蛋白按厂家说明进行体外包装，并转染受体 $DH_1$，在含氨苄青霉素（100μg/mL）的 TB 平板上筛选重组克隆。

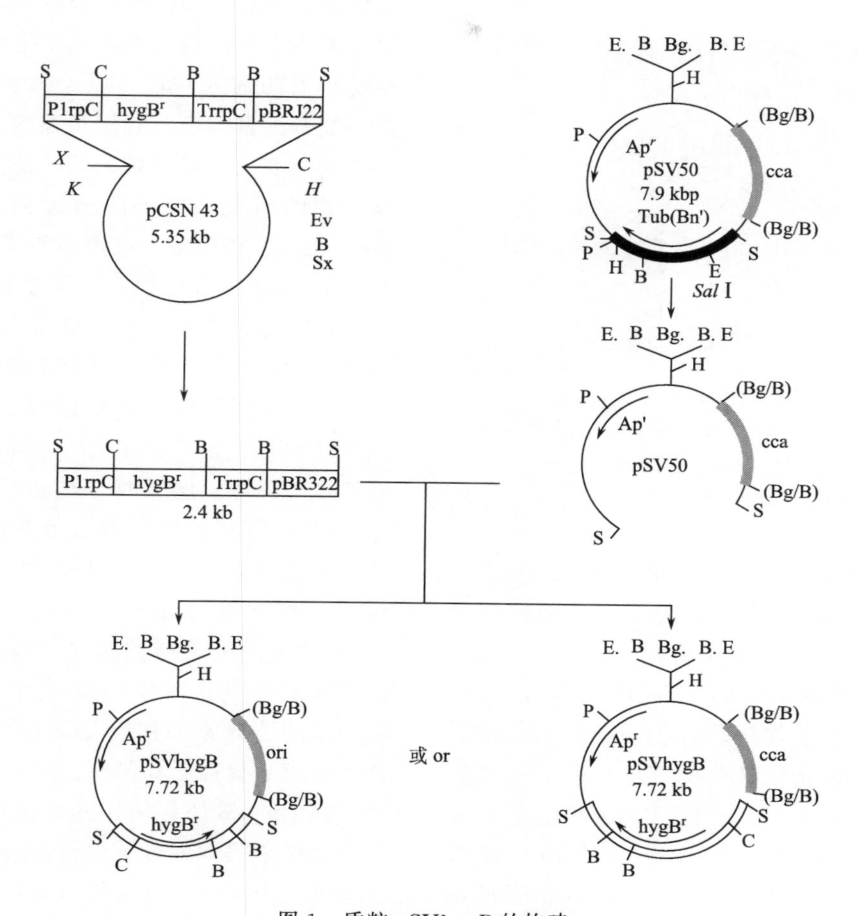


图 1　质粒 pSV*hyg*B 的构建

B：*Bam*HⅠ；Bg：*Bgl*Ⅱ；C：*Cla*Ⅰ；*Eco*RⅠ；*Eco*RⅤ；*Hind*Ⅲ；K：*Kpn*Ⅰ，P：*Pst*Ⅰ；S：*Sal*Ⅰ；Sc：*Sac*Ⅰ，X：*Xho*Ⅰ

## 2　结果与分析

### 2.1　cosmid 载体的构建及稻瘟病菌的转化

构建好的载体 pSV*hyg*B（图 1）包括潮霉素 B 抗性基因（*hyg*B）和 λcos 位点。由于 *hyg*B 带有 *Asperigillus* 的启动子和终止子，因此该片段无论正接或反接的表达效果一样，若经体外包装，都可接受 30～40kb 的插入片段。

转化稻瘟病菌的试验表明，pSV*hyg*B 的 *hyg*B 基因可以在病菌中表达。表现在含有 100μg/mL 潮霉素 B 的选择性培养基中出现转化子菌落，频率为 10～15 转化子/μg DNA。随机挑取转化子接在不含潮霉素 B 的燕麦培养基平板上生长 2 周后，回接至含潮霉素 B 的选择性培养基中能继续生长，反复数次结果相同，说明转化子较为稳定。若仔细观察可以发现在转化平板中除了生长正常的大菌落外，还有一些很小的菌落，此类菌落菌丝生长不正常，显微镜下发现菌丝短而念珠状膨大，为流产转化子[9]。随机挑取 6 个稳定转化子和 1 个流产转化子在淀粉酵母培养基上扩增后，提取菌丝的总 DNA 进行 Southern 杂交分析。结果表明稳定转化子基因组中都整合有 pSV*hyg*B DNA（1～6），而流产转化子中没有整合（图 2）。

### 2.2　稻瘟病菌基因文库的构建

稻瘟病菌 2539W DNA 的部分酶切试验表明，每微克 DNA 用 0.01 单位的 *Sau*3AⅠ酶切 30min 后的 DNA 片段大部分集中在 30～40kb。依此条件酶切 500μg DNA，经蔗糖密度超离心后分部收集，电泳鉴定分布结果（图略），将分子质量 30～40kb 的 DNA 片段合并回收。

载体 pSV*hyg* B 带有单一 *Bgl*Ⅰ切点，经 *Bgl*Ⅰ酶切后载体为线形，碱性磷酸酶处理脱去载体两端的 5′磷酸基因。因为载体脱磷酸的完全与否直接影响到基因文库的质量，所以我们将回收的已脱磷

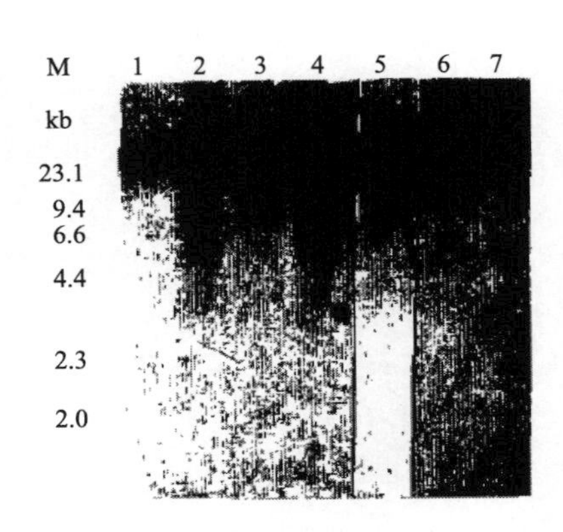


图 2　HmB 转化子的 Southern 杂交分析

转化于总 DNA 经 0.7%琼脂糖凝胶电泳后，转移至尼龙膜上与＊P标记的 pSV*hyg*B DNA 杂交

1～6. 稳定转化子；7. 流产转化子；M. maker

酸载体用 $T_4$ DNA 连接酶连接，电泳鉴定未发现自连现象，进一步转化受体 $DH_1$ 时也未发现抗氨苄青霉素的克隆，说明脱磷效果良好。

已脱磷酸的载体 pSV*hyg* B DNA 与 2539W 30～40kb DNA片段连接包装后，转染 $DH_1$ 的结果在氨苄青霉素（100μg/mL）的 TB 平板上筛选到重组克隆将近 10 000 个。一般认为稻瘟病菌基因组的大小约为 $3.8\times10^7$ bp[4]，若插入的片段以 35kb 计，则为了所建的基因文库以 99%概率覆盖整个病菌基因组，通过公式[8]计算出理论上需要的转化子数为 4000 多个，显然我们所建的文库已超过该要求。从构建的文库中随机挑取 12 个克隆，碱法提取质粒 DNA，经 0.5%琼脂糖凝胶电泳检查所建文库的质量，发现全部克隆的电泳条带都处于 50kb 左右的位置上，说明均插入了稻瘟病菌的 DNA 片段（图 3）。

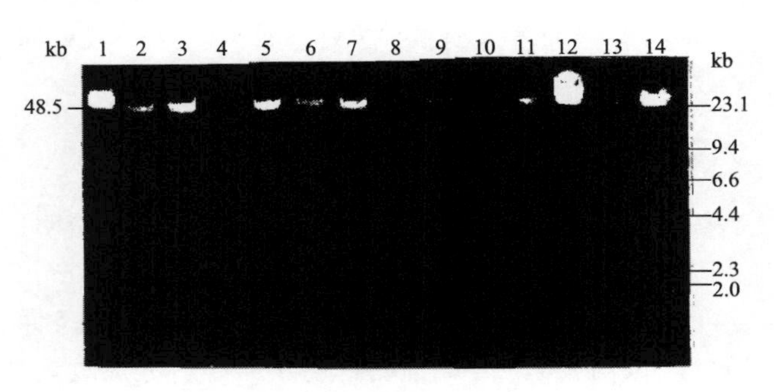


图 3　基图文库中重组子的鉴定

1. λ；DNA（kb）；2～13. 重组子；14. maker

## 3　讨论

用功能互补法克隆基因，首先必须具有能在该基因所在种和大肠杆菌中都能表达的穿梭质粒，而对于基因组片段较大的真核生物，则还需该质粒能接受较大的插入片段，以便减少建库所需的克隆数，提高筛选效率。我们构建的 pSV*hyg* B 正是满足了这一要求。虽然插入的外源片段大多会影响真核生物的转化，但可以通过调节 PEG 浓度，加 carrierDNA 和精胺、亚精胺等来克服。pSV*hyg* B 的 hygromycin B 抗性基因前携带的启动子来源于 *Aspergillus*，此启动子在许多真菌中都具有活性，因此 pSV*hyg* B 不但可用于建立稻瘟病菌的转化体系，还可能用于转化其他多种真菌。仅 cosmid 基因文库而言，因其可容纳的外源片段大，也是利用已知探针钓取目的基因的理想文库。

在 PEG 法转化稻瘟病菌的同时，还做了电击法转化的初步试验。结果表明，使用 0.2cm 电击杯时，在电容 25μF，电场 3kV/cm，外加电阻 800Ω 的情况下所得的转化频率最高（15 转化子/μg DNA）。其频率与 PEG 法相当，说明电击法转化稻瘟病菌并不能像转化细菌[6]和一些真菌[10]那样大幅度地提高转化频率。

用 cosmid 质粒构建基因文库一个较为棘手的问题是必须提取大分子质量的外源 DNA 片段（大于 100～150kb）。而大片段 DNA 较易在操作中被剪切，因此在提取外源 DNA 时必须选择最为温和的方法，并且操作时要格外小心。我们这里所用的提取方法适合于抽提大分子质量的真菌 DNA，产量较高。

本试验之所以选用 2539W 菌株来构建稻瘟病菌基因文库，是因为利用紫外诱变，已得到该菌的黑色素缺陷型突变体 2539B。用 2539W 的基因文库去转化 2539B 原生质体，经过功能互补，就有希望克隆出与黑色素形成有关的基因。此项工作正在进一步进行中。

## 参考文献

[1] 陶全洲. 利用显性选择标记基因转化稻瘟病菌（英文版）. 中国水稻科学，1993，7（4）：232-238

[2] Leung H，Lehtinen U，Karjalainen R，et al. Transformation of the rice blast fungus *Magnaporthe grisea* to hygromycin B resistance. Curr Genet，1990，17：409-411

[3] Parsons KA，Chumley FG，Valent B. Genetic tranformation of the fungal pathogen responsible for rice blast disease. PNAS，1987，84：4161-4165

[4] Valcmt B. Rice blast model system for plant pathology. Phytopathology，1990，80（1）：33-36

[5] Ausubel FM，Brent，RE，Kingston，et al. Current protocols in

molecular biology. Wiley Interscience，1989

[6] Fiedler S，Wirth R. Transformation of bacteria with plasmid DNA by electroporation. Anal Biochem，1988，170：38-44

[7] 王金霞，黄大年，杨炜等. 稻瘟病菌原生质体制备和再生的研究. 中国水稻科学，1992，6：33-38

[8] Sambrook J，Fritach EF，Maniatis T. Molecular cloning：a laboratory manual. 2nd. New York：CSN Laboratory Press，1989

[9] 杨炜，黄大年，王金霞等. 以潮霉素抗性为选择标记的稻瘟菌苗原生质体转化. 遗传学报，1994，21（4）：305-312

[10] Richey MG，Marek ET，Schardl CL，et al. Transformation of filamentous fungi with plasmid DNA by electroporation. Phytopathology，1989，79：844-847

# 稻瘟病菌3-磷酸甘油醛脱氢酶基因的克隆及序列分析

鲁国东[1]，郑学勤[2]，谢联辉[1]，陈守才[2]

（1 福建农业大学植物保护系，福建福州 350002；
2 中国热带农业科学院热带作物生物技术国家重点实验室，海南儋州 571737）

**摘　要**：以PCR为基础结合cDNA文库构建，分两段克隆稻瘟病菌的3-磷酸甘油醛脱氢酶基因（*gpd*），分别测序、合并，获得该基因编码区全部1011bp的核苷酸序列，可以编码336个氨基酸和1个终止密码子TAA。该序列与其他12种丝状真菌的已知*gpd*基因序列有着高度的同源性，它们的核苷酸序列同源性为61.45%～86.6%，氨基酸序列同源性为64.6%～86.3%。尤其在酶活性功能区，不同丝状真菌间有着近100%的同源性。稻瘟病菌gpd基因密码子的使用具有明显的偏向性。

**关键词**：稻瘟病菌；3-磷酸甘油醛脱氢酶基因；序列分析

**中图分类号**：S435.41；Q78

# Isolation and sequencing of the glyceradehide-3′-phosphate dehydrogenase gene of *Magnaporthe grisea*

LU Guo-dong[1]; ZHENG Xue-qin[2]; XIE Lian-hui[1]; CHEN Shou-cai[2]

(1 Department of Plant Protection, Fujian Agricultural University, Fuzhou 350002; 2 National Key Biotechnology Laboratory for Tropical Crops, Chinese Academy of Fropical Agricultural Sciences, Danzhou 571737);

**Abstract**: The glyceradehyde-3-phosphate dehydrogenase gene of *Magnaporthe grisea* was cloned by using a simple efficient method. 5′and 3′ fragments of cDNA were cloned and sequenced respectively and the full sequence of cDNA containing 1011bp nucleic acids was obtained after combining these two sequences. The cDNA encodes 336 amino acids and a terminal codon, TAA. The homologies of nucleic acid and amino acid sequences between *M. grisea* and other 12 filamentous fungi are 61.4%-86.6% and 64.6%-86.4% separately. Approximately 100% homology is found in functional region of the enzyme among different filamentous fungi. The usage of the codon is biased.

**Key words**: *Magnaporthe grisea*; glyceradehyde-3-phosphate dehydrogenase gene; sequencing

稻瘟病菌*Magnaporthe grisea*（无性：*Pyricularia grisea*或*P. oryzae*）的遗传转化体系虽已建立[1]，但与大肠杆菌（$10^5$～$10^9$）和一些真菌（$10^3$～$10^4$）相比，其转化频率太低，一般为1～30

热带作物学报，1998，19（4）：83-89
收稿日期：1997-06-10

转化子/$\mu$g DNA。低的转化频率限制了该遗传转化体系的应用，笔者在通过功能互补法克隆稻瘟病菌基因时遇到的最大困难就是低的转化频率。影响转化频率的因素很多，其中重要的一条是，质粒载体必须携带有能在受体菌中高效表达的启动子。已知的稻瘟病菌转化体系中，选择标记基因前所携带的启动子都来源于异源基因，比如来源于 *Aspergillus nidulans* 的 *trp*C 基因和 *gpd*A 基因，这些启动子在稻瘟病菌中表达效果差，为此，从稻瘟病菌自身寻找能够高效表达的启动子是解决问题的关键。

3-磷酸甘油醛脱氢酶（gpd）是糖酵解中的关键酶，它的作用是使 3-磷酸甘油醛转变为 1,3-二磷酸甘油醛。该酶在生物体中高效表达，已知 *gpd* 酶分别占酵母细胞中和兔子肌肉细胞中可溶性蛋白的 19%和 7%[2]。如此高的蛋白积累说明 *gpd* 基因的启动子异常活跃，因此克隆该基因并分析其 5′端启动子区的结构特点，用它来构建生物体的转化载体，成为人们关注的课题。国外已从 *Aspergillus nidulans*、*Glomerella cingulata*、*Cochliobolus heterostrophus*、*Ustilago magdis* 等 12 种丝状真菌中克隆了 *gpd* 基因[2-4]。又由于 *gpd* 基因具有高度的保守性，人们通过比较不同物种该基因核苷酸或氨基酸序列的异同，对物种进行分类和建立各物种之间的系统发育关系[5,6]。本研究应用 cDNA 文库和 PCR 技术相结合的方法，克隆稻瘟病菌的 *gpd* 基因，并于序列分析后与其他真菌的已知 *gpd* 基因进行比较。

# 1 材料与方法

## 1.1 材料

所用稻瘟病菌菌株 85-14$B_1$ 为水稻的强致病菌株，由中国水稻研究所生物工程系提供；大肠杆菌宿主菌株 DH5α；克隆和测序载体 pBlucscript Ⅰ SK（简写为 pBS）均由中国热带农业科学院热带作物生物技术国家重点实验室提供。

限制性内切核酸酶和 cDNA 合成试剂盒为 Promega 公司产品，DNA 合成及测序试剂为 ABI 公司产品，PCR 试剂盒为华美公司产品。

## 1.2 稻瘟病菌 *gpd* 基因的克隆

通过比较 12 种丝状真菌的已知 *gpd* 基因序列发现，在该基因的 5′端和 3′端并不具保守序列。因此无法根据其 5′端和 3′端设计引物，并借助 PCR 直接扩增出基因，而是在基因的内部寻找保守区段，设计并合成两个特异性引物：$P_1$：5′-GAGTCCACTGGTGTCTTCAC-3′，$P_2$：5′-CCACTCGTTGTCGTACCA-3′。同时合成稻瘟病菌的双链 cDNA，在其两末端加上 *Eco*RⅠ，接头后克隆于 pBS 载体上。然后以稻瘟病菌的双链 cDNAq+pBS 克隆为模板，通过 PCR，利用 pBS 上的标准测序引物 $T_3$ 和特异性引物 $P_2$ 扩增基因的 5′端序列；利用 pBS 上测序引物 $T_7$ 和特异性引物 $P_1$ 扩增基因的 3′端序列，具体的方法见文献[7]。

## 1.3 PCR 产物的克隆及序列分析

PCR 产物经低熔点琼脂糖凝胶回收后，克隆到 pBSSmaI T-载体上，T-载体的构建按 Marchuk 等[8]的方法。

碱法裂解制备克隆 DNA，经 PEG 法纯化后[9]在 ABI 370ADNA 测序仪上进行 DNA 自动测序，方法按厂家说明。

# 2 结果与分析

## 2.1 PCR 产物的克隆及序列分析

反应后，利用测序引物 $T_3$ 和特异性引物 $P_2$ 的 PCR，扩增出 1 条长约为 1040bp 左右的特异性条带；利用测序引物 $T_7$ 和引物 $P_1$ 的 PCR 则扩增出 1 条长约为 800bp 的特异性条带。上述两片段经克隆后分别获得 $C_5$P 克隆和 $C_3$P 克隆。酶切鉴定后发现，具有正确插入片段的，前者有 $C_5P_2$、$C_5P_5$ 和 $C_5P_7$ 克隆等，后者有 $C_3P_{15}$ 和 $C_3P_{20}$ 等。

选取 $C_5P_7$ 和 $C_3P_{20}$ 克隆作进一步测序研究。由于从一端自动测序的有效范围一般不超过 500 个碱基，所以在测序前对 $C_3P_{20}$ 克隆进行了亚克隆。用 *Eco*RⅠ将 $C_3P_{20}$ 切成两段，前面一段亚克隆后得到 $C_{31}P_5$ 克隆，后面一段得到 $C_{32}P_5$ 克隆。而对于 $C_5P_7$ 克隆来说，虽然其插入片段有 1kb 左右，但该片段的后半部分与 $C_{31}P_5$ 克隆有相当长一段交叉重复，因此无需对 $C_5P_7$ 进行克隆就直接得出其后半部分序列，而前半部分序列可通过 $C_5P_7$ 克隆一端测序读出。将各部分测序的结果合并后得到如图 1 所示的稻瘟病菌 *gpd* 基因编码区的全部 1011bp 核苷酸序列及其推测的 336 个氨基酸序列，该序列与其他 12 种丝状真

菌的 *gpd* 基因序列有着高度的同源性。它们的核苷酸序列同源性为 61.4%～86.6%，氨基酸序列同源性为64.6%～86.3%。

从图 2 可见 13 种丝状真菌 *gpd* 基因氨基酸序列在许多区域有着高度的相似性，尤其是在一些酶活性功能区具有 100%的同源性。比如，在酶的辅助功能区 $Asn^{8}$ 和 $Trp^{312}$ 附近，催化中心区 $Cys^{151}$ 和 $His^{178}$。附近以及 $NAD^{+}$ 结合位点 $Asp^{34}$ 和 $Phe^{101}$ 附近（图 2 划线部分）。在分类中同属一个纲的真菌有着较高的同源性。比如，同属于子囊菌纲或有性世代为子囊菌纲的真菌，*M. grisea*、*G. cingulata*、*A. nidulans*、*Ci. purpurea*、*Co. heterostrophus*、*Cr. parasitica*、*Po. anserina* 和 *Cu. lunata*；同属于担子菌纲的真菌 *U. maydis*、*Ph. chrysosporium*、*Sc. commune* 和 *Ag. bisporus*，而不同纲真菌之间的同源性较小。因此通过比较不同真菌 *gpd* 基因的氨基酸或核苷酸序列，可以进行真菌的分类和系统进化研究[5]。

```
1    M  A  P  K  V  G  I  N  G  F  G  R  I  G  R  I  V  F  R  N     20
1    ATGGCTCCCAAGGTCGGCATCAAGGGCTTCGGCCGCATTGGACGTATCGTCTTCCGTAAT   60

21   A  I  E  L  G  N  V  D  I  V  A  V  N  D  P  F  I  E  T  N     40
61   GCCATCGAGCTGGGCAACGTCGACATCGTTGCCGTCAACGACCCCTTCATTGAGACCAAC   120

41   Y  A  A  Y  N  L  K  Y  D  S  V  H  G  R  F  K  G  E  I  V     60
121  TACGCTGCCTACATGCTCAAGTATGACTCCGTACACGGTCGCTTCAAGGGCGAGATCGTT   180

61   K  D  E  G  K  L  I  V  N  G  K  T  I  K  F  Y  T  E  R  D     80
181  AAGGACGAGGGCAAGCTCATCGTCAACGGCAAGACCATCAAGTTCTACACCGAGCGTGAC   240

81   P  A  A  I  P  V  S  E  T  G  A  D  Y  I  V  E  S  T  G  V     100
241  CCCGCTGCCATCCCCTGGAGTGAGACCGGTGCCGACTACATCGTCGAGTCCACTGGTGTC   300

101  F  T  T  T  D  K  A  S  P  H  L  K  G  G  A  K  K  V  I  I     120
301  TTCACCACCACCGACAAGGCCTCTCCTCACTTGAAGGGTGGTGCCAAGAAGGTCATCATC   360

121  S  A  P  S  A  D  A  P  N  Y  V  N  G  V  N  E  K  S  Y  D     140
361  TCGGCCCCCTCTGCCGACGCCCCCATGTACGTAATGGGTGTCAACGAGAAGTCGTACGAC   420

141  G  S  A  S  V  I  S  N  A  S  C  T  T  N  C  L  A  P  L  A     160
421  GGCAGCGCCAGTGTCATCTCCAACGCTTCTTGCACCACCAACTGCTTGGCTCCCCTCGCC   480

161  K  V  I  N  D  K  F  G  I  V  E  G  L  N  T  T  V  H  S  Y     180
481  AAGGTCATCAACGACAAGTTTGGCATCGTTGAGGGTCTCATGACCACCGTCCACTCCTAC   540

181  T  A  T  Q  K  T  V  D  G  P  S  A  K  D  W  R  G  G  R  G     200
541  ACTGCCACCCAGAAGACGGTCGACGGTCCCTCGGCCAAGGACTGGCGTGGAGGCCGTGGC   600

201  A  A  Q  N  I  I  P  S  S  T  G  A  A  K  A  V  G  K  V  I     220
601  GCCGCCCAGAACATCATCCCCAGCTCCACCGGCGCCGCCAAGGCTGTCGGCAAGGTCATC   660

221  P  A  L  N  G  K  L  T  A  N  S  N  R  V  P  T  A  N  V  S     240
661  CCCGCCCTAAACGGAAAACTCACCGCCATGTCGATGCGTGTGCCCACCGCCAACGTCTCG   720

241  V  V  D  L  T  C  R  L  E  K  G  A  S  Y  D  G  I  Q  A  A     260
721  GTTGTCGACCTGACCTGCCGCCTTGAGAAGGGTGCCTCGTACGACGGAATTCAGGCCGCC   780

261  I  K  E  A  A  D  G  P  L  K  G  I  L  E  Y  T  E  D  D  V     280
781  ATCAAGGAGGCTGCCGACGGCCCCCTGAAGGGTATCCTCGAGTACACCGAGGACGATGTC   840

281  V  S  T  D  N  I  G  N  N  A  S  S  I  F  D  A  Q  A  G  I     300
841  GTCTCGACCGACATGATCGGCAACAACGCCTCGTCCATCTTCGACGCCCAGGCCGGTATT   900

301  A  L  N  D  K  F  V  K  L  V  S  W  Y  D  N  E  W  G  Y  S     320
901  GCCCTCAACGACAAGTTCGTCAAGCTCGTCAGCTGGTACGACAACGAGTGGGGGTACTCC   960
                                                          Y  S
321  R  R  V  C  D  L  L  A  Y  V  A  K  V  D  A  Q  *
961  CGCCGTGTCTGTGACCTCCTGGCCTACGTCGCCAAGGTTGATGCCCAATAA
```

图 1　稻瘟病菌 *gpd* 基因的核苷酸序列及推测的氨基酸序列

Ma. g MAP KVGINGFGRIGRIVFRNAIELGNVDIVAVNDPFIETNYAAYMLKYDSVRGRFKGEIVKDEGKL
Gl. c I HPG E K T I N KQEGND
AS. n AGT DV H Q Q K T ETYDEG
Cl. p V V HPEIEV DPE S V K E KKDADG
Co. h VV I RNDVDI EPH T Q K D KVDGNN
Cu. l VV I HNDVEI EPH T Q K D KVDGNN
Cr. p VV H HSDVEI EPH Q N K DVTVEGSD
Po. a TV V HPDVEI EPK E T V K TIQVSGSD
Us. m SQVNI SVVRNTANV I DLE HV T V N DISTKDGK
Ph. c PV RA L ALLRGDIDV Y DLE HV F V R K SVEAKDGK
Sc. c AV RV L ALQLGNIEV I ALD HV F TV RYK TVEVRDGK
Ag. bl V RV L ALQFQDIEV V DLE NA F SV RFK TVEVRNGSF
Phy. i VN VA L L ASARNPLINI I VSTT NE LE TV KFD SLSHDETHI
Ag. b2 VN VG L L NALQMQILTV V LDVE NA LFK SV RYQ KVETKDGKL

Ma. g IVNGKTIKFYTERDPAAIPWSETGADYIVESTGVFTTTDKASPHLKGGAKKVIISAPSADAPMYYMGV
Gl. c VI V K V KA Q V
AS. n IV KIR H N GQD E I QE SA K V F
Cl. p IV KVK H SA KAS E I TE KA T I Y G
Co. h TV TIR HN K AN SET YYV TE KA K V P F G
Cu. l TV TVR HN K AN SET YYV TE KA K V A F G
Cr. p VVG KVR YT R AA SET DYI TE KA K I A F G
Po. a IVN TVK YT R SA KDT EYI TE SA K R I A Y G
Us. m IVN SIAVPA K SN GQA HYV ID SA K K V A Y CG
Ph. c YVE PIRVFA K AN GSV EYI TE SA K VC K I A F CG
Sc. c VVD HAITVFA KN AD K GSA DYI VE SL Q GA K V A F VG
Ag. bl VVD RPMKVFA RD AA P GSV DYV ID SA K GA K V A Y CG
Phy. l PVN KPIRVFN MN EN K GEEQVQYV A LE ST KNGVEK V S F MG
Ag. b2 IID HKIAAFA RE AN K ADCGAEYI V K EEL KE KGGAKK V T GSGV TY VG

Ma. g NEXSYDGSASVISNASCTINCLAPLAKVINDKFGIVEGLMTTVRSYTATQKTVDGPSAKDMRGGRGAA
Gl. c D H T
AS. n NET KKDIQ I N I V D T
Cl. p EKT DGKAD I H KVT V T D G G
Co. h HET KPDIEAL H KVT I I V D A T
Cu. l HET KSDIEVL S H KVT I I V D A T
Cr. p EKT DGSGMYI A N EFK I V T D A T
Po. a EKT DGKAAYI A VN KFG V V T D A G
Us. m LDA DPKAQVV A IH KFG V V AT T D A A
Ph. c LDA DSKYKYI A IH KFG VQ SY AT T D N L SVG
Sc. c LDK DSKYQYI A IH KYG AE TY AT T D H R SVN
Ag. bl LDK NPKDTII A T IH NFG VE TV AT T D H R GVG
Phy. l HEL EKNMHVV A P VN KFG KE TY AV T D K R GAC
Ag. b2 LDK DPKEVVI A V IN KFG VE TY AT T DA AK RS SVT

Ma. g QNIIPSSTGAAKAVGRVIPALNAKLTAMSHRVPTANVSVVDLTCRLPKGASYIGIQAAIKEAADGPLK
Gl. c E D T A E KQ E
AS. n T S G A S V T A T Q KD V K SENG
Cl. p Q D G S P V I G T E KATV E ANGS A
Co. h Q E G A A V I G S E KQAV E SEGS N
Cu. l Q E G A A V I G S E KQAV E SEGP S
Cr. p Q E G S S V I G T EQ KTAV K ADGP K
Po. a Q E G AF S C L P S ET KAAL E SEGE K
Us. m A R S G AF T A L G S DE KAEV R SENE K
Ph. c N A S NGLAF VD VV L P S DE KQAI E SETTHK
Sc. c N A S R TGLAF LD VV L E S DE VATV E SEGPLK
Ag. bl N A S K TGLSM QD VV L P S EQ REVNRK AEGEYK
Phy. i F A S K TGKSF AD TA LVNP S DE KAAIKS SENEMK
Ag. b2 N A A T A D L K TGLAF LD VV LEKETS DDVKKAMRD ADGKHPGII

Ma. g GILEYTEDDVVSTDHIGNNASSIFDAQAGIALMIKFVKLVSWYDNEWGYSRRVCDLLAYVAKVDAQ *
Gl. c V A PN K S NN L H SK
AS. n I G I LN DTR K A SN I V ITYIS AQ
Cl. p I G I S NN NTN K S KN V IA L LAYVA A ASX
Co. h I G I T LN DNR K S KN V VS L LVYIA I GNA

Cu. l I G I TT LN DNR K S KN V VS L LAYIA J GNA
Cr. p V A V ST HN NPN K S DH V VS L ISHVA V GNA
Po. a I G EI SS LN NAN K S DN V VS L LSYVA Y ASH
Us. m I G AV SQ FI NSH A S NN V VS N CL LVFMAQK SA
Ph. c I G EKV ST FT NDN RD A KT V IS R CC LGYAAKV GAL
Sc. c I GF DESV ST FT ANE SK AISKS V IA R VC LVYAAKQ GAL
Ag. bl IIAY DEDV ST FISDNN CY AK QLSPN V IA R VCN LQYVAKE AKAGI
Phy. i ILGY EKAV SS FIGDSH SI AE ALTDD V VS S VLD IEHMVKNE
Ag. b2 IVDY EEDV ST FVGSNY NI AK ALNSR M VA AR VCDEVVYVAKKN

图 2 13 种丝状真菌 *gpd* 基因的氨基酸序列比较

图中“.”代表相同氨基酸

### 2.2　密码子的使用

*M. grisea gpd* 基因的密码子使用具有明显的偏向性。在密码子的第3个碱基往往偏向于嘧啶使用，占所有密码子的76%。而且其中尤以胞嘧啶（C）比例最高，在编码的所有337个氨基酸（包含终止密码子）中有207个氨基酸以胞嘧啶结尾，它们的比例分别为（C：61%、T：15%、G：21%、A：3.0%）。这种密码子的偏向性普遍发现于真菌的高效表达基因[2]。在生物体的所有64个可能密码子中，*M. grisea gpd* 基因有16个没用使用，基因的终止密码为TAA。

## 3　讨论

通过PCR的方法克隆目的基因是目前最为简便的方法，但使用该方法往往受到引物的限制，因为要克隆一基因，首先必须设计出该基因特异的引物。一般的方法是参照其他物种中该基因的两末端序列设计一对引物通过PCR扩增和克隆基因。但对于许多基因来说，在各物种间的保守性并不是那么大，而且往往在基因的两末端不具保守序列，或者两末端虽具保守性序列但该序列不适宜设计作PCR引物，因此采取PCR直接扩增基因的方法就行不通，而往往是通过在基因内部寻找保守区段，并以之为基础设计引物，借助PCR扩增出基因的一部分，然后将该部分作为探针从基因文库或cDNA文库中钓取完整的基因。近年来也有通过在双链cDNA的末端上多聚核苷酸，然后利用与其互补的引物和基因的特异引物扩增完整基因。但该方法效果常不理想，且需合成多个引物。本研究将双链cDNA连接于pBS质粒，然后利用该质粒上的测序引和基因的特异性引物，直接扩增出包含基因cDNA 5′端和3′端编码区的完整序列。该方法避免了探针杂交筛选文库的繁杂过程，而且更为灵敏，因为理论上PCR可以扩增出一分子的目的DNA片段。

本试验克隆的基因与已知的 *gpd* 基因在核苷酸及氨基酸序列上具有高度的相似性，它们的功能区不但序列相同，而且在基因中所处的位置也相对应。据此笔者可以确定所克隆的基因为稻瘟病菌的 *gpd* 基因。

### 参考文献


[1] 鲁国东，黄大年，陶全洲等．以cosmid质粒为载体的稻瘟病菌转化体系的建立及病菌基因文库的构建．中国水稻科学，1995，9（3）：155-160

[2] Templeton MD，Rikkerink EHA，Solon SL，et al. Cloning and molecular charaterization of the glyceraldehydes-3-phosphate dehydrogenase-encoding gene and cDNA from the plant pathogenic fungus *Glomerella cingulata*. Gene，1992，122（1）：225-230

[3] Punt PJ，Dingemanse MA，Jacobs-Meijsing BJM，et al. Isolation and characterization of the glyceraldehyde-3-phosphate dehydrogenase gene of *Aspergillus nidulans*. Gene，1988，69：49-57

[4] Smith TL，Leong SA．Isolation and characterization of a *Ustilago maydis* glyceraldehydes-3-phosphate dehydrogenase-encoding gene. Gene，1990，93（1）：111-117

[5] Lawrence JG，Ochman H，Hartl DD．Molecular and evolutionary relationships among enteric bacteria. J Gen Microhio，1991，197：1911-1921

[6] Smith TL. Disparate evolution of yeasts and filamentous fungi indicated by phytogenetic analysis of glyceraldehydes-3-phosphate dehydrogenase genes. PNAS，1989，86：7063-7096

[7] 鲁国东，王宗华，郑学勤等．cDNA文库和PCR技术相结合的方法克隆目的基因．农业生物技术学报，1998，6（3）：257-262

[8] Marchuk D，Drumn M．Saulino A. Construction of T-vectors，a rapid and general system for direct cloning of unmodified PCR products. Nucl Acids Res，1991，19（5）：1154

[9] Sambtook J，Fritsch EF，Maniatis T. Molecular cloning：a laboratory manual. 2nd. New York：Cold Spring Harbor Laboratory Press，1989

# Rapid cloning full-length cDNA of glyceraldehyde-3-phosphate dehydrogenase gene (*gpd*) from *Magnaporthe grisea*

LU Guo-dong[1], WANG Zong-hua[1], XIE Lian-hui[1], ZHENG Xue-qin[2]

(1 Department of Plant Protection, Fujian Agricultural University, Fuzhou 350002;
2 National Key Biotechnology Laboratory for Tropical Crops, Chinese Academy of Tropical Agricultural Sciences, Danzhou 571737)

**Abstract**: Here we described a more simple and efficient method to clone gene region between a single short sequence in a cDNA molecule and its unknown 3′ or 5′ end. The full-length cDNA of glyceraldehydes-3-phosphate dehydrogenase gene (gpd) of *Magnaporthe grisea* was cloned by using this new method. Two primers were synthesized based on the conserved sequences of gpd genes from 12 other filamentous fungi. P1 primer was a specific sequence that is near to 5′ end of the genes and P2 primer was the complementary sequence of a specific sequence that near to 3′ end of the genes. Ligation products of dscDNA-pBluescript Ⅱ SK were used as templates directly in PCR experiments. The 3′ region of cDNA was amplified by using specific primer P1 and the standard sequencing primer T7. The 5′ region of cDNA was amplified by using specific primer P2 and the sequencing primer T3. The 5′ and 3′ fragments of cDNA were cloned and sequenced respectively, and the full sequence of cDNA containing 1011bp nucleotides was obtained after combining these two sequences. The homology of nucleotide and amino acid sequences between *M. grisea* and other 12 filamentous fungi are 61.4%-86.6% and 64.6%-86.3% respectively. Approximately 100% amino acid homology are found in functional region of the enzyme among different fungi.

**Key words**: *Magnaporthe grisea*; glyceraldehyde-3-phosphate dehydrogenase gene (*gpd*); cloning method

# 稻瘟病菌3-磷酸甘油醛脱氢酶基因（*gpd*）的快速克隆

鲁国东[1]，王宗华[1]，谢联辉[1]，郑学勤[2]

（1 福建农业大学植物保护系，福建福州 350002；
2 中国热带农业科学院热带生物技术国家重点实验室，海南儋州 571737）

**摘　要**：本文描述了一种简便而有效的克隆基因未知5′端和3′端序列的方法，并用此方法克隆

浙江农业大学学报，1998，24（5）：468-474
收稿日期：1998-05-25

了稻瘟病菌的32磷酸甘油醛脱氢酶基因（*gpd*）。即通过比较12种真菌的已知*gpd*基因序列，寻找内部的保守区段，设计并合成一对特异性引物。引物P1为靠近基因5′端的一个特异性序列，引物P2则与3′端的一段特异性序列互补。以双链cDNA-pBluescript Ⅱ SK载体连接物为模板，利用基因的特异性引物P1和载体上的标准测序引物T7，PCR扩增出包含cDNA 3′端的序列；利用特异性引物P2和标准测序引物T3，扩增出包含cDNA 5′端的序列。将两片段分别克隆、测序和合并后，得到全长1011bp的稻瘟病菌3-磷酸甘油醛脱氢酶基因（*gpd*）的编码区序列。该序列及其相应的氨基酸序列与已知真菌的*gpd*基因序列有着61.4%～86.16%和64.6%～86.3%的同源性。特别在酶的活性功能区不同真菌间有着近乎相同的氨基酸序列。

**关键词：** 稻瘟病菌；32磷酸甘油醛脱氢酶基因（*gpd*）；克隆方法

**中图分类：** S435.111；Q 78

Despite the development of numerous cDNA cloning strategies[1-4], the most simple and rapid method is based on the DNA polymerase chain reaction (PCR) technique. PCR employs two oligonucleotide primers, one complementary to a sequence on the (+) strand and the other to a down stream sequence on the (−) strand and the sequence between these two primers can be amplified and then isolated. The full-length cDNA will be obtained by this method if the two primers lie in 3′ and 5′ end of the cDNA, respectively. However, it is generally difficult to design the specific primers that match the two ends of unknown cDNA. The common strategy involved the construction of a cDNA library screened with a previously characterized homologous probe derived from a related species or the utility of a strategy termed "rapid amplification of cDNA ends"(RACE), which was based on one side PCR and required (dT) 17-adaptor and two specific primers derived from a small region of conserved sequence[1]. We report here a more simple and efficient method to clone gene region between a single short sequence in a cDNA molecule and its unknown 3′ or 5′ end. The full-length cDNA of glyceraldehydes-3-phosphate dehydrogenase gene (*gpd*) of *Magnaporthe grisea* was cloned using this new method.

The *gpd* gene encodes glyceraldehydes-3-phosphate dehydrogenase (GPD) which catalyses the reversible oxidation and phosphorylation of D-glyceraldehyde-3-phosphate to form 1,3-diphosphoglycerate. The *gpd* gene had been reported to be constitutively expressed at high levels. The 5′ flanking region of this gene had con sequentially been used to construct transformation vectors for some filamentous fungi[5]. GPD from a wide variety of prokaryotic and eukaryotic sources shows a high degree of conservation at amino acid and nucleotide level, but we found the conservation in the 3′ and 5′ region of gene is low. So amplification of full-length cDNA directly by 3′ and 5′ homologous primers is impossible. We cloned the 3′ and 5′ fragment of this gene by using two specific homologous primers with in genes derived from 12 filamentous fungi[5-7] and GenBank database and two general sequencing primers with in a plasmid vector.

# 1 Material and Methods

## 1.1 Material

Isolate 85-14B1 of *M. grisea* was highly virulent on many rice cultivars provided by Biotechnology Department, China National Rice Research Institute. The host strain DH5 and vector pBluescript II SK (Abbr. pBS) of *E. coli* were provided by National Key Biotechnology Laboratory for Tropical Crops, Chinese Academy of Tropical Agricultural Sciences. Enzymes and other reagents were purchased from related companies.

## 1.2 mRNA extraction

The isolate 85-14B1 was cultured in yeast starch medium and the mycelia were collected, washed with 0.9% NaCl and then ground in liquid nitrogen. Total RNA was extracted with guanidinium chloride as Sam brook et al suggested[8] and the mRNA was prepared by using Promega "poly A Tract mRNA Isolation Systems".

### 1.3 cDNA cloning

The first strand cDNA was synthesized using oligo (dT) 15 as primer, and the second strand cDNA was obtained by replacement method. The double strand cDNA was purified by passage through a Sepharose Cl-4B column and added *Eco*R Ⅰ adaptor. The cDNA with adaptor was then ligated into the *Eco*R Ⅰ site of the pBS vector.

### 1.4 Primers design and PCR amplification

Two specific primers were designed and synthesized based on the conserved sequences of *gpd* genes from 12 filamentous fungi[5-7] and GenBank database: P1 5′-GA GTCCACTGGTGTCTTCAC-3′, P2 5′-CCACTCGTTGTCGTACCA-3′. The P1 primer was a specific sequence that is near to 5′ end of the genes and the P2 primer was the complementary sequence of a specific sequence that is near to 3′ end of the genes. Two standard sequencing primers contained in pBS vector were: T3 5′-A TTAACCCTCACTAAA GGGA-3′, T7 5′-TAA TACGACTCACTA TA GGG-3′.

The cDNA clone or ligation products of dscDNA-pBS were used as template directly in PCR experiments. As shown in Fig. 1, the 3′ region cDNA of *gpd* gene was amplified by using the specific primer P1 and the sequencing primer T7. The 5′ region of cDNA was amplified using P2 and T3 primer. The procedures for PCR amplification were initial denaturation at 94℃ for 4 min, 30 cycles of denaturation at 94℃ for 50 s, annealing at 50℃ for 90s, and extension at 72℃ for 150s, followed by a final extension at 72℃ for 7min.

### 1.5 Cloning and sequencing of cDNAs

The PCR products were cloned in pBS TA-vector according to the method of Marchuk *et al.*[9] Plasmids with cDNA inserts were first screened by the plates containing IPTG and X-gal, and then identified using restriction enzymes. The plasmid DNAs with correct inserts were prepared by the alkaline lysis method and purified with PEG[8]. The DNAs were sequenced in AB I370A DNA sequencer (Perk in-Elmer) as the method of supplier's recommendation.

## 2 Results and Discussion

### 2.1 Amplification and cloning

After the amplification reaction, the 5′ end cDNA products named as $C_5$ fragment was expected to be about 1040bp in length and the 3′ end cDNA products named as $C_3$ fragment was expected to be about 800bp in length according to the cloning strategy (Fig. 1) and the size of *gpd* genes from other fungi. DNAs with the expected size were isolated from agarose gels and cloned. Plasmids with cDNA inserts were picked out and detected by *Bam*H Ⅰ/*Hind* Ⅰ-Ⅱ digestion. $C_5P_2$, $C_5P_5$ and $C_5P_7$ clones with $C_5$ fragment and $C_3P_{15}$ and $C_3P_{20}$ with $C_3$ fragment were respectively confirmed after restriction analysis.

### 2.2 DNA sequence and deduced aa sequence

The $C_3P_{20}$ was subcloned in to $C_{31}P_5$ and $C_{32}P_6$ by *Eco*R Ⅰ digestion. All clones were sequenced in both direction and the full-length cDNA sequence of *gpd* gene was obtained after combining and analysing these sequences. Fig. 2 shows the sequences of coding region and its deduced amino acid of *gpd* gene. The region contains 1011 bp nucleotides and encodes amino acids and a terminal code, TAA.

The *gpd* gene sequence of *M. grisea* shows high homologous to other known gpd genes. The homology of nucleotide and amino acid sequences between *M. grisea* and other 12 filamentous fungi are 61.4%-86.6% and 64.6%-86.3% respectively (data unshown). In particular, in parts of the GPD polypeptide known to be essential for enzymatic activity the homology is almost 100%. Such as the residues surrounding the catalytic $Cys^{151}$ and $His^{178}$ of the active site and the residues involved in NAD+ binding notably those around $Asp^{34}$ and $Phe^{101}$[5-7]. The GPDs from the ascomycete fungi

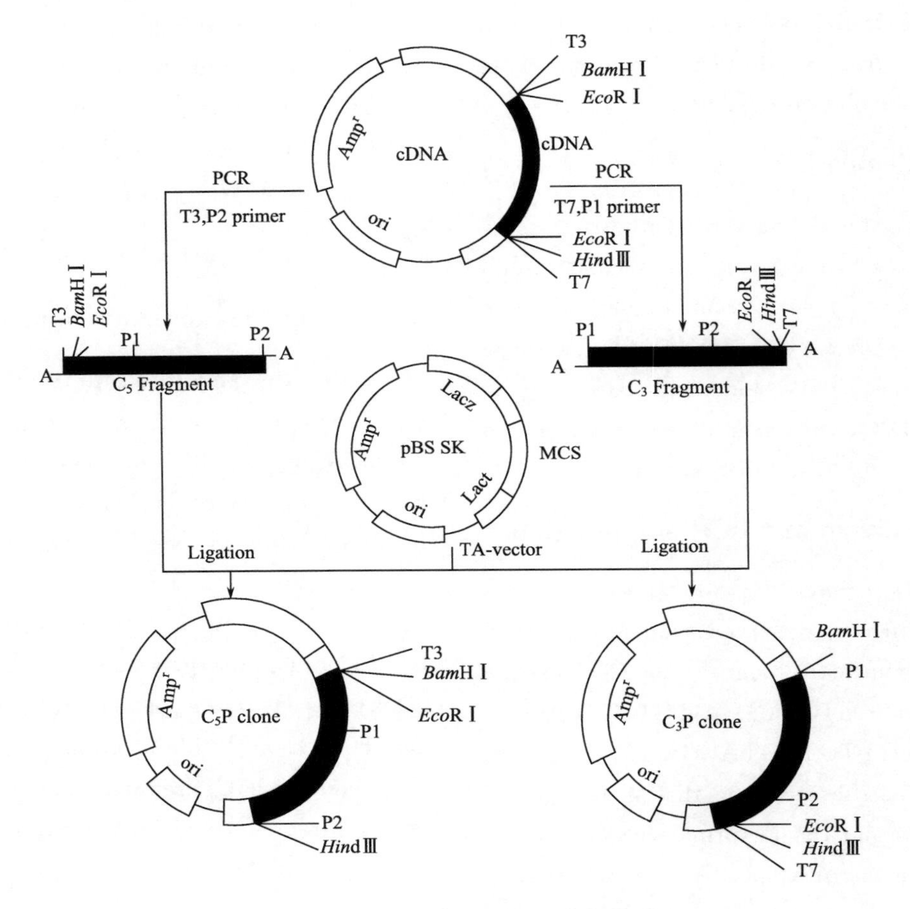


Fig. 1　The cloning strategy of *gpd* gene

*M. grisea*, *Aspergillus nidlans*, *Glomerellacingulata*, *Claviceps purpurea*, *Cochliobolus heterostrophus*, *Cryphonectria parasitica*, and *Podospora anserina* are more closely related to each other than the gene from the basidiomycete. On the other hand, the gene from the basidiomycete fungi *Ustilagomaydis*, *Phanerochaete chrysosporium*, *Schizophyllum commune*, and *Agaricus bisporus* are also more closely related to each other. GPD from *Curvularia lunata*, an imperfect fungus, is very closely related to those from the ascomycetes, confirming that its placement may be in that group. Comparison of the amino acid sequences of GPD has been used in the classification of bacteria or to generate phylogenic relationship among fungi[10,11].

## 2.3 Codon usage

Most codons are utilized in gpd gene from *M. grisea* (48/64), but they are highly biased towards those ending in pyrimidine. Of all codons 76% have a pyrimidine in that position (C: 61%, T: 15%, G: 21%, A: 3%). This bias is similar to that found for other highly expressed genes in filamentous fungi but clearly different from that in highly expressed genes of *Saccharomy cescerevisiae*[5,6].

## 2.4 Conclusions

2.4.1 In this study, we described an alternative to other cDNA cloning methods that is advantageous in many respects. A single gene specific primer is used to generate 3′-end clones, whose sequences can be used, if necessary, to design the primers required for 5′-end cloning. The protocol is rapid and more efficient than other methods. Other potential applications of this protocol are possible. For example, primers based on amino acid sequence might be adequate for cDNA cloning. It should also be used to clone gene from genomic

```
  1   M  A  P  K  V  G  I  N  G  F  G  R  I  G  R  I  V  F  R  N     20
  1   ATGGCTCCCAAGGTCGGCATCAACGGCTTCGGCCGCATTGGACGTATCGTCTTCCGTAAT    60
 21   A  I  E  L  G  N  V  D  I  V  A  V  N  D  P  F  I  E  T  N     40
 61   GCCATCGAGCTGGGCAACGTCGACATCGTTGCCGTCAACGACCCCTTCATTGAGACCAAC   120
 41   Y  A  A  Y  M  L  K  Y  D  S  V  H  G  R  F  K  G  E  I  V     60
121   TACGCTGCCTACATGCTCAAGTATGACTCCGTACACGGTCGCTTCAAGGGCGAGATCGTT   180
 61   K  D  E  G  K  L  I  V  N  G  K  T  I  K  F  Y  T  E  R  D     80
181   AAGGACGAGGGCAAGCTCATCGTCAACGGCAAGACCATCAAGTTCTACACCGAGCGTGAC   240
 81   P  A  A  I  P  W  S  E  T  G  A  D  Y  I  V  E  S  T  G  V    100
241   CCCGCTGCCATCCCCTGGAGTGAGACCGGTGCCGACTACATCGTCGAGTCCACTGGTGTC   300
101   F  T  T  T  D  K  A  S  P  H  L  K  G  G  A  K  K  V  I  I    120
301   TTCACCACCACCGACAAGGCCTCTCCTCACTTGAAGGGTGGTGCCAAGAAGGTCATCATC   360
121   S  A  P  S  A  D  A  P  M  Y  V  M  G  V  N  E  K  S  Y  D    140
361   TCGGCCCCCTCTGCCGACGCCCCCATGTACGTAATGGGTGTCAACGAGAAGTCGTACGAC   420
141   G  S  A  S  V  I  S  N  A  S  C  T  T  N  C  L  A  P  L  A    160
421   GGCAGCGCCAGTGTCATCTCCAACGCTTCTTGCACCACCAACTGCTTGGCTCCCCTCGCC   480
161   K  V  I  N  D  K  F  G  I  V  E  G  L  M  T  T  V  H  S  Y    180
481   AAGGTCATCAACGACAAGTTTGGCATCGTTGAGGGTCTCATGACCACCGTCCACTCCTAC   540
181   T  A  T  Q  K  T  V  D  G  P  S  A  K  D  W  R  G  G  R  G    200
541   ACTGCCACCCAGAAGACGGTCGACGGTCCCTCGGCCAAGGACTGGCGTGGAGGCCGTGGC   600
201   A  A  Q  N  I  I  P  S  S  T  G  A  A  K  A  V  G  K  V  I    220
601   GCCGCCCAGAACATCATCCCCAGCTCCACCGGCGCCGCCAAGGCTGTCGGCAAGGTCATC   660
221   P  A  L  N  G  K  L  T  A  M  S  M  R  V  P  T  A  N  V  S    240
661   CCCGCCCTAAACGGAAAACTCACCGCCATGTCGATGCGTGTGCCCACCGCCAACGTCTCG   720
241   V  V  D  L  T  C  R  L  E  K  G  A  S  V  D  G  I  Q  A  A    260
721   GTTGTCGACCTGACCTGCCGCCTTGAGAAGGGTGCCTCGTACGACGGAATTCAGGCCGCC   780
261   I  K  E  A  A  D  G  P  L  K  G  I  L  E  Y  T  E  D  D  V    280
781   ATCAAGGAGGCTGCCGACGGCCCCCTGAAGGGTATCCTCGAGTACACCGAGGACGATGTC   840
281   V  S  T  D  M  I  G  N  N  A  S  S  I  F  D  A  Q  A  G  I    300
841   GTCTCGACCGACATGATCGGCAACAACGCCTCGTCCATCTTCGACGCCCAGGCCGGTATT   900
301   A  L  N  D  K  F  V  K  L  V  S  W  Y  D  N  E  W  G  Y  S    320
901   GCCCTCAACGACAAGTTCGTCAAGCTCGTCAGCTGGTACGACAACGAGTGGGGGTACTCC   960
321   R  R  V  C  D  L  L  A  Y  V  A  K  V  D  A  Q  *
961   CGCCGTGTCTGTGACCTCCTGGCCTACGTCGCCAAGGTTGATGCCCAATAA
```

Fig. 2 Nucleotide and deduced amino acid sequences of *gpd* gene from *M. grisea*. Total 1011 nucleotides and encoding a putative 337-aa protein

library: The genomic DNA can be cleaved by one restriction enzyme and cloned in to pBS vector to construct an enriched library. The DNA fragment that contain aim gene can be amplified by using a single specific primer with in the gene and a sequencing primer with in vector.

2.4.2 The cDNA of *gpd* gene have been cloned and sequenced from the plant pathogenic fungus *M. grisea* by our new method. The gene encodes a putative 3372aa protein. Codon usage in the gpd gene is highly biased in favor of codons ending in C. The deduced amino acid sequence of *M. grisea gpd* is quite similar to those of other species, especially in certain regions such as the catalytic domain.

## References


[1] Frohman MA, Dush MK, Martin GR. Rapid production of full-length cDNAs from rare transcripts: amplification using a single gene-specific oligonucleotide primer. PNAS, 1988, 85: 8998-9002

[2] Gibson S, Somerville C. Isolating plant genes. Tib Tech, 1993, 11: 306-313

[3] Liang P, Pardee AB. Differential display of eukaryotic messenger RNA by means of the polymerase chain reaction. Science, 1992, 257: 967-971

[4] Lisitsyn NI, Lisitsyn NA, Wigler M. Cloning the differences between two complex genomes1. Science, 1999, 946-951

[5] Templeton MD, Rikkerink EHA, Solon SL, et al. Cloning and molecular characterization of the glyceraldehydes-3-phosphate dehydrogenase-encoding gene and cDNA from the plant pathogenic fungus *Glomerella cingulata*. Gene, 1992, 122 (1): 225-230

[6] Punt PJ, Dingemanse MA, Jacobs-Meijsing BJM, et al. Isolation and characterization of the glyceraldehydes-3-phosphate dehydrogenase gene of *Aspergillus nidulans*. Gene, 1988, 69: 49-57

[7] Smith TL, Leong SA. Isolation and characterization of a *Ustilago maydis* glyceraldehydes-3-phosphate dehydrogenase-encoding gene. Gene, 1990, 93(1): 111-117

[8] Sambrook J, Fritsch EF, Maniatis T. Molecular cloning. a laboratory manual. 2nd. New York: Cold Spring Harbor Laboratory Press, 1989

[9] Marchuk D, Drumn M, Saulino A. Construction of T-vectors, a rapid and general system for direct cloning of unmodified PCR products. Nucl Acids Res, 1991, 19: 1154-1158

[10] Law rence JG, Ochman H, Hartl DD. Molecular and evolutionary relationships among enteric bacteria. Gen Microbiol, 1991, 137: 1911-1921

[11] Smith TL. Disparate evolution of yeasts and filamentous fungi indicated by phylogenetic analysis of glyceraldehydes-3-phosphate dehydrogenase genes. PNAS, 1989, 86: 7063-7066

# 福建稻瘟菌群体遗传多样性 RAPD 分析*

鲁国东[1]，王宝华[1]，赵志颖[1]，郑学勤[2]，谢联辉[3]，王宗华[1]

（1 福建农业大学植物保护系，福建福州 350002；2 热带作物生物技术国家重点实验室，海南海口 571101；3 福建农业大学植物病毒研究所，福建福州 350002）

**摘　要：** 以 OPG、OPH、OPK 等 3 个系列 60 个引物对福建稻瘟菌进行了 DNA 随机扩增多态性（RAPD）分析。60 个引物中有 21 个扩增出多态性条带，表明福建省稻瘟菌群体有丰富的 RAPD 多态性，可为该菌的遗传分析提供大量的遗传标记。对 RAPD 条带多样性分析发现龙岩江山病圃稻瘟菌群体遗传多样性较简单，有明显优势种群，可能影响其抗瘟评定的代表性，说明多点进行品种抗性鉴定是必要的。

**关键词：** 稻瘟菌；RAPD；群体遗传

**中图分类号：** S435. 111. 4+1　**文献标识码：** A

# RAPD analysis of population genetic diversity of rice blast fungus in Fujian

LU Guo-dong[1], WANG Bao-hua[1], ZHAO Zhi-ying[1], ZHENG Xue-qin[2], XIE Lian-hui[3], WANG Zong-hua[1]

(1 Department of Plant Protection, Fujian Agricultural University, Fuzhou 350002;
2 National Key Biotechnology Laboratory for Tropical Crops, Haikou 571101;
3 Institute of Plant Virology, Fujian Agricultural University, Fuzhou 350002)

**Abstract:** Random amplified polymorphic DNA (RAPD) analysis was conducted to study the molecular polymorphism of a rice blast fungus ( *Magnaporthe grisea* ) population in Fujian. The results showed that among 60 primers of OPG, OPH and OPK series, 21 primers could amplify the polymorphic bands, which proved that RAPD provided a lot of genetic markers for population genetic analysis of rice blast fungus. Meanwhile, the homogeneity and dominant clone of isolates from a blast nursery in Jiangshan, Longyan were detected, which suggested that evaluation of rice variety resistance to the blast disease should be done at several locations to avoid its inadequacy of represent activeness.

**Key words:** rice blast fungus; RAPD; population genetics

---

福建农业大学学报，2000，29（1）：54-59

收稿时间：1999-05-10

* 基金项目：福建自然科学基金（C9820003）、福建省教委（K95020）、福建省科委（96-J-5）资助项目

表 1　供试菌株（小种）及其来源

| 菌株 | 小种 | 采集品种 | 采集时间 | 采集地点 |
|---|---|---|---|---|
| 78044 | ZF1 | 南京 11 号 | 1978 年 7 月 | 沙县洋坊 |
| 78334 | ZA 27 | 龙峰 | 1978 年 6 月 | 晋江 |
| 81274 | ZA 15 | 窄叶青 | 1981 年 10 月 | 建阳黄坑 |
| 81278 | ZB15 | 圭幅 3 号 | 1981 年 10 月 | 建阳黄坑 |
| 测 86039 | ZC15 | 汕优 801 | 1981 年 6 月 | 邵武原种场 |
| 测 86061 | ZE3 | 姬糯 | 1986 年 6 月 | 长汀 |
| 87024 | ZG1 | 关东 51 | 1986 年 6 月 | 尤溪坂面 |
| 1A | ZB31 | 汕优 96 | 1992 年 7 月 | 沙县西霞 |
| 6 | ZB15 | 威优 77 | 1992 年 7 月 | 沙县西霞 |
| 30 | ZB13 | 威优 77 | 1992 年 7 月 | 尤溪团结 |
| 72 | ZC7 | 威优 77 | 1992 年 7 月 | 建阳江口 |
| 75 | ZB3 | 威优 77 | 1992 年 7 月 | 建阳江口 |
| 78 | ZD7 | 威优 77 | 1992 年 7 月 | 建瓯将口 |
| 83 | ZA7 | 78130 | 1992 年 7 月 | 建阳江口 |
| 9 | 3 ZE1 | 威优 77 | 1992 年 7 月 | 建阳童游 |
| 中 26 | ZG1 | 汕优 63 | 1992 年 9 月 | 沙县高桥 |
| 中 39 |  | 汕优 78 | 1992 年 9 月 | 沙县湖源 |
| 中 96 | ZA 13 | 汕优 63 | 1992 年 9 月 | 建瓯龙村 |
| 晚 16 | ZC13 | 汕优 72 | 1992 年 10 月 | 沙县西霞 |
| 晚 19 | ZB5 | 汕优 63 | 1992 年 10 月 | 沙县西霞 |
| 晚 27 | ZF1 | 汕优 63 | 1992 年 10 月 | 沙县西霞 |
| 晚 36 | ZB7 | 汕优 63 | 1992 年 9 月 | 尤溪梅仙 |
| 晚 45 | ZC13 | 汕优 63 | 1992 年 10 月 | 尤溪团结 |
| 晚 69 | ZB23 | 桂 32 | 1992 年 10 月 | 建瓯小松 |
| 95079 |  | 特优多系 1 号 | 1995 年 10 月 | 龙岩江山 |
| 95081A |  | 汕优 397 | 1995 年 10 月 | 龙岩江山 |
| 95083A |  | 枝优 689 | 1995 年 10 月 | 龙岩江山 |
| 95084B |  | 水晶稻 | 1995 年 10 月 | 龙岩江山 |
| 95085C |  | 汕优 86 | 1995 年 10 月 | 龙岩江山 |
| 95086A |  | 汕优多系 1 号 | 1995 年 10 月 | 龙岩江山 |
| 95087A |  | 汕优 128 | 1995 年 10 月 | 龙岩江山 |
| 95087B |  | 汕优 128 | 1995 年 10 月 | 龙岩江山 |
| 95088B |  | 汕优 63 | 1995 年 10 月 | 龙岩江山 |
| 95089C |  | 特优 63 | 1995 年 10 月 | 龙岩江山 |
| 95090A |  | 汕优 63 | 1995 年 10 月 | 龙岩江山 |
| 95092A |  | 优枝香 | 1995 年 10 月 | 龙岩江山 |
| 95095 |  | 花 1 优 A 63 | 1995 年 10 月 | 龙岩江山 |
| 95096A |  | 特优多系 1 号 | 1995 年 10 月 | 龙岩江山 |
| 95097A |  | 汕优桂 32 | 1995 年 10 月 | 龙岩江山 |
| 95097B |  | 汕优桂 32 | 1995 年 10 月 | 龙岩江山 |
| 95098 |  | 特优香 | 1995 年 10 月 | 龙岩江山 |
| 95099 |  | 特优 155 | 1995 年 10 月 | 龙岩江山 |
| 云南菌株 | ZC13 |  | 从云南稳定菌株中筛选 | 云南 |
| 马唐瘟 |  |  | 云南农科院李成云提供 | 云南 |

Williams 等[1]和 Welsh[2]建立了 DNA 随机扩增多态性（random amplified polymorphic DNA，RAPD）分析技术，为研究生物群体遗传结构提供了大量有效的分子标记。由于 RAPD 标记是显性的，无法区分同合子还是杂合子，对于二倍体或多倍体生物有一定的局限性。除卵菌外，多数真菌营养阶段都是单倍体，所以，RAPD 已成为研究真菌群体生物学极好的分子标记，而且特别适用于遗传结构不甚清晰的群体。目前，RAPD 分析技术已广泛用于 *Erysiphe graminis* f. sp. *hordei*、*Fusarium graminearum*、*Puccinia striiformis* 等多种植物重要病原真菌的群体生物学研究[3-5]。对植物病原真菌群体遗传结构的研究有助于认识病原真菌群体遗传变异机理及其与植物相互作用的规律，以指导植物病害防治，既有重要理论意义，又有重大经济意义。

# 1　材料与方法

## 1.1　供试菌株及培养

参试稻瘟菌菌株共 45 个，其中有经过福建农业大学稻瘟病研究组多年鉴定表明属毒性稳定、单孢纯化的菌株[6]，如 81274ZA15、81278ZB15、云南菌株 ZC13、晚 1ZD7、86061ZE3、78044ZF1、87024ZG1 等，也有 1995 年从龙岩江山病圃中新采集、未经毒性鉴定的单孢或多孢菌株，以及云南农业科学院植物保护研究所李成云提供的马唐瘟作组间对照。菌株材料详见表 1。

菌种经活化后，接于含淀粉 10g、酵母 2g、水 1000mL 的液体培养基，28℃、150r/min 振荡培养 3～4d，待菌丝体茂盛但不老化（即颜色不变黑）时用滤纸收集并吸干用作 DNA 提取或置于 4℃冰箱备用。

## 1.2　DNA 提取

用氯化卞法[7]提取，但调整为微量制备。用菌丝 0.2g 加 1mL 提取液［0.1mol/L Tris-HCl（pH9.0）、0.04mol/L EDTA（pH8.0）］，充分混匀；加 0.1mL 100g/L SDS、0.3mL 氯化卞，剧烈振荡至乳状，50℃保温 1h，期间每 10min 摇荡 1 次；加 0.3mL 3mol/L NaOAC（pH5.2）混匀，冰浴 15min，4℃、6000r/min 离心 15min，取上清液；加等体积异丙醇室温沉淀 20min，室温 10 000r/min离心 15min；沉淀用体积分数为 0.70

乙醇洗 2 次，吸干后溶于 TE；测 $D_{260}$ 值，保存于 −20℃；使用时将 DNA 的质量浓度配成 10mg/L。为保证 RAPD 扩增结果稳定，尽量减少保存时间。

### 1.3 引物

美国 Operon 公司生产的随机引物 G、H、K 共 60 个（北京同正生物工程公司出售）。

### 1.4 RAPD 扩增反应

采用 25μL 反应体系：0.2mmol/L 4 种 dNTP（普洛麦格生物工程公司产品）、0.5μL *Taq* 酶（$3\times10^6$U/L）、2.5μL 10×*Taq* 酶缓冲液（华美生物工程公司产品）、15ng 引物和 20ng 模板 DNA。用无菌超纯水代替 DNA 模板作阴性对照，重复 2 次。扩增反应在 PE 公司生产的 DNAThermalCycler 上进行，反应条件：95℃变性 10min，94℃变性 1min，36℃变性 1min，72℃变性 2min，45 个循环，最后延伸 10min。扩增产物 10μL 在 15g/L 凝胶（含 EB）上电泳分离，照相记录，肉眼比较带的有无，并进行数据分析和相似性比较及谱系分析。相似性比较用公式 $S_{XY}=2N_{XY}/(N_X+N_Y)\times100\%$[8]进行计算，式中 $S_{XY}$为遗传相似度，$N_{XY}$为 $X$ 和 $Y$ 菌系共有的条带，$N_X$和 $N_Y$分别为 $X$ 和 $Y$ 菌系所具有的条带。遗传距离（$DXY$）用公式 $D_{XY}=1-S_{XY}$计算。遗传距离以算术平均数非加权成组配对法（unweighted pair-group method using an arithmetic average，UPGMA）进行聚类分析，将遗传距离≤0.1 的归为同一个谱系。

## 2 结果与分析

### 2.1 RAPD 分析所揭示的稻瘟菌群体遗传多样性

用 OPG、OPK、OPH3 套 60 个随机引物对 7 个稻瘟菌株进行扩增的结果表明，有 21 个引物可扩增出 500～2600bp 的多态性条带（表 2）。从表 2 可以看出，每一引物×菌株组合可扩增到3～19 条，平均 10.3 条。其中有多态性条带为 1～12 条，平均 6.1 条，多态性为 61.1%。说明稻瘟菌群体有丰富的 RAPD 多态性。OPH01、OPH02、OPH04、OPH13、OPH14、OPK14 等引物扩增的条带多，多态性丰富，而且可以有效地区分稻瘟菌小种间的差异。几乎所有 21 个引物都能区别稻瘟菌与马唐瘟菌间的差异（图 1）。

### 2.2 RAPD 所揭示的稻瘟菌群体谱系分析

进一步用引物 OPH04 对 45 个稻瘟菌株和 1 个马唐瘟菌株进行扩增，结果（图 2）表明马唐瘟与所有其他参试稻瘟菌株相差很远。$S_{XY}$值在 0～50%，绝大部分<30%；而稻瘟菌株间的 $S_{XY}$值绝大部分>30%。以 $S_{XY}$值≥90%，即 $D_{XY}\leq0.1$ 归为同一个谱系为标准，可将 45 个稻瘟菌株分为 16 组，马唐瘟菌单独一组，分组结果见表 3。

从表 3 可以看出，1～13 组都是单菌株组，一个组就是一个小种；第 14 组含 2 个菌株、2 个生理小种；第 15 组含 4 个菌株、4 个理小种；而第 16 组有 26 个菌株，已知的有 10 个小种，另外 16 个菌株是 1995 年采自龙岩江山同一个病圃，该病圃供试 18 个菌株，95095 和 95099 分属不同组外，其他均为一个组。

表 2 随机引物及其对稻瘟菌菌株扩增的结果

| 引物 | 序列 | 扩增结果 | |
|---|---|---|---|
| | | 总带数数 | 多态性条带 |
| OPG03 | 5′-GA GCCCTCCA-3′ | 4 | 2 |
| OPG04 | 5′-A GCGTGTCTG-3′ | 12 | 8 |
| OPG05 | 5′-CTGA GACGGA-3′ | 8 | 3 |
| OPG08 | 5′-TCACGTCCAC-3′ | 3 | 1 |
| OPG13 | 5′-CTCTCCGCCA-3′ | 4 | 2 |
| OPG17 | 5′-ACGACCGACA-3′ | 10 | 5 |
| 5OPH01 | 5′-GGTCGGA GAA-3′ | 11 | 8 |
| OPH02 | 5′-TCGGACGTGA-3′ | 19 | 10 |
| OPH03 | 5′-A GACGTCCAC-3′ | 11 | 10 |
| OPH04 | 5′-GGAA GTCGCC-3′ | 18 | 12 |
| OPH05 | 5′-A GTCGTCCCC-3′ | 12 | 9 |
| OPH12 | 5′-ACGCGCA TGT-3′ | 13 | 6 |
| OPH13 | 5′-GACGCCACAC-3′ | 12 | 10 |
| OPH14 | 5′-ACCA GGTTGG-3′ | 9 | 7 |
| OPH15 | 5′-AA TGGCGCA G-3′ | 9 | 5 |
| OPK01 | 5′-CA TTCGA GCC-3′ | 8 | 1 |
| OPK09 | 5′-CCCTACCGAC-3′ | 12 | 9 |
| OPK12 | 5′-TGGCCCTCAC-3′ | 10 | 8 |
| OPK13 | 5′-GGTTGTACCC-3′ | 10 | 4 |
| OPK14 | 5′-CCCGCTACAC-3′ | 14 | 7 |
| OPK19 | 5′-CACA GGCGGA-3′ | 8 | 2 |

在供试菌株中出现频率为 15%～85%的计为多态性条带

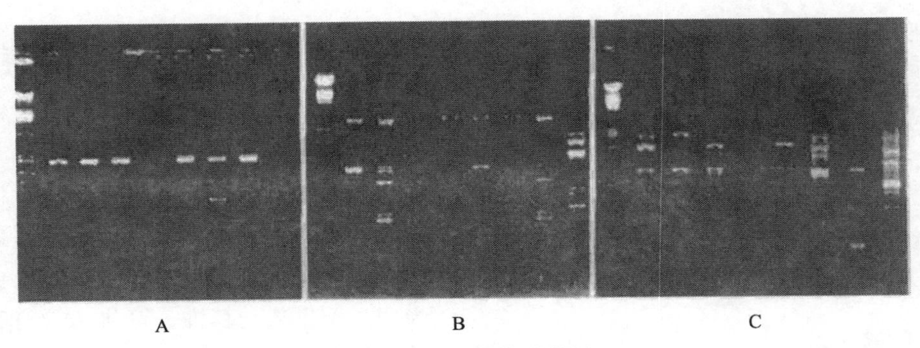


图 1　部分引物扩增结果

A、B、C 分别为引物 OPH01、OPH02、OPH04；每张图从左到右分别为 λDNA/*Eco*R Ⅰ + *Hind*Ⅲ分子质量标记，ZA 15、ZB15、ZC13、ZD7、ZE3、ZF1、ZG1、马唐瘟菌株

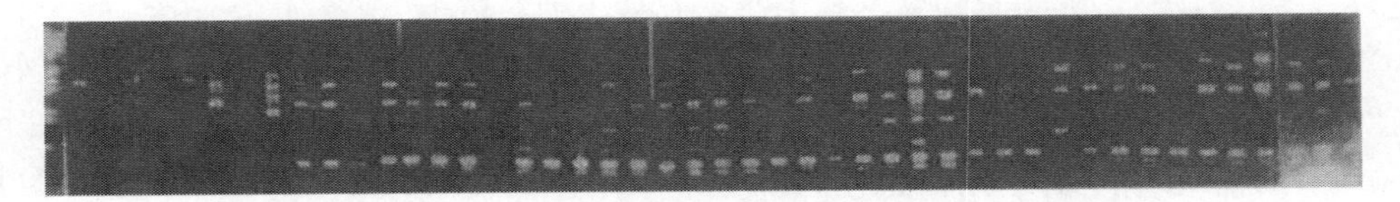

图 2　以 OPH04 为引物稻瘟菌菌株 RAPD 的分析结果

从左到右分别为：λDNA/*Eco*R Ⅰ + *Hind*Ⅲ分子质量标记，81274 ZA 15、81278 ZB15、云南菌株 ZC13、晚 1 ZD7、测 86061 ZE3、78044 ZF1、87024 ZG1、马唐瘟、95079、95092A、95095、95096A、95097A、95097B、95098、95099、95081A、95083A、95084B、95085C、95086A、95087A、95087B、95088B、95089C、95090A、中 39 ZA 7、83 ZA 7、中 96 ZA 13、78334 ZA 27、晚 45 ZC13、75 ZB3、晚 36 ZB7、晚 19 ZB5、晚 16 ZC13、30 ZB13、6 ZB15、中 82 ZG1、晚 69 ZB23、1A ZB31、测 86039 ZC15、72 ZC7、78 ZD7、93A ZE1、晚 27 ZF1、中 26 ZG1 菌株

**表 3　稻瘟菌菌株 RAPD-OPH4 分组结果**

| 组号 | 菌株 |
|---|---|
| 1 | 81274 ZA 15 |
| 2 | 81278 ZB15 |
| 3 | 95099 |
| 4 | 晚 1 ZD7 |
| 5 | 测 86061 ZE3 |
| 6 | 中 26 ZG1 |
| 7 | 87024 ZG1 |
| 8 | 83 ZA 7 |
| 9 | 晚 36 ZB7 |
| 10 | 30 ZB13 |
| 11 | 6 ZB15 |
| 12 | 测 86039 ZC15 |
| 13 | 95095 |
| 14 | 云南菌株 ZC13、78044 ZF1 |
| 15 | 中 96 ZA 13、78334 ZA 27、75 ZB3、晚 45 ZC13 |
| 16 | 1A ZB31、78 ZD7、72 ZC7、93A ZE1、中 39 ZA 7、中 82 ZG1、晚 16 ZC13、晚 19 ZB5、晚 27 ZF1、晚 69ZB23、95079、95081A、95083A、95084B、95085C、95086A、95087A、95087B、95088B、95089C、95090A、95092A、95096A、95097A、95097B、95098 |
| 17 | 马唐瘟菌 |

## 3　讨论

（1）本试验结果表明，RAPD 为稻瘟菌遗传分析提供了大量的遗传标记，这与 Bernardo 等[9]的结果一致。目前在稻瘟菌群体多样性研究上开展比较多的分子生物学方法为利用重复序列探针的 DNA（MGR-DNA）指纹分析方法[10]。MGR-DNA 指纹分析与 RAPD 相比，其优点是结果较为稳定，多态性条带多，但其缺点是步骤较多，费时、费力。如果能将它们结合起来，即先通过 RAPD 将大量的菌株归类，然后再进行 DNA 指纹分析，建立遗传谱系，则可以大大减少工作量。

（2）依据 RAPD 分析结果对稻瘟病菌进行分组，随所用引物不同而变化，如本试验对采用 OPG05、OPH03 及 OPH15 为引物扩增的结果（本文未一一列出）进行分组就不一样。本试验之所以以 OPH04 为引物来分析 45 个稻瘟菌株，是因为该引物扩增的多态性特别丰富，并且其扩增分组的结果在一定程度上反映了菌株间的毒性关系。尽管如此，目前尚难建立毒性与 RAPD 指纹的一一对应关系，这可能是由于毒性的遗传背景比较复杂，而 RAPD 所揭示 DNA 差异往往只是一个片断或是一个碱基的差别。这与用 MGR-DNA 指纹分析的结果相似[10]。今后若能构建菌株毒性的近等基因池，筛选特异引物和特异性扩增条带，将其克隆测序并合成引物，则有可能通过 PCR 快速监测稻瘟菌群体中某一特定小种的频率。此方法已用于大麦白粉菌的研究中[4]。

(3) RAPD 分析结果发现供试龙岩江山病圃的 18 个菌株，除 2 个菌株分别为一组外，其余 16 个菌株为一组，说明该病圃内稻瘟菌群体遗传多样性较简单，且有明显的优势种群，可能影响其抗瘟评定的代表性，说明多点进行品种抗性鉴定是必要的。因此，需要进一步对有关圃开展群体遗传分析，以揭示其遗传组成及其与大田稻瘟菌群体组成的关系，以便更有效地进行品种抗瘟鉴定。

## 参 考 文 献


[1] Williams JGK, Kubelik AR, Livak KJ, et al. DNA polymorphisms amplified by arbitrary primers are useful as genetic markers. Nucleic Acids Research, 1990, 18: 6531-6535

[2] Welsh J, McClelland M. Fingerprinting genomes using PCR with arbitrary primers. Nucleic Acids Research, 1990, 18: 7213-7218

[3] 单卫星，陈受宜，吴立人等. 中国小麦条锈菌流行小种的 RAPD 分析. 中国农业科学，1995，28 (5)：1-7

[4] McDermott JM, Brandl EU, Dutly F, et al, Genetic variation in powdery mildew of barley: development of RAPD, SCAR, and VNTR markers. Phytopathology, 1994, 84: 1316-1321

[5] Ouell ET, Seifert KA. Genetic characterization of *Fusarium graminearum* using RAPD and PCR amplification. Phytopathology, 1993, 83: 1003-1007

[6] 张学博，余菊生，林成辉等. 福建水稻品种抗瘟性变化的趋势分析. 植物保护学报，1991，18 (2)：109-115

[7] 朱衡，瞿峰，朱立煌. 利用氯化苄提取适于分子生物学分析的真菌 DNA. 真菌学报，1994，13 (1)：34-40

[8] Nei M, Li WH. Mathematical model for studying genetic variation in terms of restriction endonucleases. PNAS, 1979, 76: 5269-5273

[9] Bernardo MA, Naqv IN, Leun GH, et al. A rapid method for DNA finger printing of the rice blast fungus *Pyricularia grisea*. International Rice Research Notes, 1993, 18 (1): 48-50

[10] 王宗华，鲁国东，赵志颖等. 建稻瘟菌群体遗传结构及其变异规律. 中国农业科学，1998，31 (5)：7

# 福建稻瘟菌群体遗传结构及其变异规律*

王宗华[1]，鲁国东[1]，赵志颖[1]，王宝华[1]，张学博[1]，谢联辉[1]，王艳丽[2]，袁筱萍[2]，沈　瑛[2]

（1 福建农业大学植物保护系，福建福州　350002；2 中国水稻研究所，浙江杭州　310006）

**摘　要**：对 1978～1995 年采自福建省的 70 个稻瘟苗菌株进行了 MGR586-*Eco*RⅠ DNA 指纹分析，依据指纹相似性将供试苗株区分为 28 个遗传谱系，其中 FJ-01 为分布广、毒性谱宽的优势普系。通过时空特点分析，表明福建稻瘟苗群体空间组成有差异，但未形成明显的空间分化；而在时间上表现为年度内有变化，年度间演替显著。初步分析认为品种选择是影响稻瘟菌群体遗传结构变化的重要因素。

**关键词**：稻瘟菌；群体遗传结构；DNA 指纹

# Population genetic structure and its variation of the rice blast fungus in Fujian

WANG Zong-hua[1]，LU Guo-dong[1]，ZHAO Zhi-ying[1]，WANG Bao-hua[1]，ZHANG Xue-bo[1]，XIE Lian-hui[1]，WANG Yan-li[2]，YUAN Xiao-ping[2]，SHEN Ying[2]

（1 Deptartment of Plant Protection，Fujian Agricultural University，Fuzhou　350002；
2 China National Rice Research Institute，Hangzhou　310006）

**Abstract**：The DNA fingerprinting with MGR586-*Eco*RⅠ，dispersed sequence probe and restricted enzyme combination was conducted to 70 isolates of the rice blast fungus（*Magnaporthe grisea* Barr.）collected in 1978-1995 from Fujian Province，China. Based on the fingerprint similarity，28 genetic lineages were distinguished，among which the lineage FJ-01 was found to be a prevalent one with a wide spectrum of virulence and an extensive distribution. The spatial and temporal subpopulation genetic structures of the fungus were also analyzed revealing that there was difference among locations but existed no obvious spatial boundary of the population，and the temporal characteristics had evolved constantly. The variety selection might be the main factor for the structure evolution especially for the extensively cultivated and closely related hybrids. The suggestion was that breeding for resistance must be targeted to the prevalent lineage，and new resistance germplasms with a wide spectrum of resistance should be found to increase the resistance diversity and durability to the rice blast disease.

**Key words**：*Magnaporthe grisea*；population genetic structure；DNA fingerprint

---

中国农业科学，1998，31（5）：7-12

收稿日期：1997-11-27

* 基金项目：福建省科学技术委员会，福建省自然科学基金重点项目和美国洛氏基金资助项目、美国俄亥俄州立大学杨贞标博士给予大力帮助．谨此致谢

由稻瘟菌（*Magnaporthe grisea* 无性世代为 *Pyricularia grisea* Sacc.）引起的稻瘟病是世界水稻生产最具毁灭性的病害之一[1,2]。实践已证明，利用抗病品种是经济有效的防治措施[1,3]，然而一个抗病品种大面积种植几年，往往会丧失抗病性，导致新的流行，造成严重经济损失。关于水稻抗瘟性丧失的原因，国内外已有很多研究[2,4]。主要认为有两种原因：一是由于所推广的抗病品种在鉴定筛选时，所用病原菌不能真正代表其群体组成特征，以致一旦大面积推广，潜在的毒性小种便发展成为优势种群，而使品种抗性丧失；二是由于稻瘟菌高度易变。已知稻瘟菌存在大量毒性类型，且极易变异[3]。而当前所使用的抗病品种多为主效基因品种，这些品种大面积推广后，对稻瘟菌群体会产生强烈的选择压力，致使病菌无毒性基因突变为有毒基因，而克服品种抗性。然而近年随着分子遗传学研究的深入，认识到尽管自然界中存在大量稻瘟菌小种，但是其遗传谱系（genetic lineage）在时空上均表现相对稳定，而且每一遗传谱系都有特定的致病谱[2,5-7]。因此，如果利用 DNA 分子标记研究明确当地稻瘟菌群体遗传结构及其变异规律，进而明确品种抗性与病菌遗传谱系的关系，使育成的品种能够抗一个谱系或全部谱系，而不是一个或几个小种，那就有可能使水稻抗瘟持久化。本研究就是在传统毒性标记的基础上，用现代分子标记方法，从分析福建稻瘟菌群体遗传结构组成特点入手，明确水稻品种与稻瘟菌群体相互作用的规律。

# 1 材料与方法

## 1.1 供试菌株及其培养

1978～1995 年采自福建稻区经单孢纯化和毒性鉴定的 70 个菌株以及对照菌株 R 和马唐瘟菌株各 1 个。在酵母淀粉固体培养基上活化后，移入含硫酸链霉素的相应液体培养基中，振荡培养 3～5d，滤去培养液，冷冻或 40～50℃干燥，液氮研磨后置－20℃保存备用。

## 1.2 DNA 提取和 Southern 杂交

用 CTAB（2%CTAB、100mmol/L Tris-HCl、10mmol/L EDTA、0.7mol/L NaCl、0.5%β-硫基乙醇法）提取 DNA，用 *Eco*RⅠ或 *Eco*RⅤ 37℃酶切过夜。提前 24h 制胶（0.8%）以让其充分聚合。将酶切好的样品上样后电泳 24h，之后用 EB 染色，照相，并检查酶切情况。按照 Sambrook 等[8]方法，吸印 24～36h 后，在紫外透射分析仪上检查滤膜上有无 DNA（泳道变暗），吸印好的滤膜在 2×SCC中稍作漂洗，80℃烘干 2h，固定 DNA，以备杂交。

## 1.3 MGR586 质粒的扩增、酶切鉴定和标记

MGR586 质粒由 Levy 提供。按照 Sambrook 等[8]方法制备大肠杆菌 DH5α 菌株的感受态，用 $CaCl_2$法转化质粒，在含氨苄青霉素的 LB 平板上筛选，选取单菌落在 LB 液体培养基中扩增，微量碱法提取质粒．用 *Sal*Ⅰ 进行酶切鉴定。纯化的质粒直接用$^{32}P$ 随机引物标记法标记或酶切后用 Dig 试剂盒（Boehringer Mannheim 公司生产）及说明书进行标记。

## 1.4 杂交、显影和显色

同位素杂交与放射自显影按照 Sambrook 等[8]方法进行。Dig 杂交与显色则按试剂盒要求进行。

## 1.5 DNA 指纹分析

把每个杂交条带均看作一个遗传位点，条带的有无分别记为 1 和 0。菌株间的遗传相似度（$S_{xy}$）按如下公式计算[11]：

$$S_{xy}=2N_{xy}/(N_x+N_y)$$

其中，$N_{xy}$为 X 和 Y 菌株共有的条带数，$N_x$和 $N_y$分别为 X 和 Y 菌株各自的条带数。

遗传距离（$D_{xy}$）则用下式计算：

$$D_{xy}=1-S_{xy}$$

然后对遗传距离以算术平均数非加权成组配对法（UPGMA）进行聚类分析，将遗传距离≤0.1 的归为同一个谱系。

为进一步了解福建稻瘟菌群体遗传的多样性，对以 MGR586—*Eco*RⅠ所界定的稻瘟菌株 DNA 指纹进行了基因多样性（$H$）、基因型多样性（$M$）分析。病菌群体的基因多样性按 Nei[9] 的方法计算：

$$H=1-\sum X_i^2$$

其中，$X_i$为某一位点第 $i$ 个等位基因出现的频率。由于本研究的数据是以杂交条带的有无作为一对等位基因来处理的[6]，故可以简化为：

$$H = 2X_i(1 - X_i)$$

其中，$X_i$为某一条带在供试菌株中的出现频率。

病菌群体的基因多样性指数（$H_T$）为病菌所有位点基因多样性的平均值。

病菌群体的基因型多样性用 Shannon 指数 $m$ 表示：

$$m = -\sum_{g_i} \ln_{g_i}$$

其中，$g_i$ 为第 $i$ 个基因型（这里以谱系计）出现的频率[3]。考虑到标样数量的影响，按 Sheldon（1969）的方法对 $m$ 值进行加权平均，即

$$M = m/\ln k$$

其中，$k$ 为病菌群体的大小（即供试菌株数量）[10]。

## 2　结果与分析

### 2.1　稻瘟菌 DNA 指纹特征

稻瘟菌基因组 DNA 经 *Eco*RⅠ酶切用 MGR586 杂交，于 0.7～20kb 范围内，可以显示出 113 个清晰的杂交条带；而在 1.9～14.9kb，多态性特别明显而且稳定（图 1）。

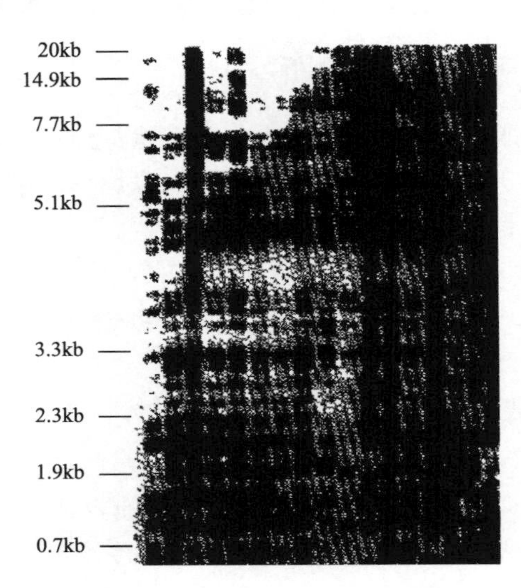


图 1　稻瘟菌 MGR586-*Eco*RⅠ DNA 指纹特征

进一步用 Nei 氏公式计算菌株间的遗传相似度，如果将相似性指数≥90%，即遗传距离≤0.1 的菌株归为同一个谱系[7]。结果可将供试的 70 个菌株归为 28 个谱系（表 1），谱系的特征图谱见图 2。马唐瘟菌株则与供试的稻瘟菌株在遗传上有很大差异，只有一个约为 2.0kb 的条带。

图 2　福建稻瘟菌群体遗传谱系特征

从左到右：

R、FJ-04、FJ-28、FJ-12、FJ-09、FJ-11、FJ-18、FJ-08、FJ-25、FJ-23、FJ-19、FJ-07、FJ-22、FJ-17、FJ-13、FJ-16、FJ-14、FJ-15、FJ-10、FJ-21、FJ-05、FJ-06、FJ-27、FJ-24、FJ-26、FJ-03、FJ-20、FJ-01、FJ-02、R

从表 1 看出，福建稻瘟菌 28 个谱系中，以 FJ-01 为优势谱系，共有 40 个菌株，占 57.1%，尤以 ZB 和 ZC 群的菌株为主。除 FJ-01 外，FJ-04、FJ-06 和 FJ-20 为双菌株谱系，其余均为单菌株谱系。单菌株谱系中，包含了许多致病稳定的菌株，如 FJ-09（测 86039ZC15）、FJ-12（87088 ZE3）、FJ-15（81278 ZB151）、FJ-18（78334 ZA27）、FJ-24（87041 ZC15）、FJ-25（81274 ZA15）、FJ-26（测 86056 ZB15）、FJ-28（78044 ZF1）等。这与我们进行的育性测定、RAPD 分析以及 PCR6-*Eco*RⅤ 分析的结果（未发表）是一致的，即稳定菌株往往表现为育性和遗传稳定，说明稻瘟菌致病性的稳定性是有其遗传基础的。从表 1 中还可以看出，MGR586-*Eco*RⅠ所界定的遗传谱系与菌株毒性有一定关系，但并非一一对应关系，如 FJ-01 把 ZB 群和 ZC 群的许多菌株归到一起，说明了它们可能有共同的遗传演化路径及影响演化的动力，如杂交稻的大面积推广[1,5]；也说明了 DNA 指纹分析可以有效揭示稻瘟菌可能存在的遗传背景；但供试 6 个 ZC15 菌株却被划分为 6 个谱系（FJ-01、04、06、09、11、24 等），而且谱系间的遗传距离非常大，说明它们可能存在很大的遗传异质性，反过来也说明了品种抗性鉴定须用较多的菌株测定，结果才能反映其抗性实质。

表1 福建稻瘟菌群体 MGR586-*Eco*RⅠ谱系组成

| MGR586-*Eco*RⅠ谱系 | 菌株 | MGR586-*Eco*RⅠ谱系 | 菌株 |
|---|---|---|---|
| FJ-01 | 83 ZA7，中 32ZA 63，75 ZB3，晚 58ZBS，晚 70 ZB33，晚 36 ZB7，95045A ZB9，中 50ZB13，晓 15 ZB13，95085D ZB13，晚 100 ZB15，95002 ZB15，95057C ZB15，95061C ZB15，95033C ZB15，81001 ZB27，晚 28 ZB29，晚 40 ZB29，中 8 ZC7，72 ZC7，中 59 ZC13，晚 16 ZC13，95097A ZC13，晚 25 ZC15，晚 1ZD7，中 88 ZE3，晚 5 ZF1，中 82 ZG1，95053AZG1，95014C，95038F，95048 多，95054 多，95080A，95065B，95075A，95n83B，95085A，9508&A，95089C | FJ-10 | 中 39 ZA7 |
| | | FJ-11 | 3 ZC15 |
| | | FJ-12 | 87088 ZE3 |
| | | FJ-13 | 95036A ZB31 |
| | | FJ-14 | 95069A ZB13 |
| | | FJ-15 | 8127B ZB15 |
| | | FJ-16 | 36 ZB23 |
| | | FJ-17 | 76ZC7 |
| | | FJ-18 | 78334 ZA27 |
| | | FJ-19 | 中 30 ZB13 |
| | | FJ-20 | 中 91 ZG1、晚 41 ZG1 |
| FJ-02 | 95044A | FJ-21 | 81090ZAI |
| FJ-03 | 95047B | FJ-22 | 中 76 ZC13 |
| FJ-04 | 晚 85 ZC15、87024 ZG1 | FJ-23 | 测 86061 ZE3 |
| FJ-05 | 中 26ZG1 | FJ-24 | 87041 ZC15 |
| FJ-06 | 中 47ZC15、95041A | FJ-25 | 81274 ZA15 |
| FJ-07 | 9020A ZC16 | FJ-26 | 测 86056 ZB15 |
| FJ-08 | 晚 91 ZA 13 | FJ-27 | 39 ZB13 |
| FJ-09 | 测 86039 ZC 15 | FJ-28 | 78044ZF1 |

## 2.2 福建稻瘟菌群体遗传结构及其变异特点

MGR586-*Eco*RⅠ所揭示的稻瘟菌 DNA 指纹结果表明，供试福建稻瘟菌群体平均基因多样性指数（Hr）为 0.24，基因型多样性指数（*M*）为 0.49，说明其群体遗传多样性是明显的。

这与福建复杂的生态和耕作条件及品种多样化的实际也是对应的。进一步对群体遗传多样性时空特点分析的结果见表 2 和表 3。

表2 福建稻瘟菌群体遗传多样性空间特点

| 地区 | 供试菌株 | 谱系数 | 基因型多样性指数 |
|---|---|---|---|
| 南平 | 22 | 12 | 0.61 |
| 三明 | 22 | 11 | 0.56 |
| 龙岩 | 18 | 5 | 0.36 |
| 其他地区 | 8 | 5 | 0.67 |

从空间上看，南平、三明稻瘟菌群体组成较为复杂，而龙岩却较简单，说明了福建稻瘟菌群体遗传多样性的组成在不同区域育差异，但由于区域间存在许多共有的谱系（如 FJ-01 等），因而未能形成明显的空间分化。除南平、三明、龙岩以外的其他地区虽然表现为遗传多样性最为复杂，但供试菌株有限，还难以断定。

表3 福建稻瘟菌群体遗传多样性时间变化特点

| 时间 | 供试菌株 | 谱系 | 基因型多样性指数 |
|---|---|---|---|
| 1995 | 25 | 7 | 0.3 |
| 1992 早稻 | 7 | 5 | 0.56 |
| 1992 中稻 | 12 | 7 | 0.64 |
| 1992 晚稻 | 14 | 4 | 0.29 |
| 1992 总计 | 33 | 13 | 0.47 |
| 1978-1987 | 12 | 12 | 1 |

从时间演替看，福建稻瘟菌群体遗传多样化在减少，尤以进入 20 世纪 90 年代以来，优势谱系（FJ-01）愈加显著。对 1992 年 3 个生长季节（早、中、晚稻）上采集的菌株进一步分析的结果表明，早稻、中稻的遗传多样性较复杂，而晚稻的较为简单。说明了年度间或年度内稻瘟菌群体遗传结构均育一定差异。这与黄志鹏等（1996）报道的福建稻瘟菌群体毒性组成特点是一致的[11]。

## 3 讨论

Hamer 等（1989）报道克隆了稻瘟菌重复序列 MGR586，并以此为探针在稻瘟菌基因组中检测到 50 个或更多的大小在 0.7～20kb 的。*Eco*R Ⅰ 片段，而且不同菌株间存在明显的多态性[6]。此后，Hamer 和 Levy 研究组与世界多国科学家广泛合作，开展了稻瘟菌的指纹分析，包括哥伦比亚、菲律宾、中国等多个国家[2,5,7,12]，结果表明稻瘟菌在不同区域既有相似的遗传谱系，又有特殊的遗传谱系；不同谱系有其相应的致病特征。可以建立指纹型与致病型的关系，但并非简单的谱系-小种一一对应关系；尽管稻瘟菌群体存在许多毒性类型，但其遗传谱系还是比较有限的，也是比较稳定的。这为我们进一步从分子水平认识稻瘟菌群体遗传结构，开展抗瘟持久化研究与利用奠定了良好基础。

本研究表明，FJ-01 谱系是福建稻瘟菌群体中的优势谱系。从指纹图谱分析看，该谱系与沈瑛等（1996）报道的 PRC8 是同一个谱系[5]，所包含的毒性类型多样；我们的结果是 FJ-01 包括了 7 群 16 个小种，对特特普、珍龙 13、四丰 43、东农 363、关东 51、台江 18、丽江新团黑谷有毒性；沈瑛等（1996）研究表明 PRC8 对 Pi-2、Pi-3、C039 等品种（抗性基因）有毒性[5]。毒性范围如此之宽的菌株被归为同一个谱系，其内部是否还有遗传分化，值得进一步研究。此外，沈瑛等（1996）报道谱系 PRC8 与南美哥伦比亚推广品种上流行的谱系 SRL-6 的指纹相似率达 95%～100%。推断它们可能来自同一祖先，而且是近期分化的[5]。我们分析认为主要是由于 IR 系统的血缘关系对当前世界各地稻瘟菌群体产生的定向选择有关，但尚待进一步比较研究。从我们初步分析的结果看，常规稻上的稻瘟菌群体遗传多样性比杂交稻复杂，而且 FJ-01 谱系主要集中在杂交稻上，这可能是由于目前主栽的杂交稻虽然品种不一，但多有共同的血缘关系[13]，因此对优势谱系的形成和演替可能起着重要的选择作用。因而在抗瘟育种中，重点要挖掘新抗源、拓宽抗谱，使抗病基因多样化，并且通过合理布局，以持久有效地控制稻瘟病的流行。同时，拟在经纬度跨度大的有代表性的稻瘟病菌谱系生态区进行多年连续的标样采集，进行遗传多样性分析和抗性测定，以保证所掌握的稻瘟菌用于研究的群体有足够的基因多样性和基因型多样性，从而保证所测定的抗瘟材料更加可靠，对抗瘟持久性的预测也更加可靠[4]。

### 参考文献

[1] 杜正文. 中国水稻病虫害综合防治策略与技术. 北京：中国农业出版社，1991

[2] Zegler RS，Leong SA，Teng PS. Rice blast disease. Wallingford：CAB International，1994

[3] Ou SH. Rice disease. Commonwealth Agricultural Bureaux. London：Slough，1985，109-201

[4] 彭绍裘，刘二明，黄费元等. 水稻持久抗瘟性研究. 植物保护学报，1996，23（4）：293-299

[5] 沈瑛，朱培良，袁筱萍等. 我国稻瘟菌的遗传多样性及地理分布. 中国农业科学，1996，29（4）：39-46

[6] Hamer JE，Farrall L，Orbach MJ，et al. Host species-specific conservation on a family of repeated DNA sequences in the genome of a fungal plant pathogen. PNAS，1989，86：9981-9985

[7] Levy M，Correa-victoria FJ，Zeig Ler RS，et al. Genetic diversity of the rice blast fungus in a disease nursery in Columbia. Phytopathogy，1993，83：1427-1433

[8] Sambrook J，弗里奇 EF，曼尼阿蒂斯 T. 分子克隆——实验指南. 第二版. 金冬雁，黎孟枫译. 北京：科学出版社，1993

[9] Nei M. Analysis of gene diversity in subdivided populations，PNAS，1973，70：3321-3323

[10] Sheldon AL. Equibility indices：dependence on the species count. Ecology，1969，50：466-467

[11] 黄志晴，张学博. 福建不同稻作类型稻瘟病菌生理小种研究. 福建农业大学学报，1995，24（1）：39-44

[12] Levy M，Romao J，Marchetti MA，et al. DNA fingerprinting with a dispersed repeated sequence resolves pathotype diverstiy in the rice blast fungus. The Plant Cell，1991，3：95-102

[13] 林世成，闵绍楷. 中国水稻品种显其系谱分析. 上海：上海科学技术出版社，1991

# 福建省稻瘟菌的育性及其交配型*

王宝华[1]，鲁国东[1]，张学博[1]，谢联辉[2]，王宗华[3]，袁筱萍[3]，沈　瑛[3]

（1 福建农业大学植物保护系，福建福州　350002；2 福建农业大学植物病毒研究所，福建福州　350002；3 中国水稻研究所，浙江杭州　310006）

**摘　要**：用来自国际水稻研究所的标准菌株 2539W（MAT1-1）和 6023（MAT1-2）对福建省长期保存的 118 个稻瘟菌株进行了育性和交配型的测定。结果表明，经长期保存的菌株仍具有性生殖能力，其可育菌株率为 32.2%，可育菌株的交配型均为 MAT1-1。研究结果还表明稻瘟菌育性与其致病稳定性有一定关系。

**关键词**：稻瘟菌；育性；交配型；福建

**中图分类号**：S435.111.4+1　**文献标识码**：A

# Fertility and mating type of rice blast fungus in Fujian province

WANG Bao-hua[1]，LU Guo-dong[1]，ZHANG Xue-bo[1]，XIE Lian-hui[2]，WANG Zong-hua[3]，YUAN Xiao-ping[3]，SHEN Ying[3]

（1 Department of Plant Protection，Fujian Agricultural University，Fuzhou 350002；2 Institute of Plant Virology，Fujian Agricultural University，Fuzhou　350002；3 China National Rice Research Institute，Hangzhou　310006）

**Abstract**：Two standard isolates，2539W（MAT1-1）and 6023（MAT1-2），from International Rice Research Institute were used to test fertility and mating type of 118 isolates of rice blast fungus（*Magnaorthe grisea*）in Fujian. The results showed that percentage of fertile isolates was 32.2% and their mating type was MAT1-1，which proved that isolates kept fertility after long term preservation and there was relationship between fertility and stability in pathogenicity.

**Key words**：rice blast fungus；fertility；mating type；Fujian

稻瘟病是世界各稻区对生产威胁最严重的病害之一，其病原菌 *Magnaporthe grisea* Barr.［无性世代为 *Pyricularia grisea* Sacc.］是一个异宗配合的子囊菌。Notteghem 等[1]指出，一对被命名为 MAT1-1 和 MAT1-2 的等位基因控制着它的交配型（根据 Yoder 等[2]遗传命名法命名）。Hebert[3]首次用 2 个马唐（crabgrass）瘟菌菌株在培养基上配对培养形成子囊壳后，各国学者相继对稻瘟菌和草瘟菌有性态进行了研究。Kato 等[4]用从日本和印度尼西亚水稻上分离的菌株进行交配，并获得了有性态。Kato 等[5]用爪哇酒曲（ragi）瘟菌作标准菌株与来自 20 个国家的 718 个稻瘟菌株进行交配，

---

福建农业大学学报，2000，29（2）：193-196

收稿日期：1999-09-29

* 基金项目：福建省自然科学基金（C9850003）、福建省科委（96—J—5）资助项目

其中有172个菌株为MAT1-1，18个菌株为MAT1-2。Notteghem等[1]认为，1979年于法国Guyana水稻上分离的GUY11是一个育性稳定的两性菌株，可为MAT1-2的标准菌株，用其测定了34个国家476个菌株的育性，并认为至今在自然条件下未发现其有性态是与自然界缺乏雌性可育菌株有关。Hayashi等[6]用来自云南西双版纳的一个两性菌株CHNOS37-1-1（MAT1-1）与20个可育菌株交配后有15个可产生子囊和子囊孢子。朱培良等[7]对大量菌株进行交配试验的结果表明，该菌的有性生殖能力并未丧失，其有性生殖可能在稻瘟菌群体遗传结构的进化中起重要作用。

一些研究者[7-13]先后报道了对浙江、湖北、湖南、江西、贵州、四川、云南等24个省（区）稻瘟菌有性态的研究结果。福建地形复杂，生态环境各异，闽南地区一般不发生稻瘟病，而闽西北地区则是稻瘟病流行区域。沈瑛等[8,9]仅对福建稻瘟菌少量菌株的有性态及其地理分布进行了研究，但远不能反映其群体特征，因此，有必要对其进行系统研究。

# 1　材料与方法

## 1.1　菌株来源

### 1.1.1　标准菌株

国际水稻研究所的标准菌株2539W（MAT1-1）和6023（MAT1-2）由中国水稻研究所沈瑛研究员转赠。

### 1.1.2　参测菌株

福建农业大学植物保护系稻瘟病组1978～1996年采集、分离、保存的福建稻瘟菌菌株118个(表1)。

**表1　福建稻瘟菌菌株的来源及有性世代的形成情况***

| 菌株来源 | | 菌株数 | MAT1-1菌株数 | MAT1-2菌株数 | 有性态形成率/% |
|---|---|---|---|---|---|
| 龙岩 | 长汀 | 14 | 7 | 0 | 50.00 |
| | 新罗区江山镇 | 6 | 1 | 0 | 16.70 |
| | 新罗区龙门镇 | 1 | 0 | 0 | 0 |
| | 永定 | 1 | 0 | 0 | 0 |
| | 上杭 | 1 | 0 | 0 | 0 |
| 三明 | 尤溪 | 11 | 7 | 0 | 63.64 |
| | 沙县 | 15 | 6 | 0 | 40 |
| | 将乐 | 2 | 0 | 0 | 0 |
| | 建宁 | 2 | 0 | 0 | 0 |
| | 宁化 | 1 | 1 | 0 | 100 |
| | 三明 | 1 | 0 | 0 | 0 |
| 南平 | 建阳 | 35 | 8 | 0 | 22.86 |
| | 建瓯 | 12 | 4 | 0 | 33.33 |
| | 邵武 | 1 | 0 | 0 | 0 |
| | 顺 | 1 | 0 | 0 | 0 |
| | 光泽 | 1 | 0 | 0 | 0 |
| 宁德 | 宁德市石后乡 | 2 | 0 | 0 | 0 |
| | 屏南 | 1 | 0 | 0 | 0 |
| 福州 | 马尾区亭江镇 | 1 | 1 | 0 | 100 |
| | 闽侯 | 1 | 0 | 0 | 0 |
| 泉州 | 晋江 | 1 | 1 | 0 | 100 |
| | 德化 | 1 | 0 | 0 | 0 |
| | 永春 | 1 | 0 | 0 | 0 |
| | 南安 | 1 | 0 | 0 | 0 |
| 漳州 | 芗城区天宝镇 | 1 | 1 | 0 | 100 |
| | 漳浦 | 1 | 0 | 0 | 0 |

续表

* 有2个供试菌株来源不详

## 1.2　育性及交配型测定

将标准菌株和待测菌株分别接种在酵母淀粉琼脂培养基上[8]，在28℃下活化培养4～5d，然后分别切取菌落边缘直径为3mm的圆形菌丝块移至燕麦培养基上，用3点接菌方法培养[14]（2个标准菌株和1个待测菌株接在同一培养皿上，形成三角形）。5～7d后，待两菌菌丝相遇后，将其置于20℃、15h日光灯光照与9h黑暗交替的条件下培养20d左右，观察在两菌落交界处是否产生肉眼可见的黑色成熟的子囊壳。肉眼观察记载菌株的有性交配能力和所产生子囊壳的数量、排列位置。供试菌株如与2539W（MAT1-1）配对产生黑色成熟的子囊壳，则确定其为MAT1-2；如与6023（MAT1-2）配对产生黑色成熟的子囊壳，则确定其为MAT1-1。

# 2　结果与分析

## 2.1　福建稻瘟菌的育性及其交配型

在供试的118个菌株中，有38个菌株可与标准菌株6023（MAT1-2）交配形成子囊壳，可育菌株率为32.2%。本试验未测到与标准菌株2539W（MAT1-1）能交配的可育菌株，即全可育菌株均为MAT1-1（表2）。这与沈瑛等[9]报道的我国绝大多数可育菌株的交配型为MAT1-1的结果一致。

表 2　福建可育稻瘟菌株的交配结果

| 供试菌株 | 所属中国小种 | 标准菌株 | | 交配型 |
| --- | --- | --- | --- | --- |
| | | 6023 | 2539W | |
| 中 39 | ZA 7 | + | — | MA T1-1 |
| 晚 9 | ZA 13 | + + | — | MA T1-1 |
| 81274 | ZA 15 | + + + + | — | MA T1-1 |
| 78334 | ZA 27 | + + | — | MA T1-1 |
| 95054B | ZB1 | + + + + | — | MA T1-1 |
| 81221 | ZB11 | + + | — | MA T1-1 |
| 沙 5 | ZB13 | + + | — | MA T1-1 |
| 测 8605 | ZB13 | + + + + | — | MA T1-1 |
| 30 | ZB13 | + + + + | — | MA T1-1 |
| 中 30 | ZB13 | + + + + | — | MA T1-1 |
| 中 50 | ZB13 | + | | MA T1-1 |
| 95014C | ZB13 | + | | MA T1-1 |
| 96028 | ZB13 | + + + + | — | MA T1-1 |
| 95033C | ZB15 | + + + | — | MA T1-1 |
| 81278 | ZB15 | + + + + | — | MA T1-1 |
| 禾 86062 | ZB15 | + | — | MA T1-1 |
| 43 | ZB15 | + + + + | — | MA T1-1 |
| 47 | ZB15 | + + + + | — | MA T1-1 |
| 36 | ZB23 | + + + | — | MA T1-1 |
| 晚 69 | ZB23 | + | — | MA T1-1 |
| 中 8 | ZC7 | + + | — | MA T1-1 |
| 95097A | ZC13 | + + | — | MA T1-1 |
| 中 76 | ZC13 | + + + + | — | MA T1-1 |
| 95116A | ZC13 | + + + + | — | MA T1-1 |
| 87041 | ZC15 | + + + + | — | MA T1-1 |
| 3 | ZC15 | + | — | MA T1-1 |
| 22 | ZC15 | + + + + | — | MA T1-1 |
| 中 79 | ZC15 | + + + + | — | MA T1-1 |
| 晚 85 | ZC15 | + + + | — | MA T1-1 |
| 87088 | ZE3 | + + + | — | MA T1-1 |
| 测 86061 | ZC3 | + + + | — | MA T1-1 |
| 78044 | ZF1 | + + + + | — | MA T1-1 |
| 95053A | ZG1 | + + + + | — | MA T1-1 |
| 87024 | ZG1 | + + + + | — | MA T1-1 |
| 95048 多 | * * | + + + | — | MA T1-1 |
| 95090B | * * | + | — | MA T1-1 |
| 96017 | * * | + + | — | MA T1-1 |
| 96022 | * * | + + | — | MA T1-1 |

+ 表示平均每皿子囊壳 1～10 个；+ + 表示平均每皿子囊壳 11- 50 个；+ + + 表示平均每皿子囊壳 51～100 个；+ + + + 表示平均每皿子囊壳 100 个以上；—表示不产生子囊壳；* * 表示小种未鉴定

## 2.2　稻瘟菌有性态的形态特征

可育菌株与标准菌株交配产生的子囊壳、子囊和子囊孢子的形态特征基本上与沈瑛等[9]描述一致。不同稻瘟菌株与标准菌株组合后所产生的子囊和子囊孢子形态与大小差异较小，而子囊壳的形态与大小则差异较大，主要表现为子囊壳顶喙的大小和分枝以及子囊壳的大小等方面的差异。

# 3　讨论

（1）从表 1 可看出，供试菌株来源于 7 个地（市）26 个县（市），不同地（市）稻瘟菌有性态成率不同，尤溪、长汀、沙县、建瓯稻瘟菌有性态形成率分别为 63.64%、50.00%、40.00%、33.33%。由于供试菌株数量有限，有 17 个县（市）只有 1 个供试菌株，3 个县（市）只有 2 个供试菌株，1 个县（市）的供试菌株数为 6 个，这样很难断定这些地区稻瘟菌有性态形成率的实际情况。因此，无法从本试验的测定结果来断定、比较福建省不同地区稻瘟菌有性态形成率的高低，这有待于进一步研究。

本试验测得福建稻瘟菌可育菌株率为 32.2%，低于全国稻瘟菌可育菌株率的平均值 64.8%[9] 和 34 个国家稻瘟菌可育菌株率的平均值 52%[1]，但这一比例却与云南省稻瘟菌可育菌株率为 30%[10]、26%[6] 和 Kato 等[5] 报道的 20 个国家稻瘟菌可育菌株率为 26.5% 基本一致。沈瑛等[9] 研究表明，天津、宁夏和安徽等省（区）稻瘟菌株在室内配对培养条件下有性态形成率高达 100%，而湖北、陕西等省（区）则没有测到能形成有性态的稻瘟菌株。Notteghem 等[1] 研究也表明马达加斯加和欧洲的法国、意大利、西班牙稻瘟菌株有性态形成率为 70%～80%，而巴西稻瘟菌株有性态形成率却不到 5%。金敏忠等[12]、彭云良等[13] 分别报道浙江、四川两省稻瘟菌株有性态形成率为 76.43% 和 68.60%。说明不同地区、国家的稻瘟菌可育菌株率存在显著差异。

目前对稻瘟菌交配型的鉴别仅在实验室内采用与标准菌株对峙培养的方法进行，其结果与待测菌株和标准菌株之间的配合力强弱密切相关。金敏忠等[12] 指出浙江、云南两省稻瘟菌有性世代形成能力差异的原因之一可能与选用的标准菌株不同有关。李成云等[11] 也指出，标准菌株之间存在有性世代形成能的差异。本试验用 2539W 和 6023 测得福建可育稻瘟菌株全为 MAT1-1，但标准菌株 2539W 本身存在着性转弱的趋势[7,9]。因此，由 2539W 和 6023 测定为不育的供试菌株中，亦可能存在一些是属于 MAT1-2 的菌株。因此，有必要结合分子标记，进一步证实稻瘟菌的交配型。Kang 等[15]克隆了控制稻瘟菌交配型的基因，为采用聚合酶链反应技术对控制其交配型基因的特定片段进行检测以确定菌株的交配型提供了可靠的方法。

（2）供试菌株中，81274（ZA15）、78334（ZA27）、测 86056（ZB13）、81278（ZB15）、禾 86062（ZB15）、测 86061（ZE3）、87024（ZG1）、78044（ZF1）是本实验室经多年筛选保存的致病性稳定菌株。本试验结果还表明，上述菌株与标准菌株配对均可育，且产囊量基本一致，表明稻瘟菌的育性与致病的稳定性可能有一定关系。Orbach 等[16]对稻瘟菌电泳核型研究表明，可育菌株核型比较一致，而不育菌株却具有较高的染色体长度多态性，特别是较多小染色体出现。例如，育性和致病性都很稳定的两性菌株 GUY11[1,17,18]不含 $<2\times10^3$ bp 的小染色体，而育性低和不育的菌株却含有 $<2\times10^3$ bp 的小染色体，因此，他指出小染色体与稻瘟菌育性低有关。用含有小染色体的菌株 O-135 作为亲本回交，后代中不含小染色的菌株具有较强的生存力，且大多数菌株可育，致病性也很好。这一结果与本试验发现的育性好、致病性亦较稳定基本相吻。育性与致病稳定性的相关启发我们，在筛选稳定菌株时，拟将育性作为一个参考指标来考虑，当然，还尚待进一步加以验证。

## 参考文献


[1] Notteghem JL, Silu ED. Distribution of the mating type alleles in *Magnaporthe grisea* populations pathogenic on rice. Phytopathology, 1992, 82 (4):423-426

[2] Yoder OC, Valen TB, Chuml EYF. Genetic nomenclature and practice for plant pathogenic fungi. Phytopathology, 1986, 76 (4):383-385

[3] Hebertt T. The perfect stage of *Pyricularia grisea*. Phytopathology, 1971, 61: 83-87

[4] Kato H, Yama GCT. Reproductive phase of *Pyricularia oryzae* (6) on the mating of *Pyricularia oryzae* Cav. with each other. Ann Phytopathol Soc Japan, 1979, 45: 121

[5] Kato H, Yama GCT. The perfect stage of *Pyricularia oryzae* Cav. from rice plants in culture. Ann Phytopathol Soc Japan, 1982, 48 (5):607-612

[6] Ha YS, Lic Y, Li JR, et al. Distribution of fertile *Magnaporthe grisea* fungus pathogenic to rice in Yunnan Province, China. Ann Phytopathol Soc Japan, 1997, 63 (4):316-323

[7] 朱培良，沈瑛，袁筱萍. 鄂、湘、赣、滇、黔、川六省稻瘟病菌有性态的研究. 植物保护学报，1994，21 (2):97-101

[8] 沈瑛，袁筱萍，金敏忠等. 稻瘟菌有性世代初步研究. 云南农业大学学报，1989，4 (3):216-221

[9] 沈瑛，朱培良，袁筱萍等. 我国稻瘟病菌有性态的研究. 中国农业科学，1994，27 (1):25-29

[10] 李成云，李家瑞，岩野正敬等. 云南省稻瘟病菌的交配型．稻瘟病菌的有性世代研究．西南农业学报，1991，4 (1):69-72

[11] 李成云，李家瑞，林长生等. 云南省稻瘟病菌的有性世代研究初报. 植物保护，1992，18 (1):4-6

[12] 金敏忠，柴荣耀，张庆生. 浙江省稻瘟病菌有性世代研究. 浙江农业学报，1993，5 (3):179-181

[13] 彭云良，陈国华，何明等. 四川稻瘟菌有性世代初步研究. 四川农业大学学报，1995，13 (4):522-524

[14] Itol S, Mishima T, Ara SE, et al. Mating behavior of Japanese of *Pyricularia oryzae*. Phytopathology, 1983, 73 (2):55-58

[15] Kang S, Chumley FG, Valet B. Isolation of the mating type genes of the phytopathogenic fungus *Magnaporthe grisea* using genomic subtraction. Genetics, 1994, 138: 289-296

[16] Orbach MJ, Chumley FG, Valet B. Electrophoretic karyo types of *Magnaporthe grisea* pathogens of diverse grasses. MPMI, 1996, 9 (4):261-277

[17] Leun GH, Borromeoe S, Bernardo MA, et al. Genetic analysis of virulence in the rice blast fungus *Magnaporthe grisea*. Phytopathology, 1988, 78 (9):1227-1233

[18] Silue D, Notteghem JL, Tharreau D. Evidence of a gene-for-gene relationship in the *Oryza sativa-Magnaporthe grisea* pathosystem. Phytopathology, 1992, 82 (5):577-580

# 稻瘟病菌生理小种RAPD分析及其与马唐瘟的差异*

王宗华[1]，郑学勤[2]，谢联辉[3]，张学博[1]，陈守才[2]，黄俊生[2]

（1 福建农业大学植物保护系，福建福州 350002；2 热带作物生物技术国家重点实验室，海南儋州 571737；3 福建农业大学植物病毒研究所，福建福州 350002）

**摘　要**：氯化卞法微量提取稻瘟病菌7个生理小种和马唐瘟病菌基因组DNA，用60个随机引物进行PCR扩增，其中21个引物有特异性扩增条带，每一引物一菌系组合扩增到3～19条，平均10.3条，其中有多态性条带为1～12条，平均6.1条，多态性为61.1%，说明稻瘟病菌群体有丰富的RAPD多态性。引物OPH1、OPH2、OPH4、OPH13、OPH14、OPK14等扩增的条带多，多态性丰富，而且可以有效地区分稻瘟病菌小种间的差异。几乎所有21个引物都能区别稻瘟病菌与马唐瘟病菌间的差异，而且有些引物如OPG3、OPG8、OPG13、OPK1等所扩增的产物表现为，稻瘟病菌生理小种间条带少，多态性差，而马唐瘟的条带多。说明两者在遗传上存在较大差异。

**关键词**：稻瘟病菌；生理小种；RAPD遗传标记；群体生物学

**中图分类号**：S435.41

# RAPD analysis of physiological races of rice blast fungus (*Pyricularia grisea*) and its difference to *Digitaria* blast

WANG Zong-hua[1], ZHENG Xue-qin[2], XIE Lian-hui[3], ZHANG Xue-bo[1], CHEN Shou-cai[2], HUANG Jun-sheng[2]

(1 Deptartment of Plant Protection, Fujian Agricultural University, Fuzhou 350002; 2 National Key Biotechnology Laboratory for Tropical Crops, Danzhou 571737; 3 Institute of Plant Virology, Fujian Agricultural University, Fuzhou 350002)

**Abstract**: The genomic DNA of 7 rice physiological races and l weed [*Digitaria sanguinalis* (L.) Scop.] isolate of *Pyricularia grisea* were obtained by using benzyl chloride. The random amplified polymorphic DNA (RAPD) analysis was conducted with 21 effective primers of 60 random decamer primers tested. Three to nineteen bands, averaging 10.3, were amplified for each primerisolate combination with 1-12 polymorphic markers, averaging 6.1, revealing that rice blast fungus was abundant in RAPD. Numerous bands and polymorphic markers were produced by such primers as OPH1、OPH2、OPH4、OPH13、OPH14 and OPK14, and the difference between

---

热带作物学报，1997，18 (2)：92-97

收稿日期：1996-12-02

* 基金项目：福建省教委资助项目

the races of rice blast was easily identified. The difference of the fungi between rice blast and *Digitaria blast could be identified by almost all of the 21 primers, and the products amplified by* some primers. such as OPG3，OPG8、OPG13 and OPK1，showed very few bands in the rice races but abundant in the *Digitaria* isolate，suggesting their genetic diversity.

**Key words**：*Pyricularia grisea*；physiologic races；RAPD；population biology

稻瘟病是水稻主要病害之一。水稻品种抗瘟性往往由于稻瘟病菌毒性变异而丧失。稻瘟病菌毒性极易变异，常规监测主要依靠采集菌株进行毒性表型鉴定与田间抗性变异观察圃相结合的方法。多年来，福建省已开展了大量的稻瘟病菌毒性变异监测工作，摸清了福建稻瘟病菌毒性组成与变异动态，并应用于水稻品种抗性鉴定及变异预测，指导生产[1]。但是受采样的限制与年度气候条件的变化而影响结果的代表性与稳定性，而且费工费时，急需探索新的方法以更加准确有效地监测其变异规律。

分子生物学技术的进展为开展该领域研究提供了新的手段。目前，区分小种比较有效的方法，一是 RFLP 技术，即利用稻瘟病菌基因组 DNA 重复序列（MGR）作探针，分析其指纹；二是以 PCR 为基础的随机引物多态性（RAPD）分析技术。国际上已有 Hamer 等[2]、Levy 等[3]、Valent 等[4]、Zeigler 等[5]以 MGR586 为探针，从不同侧面研究了稻瘟病菌的菌株间的 MGR-DNA 指纹差异，并建立了指纹谱系与致病型的关系。国内沈瑛等[6]也应用 MGR586 为探针，开展了 12 个省（市）108 个不同稻区 401 菌株的 MGR-DNA 指纹分析。朱衡等[7]则利用上述 Hamer 的方法从日本菌株“北一”中也克隆到一个重复序列（POR6），并以此为探针分析了北方稻瘟病菌的 DNA 指纹。总的看来，DNA 指纹分析可以研究稻瘟病菌苗株间的差异及毒性变异的演化关系。但是利用重复序列探针进行多态性分析的缺点是步骤多，与 RAPD 技术相比费时费力费钱。为此 Bernardo 等[8]以 RAPD 的方法对稻瘟病菌 5 个菌株进行了分析，所用 27 个随机引物中有 17 个有多态性，其中引物 J-06（5′-TCGTTCCGCA-3′）能产生清晰的 DNA 条带，并进一步分析了 120 个菌株的 RAPD 表明，以它产生的多态性分组与 MGR586 探针分组是一致的。

福建稻瘟病菌毒性群体在时间上表现为有早、中、晚季之分，在空间上表现为闽南与闽西北有很大差异，是一个复杂的群体。因此很有必要开展相应的研究。通过分析我省稻瘟病菌的分子遗传特点，探索其群体毒性变异规律的分子机制，从而运用于稻瘟病菌毒性变异监测，指导水稻抗病品种选育与布局，使稻瘟病研究与防治水平上一个新的台阶，促进粮食高产。本文报道应用 RAPD 技术分析稻瘟病菌几个稳定菌株之间分子遗传差异及其与马唐瘟病菌之间的差异。

# 1 材料与方法

## 1.1 供试菌株及培养

所选 7 个稻瘟病菌生理小种是经过福建农业大学稻瘟病研究组多年鉴定表明属毒性稳定、单孢纯化的菌株[1]。它们是：81274ZA15、81278ZB15、云南菌株 ZC13、晚 96001ZD7、86061ZE3、78044ZF1、87024ZG1（毒性反应见表 1）。马唐瘟是云南农业科学院植保所李成云提供的菌种。

菌种经活化后，接于淀粉（10g）、酵母（2B）、液体（水 100mL）培养基，28℃ 150r/min 振荡培养 3～4d，菌丝体茂盛，但不老化（即颜色不变黑）时用滤纸收集并吸干用作 DNA 提取或置于 4℃冰箱备用。

**表 1 供试菌株及其在中国鉴别品种上的毒性反应**

| 菌株 | 小种 | 在中国鉴别品种上的毒性反应 | | | | | | |
|---|---|---|---|---|---|---|---|---|
| | | A | B | C | D | E | F | G |
| 81274 | ZA15 | S | S | S | R | R | R | S |
| 81278 | ZB15 | R | S | S | R | R | R | S |
| 云南菌株 | ZC13 | R | R | S | R | R | S | S |
| 晚 92001 | ZD7 | R | R | R | S | R | R | S |

续表

| 菌株 | 小种 | 在中国鉴别品种上的毒性反应 | | | | | | |
|---|---|---|---|---|---|---|---|---|
| | | A | B | C | D | E | F | G |
| 86061 | ZE3 | R | R | R | R | S | R | S |
| 78044 | ZF1 | R | R | R | R | R | S | S |
| 87024 | ZG1 | R | R | R | R | R | R | S |

鉴别品种缩写：A=特特普；B=珍龙 13；C=四丰 43；D=东农 363；E=关东 51；F=合江 18；G=丽江新团黑谷。R 为抗病；S 为感病

### 1.2 DNA 提取

采用朱衡等[9]的氯化卞法。但调整为微量制备：菌丝 0.2g，加 1mL 提取液（100mmol/L Tris·HCl，pH9.0，40mmol/L EDTA，pH8.0）。充分混匀，加 0.1mL 10%SDS，0.3mL 氯化卞，剧烈振荡至乳状，50℃保温 1h，期间每 10min 摇荡 1 次。加 0.3mL 3mol/L NaOAc（pH5.2）混匀，冰浴 15min，4℃ 6000r/min 离心 15min，取上清液，加等体积异丙醇室温沉淀 20min，室温 10 000r/min离心 15min，沉淀用 70%乙醇洗 2 次，吸干后溶于 TE。测 OD 值，保存于−20℃，使用浓度配成 10ng/μL。为保证 RAPD 扩增结果稳定，尽量减少保存时间。

### 1.3 引物

美国 Operon 公司出产的随机引物 G、H、K 共 60 个（北京同正生物工程公司出售）。

### 1.4 RAPD 扩增反应

采用 25L 反应体系：0.2mmol/L 4 种 dNTP（普洛麦生物工程公司），0.5μL（3u/μL）*Taq* 酶，2.5μL 10×*Taq* 酶缓冲液（华美生物工程公司）。15ng 引物和 20ng 模板 NDA。用无菌超纯水代替 DNA 模板作阴性对照，重复 2 次。扩增反应在 Perkin Elmer 公司出产的 DNA Thermal Cycler 上进行。反应条件：95℃变性 10min，94℃ 1min，36℃ 1min，72℃ 2min，最后 72℃延伸 10min，共 45 循环。扩增产物 10μL 在 1.5%凝胶（含 EB）上电泳分离，照相记录，肉眼比较带的有无，并进行数据分析。

## 2 结果与分析

### 2.1 氯化卞法微量提取 DNA 结果

朱衡等报道的氯化卞提取真菌 DNA 方法[9]，经调整为微量提取。结果也很理想。提取的 DNA 在 20kb 以上，而且比较完整（图 1），产量在 8～10μg/g 菌丝以上，完全适于 PCR 扩增反应。氯化卞法微量提取 DNA 省去了液氮研磨和酚的抽提。有利快速制备大量菌株的 DNA，供 PCR 扩增分析。但是，要获得较大量和完整的 DNA，关键在于菌丝体量不能太多。一般 1.5mL Eppendorf 管为 0.1～0.2g 为宜，过多反而因为反应不完全而得率低。

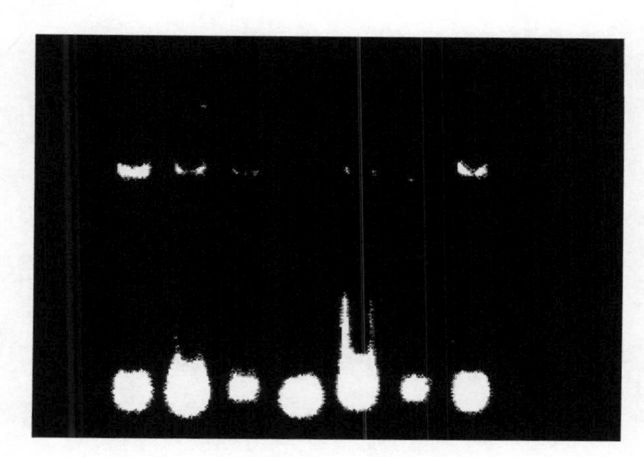

图 1　氯化卞法提取的稻瘟病菌基因组 DNA

### 2.2 稻瘟病菌生理小种间的 RAPD 分析

为减少工作量，试验中首先用一个模板 DNA（81278ZB15）对 60 个引物进行筛选。从中得出有扩增条带的引物，用这些引物对 8 个模板 DNA 进行扩增。结果 60 个引物中有 21 个扩增出多态性条带（表 2）。每一引物一菌系组合扩增到 3～19 条，平均 10.3 条；其中有多态性条带为 1～12 条，平均 6.1 条，多态性为 61.6%。说明稻瘟病菌群体有丰富的 RAPD 多态性 OPH1、OPH2、OPH4、OPH13、OPH14、OPK14 等引物扩增的条带多，多态性丰富（部分见图 2），而且可以有效地区分稻瘟病菌小种间的差异。

表 2 供试随机引物及其对稻瘟病菌的扩增结果

| 引物 | 核酸顺序 | 水稻生理小种扩增结果 | | 马唐瘟扩增结果 |
|---|---|---|---|---|
| | | RAPD 标记数 | 多态性 RAPD 标记数* | RAPD 标记数 |
| OPG03 | 5′-GAGCCCTCCA-3′ | 4 | 2 | 11 |
| OPG04 | 5′-AGGGTGTCTG-3′ | 12 | 8 | 9 |
| OPG05 | 5′-CTGAGACGGA-3′ | 8 | 3 | 2 |
| OPG08 | 5′-TCACGTCCAC-3′ | 3 | 1 | 3 |
| OPG13 | 5′-CTCTCCGCCA-3′ | 4 | 2 | 7 |
| OPG17 | 5′-ACGACCGACA-3′ | 10 | 5 | 8 |
| OPH01 | 5′-GGTCGGAGAA-3′ | 11 | 8 | 7 |
| OPH02 | 5′-TCGGAGGTGA-3′ | 19 | 10 | 11 |
| OPH03 | 5′-AGACGTCCAC-3′ | 11 | 10 | 12 |
| OPH04 | 5′-GGAAGTCGCC-3′ | 18 | 12 | 17 |
| OPH05 | 5′-AGTCGTCCCC-3′ | 13 | 9 | 4 |
| OPH12 | 5′-ACGCGCATGT-3′ | 13 | 6 | 1 |
| OPH13 | 5′-GACGCCACAC-3′ | 12 | 10 | 10 |
| OPH14 | 5′-ACCAGGTTGG-3′ | 9 | 7 | 3 |
| OPH15 | 5′-AATGGCGCAG-3′ | 9 | 5 | 3 |
| OPK01 | 5′-CATTCGAGCC-3′ | 8 | 1 | 8 |
| OPK09 | 5′-CCCTACCGAC-3′ | 12 | 9 | 7 |
| OPH12 | 5′-TGGCCCTCAC-3′ | 10 | 8 | 8 |
| OPH13 | 5′-GGTTGTACCC-3′ | 10 | 4 | 8 |
| OPH14 | 5′-CCCGCTACAC-3′ | 14 | 7 | 4 |
| OPH19 | 5′-CACAGGCGGA-3′ | 8 | 2 | 8 |

* RAPD 条带所供试 7 个菌株中出现频率在 15%～85%内计为多态性标记

### 2.3 马唐瘟菌与水稻瘟菌 RAPD 差异

几乎所有 21 个引物都能区别稻瘟病菌与马唐瘟病菌间的差异，如图 3A 和图 2，而且有些引物如 OPG3、OPG8、OPK1 等所扩增的产物（部分见图 3）表现为，稻瘟病菌生理小种间条带少，多态性差，而马唐瘟的条带多。说明两者在遗传上存在较大差异。这与 MGR-DNA 指纹分析的结果是一致的。

## 3 讨论

（1）研究结果表明，RAPD 技术可有效地运用于稻瘟病菌生理小种间遗传差异的检测，可为该病菌的遗传分析提供大量的遗传标记。这与 Bernardo 等[8]的结果是一致的。如果能进一步比较稻瘟病菌 RAPD 与 MGR-DNA 指纹的关系将有利于揭示稻瘟病菌群体分子遗传规律。

（2）从结果可看出，不同的小种有不同的 RAPD 扩增特征图谱，有些引物可以有效区分小种间的差异。如果能建立不同小种一引物互作的特征图谱及其与毒性的关系，或将特异性扩增条带克隆测序并合成引物进行 PCR 快速监测稻瘟病菌群体中某一特定小种的频率是可能的。这已应用于大麦白粉病菌研究中。也是本研究的主要目的。

（3）从形态特征和性亲和性意义看，马唐瘟菌与稻瘟病菌是一个种，但是在致病性上两者存在很大差异，表现在分子遗传标记（如 MGR-DNA）上也存在大的差异，尽管最近沈瑛等[6]报道有些草瘟与稻瘟病菌具有相似的 MGR-DNA 指纹。本研究所分析的结果表明两者表现为不同的 RAPD 图谱。如能增加菌株数量，结果将更有说服力。

**致谢** 承蒙云南农业科学院植保所李成云同志提供马唐瘟菌，热带作物生物技术国家重点实验室的领导和全体人员的支持，特别是孔德赛教授的指导，一并致谢！

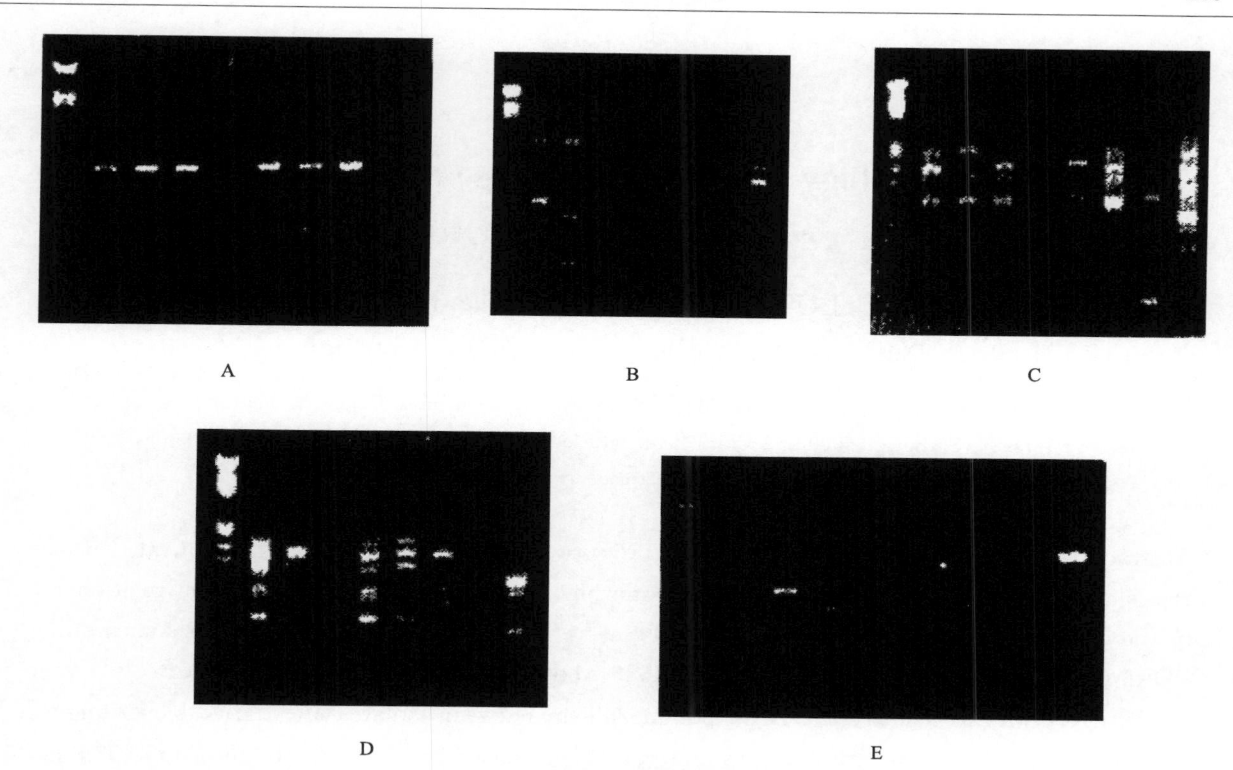

图 2 部分引物扩增结果

A、B、C、D、E 分别为引物 OPH01、OPH02、OPH04、OPH13、OPK14，从左到右为分子标记（DNA/*Eco*RⅠ+*Hind*Ⅲ）和 ZA15、ZB15、ZC13、ZD7、ZE3、ZF1、ZG1、马唐瘟

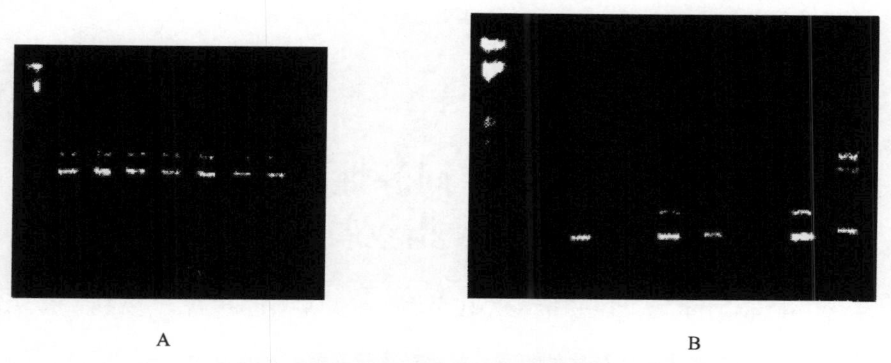

图 3 马唐瘟病菌 RAPD 与稻瘟病菌的差异

A. 为引物 OPHI2 扩增结果；B. 为引物 OPG3 扩增结果

## 参考文献


[1] 张学博. 福建省稻瘟腐菌生理小种研究的进展. 福建农学院学报，1988,17：361-367

[2] Hamer JEL，Farrall M，Orbach J，et al. Host species-specific conservation of a faminly of repeated sequences in the of a fungal plant pathogen. PNAS，1989,86：9981-9985

[3] Levy MJ，Romao MA，Marchetti，et al. DNA finger printing with a dispersed repeated sequence resolves Patho-type diversity in the rice blast fungus. The Plant Cell，1991,3：95-102

[4] Valent BG，Chumley F. Molecular genetic analysis of the rice blast fungus，*Magnaporthe grisea*. Ann Rev Phytopath，1991，29：443-467

[5] Zeigle RS，Cuoc LX，Scott RP，et al. The relationship between linkage and virulence in *Pyricularia grisea* in the Philippines. Phytopathdogy，1999，89（4）：443-491

[6] 沈瑛，朱培良，袁筱萍等. 我国稻瘟病的遗传多样性及地理分布. 中国农业科学，1999，29（4）：39-46

[7] 朱衡，蒋琬如，陈美玲等. 稻瘟病菌株的 DNA 指纹及其与小种致病性相互关系的研究. 作物学报，1994，20（3）：218-225

[8] Bernardo MA，Naqvi N，Leung H，et al. A rapid method for DNA finger printing of the rice blast fungus *Pyricularia grisea*. International Rice Research Notes，1993，18（1）：48-50

[9] 朱衡，瞿峰，朱立煌. 利用氯化卞提取适于分子生物学分析的真菌 DNA. 真菌学报，1994，13（1）：34-40

# The homology and genetic lineage relationship of *Magnaporthe grisea* defined by POR6 and MGR586*

WANG Zong-hua[1], LU Guo-dong[1], WANG Bao-hua[1], ZHAO Zhi-ying[1], XIE Lian-hui[1], Shen Ying[2], ZHU Li-huang[3]

(1 Department of Plant Protection & Plant Virology Institute, Fujian Agricultural University, Fuzhou 350002; 2 China National Rice Research Institute, Hangzhou 310006; 3 Institute of Genetics, Chinese Academy of Sciences, Beijing 100101)

**Abstract**: The homology of MGR586 and POR6, two repetitive genomic DNA sequences of the rice blast fungus (*Magnaporthe grisea*, anamorph: *Pyricularia grisea*), and the relationship of the genetic lineages revealed by either probe were compared Southern blot analysis shows that POR6 is a sequence non-homologous to MGR586, both MGR586-*Eco*R Ⅰ and POR6-*Eco*R Ⅴ gave good fingerprints to identify the DNA polymorphism between isolates of the rice blast fungus, and the relationship of genetic lineages and pathotypes based on the DNA fingerprints. The genetic lineages revealed by POR6-*Eco*R Ⅴ showed similarity to that revealed by MGR586-*Eco*R Ⅰ. and POR6-*Eco*R Ⅰ gave more DNA fingerprints among 5.1-14.9kb compared to MGR586-*Eco*RⅠ. It was concluded that POR6 is also a good probe to reveal the genetic diversity of the rice blast fungus.

**Key words**: *Magnaporthe grisea*; repetitive DNA sequence; genetic diversity

# POR6 与 MGR586 同源性及其所揭示的稻瘟病菌 DNA 指纹特征之比较

王宗华[1]，鲁国东[1]，王宝华[1]，赵志颖[1]，谢联辉[1]，沈　瑛[2]，朱立煌[3]

(1 福建农业大学植物保护系、植物病毒研究所，福建福州　350002；2 中国水稻研究所，浙江杭州　310006；3 中国科学院遗传研究所，北京　100101)

**摘　要**：Southern 杂交分析明确了稻瘟病菌重复序列 POR6 与 MGR586 没有同源性，进一步以 POR6 与 MGR586 为探针，比较分析了稻瘟病菌基因组 DNA 指纹，表明两者所揭示的 DNA 指纹特征不同，但依据其指纹相似性所进行的谱系分析结果却有相同的趋势，而且 POR6-*Eco*R Ⅰ 组合在 5.1～14.9kb，比 MGR 586-*Eco*R Ⅰ 揭示的 DNA 指纹更丰富，说明除了 MGR586 外，POR6 也是稻瘟病菌群体遗传结构研究的理想标记。

**关键词**：稻瘟病菌；重复 DNA 序列；遗传谱系

**中图分类号**：S435.11；Q78

---

Journal of Zhejiang Agricultural University, 1998, 24 (5): 481-486

Received: 1997-05-25

* Supported by the Natural Science Foundation of Fujian Province and Rockefeller Foundation

MGR586 is a middle repetitive DNA sequence cloned by Hamer et al.[1], which identifies a highly polymorphic series of *Eco*RⅠ restriction fragments unique for every rice blast pathogen. MGR586 fingerprints of rice pathogens have 50 or more resolvable *Eco*RⅠ fragments, ranging from 0.7kb to 20kb in length, being extremely useful for identifying strains and, confirming parent-mutant relationship, mapping the genome, and studying the origin and evolution of population of *M. grisea* in the field[2]. And it is used around the world[3-7]. POR6 is another repetitive DNA sequence cloned in Institute of Genetics, Academia Sinica, Beijing, which also gives a good polymorphism s among isolates of rice blast fungus and good relationship between POR-*Eco*RⅤ fingerprints and the pathotypes. However, it was only used in Beijing with several isolates our main purpose is to reveal the relationship of MGR586 and POR6 and to make comparison of the genetic lineages revealed by either probe.

# 1 Material and Method

## 1.1 Isolates, DNA isolation, restriction, electrophoresis and Southern blot

The isolates of the rice blast fungus were collected from Fujian Province, a "hot spot" of the rice blast disease epidemic, from 1978 to 1995, with an isolate of grass blast and experimental isolate "R" (Table 1). The isolate was cultured in yeast starch medium and the mycelia were collected, freeze-dried and ground in liquid nitrogen genomic DNA was digested with restriction endonucleases *Eco*RⅠ or *Eco*RⅤ, electrophoresed in 0.8% agarose gel and Southern blotted to the nylon membrane according to the protocols of Sambrook et al.[8] and Levy et al.[3].

## 1.2 Data analysis

With the DNA fingerprints. the genetic similarity was calculated[9] as $S_{xy}=2N_{xy}/(N_x+N_y)$, where $N_{xy}$ representing the bands shared by isolate x and isolate y, $N_x$ and $N_y$ the bands not shared by two isolates after transferring genetic similarity to genetic distance ($D_{xy}=1-S_{xy}$), lineages were clustered by unweighted pair-group method using an arithmetic average (UPGMA), with $D_{xy}<0.1$ being the cluster criteria.

**Table 1 The isolates tested and the lineage defined by POR6-*EcoR* Ⅴ and MGR586-*EcoR* Ⅰ**

| No. | Isolate | Race | Location and variety collected |
|---|---|---|---|
| 1 | 92E83 | ZA 7 | Jianyang, 78130 |
| 2 | 92L 36 | 213 7 | Youxi, Shangou63 |
| 3 | 95045A | 213 9 | Changting |
| 4 | 95085D | ZB13 | Longyan, Shanyou 86 |
| 5 | 950002 | 213 15 | Longyan, Shanyou 63 |
| 6 | 95033C | 213 15 | Ninghua, Teyou63 |
| 7 | 92L 28 | 21329 | Shaxmn, Shanyou 72 |
| 8 | 92L 40 | ZB29 | Jianyang, Gui32 |
| 9 | 92M 8 | ZC7 | Jianyang, Shanyou 63 |
| 10 | 92L 59 | ZC 13 | YOllXi, Shanyou 63 |
| 11 | 92L1 | ZD7 | Shax Jan, Gannanwan 8 |
| 12 | 92M 88 | ZE3 | Jianou, Tegou 63 |
| 13 | 95053A | ZG 1 | Changting, Shanyou 63 |
| 14 | 95020A | ZC 16 | Jianyang, Shanyou 63 |
| 15 | 92M 39 | ZA 7 | Shaxmn, Shanyou 78 |
| 16 | 92L 85 | ZCl 5 | Jianou, Shanyouzhie |
| 17 | 87024 | ZG 1 | Youxi, Guangdong 51 |
| 18 | 78334 | ZA 27 | Jinjiang, Longfeng |
| 19 | 81090 | ZA 1 | Zhanpu, Yitali |
| 20 | 92L 91 | ZA 13 | Jianyang, Gui32 |
| 21 | 86039 | ZC 15 | Shaowu, Shanyou801 |
| 22 | 87088 | ZE3 | Not known |
| 23 | 92E36 | ZB23 | Youxi, Weiyou77 |
| 24 | 92M76 | ZC 13 | Jianou, Shanyou63 |
| 25 | 78044 | ZF 1 | Shaxian, Nanjin91 Ⅰ |
| 26 | 81274 | ZA 15 | Jianyang, Zhaiyeqing |
| 27 | 95057C | 213 15 | Changting, 601 |
| 28 | 92M 30 | 2/3 13 | Shaxian, Shanyou 63 |
| 29 | 95069A | 213 13 | Jmnyang, Gui32 |
| 30 | 81278 | 213 15 | Jmnyang, Guifu 3 |
| 31 | 95036A | ZB31 | Fuan. Ⅱ you 63 |
| 32 | Yunnan | ZC 13 | Yunnan |
| 33 | Grass blast | | Yunnan |

MGR586 and POR6 labelled by Digoxigen or to the membranes and detected by Dig Detection graphed to X-ray films

# 2 Results and Discussion

## 2.1 Homology of POR6 and MGR586

Southern blot analysis showed that POR6 and MGR586 were not homologous (Fig. 1). The result revealed that POR6 and MGR586 were two different repetitive sequences so that they might define different genetic diversity of the rice blast fungus population.

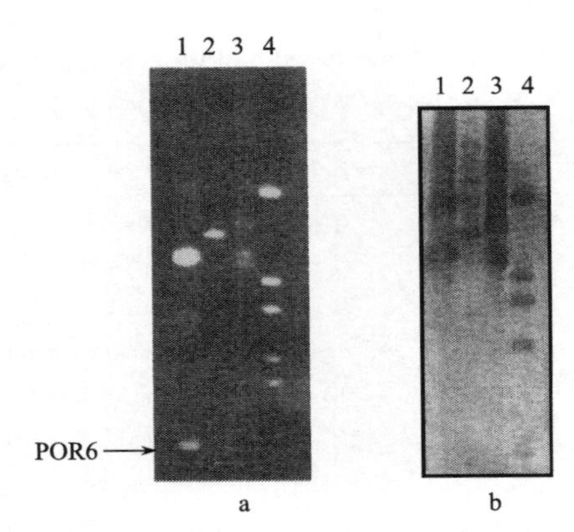


Fig. 1　Homology comparison between MGR586 and POR6
a. restricted with enzymes; b. hybridized with MGR586
1. POR6/*Hind* III-*Eco*R I ; 2. POR6/*Hind* III ;
3. MGR586/Salt; 4. DNA/*Eco*R I -*Hind* III

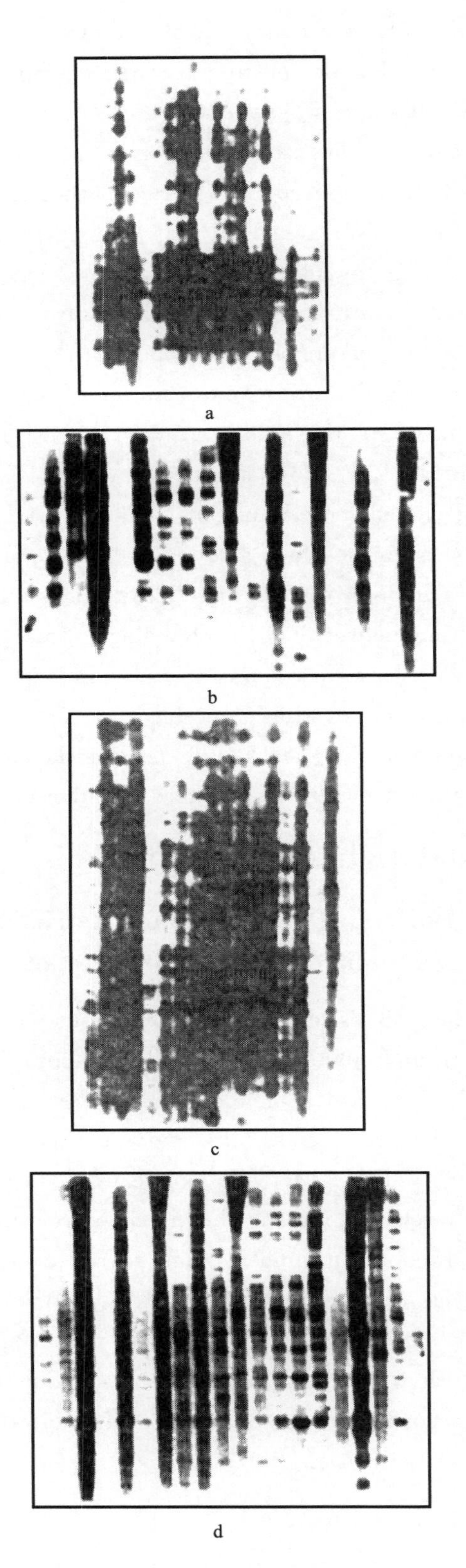


Fig 2　Fingerprints of rice blast fungus revealed by MGR586 and POR6
a. MGR586/*Eco*R I ; b. MGR586/*Eco*R V ;
c. POR6/*Eco*R I ; d. POR6/*Eco*R V

## 2. 2　A comparison of DNA fingerprints defined by POR 6 and MGR586

MGR586 fingerprints have 50 or more resolvable *Eco*R I fragments for every rice blast pathogen, ranging from 0. 7kb to 20kb in length (Fig. 2a), but have only 30 or less resolvable *Eco*R V fragments for every rice blast Pathogen (Fig. 2b) .

POR6 fingerprints also have 50 or more resolvable *Eco*R I fragments for every rice blast pathogen, ranging from 0. 7kb to 20kb in length, and giving more polymorphism among 5. 1-14. 9 kb than MGR586 (Fig. 2c) . And POR6 have 30 or more resolvable *Eco*R V fragments for every rice blast pathogen (Fig. 2d) . Both MGR and POR sequences are present in low copy number in the grass isolate.

## 2. 3　A comparison of rice blast fungus lineage defined by MGR586 and POR6

Fourteen and seventeen lineages of tested 31 isolates were clustered with POR6 and MGR586 fingerprints respectively. And the lineages defined by either probe were almost the same (Fig. 3). Grass blast isolate is genetically very distant to the rice blast isolates. It is necessary to make sure which probe could reveal the genetic diversity better.

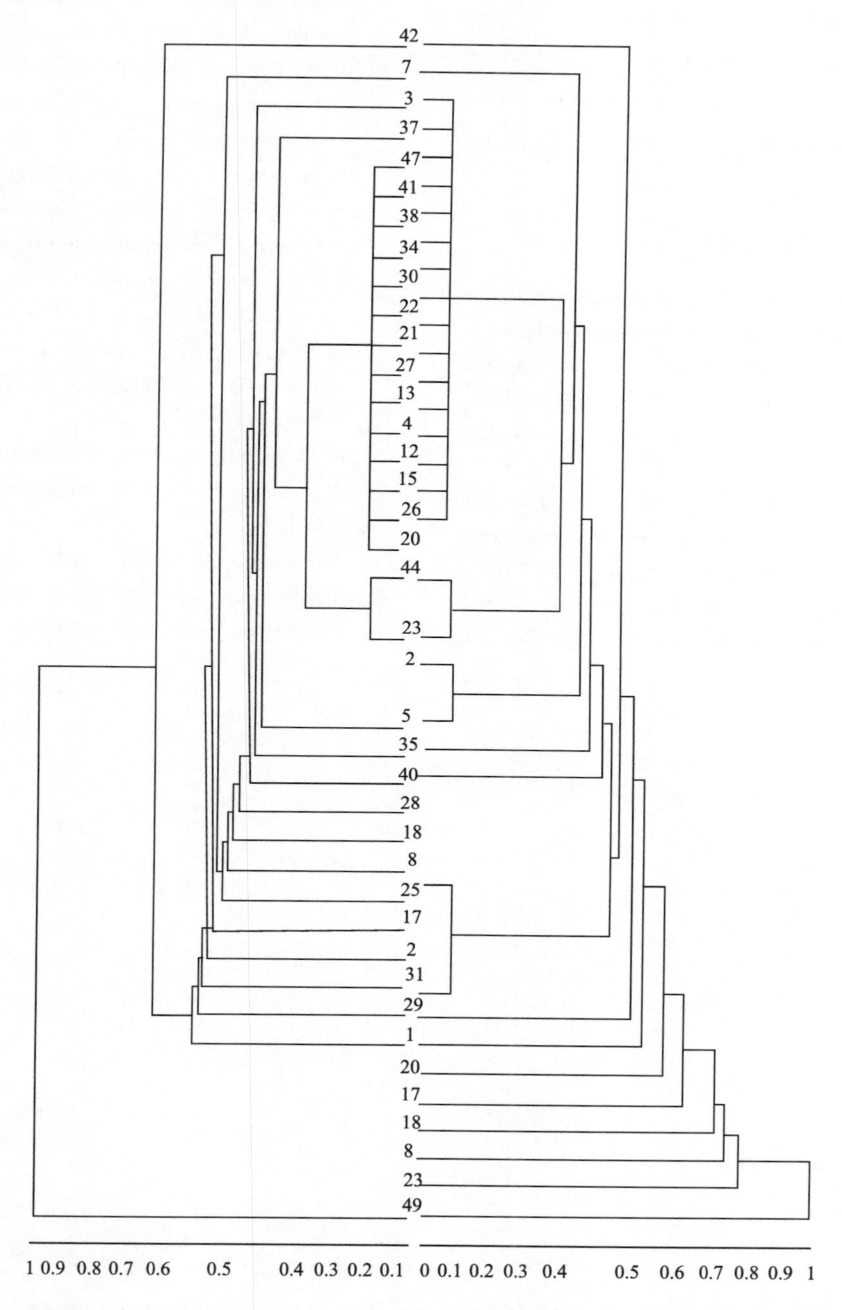


Fig. 3 A comparison of the genetic lineages defined by MGR586-*Eco*R Ⅰ (left) and POR6-*Eco*R Ⅴ (right)

## 2.4 Discussion

2.4.1

Studies have shown that there are a lot of copies of middle repetitive sequences in genome of the rice blast fungus [1,10], assured that MGR586 was a reverted repeat transposon. Zhu et al. (1995) proposed that POR6 might also be a transposon. Besides the nonhomologous MGR586 and POR6, there are also. Other transposon factors, such as grasshopper and Pot2 of the fungus. So many transposon factors found in genome of the rice blast fungus might give a good interpretation to its virulence flexibility.

2.4.2

Both MGR586 and POR6 could give a great

polymorphism of the rice blast fungus population effectively. With these molecular probes, the population genetics could be understood more profoundly. It would help to reevaluate breeding strategy for resistance and other integrated control strategies based on the deepened realization of the population genetics of the fungus.

## References

[1] Hamer JE, Farrall L, Orbach MJ, et al. Host species-specific conservation of a family of repeated DNA sequences in the genome of a fungal plant pathogen. PNAS, 1989, 86: 9981-9985

[2] Valent B, Chtanley GF. Molecular genetic analysis of the rice blast fungus, *Magnaporthe grisea*. Ann Rev Phytopath, 1991, 29: 443-467

[3] Levy M, Romao J, Marchetti MA, et al. DNA fingerprinting with a dispersed repeated sequence resolves pathotype diversity in the rice blast fungus. The Plant Cell, 1991, (3): 95-102

[4] Levy M, Correa-Victoria FJ, Zeigler RS, et al. Genetic diversity of the rice blast fungus in a disease nursery in Columbia. Phytopathology, 1993, 83: 1427-1433

[5] Shen Y, Zhu PL, Yuan XP, et al. The Genetic diversity and geographic distribution of *Pyricularia grisea* in China. Scientia Agricultura Sinica, 1996, 29 (4): 39-46

[6] Xia JQ, Correll JC, Lee FN, et al. DNA fingerprinting to examine micmgeographic variation in the *Magnaporthe grisea* (*Pyriculari grisea*) population in two rice fields in Arkansas. Phytopathology, 1993, 83: 1029-1035

[7] Zeigler RS, Kumar J, Scott RP, et al. MGR fingerprint diversity in Himalayas and small scale parasexual exchange of DNA challenge assumption of strict clonality in *Magnaporthe grisea*. XIII International Plant Protection Congress, 1995

[8] Sanbmok J, Fritsch EF, Maniatis T. Molecular cloning: a laboratory manual. 2nd. New York: Cold Spring Harbor Laboratory Press, 1989

[9] Nei M, Li WH. Mathematical model for studying genetic variation in terms of restriction endonucleases. PNAS, 1979, 76: 5269-5273

[10] Faman ML, Aura S, Leong SA. The *Magnaporthe grisea* DNA fingerprinting probe MGR586 contains the 3′end of an inverted repeat transposon. Mol Gen Genet, 1996, 251: 675-681

# 水稻细菌性条斑病菌胞外产物的性状

周叶方[1]，胡方平[1]，叶　谊[1]，谢联辉[2]

（1 福建农业大学植物保护系，福建福州　350002；2 福建农业大学植物病毒研究所，福建福州　350002）

**摘　要：**对水稻细菌性条斑病菌胞外产物（胞外多糖、蛋白酶、果胶酸酯裂解酶、聚半乳糖醛酸酶、纤维素酶、淀粉酶、半纤维素酶）的部分特性以及不同菌株离体产生各胞外产物能力与致病力的相关性进行了初步研究。发现病菌在离体条件下分泌的各胞外产物总量和单位产量随培养时间的增长而增加，至一定的阶段后趋于稳定。不同培养基下各胞外产物的产生有所变化，但对各菌株之间单位产量的差异影响不大。病菌产生的蛋白酶、纤维素酶、淀粉酶、半纤维素酶和聚半乳糖醛酸酶活性最适 pH 分别为 9.0、6.0、8.0、4.0、8.0。其蛋白酶活性与致病力呈显著正相关，果胶酸酯裂解酶与致病力呈正相关。病菌除去胞外产物后，降低了在水稻叶片上的吸附和增殖能力。强致病力菌株胞外产物对离体稻叶的伤害能力要强于弱致病力菌株。

**关键词：**水稻；细菌性条斑病菌；致病力；酶

**中国分类号：**S435.49

# Characters of extracellular products of bacterial leaf streak of rice

ZHOU Ye-fang[1]，HU Fang-ping[1]，YE Yi[1]，XIE Lian-hui[2]

（1 Department of Plant Protection，Fujian Agricultural College，Fuzhou　350002；
2 Institute of Plant Virology，Fujian Agricultural College，Fuzhou　350002）

**Abstract**：The extracellular products of bacterial leaf streak（*Xanthomonas oryzae* pv. *oryzicola*）of rice includes extracellular polysaccharide，protease，pectatelyase，polygalacturonase，cellulase，amylase and hemicellulase. In this paper，some of their characters were researched. The abilities of different detached strains to produce each sort of those extracellular products and their correlation to virulence were preliminarily detected. It was discovered that the total yield and unit yield of each sort of those extracellular products produced by detached strains increased with the time for incubation and tended to be stable when they reached a certain stage. Different media had remarkable effect on the production of each sort of the extracellular products，but no obvious effect on the difference of unit yields between strains. The optimal pH values for activities of the Prt、Cels、Amy、Hcels and PG were 9.0，6.0，8.0，4.0 and 8.0，respectively. The activities of Prt and Pel were positively correlated to virulence but the former was significant. The capabilities of strains for adhesion to and reproduction in the leaves of rice were weakened when extracellular products were removed off. The extracellular products released from high virulent strain had

福建农业大学学报，1998，27（2）：185-190

收稿日期：1998-02-16

more serious damage to the detached leaves of rice than those from low virulent one.

**Key words**：rice；bacterial leaf streak；virulence；enzyme

植物病原细菌的胞外产物既是病原菌侵袭植物的手段，又是植物对病原菌产生抗感反应的启动子，所以在植物和病原菌相互关系的研究中越来越得到重视。目前，一些研究发现植物病原细菌的胞外多糖和蛋白水解酶在水稻白叶枯病菌的致病过程中起着非常重要的作用[1-3]，纤维素酶是烟草青枯菌的致病因子之一[4,5]，果胶酶活性则是软腐病菌致病力强弱的重要指标[6,7]。这些研究结果为抗原筛选鉴定和抗病机制研究提供了新的思路。近年来，水细菌性条斑病日趋严重，有必要了解该病菌的致病机制，为病害的控制提供一定的理论依据。

# 1 材料与方法

## 1.1 供试菌株和水稻品种

供试菌株包括福建水稻细条病菌株 13 个、湖南 3 个、海南 1 个，还有 88773-1-1 紫外诱变所得抗链霉素菌株 M13 和 M30。水稻品种有金早 20、金刚 30、H359、明富 96、特优 63、76C 凡 7、135。

## 1.2 方法

培养基制各和细菌培养按常规方法。菌量测定用分光光度计法；接种采用喷雾法和针刺法；胞外多糖测定参考邵蔚蓝等的方法[8]；蛋白酶、果胶酸酯裂解酶和聚半乳糖醛酸酶参考 Maher 等的方法[7]；纤维素酶和淀粉酶参考宫崎荣一郎ら的方法[9]；半纤维素酶参考 Tseng 的方法[10]；电渗漏值测定参考河野吉久岛ら的方法[11]；细菌在叶片吸附增殖能力测定参考蒋士君等的方法[12]。

# 2 结果与分析

## 2.1 胞外产物与培养时间的关系

### 2.1.1 胞外多糖与培养时间的关系

病菌的胞外多糖总量在 24～96h 内随着菌量的增加和培养时间的延长而增加。但培养时间超过 96h 后，菌量下降且菌体大量分解，使得胞外多糖总产量下降。胞外多糖的单位产量在 24h 达到最高，随后单位产量迅速下降，并稳定在 0.1g/cfu 左右（表 1）。这可能由于培养液中营养过多，菌体便大量分泌糖用作贮存物质的缘故。

### 2.1.2 胞外酶与培养时间的关系

培养 24h 后培养液中胞外酶总活性相当低。只有蛋白酶括性可以检测到。培养 48h 后各种胞外酶括性基本上随着菌量的迅速增加而增加。在 96h 总括性达到最高，随后下降。胞外酶单位括性则变化不一，蛋白酶和纤维素酶的单位括性变化趋势与总括性一致；聚半乳糖醛酸酶单位括性在培养 72h 后最高；淀粉酶单位插性则 48h 后迅速升高并稳定在 60 上下。可以看出，病菌首先产生胞外多糖、蛋白酶，接着才是纤维素酶、聚半乳糖醛酸酶和淀粉酶，最后各产物的单位产量随培养时间的延长而趋于稳定（表 1）。

**表 1 胞外产物与培养时间的关系**

| 培养时间/h | 菌量2) 1×10⁹ 个/mL | 胞外多糖 | | 蛋白酶 | | 纤维素酶 | | 聚半乳糖醛酸酶 | | 淀粉酶 | |
|---|---|---|---|---|---|---|---|---|---|---|---|
| | | 总产量 g/L | 单位产量 pg/cfu | 总活性 | 单位活性 | 总活性 | 单位活性 | 总活性 | 单位活性 | 总活性 | 单位活性 |
| 24 | 0.05 | 0.160 | 3.20 | 0.18 | 3.60 | — | — | — | — | — | — |
| 48 | 0.89 | 0.893 | 1.01 | 36.04 | 40.51 | 16.19 | 18.75 | 35.58 | 39.98 | 24.78 | 27.84 |
| 72 | 1.38 | 1.297 | 0.94 | 90.69 | 65.72 | 34.37 | 24.91 | 47.82 | 53.73 | 82.91 | 60.08 |
| 96 | 1.68 | 1.882 | 1.12 | 151.25 | 90.03 | 49.10 | 29.13 | 58.32 | 34.80 | 95.30 | 56.73 |
| 120 | 1.43 | 1.678 | 1.17 | 122.31 | 85.53 | 45.17 | 31.59 | 56.57 | 39.56 | 90.54 | 63.31 |

酶总活性单位为 μg/h. 酶单位活性单位为（μg/cfu）/h；菌量根据 $OD_{590}$ 值按 $Y=6.2\times10^8X-7\times10^6$ 计算，其中，$Y$ 为每毫升菌数，$X$ 为 $OD_{590}$ 值；菌株为 89773-1-1

## 2.2 胞外水解酶的产生与培养基的关系

测定 Masaki、胁本 1 和胁本 2 培养基对产酶的影响。结果表明，淀粉酶、纤维素酶的产生因培养基的不同变化太。在 Masaki 培养基中，淀粉酶的单位产量是胁本 1、胁本 2 的 2.5 倍，这种变化可能与培养基中的C源成分差异有关。在胁本2培养基中纤维素酶的单位产量则是胁本1、Masaki培养基的1.4倍和7倍，原因可能是前者含有的羟甲基纤维素钠在培养基中起诱导作用。由于在胁本2培养基中加入了聚果胶酸钠，其聚半乳糖醛酸酶的单位酶活性要比胁本1培养基高，但是蛋白酶的活性随培养基的变化不太。从两个菌株在不同培养基上的产酶情况（表2）看不出不同培养基对不同菌株之间产酶差异的明显影响。

**表2 胞外水解酶活性与不同培养基的关系**

| 培养基 | 蛋白酶单位活性 | | 聚半乳糖醛酸酶单位活性 | | 纤维素酶单位活性 | | 淀粉酶单位活性 | |
|---|---|---|---|---|---|---|---|---|
| | 88706-1-1 | 89773-1-1 | 88706-1-1 | 89773-1-1 | 88706-1-1 | 89773-1-1 | 88706-1-1 | 89773-1-1 |
| Masaki | 72.41 | 115.61 | 123.44 | 93.60 | 15.22 | 6.34 | 382.53 | 320.68 |
| 胁本1 | 43.30 | 100.49 | 98.49 | 58.96 | 61.18 | 35.16 | 130.19 | 112.69 |
| 胁本2 | 50.26 | 97.38 | 142.30 | 78.73 | 80.73 | 54.92 | 160.71 | 114.41 |

酶单位活性单位均为（μg/cfu）/h；供试菌株中88706-1-1为弱致病力，89773-1-1为强致病力

## 2.3 不同pH对胞外酶活性的影响

供试2个菌株的蛋白酶、纤维素酶、淀粉酶、半纤维素酶和聚半乳糖醛酸酶的反应最适pH分别是9.0、6.0、8.0、4.0和8.0，其中淀粉酶反应曲线中有2个明显的峰，表明该酶复合体至少有两种同工酶。2个菌株的纤维素酶反应曲线符合度不及其他反应曲线，推测可能一是由于纤维素酶复合体成分比较复杂，二是菌株之间产酶存在差异（图1～图5）。

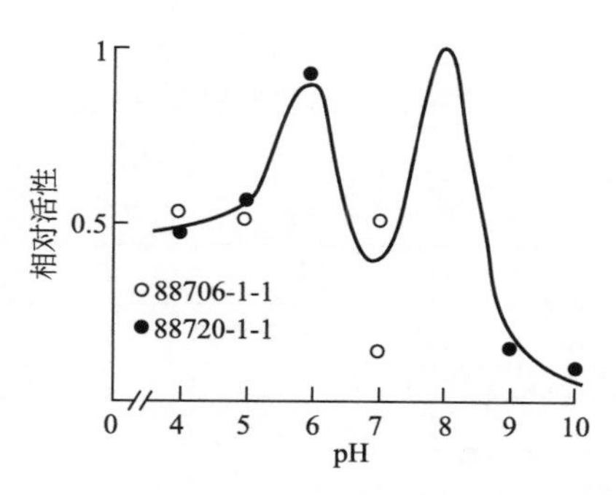


图3 pH对淀粉酶活性的影响

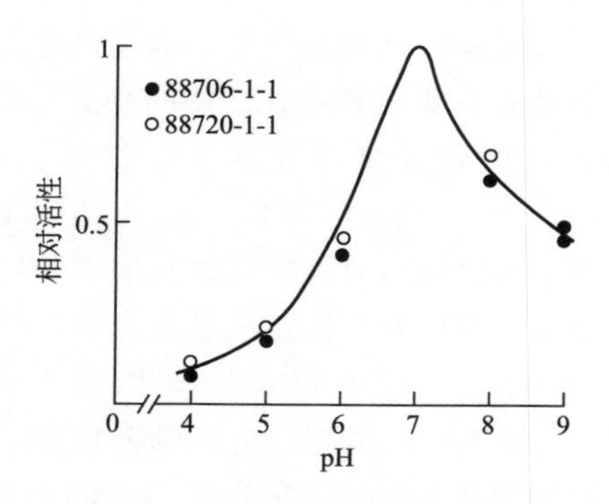


图1 pH对蛋白酶活性的影响

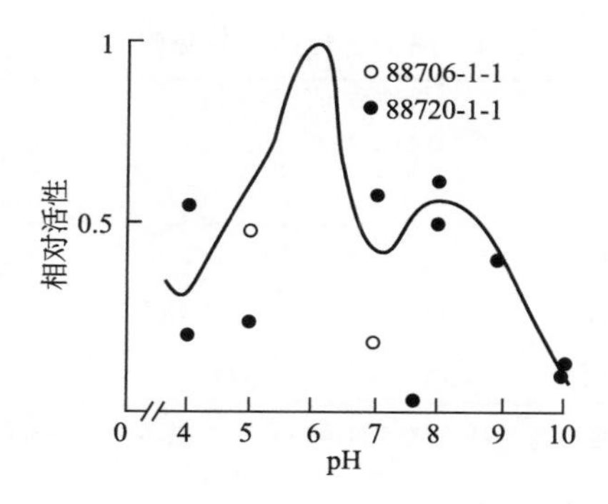


图4 pH对半纤维素的影响

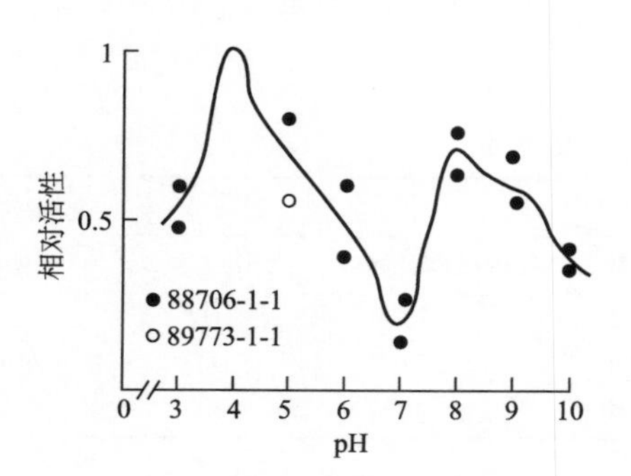


图2 pH对纤维素酶活性的影响

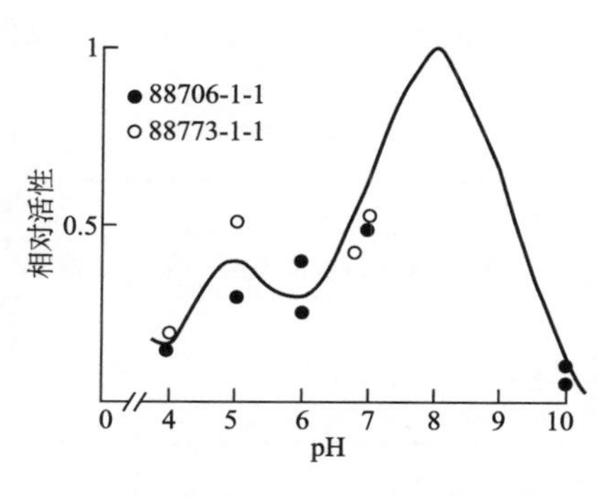


图5 pH对聚半乳糖醛酸酶活性的影响

## 2.4 胞外酶活性与贮存时间的关系

在8℃，各胞外酶活性随贮存时间的延长其活力呈下降的趋势，其中纤维素酶活性下降最快，20d后酶的活性只有原来的20%，其次是淀粉酶和蛋白酶，以聚半乳糖醛酸酶的活性最为稳定，20d后活性只下降8%（图6）。

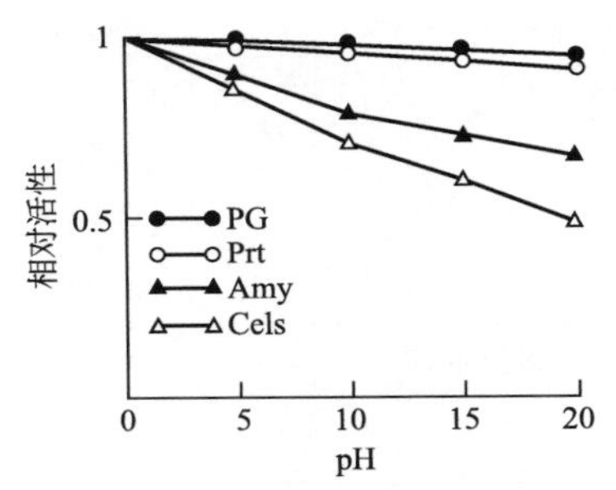


图6 贮存时间与胞外酶活性的影响

## 2.5 胞外产物与致病力的关系

### 2.5.1 病菌除去胞外产物后对致病力的影响

经喷雾和针刺接种表明，病菌除去胞外产物后在潜育期上要比未除去胞外产物的病菌长1d，且在水稻上形成的病斑长度也较短，病叶率也较小。这说明病菌胞外产物的有无影响了其对水稻的致病力（表3）。

### 2.5.2 胞外产物对病菌在叶片上吸附的影响

将诱变得到的抗药菌株M30喷雾按种于叶片上，1d、3d后测定叶面的菌量。发现去除胞外产物的菌在叶片上的吸附数量和增殖速度远远小于未离心的菌，这说明去除胞外产物后使病菌在叶片上的吸附能力和增殖速度下降，从而使病菌的致病力降低（表4）。

表3 菌株89773-1-1去除胞外产物接种结果

| 处理 | 经喷雾接种[1] | | | 针刺接种[2] | |
|---|---|---|---|---|---|
| | 潜育期/d | 病叶率/% | 病株率/% | 潜育期/d | 病斑长度/cm |
| 离心再悬液 | 4 | 18.7 | 74.3 | 3 | 3.74 |
| 离心不除上清液 | 3 | 22.5 | 84.1 | 2 | 4.25 |
| 未离心 | 3 | 24.3 | 83.5 | 2 | 4.28 |

1）品种为金刚30；2）30张叶片接种后的长度平均值，品种为H359

表4 细条病对叶片的吸附能力

| 处理 | 接种后不同时间的吸附菌量/（cfu/mL） | | 增长比值 |
|---|---|---|---|
| | 1d | 3d | |
| 对照 | 300[1] | 400 | |
| 未离心菌 | $2.28\times10^5$ | $4.37\times10^5$ | 19 |
| 离心菌 | $6.75\times10^4$ | $3.29\times10^6$ | 5 |

1）菌落为黄色、红色和浅白色，与细条病菌明显不同

### 2.5.3 胞外产物与致病力的相关分析

从总体上看，17个菌株产生的胞外产物的量之间存在较大的差异。其中蛋白酶、果胶酸酯裂解酶单位活性随菌株的致病力增加而呈现逐步上升的趋势。通过对致病力和各种产物的相关分析发现蛋白酶活性与病斑长度呈正相关，达极显著水平，$r=0.7164$（$r_{0.01}=0.5750$），回归方程为$y=29.57+2.75X$，果胶酸酯裂解酶活性与病斑长度在0.05水平上相关，但相关未达到极显著水平，$r=0.5020$（$r_{0.05}=0.4560$，$r_{0.01}=0.5750$），回归方程为$y=20.80+2.23X$。本试验中半乳糖醛酸酶、纤维素酶、淀粉酶活性和胞外多糖产量与致病力之间看不出有相关性，这说明在致病过程中蛋白酶和果胶酸酯裂解酶可能起着比较重要的作用（表5）。

表5 不同菌株胞外酶与致病能力的关系

| 菌株 | 病斑长度[1]/cm | 胞外水解酶单位活性/(μg/cfu)/h | | | | | | 胞外多糖单位活性/(μg/cfu)/h |
|---|---|---|---|---|---|---|---|---|
| | | 聚半乳糖醛酸酶 | 纤维素酶 | 淀粉酶 | 蛋白酶 | 果胶酸酯裂解酶 | 半纤维素酶 | |
| 88706-1-1 | 9.22 | 109.84[2] | 86.80 | 173.68 | 45.11 | 53.29 | 63.60 | 11.5 |
| 88720-1-1 | 24.06 | 74.75 | 63.30 | 8.48 | 103.88 | 25.28 | 88.41 | 9.3 |
| 89773-1-1 | 19.43 | 76.06 | 63.07 | 127.53 | 111.78 | 30.29 | 55.04 | 0.5 |

续表

| 菌株 | 病斑长度/cm | 胞外水解酶单位活性/(μg/cfu)/h | | | | | | 胞外多糖单位活性/(μg/cfu)/h |
|---|---|---|---|---|---|---|---|---|
| | | 聚半乳糖醛酸酶 | 纤维素酶 | 淀粉酶 | 蛋白酶 | 果胶酸酯裂解酶 | 半纤维素酶 | |
| 89100-1-1 | 25.58 | 68.17 | 56.42 | 82.81 | 101.35 | 113.09 | — | 10.4 |
| 89757-1-1 | 16.46 | 117.10 | 76.97 | 101.77 | 69.11 | 56.49 | 42.74 | 10.2 |
| 90885-1-1 | 12.95 | 65.68 | 166.83 | 89.25 | 47.52 | 49.02 | 37.89 | 6.5 |
| 89168-1-1 | 20.17 | 72.81 | 72.42 | 116.72 | 90.26 | 55.33 | 50.15 | 9.8 |
| 89137-1-1 | 5.28 | 68.85 | 67.45 | 106.92 | 28.27 | 39.71 | 69.21 | 8.5 |
| 90864-1-1 | 20.76 | 109.79 | 103.31 | 128.72 | 43.45 | 87.18 | 50.06 | 7.4 |
| 91913-1-1 | 20.08 | 144.68 | 102.55 | 193.79 | 96.37 | 122.61 | 66.34 | 6.5 |
| 88716-1-1 | 25.57 | 83.56 | 69.17 | 101.59 | 75.73 | 55.63 | 56.20 | 6.4 |
| 90844-1-1 | 12.04 | 86.79 | 71.21 | 91.37 | 65.96 | 45.89 | 46.81 | 7.9 |
| 90923-1-1 | 14.20 | 127.96 | 122.85 | 111.19 | 78.46 | 37.22 | 62.45 | 10.7 |
| HN15 | 14.69 | 89.66 | 76.81 | 243.43 | 75.31 | 42.52 | 43.87 | 11.2 |
| HN16 | 7.85 | 93.80 | 86.70 | 103.25 | 68.24 | 39.10 | 63.90 | 8.5 |
| HN17 | 8.93 | 85.43 | 97.22 | 121.09 | 50.39 | 42.21 | — | 12.6 |
| 95103 | 23.76 | 112.10 | 87.50 | 162.30 | 83.62 | 70.30 | — | 9.4 |

1）菌株在金早 20、金刚 30、特优 63、HB359、135、76c 凡 7 所测的平均值；2）为 3 次测定的平均值

## 2.6 胞外产物对离体稻叶的伤害作用

病菌的胞外提取液对离体的稻叶有一定的伤害作用。试验所测的电渗漏值是表示稻叶细胞的细胞膜伤害程度，结果发现，强致病力菌株的胞外提取液及原菌对离体稻叶细胞膜的伤害强于弱致病菌株，而高温灭菌后的胞外提取液所引致的稻叶电渗漏能力很弱。由于灭菌后提取液中主要成分是胞外多糖，而胞外酶已失活，可以推断胞外提取液对稻叶细胞膜的伤害主要来自于胞外酶对其细胞膜的作用（表 6）。

**表 6 胞外产物引致的电渗漏[1)]**

| 项目 | | 电导率 | 比值 |
|---|---|---|---|
| 89773-1-1 | 水 | 3.0 | 1.0 |
| | 培养液 | 116[2)] | 3.8 |
| | 胞外提取液 | 52 | 107 |
| | 灭活提取液 | 29 | 1.0 |
| 88705-1-1 | 培养液 | 100 | 3.3 |
| | 胞外提取液 | 44 | 1.5 |
| | 灭活提取液 | 32 | 1.1 |

1）品种为金刚 30；2）为 3 次试验的平均值

# 3 讨论

（1）本试验发现水稻细条病菌的致病性与果胶酶和蛋白酶成正相关，而其他胞外产物很可能起协同作用，因为它们都表现出相当强的活性，陈捷的研究表明纤维素酶的存在很大程度地影响果胶消解植物组织的能力[4]。至于它们的具体作用还有待进一步研究。

（2）Daniels 等[5]和 Braun 等[13]一直认为半纤维素酶可能是侵染单子叶植物病原苗的重要致病因子，因为单子叶植物中半纤维素成分占 80%以上。本试验结果显示半纤维素酶与致病力相互关系甚小，这可能与试验供试菌株太少及水稻细条病苗只在水稻叶脉间扩展的致病特性有关。

（3）在水稻白叶枯病菌的研究中，高必达等[3]和何晨阳[14]发现胞外多糖、淀粉酶与其致病力之间有密切关系，而本研究相关性不明显；同时，水稻细条病菌的 pH 对各胞外酶活力的影响与水稻白叶枯病菌的也是不同的，这在一定程度上反映了两种病菌在致病机制上的差异。

## 参考文献

[1] 王金生，何晨阳．转座子 Tn5 诱导水稻白叶枯病菌毒性基因突变体及其生化行为．植物病理学报，1992，22（3）：217-222

[2] 许志刚．连续培养对水稻白叶枯病菌致病力和若干生化性状的影响．植物病理学报，1988，18（1）：57-59

[3] 高必达，陈贞．水稻白叶枯病菌胞外酶与致病力关系的研究初报．湖南农学院学报，1986，4：61-69

[4] 陈捷．植物病理生理学．沈阳：辽宁科学技术出版杜，1994，58-59

[5] Danies MJ，Dow JM. Molecular genetics of pathogenicity in phytopathogenic bacteria. Annu Rew Phytopathol，1988，26：285-312

[6] 王金生，王玉环．软腐欧氏扦菌的蛋白酶与致病力的关系．植

物病理学报，1991，21 (2)：121-127

[7] Maher EA，Kelman A. Oxygen status of potato tuber tissue in relation to maceration by pectic enzymes of *Erwinia carotovora* Phytopathol，1983，13：536-539

[8] 邵蔚蓝，许志刚，方中达．水稻白叶枯病菌的胞外酶与毒力关系的研究．南京农业大学学报，1986，9 (4)：41-46

[9] 宫崎荣一郎ら，山中达，三尺正生．白叶枯病菌胞外水解酶研究．日本植病学报，1976，42：21-29

[10] Tseng M. Toxicity of endo-polygalacturonate transdiminase phosphatidase and protease to potato and cucumbet tissue. Phytopathol，1974，64 (2)：229-236

[11] 河野吉久岛ら，渡边濒，细川大二郎．白叶枯病菌致病生理研究．日本植病学报，1981，47：555-556

[12] 蒋士君，陈贞．水稻白叶枯病菌胞外多糖的病理学研究．湖南农学院学报，1992，18 (1)：83-91

[13] Braun EJ，Kelman A. Production of cell walldegrading enzymes by corn stock rot strains of *Erwinia chrysamhemi*. Proceedings of the 6th International Conference on Plant Pathogenic Bacteria. The Netherlands：Martinus Publishers，1985，206-211

[14] 何晨阳．水稻白叶枯病菌致病基因研究进展．南京农业大学学报，1994，17 (3)：42-46

# Ⅲ　甘薯病害

本部分报道了甘薯丛枝病的病原体为类菌原体（植原体），试验结果指出，采用一定浓度的土霉素或磺胺噻唑浸苗，有较好的防控效果。

# 福建甘薯丛枝病的病原体研究

谢联辉，林奇英，刘万年

（福建农学院植物病毒研究室，福建福州　350002）

# Nature of the pathogens of sweet potato witches' broom disease in Fujian

XIE Lian-hui，LIN Qi-ying，LIU Wan-nian

（Laboratory of Plant Virology，Fujian Agricultural College　350002）

**Abstract**：Sweet potato witches' broom is one of the top most dangerous diseases in Fujian province. Typical symptom of the diseases appeared on the healthy seedling through graft-inoculator with dead stern-eyes. A mass of mycoplasma-like organism. （MLOs） could be seen in the sieveal elements of the phloem tissue of diseased leaf. Under electron microscope. The size of these MLOs were from，100-750nm in diameter. They showed spherical. Ellipsoidal；and dumb-bell-like. But these MLOS were not present in the healthy plant. Treatment of oxytetracycline on the infected sweet potato plant resulted in the production of plants free from such a disease. The occurrence of sweet potato witches' broom disease in Fujian province was associated with a MLOs but not virus. The electron microscopie scanning and oxytetracycline sensitization test both ascertained the nature of the pathogen.

甘薯是闽南、闽东南地区仅次于水稻的一种重要粮食作物。十几年来由于检疫不严，甘薯丛枝病几乎遍及我省所有甘薯产区，尤以闽南沿海薯区为重。甘薯发病后主蔓短缩，侧蔓丛生，形成典型的丛枝症状，一般早期发病的多不结薯，给甘薯生产造成严重损失。

我省甘薯丛枝病的病原，有些研究者据采自闽南东山县的田间病株所作的电镜观察认为，是一种属于马铃薯Y病毒组的线状病毒和类菌原体的复合感染[1]。两年来作者采用晋江病区的典型病株，与无病健苗和野牵牛实生苗进行嫁接接种，待其充分发病后，剪取病叶按常规方法进行固定、包埋、后在LKB-88-Ⅱ型超薄切片机上用玻璃刀切片，在Hu12A型电子显微镜下观察。结果在病叶维管束的筛管细胞中，发现有大量典型的类菌原体，甚至整个细胞为菌体所充满（图1)。菌体形态多为圆形、椭圆形，也有的是哑铃状，或几个菌体相互连接形成链状，其大小在100～750nm。有的菌体较小，电子密度大，有的菌体较大，电子密度小，可能代表着不同的发育阶段。此外，在一些菌体中可

福建农学院学报，1984，13（1）：85-86

收稿日期：1993-12-26

福建医学院电镜室协助拍摄电镜照片；本院植保七九级黄白清、张昨洲、林永、林金睿同学参加部分试验工作，特此致谢

见到核酸纤维样物质，而有些菌体尚能延伸出芽管状物侵蚀、穿透细胞壁（图1）。在对照健株中则不存在这类菌原体。

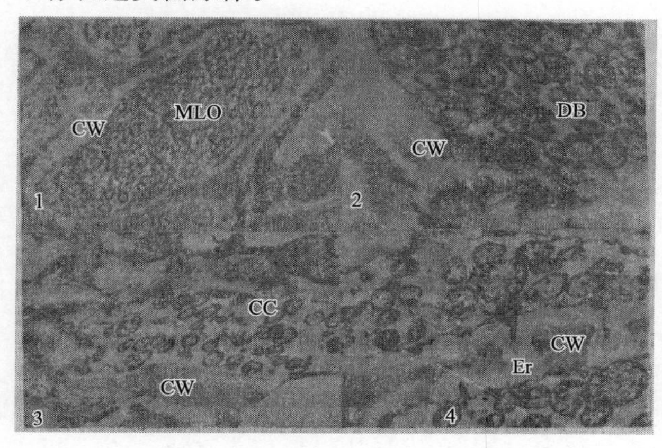


图1 甘薯病叶组织中病原

1. 甘薯丛枝病病叶筛管细胞中充满大量类菌原体×6000；2～4. 甘薯丛枝病的类菌原体形态和结构。CW—细胞壁；MLO—类菌原体；CW—细胞壁；DB—哑铃状菌原体MLO（图中2）. ×15000；CC—几个类菌原体相连接而形成链状(图中3). ×7500；Er—类菌原体侵蚀细胞壁的情况（图中4）. ×10500

在病株叶片的超薄切片中，未查到病毒粒体；采用病叶浸出法，以负染进行电镜观察，也未找到任何病毒粒体。

采用不同浓度（100ppm、200ppm、400ppm、800ppm和1000ppm）土霉素溶液处理病株（品种为新种花），均有不同程度的恢复，其中以400ppm效果最好，表现新叶趋于正常，不再丛生侧枝，块根单株产量也最高，可达健株（对照）的89.0%。将症状已趋恢复正常的病叶，按常规方法进行固定、包埋和超薄切片，在电镜下未见到类菌原体。

这些试验观察指出，甘薯丛枝病的病株，存在大量典型的类菌原体，而健株则不存在，病株中未找到病毒质粒，四环素族抗霉素土霉素有明显的治疗效果，都说明我省甘薯丛枝病的病原体是类菌原体，而非病毒和类菌原体的复合感染。这一研究结果，和我国台湾地区[3]及一些国外的报道比较一致[4,5]。

一般认为，类菌原体在植株组织中细胞间的扩散，可通过筛管里的狭窄槽沟或筛板孔，也可通过胞间连丝。我们在甘薯丛枝病中，首次发现了类菌原体直接侵蚀、穿透细胞壁的情况，这一结果和沈菊英等，在泡桐丛枝病的研究联系起来，似可认为直接穿透也是类菌原体进行细胞扩散的一种方式。

## 参考文献

[1] 中国科学院上海生化研究所等. 甘著丛枝病电镜观察. 自然杂志，1978,1(6):344

[2] 沈菊英等. 泡桐丛枝病病原的电子显微镜研究. 生物化学与生物物理学报，1980,12(2):207-208

[3] Chen MJ. Electron microscopic observation of several plant—infecting mycoplasma—like organisms in Taiwan. Plant Protect，1979，21(1)：30

[4] Dabek AJ. Witches broom chlorotic little lear of sweet potato in Guadnlcanal. Solomon Islands. possibly caused by mycoplasma-like organisms. Phytopathology，1978，92(1):1-11

[5] Kahn RP. Sweet potato little-leaf（witches broom）associated with a mycoplasma—like organism. Phytopathology，1972，82(8):903-909

# 甘薯丛枝病的化疗试验

林奇英，谢莉妍，谢联辉，黄白清

（福建农学院植物保护系，福建福州 350002）

**摘　要：** 试验结果表明，在100～1000ppm的5组浓度的土霉素和磺胺噻唑分别浸苗60min和24h处理中，以400ppm土霉素浸苗60min和800ppm磺胺噻唑浸苗24h效果最好。

甘薯丛枝病是我省甘薯产区的一个重要病害，常给生产带来严重损失。据我们近五年来在本省莆田、晋江、龙溪地区的一些县、市调查表明，所有栽培品种都有不同程度的感染，其中以感病品种新种花的发病率最高，平均可达50%以上，病株一般不结薯或结薯纤小，丧失食用价值。

现已查明，我省甘薯丛枝病的病原为类菌原体，农民群众在生产中也积累了一些防病经验。本文拟通过试验，探索治疗带病种苗的途径。

供试病苗采自诏安和晋江的感病甘薯——新种花，经温室扦插繁殖充分发病后的病株，剪成12～15cm（一般每苗带3个节）的小苗；供试药品有土霉素和磺噻唑（sulfathizaole，ST）两种，所用浓度均为100ppm、200ppm、400ppm、800ppm和1000ppm。每处理浸苗时间，前者60min，后者24h，并以健苗和病苗分别用清水浸渍相应的时间作为对照。每处理插植60苗，重复两次，插植后施肥管理同一般大田生产。

试验结果查明，土霉素试验组中，以400ppm效果最好。其表现为：①新叶趋于正常平均叶宽为健株对照的85.6%、病株对照的4.5倍，叶长为健株对照的91.2%、病株对照的4.1倍；叶柄长度为健株对照的80.4%、病株对照的4.7倍。②不再丛生侧枝；茎粗为健株对照的83.3%、病株对照的1.0倍；茎长为健株对照的75.9%、病株对照的6.3倍。③块根单株产量最高；所结块根为健株对照的89.0%，病株对照的29.7倍。200ppm和800ppm的效果也较好。效果最差的是100ppm，而1000ppm有严重药害，不宜使用。

磺胺噻唑试验组中，以800ppm效果最好。表现为：①新生叶片较大，叶宽为健株对照的73.2%、病株对照的2.5倍；叶长为健株对照的83.0%、病株对照的3.9倍。②茎蔓较粗壮茎长为健株的79.8%，病株的倍茎粗为健株的5.3倍，茎粗为健株的80.3%。③单株产量较高，为健株的84.5%，病株的3.9倍。1000ppm效果居第二，而后依次为400ppm、200ppm和100ppm。

综上所述，两种药剂对甘薯丛枝病都有一定治疗效果，薯苗于插植前采用400ppm土霉素溶液浸渍60min或800ppm磺胺噻唑溶液浸渍24h，均可取得较好的效果。建议病区在生产上结合其他综防措施，扩大示范推广。

福建农业科技，1986，(3)：25

# Ⅳ 甘蔗病害

本部分报道了甘蔗病害的种类、病原、发生和防治，着重介绍了甘蔗凤梨病（*Ceratocystis paradoxa*）、眼斑病（*Helminthosporium sacchari*）、黄斑病（*Cercospora koepkei*）、鞭黑穗病（*Ustilago scitaminea*）、赤腐病（*Physalospora tucumanensis*）、甘蔗花叶病（*Sugarcane mosaic virus*）和宿根矮化病（ratoon stunting disease)。另外，对甘蔗白叶病的发生和地理分布及其病原（植原体）也有所研究。

# 甘蔗病害（sugarcane diseases）

张学博，谢联辉

（福建农学院植物病毒研究室，福建福州　350002）

甘蔗病害有120种以上，其病原有真菌、细菌、病毒、线虫和寄生性种子植物等。中国已发现甘蔗病害有50多种，其中对生产影响较大的有凤梨病、眼斑病、黄斑病、鞭黑穗病、赤腐病、花叶病、宿根矮化病等。

凤梨病病原为（*Ceratocystis paradoxa*）中国各蔗区均有发生。贮藏期常因贮藏不当发生此病和黑腐病，造成烂窖。春植甘蔗种未进行消毒，播种后若遇低温阴雨，此病常大发生，造成烂种死苗缺株。受害的蔗种或宿根蔗桩切口处变红，有凤梨（菠萝）香味，故称之。发病初期组织仍保持坚韧，其后切口处的组织变黑，内部组织变红。随着病程的进展，节间的薄壁组织逐渐败坏，呈煤黑色，最后节间内部的薄壁组织完全腐烂，蔗皮内仅剩下黑色发状的纤维和大量煤黑色的粉状物。病原菌的有性阶段和无性阶段，在中国的自然条件下均有发生。以菌丝体或厚垣孢子在土壤或病组织中越冬。厚垣孢子在土壤中存活期可达4年之久，在适宜条件下遇到寄主即萌发由伤口侵入；窖藏期通过接触传染，在田间通过气流、灌溉水、田鼠和昆虫携带传病。防治凤梨病应防止烂窖和烂种死苗。防止烂窖，主要采用适时收获，蔗种入窖前勿遭受霜冻，一般要求贮藏温度保持在8～12℃，湿度在85%左右为宜；防止烂种死苗，需选用无病蔗种，按浸种、消毒、催芽顺序处理。栽培措施，主要采取适时播种，地膜覆盖，防止低温，播种前后保证蔗田有适当的湿度，实行水旱轮作。

眼斑病病原为（*Helminthosporium sacchari*）又称眼点病。在我国台湾、广东和云南省等局部地区曾严重发生，造成较大损失。主要为害甘蔗叶和蔗茎顶部。在叶片上为长梭形病斑，其长轴与叶脉平行，病斑中央褐色，周围有一草黄色狭窄晕圈，形似眼睛，故称。病斑继续延伸，形成与叶脉平行的坏死条斑，最后许多病斑相结合，叶片组织大面积枯死。感病品种在适于发病的条件下，嫩叶、嫩茎发病很快枯死，从而发生梢腐，整块蔗园由正常绿色变成红褐色。病菌只产生分生孢子，在终年种蔗的地区，田间病株上的分生孢子是再侵染的主要菌源；分生孢子耐旱性强，能在叶片上渡过干旱季节，气候适宜时再萌发侵染甘蔗，病蔗残叶也会传病。分生孢子主要由气流传播。在气温20～28℃，相对湿度高时利于发病。品种间的抗病性差异明显，选用抗病品种是防治此病最经济有效的方法，同时要加强肥水管理，防止蔗田积水，增施磷、钾肥，避免偏施氮肥，可减轻发病。

黄斑病病原为（*Cercospora koepkei*）又称赤斑病。是甘蔗叶斑病类中为害最大的病害。此病为害嫩叶，发病严重时远望蔗田呈现一片黄色，植株生长停滞，最显著的症状是在叶片上出现大小不一，病斑边缘不明显的黄色病斑而得名。黄斑出现后不久，病斑中央出现赤红色小点，并逐渐扩大，使整个叶片呈赤红色，又称赤斑病。通常黄斑与赤斑杂生；严重的全叶呈赤黄色，随后叶片未达成熟即枯萎死亡。病菌以菌丝体在病叶组织中越冬，当环境条件适宜时在病部产生分生孢子。选用抗病品种是最有效的防治措施。加强栽培管理，及时排除积水，注意氮、磷、钾合理配合，增强抗病能力，必要时可在叶片上进行药剂防治。甘蔗收获后，应清理病株残叶，就地烧毁。

鞭黑穗病病原为（*Ustilago scitaminea*）又称黑穗病、黑粉病。中国各蔗区都有发生，竹蔗发生最严重，台糖134也普遍发病，尤其宿根蔗发病更重。主要症状为蔗茎的心叶伸长成一条黑色鞭状物（称黑穗鞭），长数厘米到数十厘米，短鞭直或稍弯曲，长则向下卷曲。黑穗鞭不分枝，内部为一条心柱，柱外面附着一层黑色厚壁的冬孢子层，孢子层

---

金善宝．中国农业百科全书．农作物卷．北京：农业出版社，1991，182-183

外覆盖一层银白色薄膜（寄主的表皮组织）。随着冬孢子的成熟，薄膜破裂成网络状，尔后完全破裂，散发出黑粉状冬孢子随气流飘散，最后除基部外只剩下褐色的心柱。病菌的冬孢子近圆形，黑褐色，单胞，表面有细刺状突起，在我国台湾省曾发现这一病原菌有两个生理小种，其形态无甚区别，但致病力不同。此病初侵染源主要是带病的蔗种，还有感病的宿根蔗、带菌的土壤和受侵染的杂草。防治此病主要是选用抗病品种。在种植感病品种的情况下，实行一年以上的轮作，种植无病蔗种，并用热处理或药剂消毒种苗，以消灭蔗种上的病菌，及时拔除烧毁病株，病区不留宿根或减少宿根年限，增加新植蔗面积等。

赤腐病病原为（*Physalospora tucumanensis*）是分布最广泛的甘蔗病害之一。中国台湾省曾因种植感病品种玫瑰竹蔗造成严重损失，其他蔗区也有发生，主要为害蔗茎及叶片的中脉，蔗茎受害初期，外部症状不明显，剖开蔗茎可见内部组织变红，在红色病部内杂有长圆形的横向白斑。赤腐病的赤斑可蔓延到蔗茎的多个节间，叶片受害后在中脉上初生红色小点，进而沿中脉伸长，成长条形赤斑，后期中央变成枯白色，并散生许多黑色小点，为病菌的分生孢子盘。病原菌的无性阶段是此病初侵染的主要菌源。典型的分生孢矛为单胞、透明、新月形；分生孢子盘上生有暗褐色具隔膜的刚毛。有性阶段在台湾、福建省均有发现，但少见。病菌主要以分生孢子盘和菌丝体在枯叶、宿根或蔗渣中越冬，以分生孢子作初侵染和再侵染，多从螟害孔口和机械损伤处侵入蔗茎，由叶蝉造成的伤口侵入中脉。防治措施是利用抗病品种，选用无病蔗种，进行蔗种消毒，实行轮作，加强栽培管理，注意防治蔗螟和叶蝉等害虫。

花叶病（*mosaic disease*）几乎分布于世界所有甘蔗产区。中国的台湾、福建、广东、广西、贵州、云南、四川、浙江和江西等省（自治区）均有发生。其病原为甘蔗花叶病毒（*Sugarcane mosaic virus*），病毒的致病力分化为许多株系，不同地区株系不同，因此品种的抗病性可因地区不同而异。花叶病为系统性病害。叶片上症状明显，常有不规则的、纵向的褪绿花叶，颜色由浅绿至黄色或白色。症状因甘蔗品种或病毒株系不同而异。在叶鞘上的症状与叶片相似，但较不明显，有些感病品种在蔗茎上产生条纹或溃疡斑，发病蔗株矮化；分蘖减少。病毒主要由带病蔗种和数种蚜虫传播，属非持久性。机械摩擦也能传毒。潜育期 6～30d，平均 10d 左右。病毒寄主除甘蔗外，还有玉米、高粱、谷子、大麦、小麦、黑麦和一些杂草。种和品种间的抗性差异显著。热带种高度感病，印度种和大茎野生种感病，中国种和割手密野生种高度抗病或免疫。苗期比成株期易感病，尤以二叶期为甚。高温和少雨天气有利于传病昆虫活动，能促进病害的传播蔓延。防治方法主要是选用抗病品种，或无病蔗种，防止砍种蔗刀传毒。加强栽培管理，及时清除田间杂草，控制介体昆虫迁飞活动，防止田间病害蔓延。

宿根矮化病（ratoon stunting disease）也称滞顿病，此病最初在 1944～1945 年间发现于澳洲昆士兰 Q28 品种的宿根蔗上，随后遍及世界甘蔗产区。中国的台湾省曾造成严重损失。病株茎小矮化，生长停滞，宿根蔗尤甚。剖开成熟的蔗茎节部，维管束呈橙黄色，而幼茎节部组织则呈粉红色。其病原尚未定论，病原主要通过蔗种和机械接触传染。在防治上着重抓种苗检疫和选用抗病品种。

# 甘蔗白叶病的发生及其病原体的电镜观察

周仲驹[1]，林奇英[1]，谢联辉[1]，彭时尧[2]

（1 福建农学院植物病毒研究室，福建福州　350002；2 福建农学院测试中心，福建福州　350002）

**摘　要：** 本文首次报道甘蔗白叶病在我国福建、广东、广西和云南等蔗区的发生及其病原体的电子显微镜观察结果。电镜下，可见病叶韧皮部筛管细胞中有类菌原体存在，而健株中则否。

**关键词：** 甘蔗白叶病；发生；病原体；电镜观察

# Incidence of sugarcane white leaf in China and microscopical observation of its pathogen

ZHOU Zhong-ju[1]，LIN Qi-ying[1]，XIE Lian-hui[1]，PENG Shi-yao[2]

（1 Laboratory of Plant Virology，Fujian Agricultural College；2 Test Center，Fujian Agricultural College，Fuzhou　350002）

**Abstract**：This paper，for the first time，deals with the incidence of sugarcane white leaf in the provinces of Fujian，Guangdong，Guangxi and Yunnan of China and the electron microscopical observation of its pathogen. Mycoplasmalike organisms were seen in the ultrathin section from infected plants of sugarcane white leaf under electron microscope，but not in the section from healthy plants.

**Key words**：sugarcane white leaf；incidence；pathogen；electron microscopical observation

在印度、泰国和我国台湾地区相继并巧合地对一种症状相似的甘蔗病害进行描述研究，印度有草苗病（sugarcane grassy shoot），而泰国和我国台湾有白叶病（sugarcane white leaf）之称[1-3]。白叶病和草苗病在症状学上难以区别，其病原对四环素族抗生素均敏感，病株的筛管细胞中均发现有类菌原体存在[2,4-6]。因此，多数学者认为它们属同一种病害[4]。但在我国除台湾地区之外的其他蔗区，末见有关这类病害的报道。

本文首次报道甘蔗白叶病在我国福建、广东、广西和云南等蔗区的发生及其病原体的电镜观察结果。

## 1　病害的发生

1984～1986 年间，先后对福建省的福清、莆田、仙游、南安、厦门、龙海、云霄等县（市）和广西南宁及云南开远等地的蔗区或所属试验站、苗圃进行了调查和采样。调查的方法是：①查各个苗圃的一部分或大部分品种以及大田生产上的主栽品种；②查小区的全部或大田中以双对角线五点取样，每点 100 丛的丛发病率。同时，对所采样本在室内进行观察。还对部分来自广东海南一甘蔗试验场的甘蔗品种做隔离观察。

---

福建农学院学报，1987，16（2）：165-168

收稿日期：1987-9-19

福建省农科院电镜室协助电镜观察；本室陈宇航同志参加部分工作，特此致谢三年来的调查结果表明：在福建省蔗区、广西南宁和云南开远均有该类病害的发生。来自广东的Co281的发病表明：广东的蔗区也有该病的存在。发病的品种有闽糖70/611、桂糖-11、PR77/3120、Q88、Co740、PR64/610、Di52、云蔗71/388、闽选703和F134等。其中，以闽糖70/611宿根蔗发病率最高，一般为40%～60%，甚至高达60%～80%，而桂糖-11、F134、闽选703和新植闽糖70/611上仅零星表现症状。品种资源或区域试验圃中，H54/775和H54/432的发病率最高，部分苗圃中可达100%，其他品种上仅零星发生。

## 2 症状表现

观察结果表明：该病的症状有白叶型和草苗型两种主要夹型。白叶型症状主要见于闽糖70/611、桂糖-11、Q88、Cu740、H54/432、H54/775、PR64/610、Di52和云蔗71/388等品种，病株不见明显矮化，仅叶部白化，变白的程度有整叶白化(图1a)，条纹状变白以及斑驳伏变白。白叶型病株发病后，部分病株枯死，多数病株后期可见恢复，但宿根蔗再现典型症状；草苗型主要见于PR77/3120和Co281等品种上，病株严重矮化，细弱，分蘖增多（图1b），病丛中一般也有白叶型症状，病株逐渐枯萎和夭折，不成蔗茎。

图1 甘蔗白叶病的症状，品种Co281
a. 白叶；b. 草苗型症状

## 3 病原体的电子显微镜观察

取上述表现典型症状的闽糖70/612、桂糖-11、PR77/3120、Co281和云蔗71/388病株的病叶叶脉，按常现方法用5%戊二醛、1%锇酸双固定，后制成超薄切片。在JEM-100CXⅡ型透射电子显微镜下观察。同时，以闽糖70/611、桂糖-11和Co281健株的相同部位同样处理为对照。

超薄切片的电镜观察结果中，闽糖70/611、桂糖-11和云蔗71/388的白叶型病株的韧皮部筛管细胞中均有相似的直径约80～800nm的类菌原体存在（图2），呈球形、椭圆形等不同形状的单细胞，均无细胞壁，而具双层膜，厚度8～10nm；PR77/312和Co281草苗型兼白叶型病株的韧皮部筛管细胞中均有相似的直径在80～800nm的类菌原体存在。而对照的闽糖70/611、桂糖-11和Co281植株韧皮部则始终未查到相似菌体的存在。

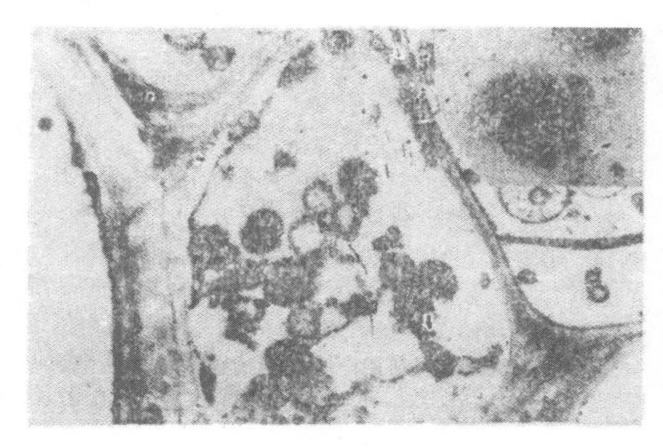

图2 甘蔗白叶病病叶超薄切片中的类菌原体（×12 000），右上角插图示类菌原体的典型膜（×65 000）

三年来的田间调查、室内观察及电镜观察表明：在我国福建、广西、云南以及广东发生的这种甘蔗病害与印度、泰国和我国台湾发生的甘蔗白叶病或草苗病基本相同。

## 4 讨论

甘蔗白叶病在我国台湾、泰国和印度早有报道[2,4-6]。研究表明：该病在我国福建、广西、云南以及广东蔗区均有发生。在我国台湾和泰国，该病除由带病放种传播外，还山台湾斑纹叶蝉(*Matsumuratettix hiroglyphicus*)传播[1,2,4-7]，我国的大陆蔗区是否也由该昆虫的传播以及田间的流行尚在研究之中。

国外以及我国台湾的研究报道[2,4]认为：甘蔗白叶病和草苗病属同一种病，但不否认细微差异的可能存在。在研究中，草苗型病株包含着白叶型病株，两者的电镜观察结果基本相同，而这两型病株见于不同品种，为此，这两型病株的异同尚待进一步研究。

## 参考文献

[1] 陈主得. 台湾斑纹浮座子传播甘蔗白叶病诸特性之研究. 台湾糖业研究所研究年报，1973，(66)：25-33

[2] Edison S. Comparison of grassy shoot disease(India) with the white leaf disease(Taiwan) of sugarcane. Sugarcane Pathologists Newsletter，1976，17：30-35

[3] Martin JP. 世界甘蔗病害(第二卷). 陈庆龙译. 北京：中国农业出版社，1982，105-109

[4] Chen CT. Sugarcane white leaf disease in Taiwan. Taiwan Sugor，1980，27 (2)：56-61

[5] Rishi N. Mycoplasmalike bodies，possibly the cause of grassy shoot disease of sugarcane in India. Ann Phytopath Soc Japan，1973，39 (5)：429-431

[6] Rishi N. Mycoplasma like organism in a leaf of sugarcane with grassy shoot. Sugarcane Patologts Newsletter，1973，10：10

[7] Chen CT. Vector-pathogen relationships of sugarcane white leaf disease. Taiwan Sugar，1987，25 (2)：5-54

# V 猕猴桃病害

中国猕猴桃细菌性花腐病的病原因产地不同分属于 2 个类型:产自福建、湖北的为第 1 类型(新西兰猕猴桃花腐病菌和萨氏假单胞菌);产自湖南的为第 2 类型(绿黄假单胞菌)。从福建产区的调查研究,查明其病害的发生、流行与花期的温、湿度及花的生态位有关。

# 中国猕猴桃细菌性花腐病菌的鉴定

胡方平[1]，方敦煌[2]，YOUNG John[3]，谢联辉[4]

（1 福建农业大学植物保护系，福建福州　350002；2 云南省烟草科学研究所，云南玉溪　653100；
3 Landcare Research，Auckland，New Zealand；4 福建农业大学植物病毒研究所，福建福州　350002）

**摘　要**：从福建、湖南和湖北猕猴桃病花上分离到能引起花腐病的 32 个细菌菌株，经细菌学和 Biolog GN 测试板测定，可以看出中国的猕猴桃细菌性花腐病菌与新西兰的猕猴桃花腐病菌、丁香假单胞菌丁香致病变种 *Pseudomonas syringae* pv. *syringae* 和绿黄假单胞菌 *P. viridiflava* 相似，与萨氏假单胞菌 *P. savastanoi* 和猕猴桃溃疡病菌 *P. syringae* pv. *actinidiae* 有更多的不同，但是 DNA/DNA 同源性测定结果却显示出中国的菌株可分为 2 个类型：第 1 个类型与新西兰猕猴桃花腐病菌和萨氏假单胞菌有很高的同源性，第 2 个类型与绿黄假单胞菌有很高的同源性，说明中国菌株分别属于这 2 个种。第 1 个类型来自于福建和湖北，第 2 个类型来自于湖南。

**关键词**：猕猴桃；细菌性花腐病菌；DNA/DNA 同源性

# Identif ication of the pathogen caused bacterial blight of kiwifruit in China

HU Fang-ping[1]，FANG Dun-huang[2]，YOUNG John[3]，XIE Lian-hui[4]

（1 Department of Plant Protection，Fujian Agricultural University，Fuzhou　350002；
2 Yunnan Research Institute of Tobacco Sciences，Yuxi　653100；3 Landcare Research，Auckland，
New Zealand；4 Institute of Plant Virology，Fujian Agricultural University，Fuzhou　350002）

**Abstract**：Thirty two pseudomonas isolates were obtained from rot flowers and leaves of kiwifruit collected from Fujian，Hunan and Hubei provinces in China. The results of bacteriological and Biolog GN tests showed that the Chinese isolates from kiwifruit were similar to pathogens isolated from New Zealand，*Pseudomonas syringae* pv. *syringae* and *P. iridiflava*，but were more different from *P. savastanoi* and *P. syringae* pv. *acdini iae*. However the results of DNA /DNA homologous tests showed that the Chinese isolates might be divided into two groups：the first group has high DNA /DNA homology with isolates from New Zealand and *P. savastanoi*，while the second group belonged to *P. viridiflava*. That means the Chinese isolates of bacterial blight of kiwifruit belong to *P. savastanoi* genovar and *P. viridiflava*. The isolates of the first group collected from Fujian and Hubei and the second group from Hunan.

**Key words**：kiwifruit；pathogen of bacterial blight；DNA/DNA homology

---

植物病理学报，1998，28(2)：175-181

收稿日期：1997-02-25

华中农业大学园艺系孙华美教授、湖南农科院植保所刘建华副研究员帮助采集猕猴桃病标本，谨此致谢

猕猴桃细菌性花腐病是猕猴桃栽培区的主要病害之一，该病主要引起花和花苞腐烂，同时也会在叶片上产生暗褐色角状枯斑。对于所致病原，各国报道不尽相同，新西兰以往认为引起新西兰猕猴桃细菌性花腐病的病原为绿黄假单胞菌 *P. viridiflava*[1]，但经过 DNA/DNA 同源性分析后，Young 现在认为该病菌应属于萨氏假单胞菌 *P. savastanoi* 遗传种。法国和美国认为在其各自国内引起的猕猴桃细菌性花腐病以绿黄假单胞菌为主，但同时也确证丁香假单胞菌丁香致病变种 *P. syringae* pv. *syringae* 也会产生较为轻微的花腐症状[2,3]。日本认为日本猕猴桃细菌性花腐病菌主要是丁香假单胞菌，其次是绿黄假单胞菌和丁香假单胞菌死李致病变种 *P. syringae* pv. *morsprunorum*[4]。日本还证实猕猴桃上的另一种细菌病害——细菌性溃疡病除引起猕猴桃溃疡病外，还可引起花腐和在叶片上产生角状枯死斑，该病原定名为丁香假单胞菌猕猴桃致病变种 *P. syringae* pv. *actinidiae*[5]。中国对猕猴桃病害也做了大量的调查[6-10]，姜景魁曾报道过猕猴桃细菌性花腐病，但对其病原未做鉴定。本文在猕猴桃病害调查的基础上，对从福建、湖南、湖北采集的疑患花腐病的花、花苞及病叶进行了分离鉴定。

# 1 材料和方法

## 1.1 试验菌株

除分离到的菌株外，其他参试菌株来自于新西兰国际植物微生物菌种收藏中心 International Collection of Micro-organisms from Plants（ICMP），有绿黄假单胞菌 *P. viridiflava*（ICMP 2848、2858）、萨氏假单胞菌 *P. savastanoi*（ICMP 4352、4537）、丁香假单胞菌大麻致病变种 *P. syringae* pv. *cannabina*（ICMP 2823）、山茶致病变种 *P. syringae* pv. *theae*（ICMP 3923）、番茄致病变种 *P. syringae* pv. *tomato*（ICMP 2844）、向日葵致病变种 *P. syringae* pv. *helian thi*（ICMP 4531）、韭葱致病变种 *P. syringae* pv. *porri*（ICMP 8961）、丁香致病变种 *P. syringae* pv. *syringae*（ICMP 3023、3475）、山黄麻致病变种 *P. syringae* pv. *tremae*（ICMP 9151）、洋榛致病变种 *P. syringae* pv. *avellenae*、（ICMP 9746）、大豆致病变种 *P. syringae* pv. *glycinea*（ICMP 2189）、西番莲致病变种 *P. syringae* pv. *passiflorae*（ICMP 123）、桑致病变种 *P. syringae* pv. *mori*（ICMP 523）、斑点致病变种 *P. syringae* pv. *macukicola*（ICMP 795）、猕猴桃致病变种 *P. siringae* pv. *actinidiae*（ICMP 9617、9853、9854、9855）以及从新西兰猕猴桃上分离的花腐病菌（ICMP 3272、3633、7215、8936、8937、8950、11169、11170、11172、11296、11297）。还有酵母菌 *Rhodotorula mucilaginosa*（ICMP 12474）。除酵母菌保存在 PDA 斜面上外，其他菌株保存在 YPA 斜面上，置 8℃冰箱中。

## 1.2 病原细菌的分离

在 1994～1995 年的 4～5 月和 6～7 月，把从福建建宁、湖南长沙和湖北武汉等地猕猴桃果园采集的病花、花苞和病叶片按细菌的常规方法进行分离，采用金氏 B 培养基。最后把分离到并纯化后的细菌移植到 YPA 斜面上，培养 48h 后，置 8℃冰箱中保存。

## 1.3 致病性测定

接种的细菌在金氏 B 培养基上生长 24h 后，用无菌水配制成 $10^6$ cfu/mL 的细菌悬浮液，接种物采用估计在 3～4d 后就会开放的猕猴桃花苞。分室内和室外 2 种方法接种，室内接种是把花苞带枝采回后，剪除叶片插入清水中，然后用注射法把菌液注入花苞中，每个花苞接种 0.5mL 菌液，每个菌株接种 5 个花苞。接种无菌水为对照。同时接种的还有丁香假单胞菌的 6 个病变种：丁香致病变种、大豆致病变种、西番莲致病变种、桑致病变种、番茄致病变种和斑点致病变种。室外接种是直接把菌液接种在花苞上，方法与室内接种相同，3d 后观察结果。

叶片接种：室内接种采用了摩擦、针刺、真空渗透和注射器压入接种。室外采用了针刺和注射器压入接种。

## 1.4 细菌学性状测定

### 1.4.1 细菌形态特征观察

选用产生典型症状的菌株，按 Schaad 所述的电镜观察程序制备载网菌液[11]，用 2%醋酸双氧铀溶液负染 1～2min，用透射电镜观察菌体的形态、鞭毛，并测菌体大小。

### 1.4.2 细菌的染色和生理生化试验

LOPAT 试验参照 Lelliott 等方法[12]，营养测试采用 Biolog GN 测试板方法，其他试验按常规方法进行。

### 1.5 丁香霉素产生的测定

待测细菌点种在PDA平板上，每个培养皿接种4个菌株，待生长7d后，用培养48h的酵母菌(ICMP 12474)悬浮液喷雾接种到平板上，置25℃培养48h后，观察在细菌菌落周围有无抑菌圈，并据此判断是否会产生丁香霉素。

### 1.6 DNA/DNA同源性测定

#### 1.6.1 DNA的提取及纯化

细菌接种在TSA(tryptonesoy agar)平板上，48h后用无菌水把细菌洗下，离心收集到的细菌先用稀释的Tris-EDTA (LTE：Tris-HCl 0.678g/L，EDTA 0.378g/L，pH8.0)缓冲液洗2次，每次经离心后收集细菌，再用5M NaCl洗一次，最后经离心的细菌用LTE缓冲液稀释。细菌DNA的提取纯化按常规方法进行，得到的DNA用无菌去离子稀释并测定其含量。

#### 1.6.2 DNA/DNA杂交和S1核酸酶方法测定同源性

(1) DNA探针的制备。采用Megaprime™ DNA Labelling Systems(Amersham Life Science)，把准备用于探针的DNA用$P^{32}$标记，被标记的菌株有萨氏假单胞菌的模式菌株ICMP 4352、绿黄假单胞菌的模式菌株ICMP 2848、新西兰猕猴桃花腐病菌代表菌株ICMP 8937。

(2) DNA/DNA杂交和S1核酸酶方法测定DNA/DNA同源性。采用Grimont描述的方法[13]进行DNA /DNA杂交和同源性测定。

## 2 结果

用供试细菌室内接种的花苞，2d后可见花丝和部分花瓣变为水渍状褐色，有32个菌株会致病，编号为ICMP 12799～12830。室外接种症状表现迟缓。接种的丁香致病变种也会致病，但其他对照菌株不致病。全部细菌为G－、杆状，大小为0.5～0.6μm×1.5～3.0μm，极生鞭毛1～4根，在金氏B平板上形成扁平、灰白色菌落，在紫外灯下发出淡蓝色荧光。从湖南长沙分离到的致病菌株会产生绿黄色水溶性色素。致病菌株中有22个会产生丁香霉素，10个菌株不产生。

所有分离到能致病的菌株苯丙氨酸脱氢酶阴性，过氧化氢酶、脲酶阳性，41℃不能生长，可在6%NaCl的YS培养液中生长，氧化葡萄糖产酸，石蕊牛乳产碱，不产生吲哚，不积累β-羟基丁酸盐，水解七叶苷、明胶和酪蛋白，不水解淀粉，硝酸盐还原阴性，硫化氢和甲基红试验对不菌株产生的结果有所不同。LOPAT为－－＋－＋，属第Ⅱ组。营养测试结果见表1。DNA/DNA同源性测定结果见表2。

表1 Biolog GN测试结果

| 号码 | 营养基质名称 | 菌株 | | | | | |
|---|---|---|---|---|---|---|---|
| | | 1 | 2 | 3 | 4 | 5 | 6 |
| A2 | α-环化糊精 | 0* | 0 | 0 | 0 | 0 | 0 |
| A3 | 糊精 | 0 | 0 | 0 | 0 | 0 | 0 |
| A4 | 糖原 | 0 | 0 | 0 | 0 | 0 | 0 |
| A5 | 吐温40 | 100 | 100 | 100 | 100 | 100 | 100 |
| A6 | 吐温80 | 100 | 100 | 100 | 100 | 100 | 100 |
| A7 | *N*-乙酰-D-半乳糖胺 | 0 | 0 | 0 | 0 | 0 | 0 |
| A8 | *N*-乙酰-D-葡萄糖胺 | 0 | 0 | 0 | 0 | 0 | 0 |
| A9 | 核糖醇 | 69 | 91 | 0 | 0 | 0 | 0 |
| A10 | L-阿拉伯糖 | 100 | 100 | 100 | 100 | 100 | 50 |
| A11 | D-阿拉伯糖醇 | 100 | 100 | 100 | 100 | 100 | 100 |
| A12 | 纤维二糖 | 0 | 0 | 0 | 0 | 0 | 0 |
| B1 | meso-赤藓糖醇 | 100 | 100 | 0 | 80 | 100 | 0 |
| B2 | D-果糖 | 100 | 100 | 100 | 100 | 100 | 100 |
| B3 | L-岩藻糖 | 0 | 0 | 0 | 0 | 0 | 0 |
| B4 | D-半乳糖 | 100 | 100 | 100 | 100 | 100 | 50 |

续表

| 号码 | 营养基质名称 | 菌株 | | | | | |
|---|---|---|---|---|---|---|---|
| | | 1 | 2 | 3 | 4 | 5 | 6 |
| B5 | 龙胆二糖 | 0 | 0 | 0 | 0 | 0 | 0 |
| B6 | α-D-葡萄糖 | 100 | 100 | 100 | 100 | 100 | 100 |
| B7 | meso-肌醇 | 100 | 100 | 100 | 100 | 100 | 50 |
| B8 | α-D-乳糖 | 0 | 0 | 0 | 0 | 0 | 0 |
| B9 | 乳酮糖 | 0 | 0 | 0 | 0 | 0 | 0 |
| B10 | 麦芽糖 | 0 | 0 | 0 | 0 | 0 | 0 |
| B11 | D-甘露醇 | 100 | 100 | 100 | 100 | 100 | 100 |
| B12 | D-甘露糖 | 100 | 100 | 100 | 100 | 100 | 100 |
| C1 | D-蜜二糖 | 0 | 0 | 0 | 0 | 0 | 0 |
| C2 | β-甲基-葡萄糖苷 | 0 | 0 | 0 | 0 | 0 | 0 |
| C3 | D-阿洛酮糖 | 0 | 0 | 0 | 0 | 0 | 0 |
| C4 | D-棉子糖 | 0 | 0 | 100 | 0 | 0 | 0 |
| C5 | L-鼠李糖 | 0 | 0 | 0 | 0 | 0 | 0 |
| C6 | D-山梨醇 | 100 | 100 | 100 | 80 | 100 | 50 |
| C7 | 蔗糖 | 88 | 100 | 100 | 100 | 50 | 50 |
| C8 | D-海藻糖 | 0 | 0 | 0 | 0 | 0 | 0 |
| C9 | 松二糖 | 0 | 0 | 0 | 0 | 0 | 0 |
| C10 | 木糖醇 | 0 | 0 | 0 | 0 | 0 | 0 |
| C11 | 甲基丙酮酸 | 100 | 100 | 100 | 80 | 100 | 100 |
| C12 | 单甲基琥珀酸 | 100 | 100 | 100 | 100 | 100 | 100 |
| D1 | 乙酸 | 91 | 91 | 100 | 100 | 50 | 50 |
| D2 | *cis*-乌头酸 | 100 | 100 | 100 | 100 | 100 | 100 |
| D3 | 柠檬酸 | 100 | 100 | 100 | 100 | 100 | 100 |
| D4 | 甲酸 | 100 | 100 | 100 | 100 | 100 | 100 |
| D5 | D-半乳糖酸内酯 | 100 | 100 | 100 | 100 | 100 | 50 |
| D6 | D-半乳糖醛酸 | 100 | 100 | 0 | 100 | 100 | 100 |
| D7 | D-葡萄糖酸 | 100 | 100 | 100 | 100 | 100 | 100 |
| D8 | D-葡萄糖胺酸 | 100 | 100 | 100 | 100 | 100 | 100 |
| D9 | D-葡萄糖醛酸 | 100 | 100 | 0 | 80 | 100 | 50 |
| D10 | α-羟(基)乙酸 | 0 | 0 | 0 | 0 | 0 | 0 |
| D11 | β-羟(基)乙酸 | 100 | 100 | 100 | 100 | 100 | 50 |
| D12 | γ-羟(基)乙酸 | — | — | — | — | — | — |
| E1 | ρ-羟苯乙酸 | 0 | 0 | 0 | 0 | 0 | 0 |
| E2 | 衣康酸 | 0 | 0 | 0 | 0 | 0 | 0 |
| E3 | α-丁酮酸 | 90 | 100 | 100 | 100 | 100 | 100 |
| E4 | α-酮戊二酸 | 100 | 100 | 100 | 100 | 100 | 50 |
| E5 | α-酮基戊酸 | 16 | 0 | 50 | 0 | 0 | 0 |
| E6 | DL-乳酸 | 82 | 45 | 100 | 100 | 100 | 0 |
| E7 | 丙二酸 | 100 | 100 | 100 | 100 | 100 | 50 |
| E8 | 丙酸 | 69 | 45 | 0 | 25 | 0 | 0 |
| E9 | 奎尼酸 | 100 | 100 | 100 | 100 | 100 | 0 |
| E10 | D-葡萄糖二酸 | 100 | 100 | 100 | 100 | 100 | 100 |
| E11 | 癸二酸 | 0 | 0 | 0 | 0 | 0 | 0 |
| E12 | 琥珀酸 | 100 | 100 | 100 | 100 | 100 | 100 |
| F1 | 溴琥珀酸 | 100 | 100 | 100 | 100 | 100 | 100 |
| F2 | 琥珀酰胺酸 | 69 | 91 | 100 | 100 | 100 | 100 |
| F3 | 葡萄糖醛酰胺 | 100 | 100 | 0 | 100 | 100 | 0 |
| F4 | 丙氨酰胺 | 100 | 100 | 100 | 100 | 100 | 100 |

续表

| 号码 | 营养基质名称 | 菌株 | | | | | |
|---|---|---|---|---|---|---|---|
| | | 1 | 2 | 3 | 4 | 5 | 6 |
| F5 | D-丙氨酸 | 100 | 100 | 100 | 100 | 100 | 100 |
| F6 | L-丙氨酸 | 100 | 100 | 100 | 100 | 100 | 100 |
| F7 | L-丙氨酰甘氨酸 | 91 | 100 | 100 | 100 | 100 | 100 |
| F8 | L-天冬酰胺 | 100 | 100 | 100 | 100 | 100 | 100 |
| F9 | L-天冬氨酸 | 100 | 100 | 100 | 100 | 100 | 100 |
| F10 | L-谷氨酸 | 100 | 100 | 100 | 100 | 100 | 100 |
| F11 | 甘氨酰-L-天冬氨酸 | 0 | 0 | 0 | 0 | 0 | 0 |
| F12 | 甘氨酸-L-谷氨酸 | 87 | 100 | 100 | 100 | 100 | 50 |
| G1 | L-组氨酸 | 82 | 100 | 100 | 100 | 100 | 50 |
| G2 | 羟-L-脯氨酸 | 0 | 0 | 0 | 0 | 0 | 0 |
| G3 | L-亮氨酸 | 100 | 100 | 100 | 100 | 100 | 50 |
| G4 | L-乌氨酸 | 0 | 0 | 0 | 0 | 0 | 0 |
| G5 | L-苯丙氨酸 | 0 | 0 | 0 | 0 | 0 | 0 |
| G6 | L-脯氨酸 | 100 | 100 | 100 | 100 | 100 | 100 |
| G7 | L-焦谷氨酸 | 16 | 0 | 0 | 0 | 100 | 0 |
| G8 | D-丝氨酸 | 35 | 27 | 100 | 100 | 100 | 100 |
| G9 | L-丝氨酸 | 97 | 100 | 100 | 100 | 100 | 100 |
| G10 | L-苏氨酸 | 100 | 100 | 100 | 100 | 100 | 100 |
| G11 | DL-肉碱 | 0 | 0 | 0 | 75 | 0 | 0 |
| G12 | γ-氨基丁酸 | 100 | 100 | 100 | 100 | 100 | 100 |
| H1 | 尿刊酸 | 0 | 0 | 0 | 0 | 0 | 0 |
| H2 | 次黄苷 | 100 | 100 | 100 | 100 | 100 | 0 |
| H3 | 尿苷 | 100 | 100 | 100 | 100 | 100 | 0 |
| H4 | 胸苷 | 0 | 0 | 0 | 0 | 0 | 0 |
| H5 | 苯乙胺 | 0 | 0 | 0 | 0 | 0 | 0 |
| H6 | 丁二胺 | 0 | 0 | 0 | 0 | 0 | 0 |
| H7 | 2-氨基乙醇 | 0 | 0 | 0 | 0 | 0 | 0 |
| H8 | 2,3-丁二醇 | 0 | 0 | 0 | 0 | 0 | 0 |
| H9 | 甘油 | 100 | 100 | 100 | 100 | 100 | 100 |
| H10 | DL-α-磷酸甘油 | 40 | 9 | 100 | 100 | 100 | 0 |
| H11 | 葡萄糖 1-磷酸 | 0 | 0 | 0 | 0 | 0 | 0 |
| H12 | 葡萄糖 6-磷酸 | 0 | 0 | 0 | 0 | 0 | 0 |

1. 中国菌株；2. 新西兰菌株；3. 猕猴桃溃疡病菌株；4. 丁香假单胞菌丁香致病变种；5. 绿黄假单胞菌；6. 萨氏假单胞菌；* 参试菌株正反应数的%

## 3 讨论

各国对猕猴桃细菌性花腐病的病原报道都不一样，从 LOPAT 和生理生化结果看，中国的病原与丁香假单胞菌丁香致病变种和绿黄假单胞菌很相似，难以区别。与萨氏假单胞菌和猕猴桃溃疡病菌有更多的不同，但是 DNA/DNA 同源性测定结果却显示出中国的病原可分为 2 个类型，第 1 类型与新西兰的 8937 菌株有大于 65%以上的同源性，而另 1 类型只有 24%的同源性。中国的病原与萨氏假单胞菌株 4312 的 DNA /DNA 同源性结果基本上与 8937 菌株相同。这种结果与绿黄假单胞菌株 2848 的 DNA /DNA 同源性测定结果正好相反，第 1 类型与绿黄假单胞菌的同源性为 21%～29%，第 2 类型为 79%～82%。可见，中国猕猴桃细菌性花腐病菌第 1 类型应归到萨氏假单胞遗传种，第 2 类型是绿黄假单胞种。第 1 类型菌株来自于福建和湖北，第 2 类型来自于湖南。说明地区不同，病原种类也不同。

**表 2 DNA/DNA 同源性测定结果**

| 菌株 | 分离地或种名 | 丁香霉素的产生 | DNA/DNA 同源性/% | | |
|---|---|---|---|---|---|
| | | | 8937 | 2848 | 4352 |
| 12799 | 福建 | + | 95 | 23 | 84 |
| 12813 | 福建 | + | 91 | 29 | 82 |
| 12818 | 福建 | + | 87 | 26 | 81 |
| 12826 | 湖北 | + | 76 | 23 | 66 |
| 12811 | 福建 | − | 65 | 21 | 66 |
| 12815 | 福建 | − | 74 | 22 | 80 |
| 12822 | 湖南 | − | 24 | 79 | 24 |
| 12823 | 湖南 | − | 24 | 82 | 19 |
| 3272 | 新西兰 | + | 100 | 51 | 98 |
| 11169 | 新西兰 | + | 82 | 40 | 78 |
| 8937 | 新西兰 | + | 100 | 43 | 85 |
| 8950 | 新西兰 | − | 73 | 47 | 67 |
| 2848 | 绿黄假单胞 *P. viridiflava* | | 22 | 100 | |
| 2858 | 绿黄假单胞 *P. viridiflava* | | 23 | | |
| 4352 | 萨氏假单胞 *P. savastanoi* | | 86 | | 100 |
| 9855 | 猕猴桃致病变种 *P. syringae* pv. *actinidiae* | | 50 | | |
| 9617 | 猕猴桃致病变种 *P. syringae* pv. *actinidiae* | | 37 | | |
| 2823 | 大麻致病变种 *P. syringae* pv. *cannabina* | | 24 | | |
| 3923 | 山茶致病变种 *P. syringae* pv. *theae* | | 41 | | |
| 2844 | 番茄致病变种 *P. syringae* pv. *tomato* | | 40 | | |
| 4531 | 向日葵致病变种 *P. syringae* pv. *helianthi* | | 45 | | |
| 8961 | 韭葱致病变种 *P. syringae* pv. *porri* | | 39 | | |
| 3023 | 丁香致病变种 *P. syringae* pv. *syringae* | | 44 | | |
| 3475 | 丁香致病变种 *P. syringae* pv. *syringae* | | 24 | | |
| 9151 | 山麻黄致病变种 *P. syringae* pv. *tremae* | | 63 | | |
| 9746 | 洋榛致病变种 *P. syringae* pv. *avellenae* | | 32 | | |

Young 测定的新西兰猕猴桃细菌性花腐病菌的代表菌株 8937 与萨氏假单胞菌 4352 的 DNA/DNA 同源性为 87%，这次测定的结果为 86%，参试的另外 3 个来自于新西兰的菌株与菌株 4352 的同源性也在 67%以上，加上中国菌株的 DNA/DNA 杂交结果，都支持了 Young 的结论。

Shafik（个人通信）的试验结果认为，氧化酶阴性的荧光植物假单胞菌可分成 9 个遗传种：丁香假单胞种、萨氏假单胞种、番茄假单胞种、韭葱假单胞种、洋榛假单胞种、向日葵假单胞种、山黄麻假单胞种、大麻假单胞种和绿黄假单胞种。但从 DNA/DNA 同源性结果看出，猕猴桃花腐病菌分别与萨氏假单胞菌和绿黄假单胞菌有较高的同源性，与其他参试的假单胞种同性都低，说明遗传上不属于这些种。

新西兰学者认为新西兰猕猴桃细菌性花腐病菌都会产生丁香霉素，但测定的中国病原菌株，多数产生，少数不产生。产生的属于萨氏假单胞遗传种，不产生的一部分还是属于萨氏假单胞遗传种，另一部分是绿黄假单胞种。在进一步对新西兰保存的猕猴桃花腐病菌考证之后，发现有 1 个菌株不产生丁香霉素。因此，丁香霉素的产生不是属于萨氏假单胞遗传种的花腐病菌的鉴别特另外，从 DNA/DNA 同源性测定的结果可以看出，不产生丁香霉素的菌株与菌株 8937 和 4352 的同源性都偏低，说明病原菌存在一定的差异。菌株 8937 是二十多年前分离到的，在新西兰，Young 也发现从不同时间和地点分离到的病原细菌与菌株 8937 比较，都存在一定的差异。

我们采用即将开放的花苞室内接种，效果很好，从叶片上分离到的病菌也会在花上致病。但采用多种方法接种叶片却无法使其发病，有必要做进一步探讨。

我们的致病性测定，也证实丁香假单胞菌丁香致病变种会引起猕猴桃花腐病。

## 参考文献

[1] Young JM. 1988. Ann Appl Biol，112：92-105
[2] Luisetti J，Gaignard J. *Deux maladies* bactèriennes du kiwi en France. Phytoma，1987，391：42-45
[3] Conn KE，Gubler WD，Hasey JK. Bacterial blight of kiwifruit in California. Plant Disease，1993，77：228-230
[4] 三好孝典. 日植病学会报，1988，54：378
[5] Takikawa Y. 日植病学会报，1989，55：437-444
[6] 方炎祖. 猕猴桃病害种类鉴定(一). 湖南农业科学，1986，2：31-32
[7] 方炎祖，朱晓湘. 猕猴桃病害种类鉴定(二) 湖南农业科学，1988，3：32-34
[8] 方炎祖，朱晓湘. 猕猴桃病害种类鉴定(三). 湖南农业科学，1989，2：40-42
[9] 牟惠芳，刘开启. 猕猴桃病害种类调查初报，山东农业大学学报，1990，21(3)：83-85
[10] 姜景魁. 猕猴桃花腐病的发生及其防治. 福建果树，1995，3：20-21
[11] Schaad NW. 1988. Laboratory guide for identification of plant pathogenic bacteria. 2nd. New York：ASP Press，11-12
[12] Lelliott RA，Billing E，Hayward AC. A determinative scheme for the fluorescent plant pathogenic pseudomonads. J Appl Bacteriol，1966，29：470-489
[13] Grimont PD. Reproducibility and correlation study of three deoxyribonucleic acid hybridization procedures. Curr Microbio，1980，4：325-330

# 福建省建宁县中华猕猴桃细菌性花腐病的初步调查研究

方敦煌[1]，胡方平[1]，谢联辉[2]

（1 福建农业大学植物保护系，福建福州　350002；2 福建农业大学病毒研究所，福建福州　350002）

**摘　要：** 对福建省建宁县中华猕猴桃（*Actinidia chinensis*）的几个栽培果园的细菌性花腐病进行了调查。结果表明，该病害的主要症状是花或花苞褐色腐烂，叶呈现角状枯斑。该病的发生、流行与开花期的温、湿度和花的生态位有关。分离、接种、鉴定的结果认为该病的病原属于萨氏假单胞菌（*Pseudomonas savastanoi*）遗传种。

**关键词：** 中华猕猴桃；细菌性花腐病；病原

**中图分类号：** S435.29

# Preliminary study on bacterial blossom blight of kiwifruit in Jianning county, Fujian province

FANG Dun-huang[1], HU Fang-ping[1], XIE Lian-hui[2]

(1 Department of Plant Protection, Fujian Agricultural College, Fuzhou　350002;
2 Institute of Plant Virology, Fujian Agricultural College, Fuzhou　350002)

**Abstract:** Bacterial blossom blight of kiwifruit (*Actinidia chinensis*) was surveyed in several orchards in Jianning County, Fujian Province. The disease caused rot of floral buds and flowers, and angular spots on leaves. It was found that epidemics of the disease was related with temperature and threshold rainfall during the periods of blossom, and with the site of floral buds and flowers. The pathogen was isolated and reproduced typical symptoms when inoculated into the healthy floral buds and flowers by injecting and puncturing, and was identified as genomovar of *Pseudomonas savastanoi*.

**Key words:** *Actinidia chinensis*; bacterial blossom blight; pathogen

猕猴桃细菌性花腐病在法国、新西兰、美国、日本等国的人工栽培区都有发生[1-4]。20 世纪 80 年代，我国各地对猕猴桃病害进行了大量的调查研究[5-12]，仅姜景魁报道了猕猴桃花腐病[5]，但对其病原未做鉴定。1994～1995 年，我们对福建省建宁县中华猕猴桃的几个栽培果园进行了病害调查，在建宁的马元、大南、杨林等地的几个果园有细菌性花腐病的发生，现就该病的发生及病原的初步鉴定结果报道如下。

福建农业大学学报，1999，28（1）：54-58

收稿日期：1998-12-16

# 1　材料与方法

## 1.1　病害调查

### 1.1.1 调查方法

在福建建宁的猕猴桃栽培果园，选择不同地势，于盛花期间行随机取样，每行一株。参照 Young 等[3]描述的症状，调查发病情况。

发病率/%＝(每株发病花数/每株调查总花数)×100%

平均发病率/%＝(调查的总病花数/调查的总花数)×100%

### 1.1.2　症状观察

于上述果园，选择不同地势的猕猴桃进行定株观察。观察时间从 1995 年 3 月底至 5 月初，现蕾前每 3 日观察 1 次，现蕾后每日观察，记载花苞和花上症状的发生情况。同时，在盛花期选择感病较轻的花，挂牌、标记，观察并记载挂果情况，以及所挂果实是否异常。5 月份后期，定期观察猕猴桃叶片有无角斑症状出现。

### 1.1.3　流行因子

结合病害调查，进行定株观察。病害调查时，记录不同地势、不同生态位的发病情况。定株观察时，记录、统计每次观察的发病率及当天温、湿度。

## 1.2　病原分离和鉴定

### 1.2.1　分离材料

分别于 1994 和 1995 年 4～5 月及 6～7 月，于福建建宁的马元、杨林、大南等地的几个果园采集病花、花苞及病叶。

### 1.2.2　分离方法

镜检后，取典型的病花、花苞、病叶，按细菌学的常规方法进行细菌分离，采用 KB 培养基，纯化后的细菌移植到 YPA 斜面上[13]，培养 48h 后，置 4℃冰箱中保存。

### 1.2.3　致病性测定

将分离的菌株在烟草上测试过敏性坏死反应，在马铃薯块上测试是否引起腐烂。致病性测定的菌株在 KB 斜面生长 24h 后，用无菌水配制成 $10^7$～$10^8$cfu/mL 的细菌悬浮液，注射接种外观正常、已松蕾的花苞。同时，针刺接种外观正常、刚现蕾的花苞，每处理 4～7 朵花苞。接种后，喷雾至刚滴水为止，再套塑料袋保湿 24h。2～7d 后，检查、记录病情。另外，采回带花蕾的猕猴桃枝条，除叶，插入清水中，按上述方法接种，2d 后检查、记录病情。

### 1.2.4　病菌形态和生理生化测定

病菌的革兰氏染色、鞭毛染色、产生荧光色素的观察以及病菌的生理生化测试参照 Schaad[14]的方法，测定病菌的氧化酶反应、精氨酸双水解酶、明胶水解、硝酸盐还原、果聚糖和 PHB 的产生等，同时测定病菌对葡萄糖、木糖、甘露糖、海藻糖、蔗糖、山梨醇、赤鲜糖醇、肌醇等 C 源的利用能力。LOPAT 试验参照 Lelliott 等[15]的方法。对照菌株来自于新西兰国际植物微生物菌种收藏中心（International Collection of Microorganisms from plants，ICMP)，有绿黄假单胞菌［*Pseudomonas viridiflava*（ICMP 2848)］、萨氏假单胞菌［*P. savastanoi*（ICMP 4352)］、丁香假单胞菌丁香致病变种［*P. syringae* pv. *syringae*（ICMP 3023)］和猕猴桃致病变种［*P. syringae* pv. *actinidiae*（ICMP 9617)］的模式种，以及从新西兰猕猴桃上分离的花腐病菌（ICMP 8937)。

# 2　结果与分析

## 2.1　病害调查

### 2.1.1　病害症状

猕猴桃花腐病的症状主要表现在花苞、花呈褐色腐烂，叶呈现角状枯斑。

花苞　感病重的花苞切开后，内部呈水渍状、棕褐色。感病轻的花苞继续发育，但花苞的萼片会逐渐失去光泽，有些萼片会产生凹陷，呈水渍状、棕褐色，其发育明显滞后于同一小果枝上的其他花苞，有些花苞甚至迅速停止发育，纵切，可见花苞内的雌、雄蕊呈水渍状、橘黄色，轻度感染的花苞可继续发育，至正常开花。

花　后期感病重的花苞开放时，花瓣呈空心拳状（不完全张开)、淡黄色，从轻微松开的花瓣顶部内视，可见花中的雌、雄蕊已全部或部分呈水渍状、橘黄色，继之，花瓣转为棕黄色、枯萎。有些病花中的柱头明显短于正常的花柱头，只有正常的 1/3（测量 6 朵明显变短的病花柱头，平均长度 2mm；而 10 朵正常的花柱头，平均长度 6mm)。有些病花，花瓣颜色正常，但部分花瓣不能张开，其包裹的雌、雄蕊常呈水渍状、橘黄色。还有些病花，花瓣均正常开放，仅雌、雄蕊呈水渍状、橘黄色。其中，有些病花只是少数雄蕊变色，而雌蕊正常；有些病花雄蕊全部正常，而雌蕊柱头变色。Young 等[3]认为病菌先从雄蕊侵入，再侵入雌蕊，而我们的观察发现雌蕊也会先受侵染。偶尔也可观察到染病的雄花，其雄蕊呈水渍状、橘黄色。

叶　病菌感染叶片后，常受叶脉的限制，呈现角状枯斑。病叶正面病斑呈暗褐色，周围有淡黄色的晕圈，背面呈灰褐色，感病严重时，叶片上的病斑可连成一片，致使整叶凋萎。

果　感病的花常不能挂果，即使挂果，挂果后或停止发育，形成僵果；或发育缓慢，形成小果；或很快落果。雌蕊部分感病的花挂果后，常形成畸形果。

#### 2.1.2 病害发生流行的环境因子

连续 2 年的调查结果表明，猕猴桃细菌性花腐病在调查的 3 个果园普遍发生。调查中发现，4 月下旬至 5 月上旬为发病盛期，刚好与猕猴桃的盛花期 4 月 25 日至 5 月 5 日相吻合（表 1）。

**表 1　猕猴桃花腐病的发生与花生育期的关系**

| 花生育期 | 发病时间 | 发病率/% |
|---|---|---|
| 花苞期 | 4 月上旬 | 5.2 |
| | 4 月中旬 | 6.8 |
| 盛花期 | 4 月下旬 | 21.4 |
| | 5 月上旬 | 22.6 |

病害的流行与湿度密切相关（图 1），而温度对病害的流行影响较小。此外，病害的流行还受地势（表 2、表 3）、棚架（表 4）、花生态位（表 5）的影响。

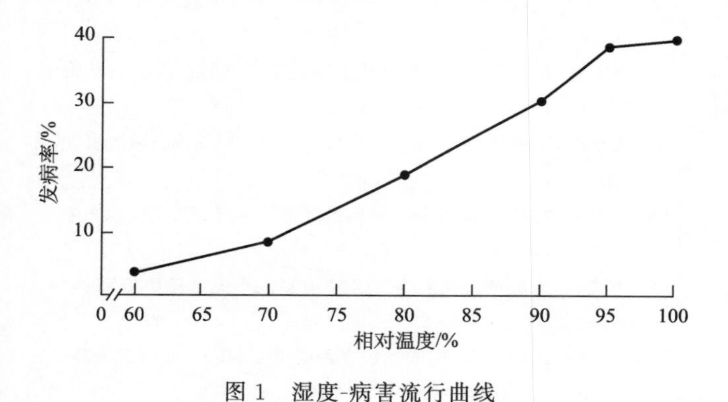


图 1　湿度-病害流行曲线

**表 2　猕猴桃栽培果园花腐病发生调查**

| 果园 | 地形 | 平均发病率/% | |
|---|---|---|---|
| | | 1994 年 | 1995 年 |
| 马元 | 梯形山地 | 15.4 | 16.3 |
| 大南 | 环形盆地 | 20.6 | 20.8 |
| 杨林 | 开阔平地 | 7.2 | 8.3 |

**表 3　地势与病害流行的关系**

| 地形 | | 平均发病率/% |
|---|---|---|
| 开阔平地 | | 8.2 |
| 环山盆地 | | 20.7 |
| 梯形山地 | 山脚、山坳底 | 45.6 |
| | 半山腰、山坳中部 | 15.4 |
| | 山顶 | 2.3 |

**表 4　棚架与病害流行关系**

| 架形 | | 平均发病率/% |
|---|---|---|
| T 型 | | 6.3 |
| 平顶 | | 35.6 |
| 篱架 | 上、中部 | 6.2 |
| | 下部 | 15.7 |

**表 5　花生态位与病害流行关系**

| 花生态位 | 平均发病率/% |
|---|---|
| 上位 | 3.2 |
| 中位 | 20.5 |
| 下位 | 22.7 |

图 1 表明，发病率随湿度的升高而增大，湿度在 60%～80%时，病害发展缓慢；80%～95%时，病害迅速发展；95%以上时，病害发展又趋于平缓，整个湿度-病害流行曲线呈右斜的 S 形。地势、棚架对病害流行的影响实际上是间接通过湿度的影响而实现的，花生态位对病害流行的影响是通过湿度及雨水或植物的吐水传播来实现的。

### 2.2 病原物分离及鉴定

从典型的病花苞、病花以及病叶中都可分离到细菌，分离频率出现较高的细菌在 KB 平板上形成扁平、奶油状、灰白色的菌落，在紫外光下发出淡蓝色荧光，注射、针刺接种花苞均出现典型的花腐，表明该类分离物是猕猴桃细菌性花腐病的病原。接种烟草产生过敏性坏死反应，接种马铃薯造成腐烂，LOPAT 为——＋—＋，属第Ⅱ组。此菌革兰氏染色阴性，杆状，大小为（0.5～1.0）μm×（1.5～3.0）μm，极生鞭毛 1～4 根，生理生化测试结果见表 6。

表 6 猕猴桃细菌性花腐病菌与相关菌株的特性比较

| | *Pseudomonas* spp. | ICMP3023 | ICMP4352 | ICMP8937 | ICMP2848 | ICMP9617 |
|---|---|---|---|---|---|---|
| KB培养基上产生荧光素 | (+) | − | − | (+) | + | − |
| 烟草过敏反应 | + | + | + | + | + | + |
| 马铃薯腐烂 | + | − | − | + | + | − |
| 氧化酶 | − | − | − | − | − | − |
| 精氨酸双水解 | − | − | − | − | − | − |
| 果聚糖产生 | − | + | + | − | − | + |
| 明胶液化 | + | + | − | + | (+) | − |
| 硝酸盐还原 | − | − | − | − | − | − |
| 葡萄糖 | + | + | + | + | + | + |
| 木糖 | + | + | − | + | + | − |
| 甘露糖 | + | + | − | + | − | + |
| 海藻糖 | − | − | − | − | − | − |
| 蔗糖 | + | + | + | + | − | + |
| 山梨醇 | + | + | + | − | + | + |
| 赤鲜糖醇 | + | + | − | + | + | − |
| 肌醇 | + | + | + | + | + | + |
| 多聚颗粒 PHB | − | − | − | − | − | − |

# 3 讨论

猕猴桃病害调查表明，细菌性花腐病已在福建建宁普遍发生。病害症状与国外报道[1,3,4]相同，病原性状与 ICMP 8937 几乎完全相同（表 6）。新西兰以往认为新西兰猕猴桃细菌性花腐病原为绿黄假单胞菌[3]，但 Young（个人通信）测定了新西兰猕猴桃细菌性花腐病菌的代表菌株 ICMP 8937 与萨氏假单胞菌株 ICMP 4352 的 DNA/DNA 同源性，结果为 87%，因而认为它属于萨氏假单胞菌遗传种。建宁县的猕猴桃细菌性花腐病菌的性状与菌株 ICMP 8937 相同，也应属于萨氏假单胞菌遗传种。我们进一步用 Biolog GN 测试板和 DNA/DNA 同源性测定后，也证实了这点[16]。

该病害的发生、流行与湿度密切相关。据 Young 等[3]报道，花腐病菌可长年附生在猕猴桃的藤茎、叶片上，而且随季节、年份有较大的变化，其附生性、年份变化规律尚待进一步研究。

花腐病菌接种花、花苞均产生较为典型的病害症状，但在本研究中，无论采用摩擦接种、针刺接种、抽真空渗透接种，还是用无针头注射器压入接种，均不能使叶片接种获得较为满意的结果。因此，有必要对花腐病菌侵入叶片的途径与条件作深入的探讨。

**致谢** 本研究得到建宁县溪口镇农技站汪福祥同志、马元村猕猴桃种植专业户张启高同志的大力协助，在此致于衷心的感谢。

## 参考文献


[1] Conn KE, Gubler WD, Hasey JK. Bacterial blight of kiwifruit in California. Plant Disease, 1993, 77: 228-230

[2] 三好孝典ら,高犁和雄,橘泰宣ら. キウイフルーッ花腐细菌病に關すみ研究（Ⅰ）キウイフルーッ花腐细菌病の病原についこ. 日本植物病理学会报,1988, 54: 378

[3] Young JM, Cheesmur GJ, Welham FV, et al. Bacterial blight of kiwifruit. Annuals of Applied Biology, 1988, 112: 92-105

[4] Luisetti J, Gaignard JL. Deux maladies bacteriennes du kiwi en France. Phytoma, 1987, 391: 42-45

[5] 姜景魁. 猕猴桃花腐病的发生及防治. 福建果树,1996, 3: 20-21

[6] 林尤剑,高日霞. 福建猕猴桃病害调查与鉴定. 福建农学院学报,1995, 24 (1): 49-53

[7] 朱晓湘,方炎祖,廖新光. 猕猴桃溃疡病病原研究. 湖南农业科学,1993, 6: 31-33

[8] 牟惠芳,刘开启,刘晖等. 猕猴桃病害种类调查初报. 山东农业大学学报,1990, 21 (3): 83-85

[9] 方炎祖,朱晓湘. 猕猴桃病害种类鉴定(一). 湖南农业科学,1986, (2): 31-32

[10] 方炎祖,朱晓湘. 猕猴桃病害种类鉴定(二). 湖南农业科学,1986,(3): 32-34

[11] 方炎祖,朱晓湘. 猕猴桃病害种类鉴定(三). 湖南农业科学,1989,(2): 40-42

[12] 何念杰,唐祥宁,朱福容. 赣中北地区中华猕猴桃(*Actinidia chinensis* Planch)病害调查与鉴定. 江西农业大学学报,1989, 11 (1): 63-67

[13] Young JM. New plant disease record in New Zealand: *Pseudomons syringae* pv. *persicae* from nectarine, peach, and Japanese plum. New Zealand Journal of Agricultural Research,

1987，16：315-323

[14] Schaad NW. Laboratory guide for identification of plant pathogenic bacteria. St Paul: The American Phytopathological Society，1988，60-73

[15] Lelliotti RA，Billing E，Hayward AC. A determinative scheme for the fluorescent plant pathogenic pseudomonads. Journal of Applied Bacteriology，1966，29：470-489

[16] 胡方平，方敦煌，Young JM 等. 中国猕猴桃细菌性花腐病菌的鉴定. 植物病理学报，1998，28（2）：175-201

# Ⅵ 龙眼病害

本部分报道了龙眼焦腐病菌的形态特征、为害症状和生物学特性以及龙眼果实的潜伏性病原真菌。

# 龙眼焦腐病菌及其生物学特性*

张居念[1,2]，林河通[1,3]，谢联辉[3]，林奇英[3]

（1 福建农林大学食品科学学院，福建福州　350002；2 福建省农业科学院水稻研究所，福建福州　350019；3 福建农林大学植物保护学院，福建福州　350002）

**摘　要：**龙眼焦腐病菌（*Lasiodiplodia theobromae*）是龙眼果实储藏期焦腐病害的病原菌。本试验观察了龙眼焦腐病菌的形态特征和为害果实症状，研究了温度、pH、湿度、C源、光照对菌丝生长、产孢和孢子萌发的影响。结果表明：龙眼焦腐病菌菌丝生长的最适温度为28～30℃，最适pH为6.0～7.0；产生子座的最适温度为30℃，最适pH为6.0；分生孢子萌发的最适温度为25～35℃，最适pH为5.0～8.0。分生孢子的萌发要求高湿度，其萌发率随着相对湿度的增加而提高，在水中的萌发率可达88.5%，而在相对湿度低于86%时孢子不能萌发。蔗糖、葡萄糖有利于菌丝的生长；蔗糖有利于子座的产生；蔗糖、葡萄糖、麦芽糖和甘露醇均可促进分生孢子的萌发。连续光照有利于分生孢子器的产生。菌丝体的致死温度为52℃（10min），分生孢子的致死温度为53℃（10min）。

**关键词：**龙眼；果实；焦腐病菌；生物学特性

**中图分类号：**Q939.5；S667.2　**文献标识码：**A　**文章编号：**1006-7817（2005）04-0425-05

# Biological characteristics of *Lasiodiplodia theobromae* causing black-rotten disease of longan fruit

ZHANG Ju-nian[1,2], LIN He-tong[1,3], XIE Lian-hui[3], LIN Qi-ying[3]

(1 College of Food Science, Fujian Agriculture and Forestry University, Fuzhou　350002;
2 Institute of Rice Research, Fujian Academy of Agricultural Sciences, Fuzhou　350019;
3 College of Plant Protection, Fujian Agriculture and Forestry University, Fuzhou　350002)

**Abstract:** *Lasiodiplodia theobromae* is a pathogen of the black-rotten disease of longan fruit during storage, its morphological character and the symptom of diseased fruit were observed, and effects of temperature, pH, humidity, carbon and light on mycelial growth, yield of sporodochium and conidial germination of *L. theobromae* were also investigated. For the mycelial growth of *L. theobromae*, the optimum temperature was 28-30℃, the optimum pH was 6.0-7.0. For the yield of sporodochium, the optimum temperature was 30℃, the optimum pH was 6.0. For the conidial germination, the optimum range of temperature was 25-35℃, the optimum range of pH

福建农林大学学报（自然科学版），2005，34（4）：425-429

* 项目基金：国家自然科学基金项目（30200192）、福建省自然科学基金项目（B9910016、B0210021、F0310023、B0510019）、福建省博士后基金项目（010329）

was 5.0-8.0. The conidial germination of *L. theobromae* needed high relative humidity, the rate of conidial germination increased with the raise of relative humidity, and the germination rate was 88.5% when the conidiospores of pathogen were incubated in water drop, whereas the conidiospores did not germinate when the relative humidity was below 86%. Sucrose and glucose could promote mycelial growth, sucrose could increase the yield of sporodochium, and the solution of sucrose, glucose, mannitol and maltose could promote the conidial germination. The pathogen produced pycnidium more quickly under the condition of continuous fluorescent light. The lethal temperature of the mycelium was 53℃ for 10min, while the lethal temperature of the conidiopore was 52℃ for 10min.

**Key words**: longan; fruit; *Lasiodiplodia theobromae*; biological characteristic

龙眼（*Dimocarpus longan*）是我国南方亚热带的名特优水果，主产于福建、广东、广西、台湾等省（区）。近十年来，我国龙眼生产发展迅速，栽培面积不断扩大，总产量也随着增加。但由于龙眼果实成熟于高温酷暑季节，采后生理代谢旺盛，鲜果易失水、褐变和腐烂[1-4]。因此，采后龙眼的保鲜运输成为生产上亟待解决的问题。我们前期的研究发现，龙眼果实采后腐烂与采前病原真菌的潜伏侵染有关。前人研究认为，龙眼的主要真菌性病害有龙眼壳二孢叶斑病、龙眼拟盘多毛孢叶枯病、龙眼拟茎点霉灰色叶枯病、龙眼盘二孢褐斑病、龙眼炭疽病等，这些病害主要发生在龙眼叶片上[5-7]，而果实上真菌性病害的研究尚少。笔者从2003年开始对真菌潜伏侵染所致的龙眼果实采后病害进行了研究（研究结果另文发表），结果发现，龙眼采后储藏期真菌性病害主要是由于龙眼焦腐病菌（*Lasiodiplodia theobromae*）、龙眼拟茎点霉（*Phomopsis longanae*）等少数采前病原真菌的潜伏侵染造成的，同时认为采后病害（特别是真菌性病害）是影响龙眼果实货架期的主要原因，而且龙眼焦腐病菌的分离频率最高（46%）。本试验观察了龙眼焦腐病菌的形态特征和为害果实症状，同时研究了温度、pH、湿度、C源和光照等对龙眼焦腐病菌菌丝生长、产孢和孢子萌发的影响，旨在了解龙眼焦腐病菌的生物学特性，为科学制订控制龙眼焦腐病菌采前潜伏侵染和采后病害的技术措施提供理论依据。

# 1 材料与方法

## 1.1 病原菌的分离与鉴定

2003年和2004年从福建龙眼主产区莆田、漳州、福清、安溪、福州等地采收的龙眼果实果肉中分离到分离频率最高（46%）的病原菌，经纯化后观察其形态特征，并用PDA培养基培养所得的分生孢子接种在无病虫害的龙眼果实上，观察发病症状。将重新分离的病原菌进行镜检，比较前后分离物的形态特征并对比张中义等[8-10]的描述，将龙眼焦腐病的病原菌鉴定为（*Lasiodiplodia theobromae*）。

## 1.2 供试菌种和分生孢子

供试菌种为经上述致病性鉴定的病原菌——龙眼焦腐病菌。培养基为PDA，菌龄为48h，培养温度为28℃。

供试分生孢子为在PDA培养基上经过日光灯连续光照（光照度为3001x）培养（培养温度为28℃）25d所产生的分生孢子。15×10倍下分生孢子悬浮液孢子数每视野达30个左右。

## 1.3 生物学特性测定

### 1.3.1 温度对菌丝生长、产孢和孢子萌发的影响

用灭菌打孔器移取半径为5mm的菌苔到每培养皿含20mL PDA的平板中央，分别置于12种温度（10～42℃）下培养48h，测量菌落直径后继续培养。用光照度为3001x的日光灯连续光照，13d后计算子座数。各处理3个培养皿即重复3次。

将分生孢子用无菌水配制成孢子悬浮液，滴于载玻片上，分别置于12种温度（10～42℃）下保湿培养24h后镜检萌发率，每次检查100个孢子，重复3次。

1.3.2　pH 对菌丝生长、产孢和孢子萌发的影响

用 HCl 和 NaOH 溶液调节灭菌后的 PDA 培养基的 pH 为 2.0～12.0（pH 共 13 种），每培养皿内倒入 20mL PDA 培养基，移入半径为 5mm 的菌苔，在 28℃下培养 48h 后测量菌落直径，再用光照度为 300lx 的日光灯连续光照 13d 后计算子座数。

用柠檬酸、磷酸盐配制 13 种 pH 缓冲液（pH 2.0～12.0），然后用缓冲液配制孢子悬浮液滴于载玻片上，保湿培养 24 h 后镜检萌发率。

1.3.3　湿度对孢子萌发的影响

采用小容器空气湿度调节法[11]。用不同浓度的 $H_2SO_4$ 或其他盐的饱和溶液调节干燥器内的 7 种空气湿度（ 65%～100%）。将孢子悬浮液均匀涂于载玻片上，放在干燥器快速干燥后置于不同湿度的干燥器内，24h 后镜检萌发率，以水滴中的孢子萌发率为对照。

1.3.4　C 源对菌丝生长、产孢和孢子萌发的影响

分别用含 C 量相同的蔗糖、麦芽糖、乳糖和甘露醇替换 PDA 中的葡萄糖，配制成含有不同 C 源的培养基。各处理 3 个培养皿。每培养皿含培养基 20mL，移入半径为 5mm 的菌苔置 28℃下培养 48h 后测量菌落直径，再经光照度为 300lx 的日光灯连续光照 13d 后计算子座数。

配制与质量分数为 1%葡萄糖溶液中含 C 量相同的蔗糖、麦芽糖、乳糖和甘露醇溶液，分别用上述溶液配制孢子悬浮液滴于载玻片上，保湿培养 24h 后镜检萌发率。

1.3.5　光照对菌丝生长、子座产生数量和孢子萌发的影响

在 PDA 平板上移入半径为 5mm 的菌苔，分别在连续光照（日光灯光照度为 300lx）、12h 光暗交替、完全黑暗 3 种光照条件下培养（培养温度 28℃）48h 测量菌落直径，继续培养 13d 后计算子座产生数量。

1.3.6　致死温度

分别将菌丝和分生孢子配成悬浮液，吸取 1mL 于玻璃管中，用硅胶盖盖紧后分别置 50～55℃的水浴中处理 10min，然后倒入 PDA 平板中，在 28℃下培养 72h 后观察其生长情况。

## 2　结果与分析

### 2.1　龙眼焦腐病菌形态特征及其为害状

尚未观察到焦腐病菌为害龙眼枝叶；焦腐病菌为害龙眼果实，在采摘前不发病，采收后经常温储藏 2d 即可表现发病症状。大部分从果蒂处开始发病，长出灰黑色疏松菌丝，子座前期呈墨绿色球形，直径 4～5mm，外表密生绒状菌丝丛，后期转成炭黑色圆柱形，直径 3～4mm。分生孢子器集生于子座内，直径 200～300μm，黑褐色，分生孢子器中具间生侧丝，线形无色，产孢细胞圆柱形，无色，不分枝，不分隔，全壁芽生式产孢。分生孢子初无色，单孢，卵圆形，基部平截，端部钝圆，壁厚，表面光滑，成熟后变成茶褐色，中央有一隔膜，椭圆形，表面光滑，具纵条纹，大小为（18.5～28.8）μm×（13.5～15.3）μm（图 1）。焦腐病菌在龙眼上为首次报道。

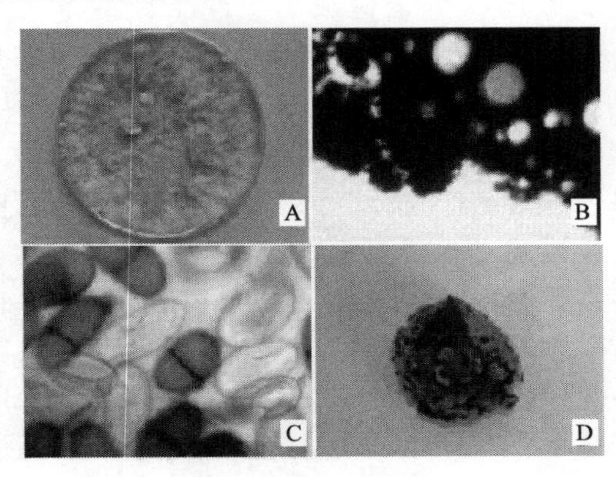


图 1　龙眼焦腐病菌的形态特征及果实为害症状
A. 在 PDA 上的形态；B. 集生的分生孢子器（×200）；C. 具纵条纹的分生孢子（×500）；D. 病果

### 2.2　温度对菌丝生长、产孢和孢子萌发的影响

龙眼焦腐病菌在 PDA 培养基上低于 11℃和高于 40℃均不能生长，该菌菌丝生长的温度为 12～39℃，最适生长温度为 28～30℃。该菌能产生子座的温度为 20～35℃，最适温度为 30℃。分生孢子在无菌水中能萌发的温度为 12～39℃，最适萌发温度为 25～35℃（图 2）。

### 2.3　pH 对菌丝生长、产孢和孢子萌发的影响

龙眼焦腐病菌在 pH 2.5～11.5 范围的 PDA 培养基上均能生长，最适菌丝生长的 pH 为 6.0～

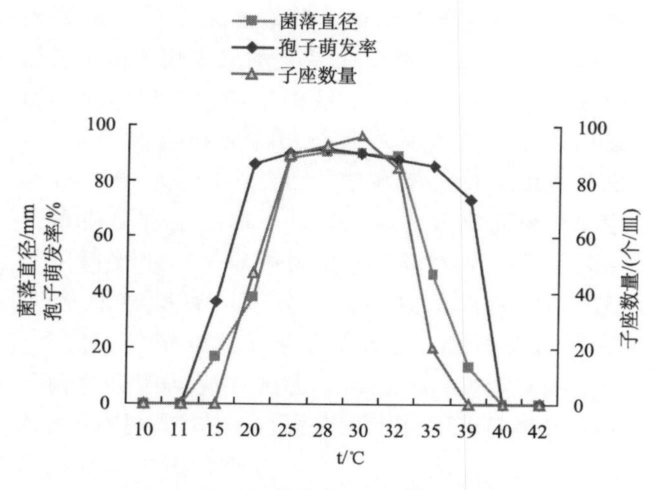


图 2 温度对龙眼焦腐病菌菌丝生长、产孢和孢子萌发的影响

7.0；pH 为 4.0～9.0 能产生子座，最适的 pH 为 6.0；分生孢子在 pH 为 2.5～11.5 的水中均可萌发，最适萌发 pH 为 5.0～8.0（图 3）。

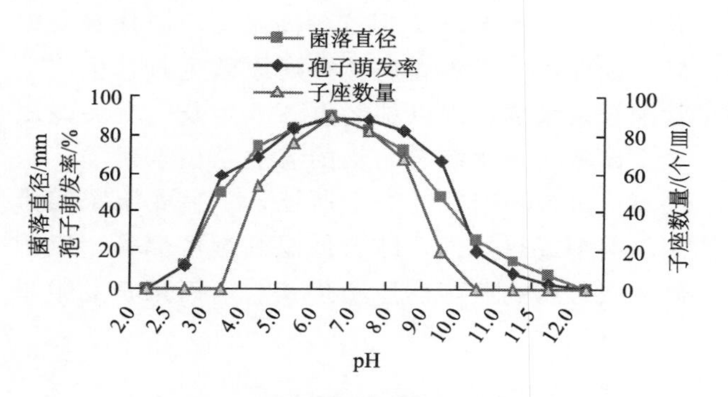


图 3 pH 对龙眼焦腐病菌菌丝生长、产孢和孢子萌发的影响

## 2.4 空气相对湿度对孢子萌发的影响

龙眼焦腐病菌分生孢子的萌发率随着空气相对湿度的增加而提高，在水中的萌发率可达 88.5%，而在相对湿度低于 90%时，其萌发率锐减，相对湿度低于 86%时孢子不能萌发（表 1）。这表明，高湿环境有利于龙眼焦腐病菌的侵染。

**表 1 不同空气相对湿度对孢子萌发的影响**

| 相对湿度% | 孢子萌发率% |
|---|---|
| CK（水滴） | 88.5 A a |
| 100 | 83.1 B b |
| 98 | 62.5 C c |
| 93 | 41.2 D d |
| 90 | 29.6 E e |

续表

| 相对湿度% | 孢子萌发率% |
|---|---|
| 86 | 1.2 F f |
| 75 | 0.0 G g |
| 65 | 0.0 G g |

同列数字后附大、小写字母者分别表示差异达到 1%极显著水平和 0.05 显著水平

## 2.5 C 源对菌丝生长、产孢和孢子萌发的影响

表 2 表明，在 5 种供试 C 源中，龙眼焦腐病菌在蔗糖、葡萄糖为 C 源的培养基上生长最好，其菌落直径极显著（$P<0.01$）地高于其他 C 源处理组；而以甘露醇、麦芽糖和乳糖为 C 源的生长较差，且它们间的差异极显著（$P<0.01$），其中以乳糖为 C 源的生长最差。蔗糖有利于子座的产生，其子座产生数量极显著（$P<0.01$）地高于其他 C 源处理组；麦芽糖和乳糖次之；而葡萄糖不利于子座的产生，其子座产生数量显著（$P<0.05$）地低于其他 C 源处理组。蔗糖、葡萄糖、麦芽糖和甘露醇溶液均可显著（$P<0.05$）地促进龙眼焦腐病菌分生孢子的萌发，而乳糖与对照组无显著（$P<0.05$）差异（表 2）。

**表 2 C 源对龙眼焦腐病菌生长、产孢和孢子萌发的影响**

| C 源 | 菌落直径 mm | 子座数量 个/皿 | 孢子萌发率 /% |
|---|---|---|---|
| 蔗糖 | 81 A a | 154 A a | 94.1 ABab |
| 葡萄糖 | 81 A a | 95 C d | 96.3 A a |
| 甘露醇 | 72 B b | 103 C c | 92.1 BCbc |
| 麦芽糖 | 62 C c | 115 B b | 93.2 ABbc |
| 乳糖 | 57 D d | 113 B b | 90.5 BCcd |
| CK（水） | 25 E e | — | 88.6 Cd |

同列数字后附大、小写字母者分别表示差异达到 1%极显著水平和 5%显著水平

## 2.6 光照对菌丝生长、产孢和孢子萌发的影响

龙眼焦腐病菌在连续光照、12h 光暗交替的条件下均可产生子座和分生孢子，但在连续光照下可快速产生子座和分生孢子器，连续光照下 7d 即可产生球形墨绿色子座，10d 后形成分生孢子器并始产孢。而在 12h 光暗交替的条件下，子座的产生需要 10d。在自然光下，光线强弱不同会造成产孢时

间发生变化。而龙眼焦腐病菌在黑暗下不能产生子座。

### 2.7　龙眼焦腐病菌菌丝体和分生孢子的致死温度

龙眼焦腐病菌菌丝体经≥52℃处理 10min 后即不能生长，分生孢子经≥53℃处理 10min 后不能萌发，说明该菌菌丝体的致死温度为 52℃（10min），分生孢子的致死温度为 53℃（10min）。

## 3　讨论

龙眼焦腐病菌是龙眼采后病害的主要病原菌，占采后真菌性病害的 46%，但由于其在采前呈潜伏状态（潜伏侵染的研究结果另文发表），采后又由于其菌丝易穿透龙眼内果皮（即果膜）而侵入果肉，破坏龙眼果肉的细胞组织结构，造成富含糖分的果肉汁液外流，引起腐生菌如细菌、酵母菌的大量繁殖，从而掩盖了焦腐病菌的症状，致使以往研究者没有对龙眼焦腐病引起重视。

作者 2003 年和 2004 年从不同发育阶段的龙眼果实上分离病原菌，观察到在龙眼果实膨大期，龙眼焦腐病菌大量潜伏侵染龙眼果实。龙眼焦腐病菌侵染时间与该菌的生物学特性有密切关系，该菌具有喜欢高温高湿的特性，其孢子需要在温度 25～35℃、湿度大于 98%的条件下才能大量萌发。虽然目前对龙眼焦腐病菌的生物学特性已经较为清楚，但其越冬、初侵染源、侵入寄主的方式等侵染循环特性以及采前防治措施还需要做进一步的研究。

由于龙眼焦腐病菌是龙眼采后病害的主要病原菌，通过对龙眼焦腐病菌生物学特性的研究，可为龙眼果实采后储藏焦腐病害防治策略的制定提供科学依据和生产实践指导。本试验研究认为，龙眼焦腐病菌在 12～39℃下均能生长，最适生长温度为 30℃左右，温度过低（<11℃）或过高（>40℃）对该菌菌丝生长、子座产生和分生孢子萌发都有抑制作用，其中，该菌菌丝体和分生孢子的致死温度分别为 52℃（10min）和 53℃（10min）（图 2）。上述研究解释了龙眼果实采后室温（25～35℃）下储藏极易长霉腐烂的原因，即 25～35℃的高温促进龙眼焦腐病菌等病原菌生长，从而导致龙眼果实腐烂。在储藏保鲜实践上，常用适宜的低温储藏（如福眼龙眼用 4℃储藏）以抑制龙眼焦腐病菌等病原菌生长，延长龙眼保鲜期[1,3]。此外，采后龙眼果实用 100℃水热烫 30～40s 或用热的杀菌剂溶液（52℃或 60℃）浸果处理，可达到杀菌作用，抑制病原菌生长，延长龙眼果实货架寿命[12,13]。pH 5.0～8.0 有利于龙眼焦腐病菌菌丝生长、子座产生和分生孢子萌发，而 pH<2.5～3.0 则可显著抑制该菌生长（图 3），储藏保鲜实践上，可用稀酸溶液（pH 2.5）浸果处理，延长龙眼果实保鲜期[12]。此外，由于相对湿度<90%时，龙眼焦腐病菌分生孢子的萌发率显著下降；相对湿度<86%时则抑制该菌分生孢子的萌发（表 1），在理论上可用<86%的相对湿度储藏保鲜龙眼果实，但在储藏保鲜实践上，由于这种较低的相对湿度储藏时容易引起龙眼果实失水和果皮褐变，严重影响果实的外观品质和缩短其保鲜期[2]，生产上常用高湿度（>90%）储藏或塑料薄膜袋包装以维持薄膜包装袋内储藏龙眼果实的高湿度环境，以减少储藏龙眼果实的失水[12]，但这种高湿度环境储藏龙眼果实则促进龙眼焦腐病菌等病原菌生长，生产上常配合杀菌剂处理以抑制该菌的生长。有关龙眼果实储藏期焦腐病害防治的有效杀菌剂种类、浓度有待进一步研究。综上所述，采后龙眼果实常用杀菌剂或热处理，结合低温高湿度储藏，以抑制龙眼焦腐病菌等病原菌生长，从而延长龙眼果实保鲜期。

## 参考文献

[1] 林河通，席玙芳，陈绍军等. 龙眼采后生理和病理及储运技术研究进展. 农业工程学报，2002，18（1）：185-190
[2] 林河通，陈绍军，席玙芳等. 龙眼果皮微细结构的扫描电镜观察及其与果实耐储性的关系. 农业工程学报，2002，18（3）：95-99
[3] Lin HT，Chen SJ，Chen JQ，et al. Current situation and advances in postharvest storage and transportation technology of longan fruit. Acta Horticulturae，2001，558：343-351
[4] Lin HT，Chen SJ，Hong QZ. A study of the shelf-life of cold-stored longan fruit. Acta Horticulturae，2001，558：353-357
[5] 张传飞，戚佩坤. 广东省龙眼几种新病原真菌的鉴定. 华南农业大学学报，1996，17（2）：59-64
[6] 林石明，戚佩坤. 拟茎点霉属的新种和新纪录. 华南农业大学学报，1992，13（1）：93-97
[7] 郭建辉. 我国荔枝、龙眼病害名录. 亚热带植物科学，2002，31（增刊）：48-51
[8] 张中义，冷怀琼，张志民等. 植物病原真菌学. 成都：四川科学技术出版社，1988，447-449
[9] 陆家云. 植物病害诊断. 第二版. 北京：中国农业出版社，1997，

219
[10] Shelar SA, Padule DN, Sawant DM, et al. Physiological studies on *Botryodia theobromae* Pat causing die-back disease of mango. Journal of Maharashtra Agricultural University, 1997, 22 (2):202-204
[11] 方中达. 植病研究方法. 第三版. 北京:中国农业出版社, 1998, 146-155
[12] 林河通. 龙眼果实采后果皮褐变机理和采后处理技术研究. 浙江大学博士学位论文, 2003

# 龙眼果实潜伏性病原真菌的初步研究*

张居念[1,3]，林河通[1,2]，谢联辉[2]，林奇英[2]，王宗华[2]

（1 福建农林大学食品科学学院，福建福州 350002；2 福建农林大学植物保护学院，福建福州 350002；
3 福建省农业科学院水稻研究所，福建福州 350019）

**摘 要**：采用快速、简便的果肉分离法，从健康龙眼果实中分离潜伏侵染的真菌。经形态和致病性鉴定，2 个分离频率较高的潜伏侵染真菌为龙眼拟茎点霉（*Phomopsis longanae*）和可可毛色二孢（*Lasiodiplodia theobromae*）；不同发育阶段的龙眼果实分离结果表明，龙眼拟茎点霉在花期即可侵染，而可可毛色二孢主要在龙眼果实膨大期侵染。研究结果为制定龙眼果实采后病害综合防治策略提供了依据。

**关键词**：龙眼；果实；潜伏侵染；龙眼拟茎点霉；可可毛色二孢

**中图分类号**：S436.67

# Preliminary studies on latent fungal pathogens in longan fruits

ZHANG Ju-nian[1,3], LIU He-tong[1,2], XIE Lian-hui[2],
LIN Qi-ying[2], WANG Zong-hua[2]

(1 College of Food Science, Fujian Agriculture and Forestry University, Fuzhou 350002;
2 College of Plant Protection, Fujian Agriculture and Forestry University, Fuzhou 350002;
3 Institute of Rice Research, Fujian Academy of Agricultural Sciences, Fuzhou 350019)

**Abstract**: Longan (*Dimocarpus longan*) is a popular subtropical fruit, but its storage duration is very short because of fungal diseases. Pathogenic fungi from different mature stage and different production area of longan fruit isolated by using a quick and easy method were found as the mainly latent-infecting cause of post-harvest diseases of longan fruits. Of the fungi isolated two species *Lasiodiplodia theobromae* and *Phomopsis longanae* Chi were found to have a high isolation frequency based on their pathogenicity and morphology. *P. longanae* caused infection at the flowering stage, and *L. theobromae* mainly infected the longan fruits at the fruit enlargement stage. This result is important in formulating an effectively integrated strategy for controlling the post-harvest longan fruit diseases.

**Key words**: longan (*Dimocarpus longan*); fruit; latent infection; *Lasiodiplodia theobromae*; *Phomopsis longanae*

---

热带作物学报，2006，27（4） 78-82

收稿日期：2006-03-27 修回日期：2006-06-27

* 基金项目：国家自然科学基金项目（30200192，30671464），福建省自然科学基金项目（B9910016，B0210021，F0310023，B0510019）、福建省重点科技项目（2006S0003）、福建省博士后基金项目（010329）

采后真菌病害是影响龙眼（*Dimocarpus longan*）果实货架期的主要因素[1-3]。刘卫民[4]和Sardsud等[5]曾从腐烂的龙眼果实中分离出病原菌，但由于分离到的微生物种类繁多，没有明确导致采后龙眼果实腐烂的主导病原菌。为了进行龙眼无公害保鲜，笔者从不同生长阶段和不同产地的龙眼果实上进行真菌分离，旨在查明引起采后龙眼果实储藏期病害的主要病原，并探讨龙眼潜伏性真菌病害的发生规律，为最终制定采后龙眼果实储藏期病害的防治方案提供依据。

# 1 材料与方法

## 1.1 龙眼果实的采集及其真菌分离

分别于2003年和2004年从福建龙眼主产区莆田、漳州、福清、安溪、福州5个地方采集若干成熟的福眼龙眼，从每个采集地各挑选60个健康果实进行3种处理和真菌分离：①不作表面消毒，置于灭菌广口瓶经室温储藏6d后，用300mL无菌水清洗果实表面，取清洗液1mL于培养皿中，然后加入50℃ PDA培养基，摇匀后置28℃恒温箱中培养，长出菌落后，挑取单菌落进行培养并用单菌丝法纯化。②将龙眼果实用体积分数75%酒精浸泡30s后再用质量分数1%次氯酸钠溶液浸泡20min，然后用无菌水清洗3遍（文中的表面消毒均采用这种方法）后，置入灭菌广口瓶中经室温储藏6d，再次表面消毒后，剥去果皮，切取与果皮病变部位相接触的果肉置于PDA平板上培养并纯化。为了便于陈述，本文将这种经表面消毒后取果皮病变部位相接触的果肉用于分离真菌的方法称为果肉分离法。③表面消毒后，用保鲜膜包装置于5℃冰箱中储藏20d，用果肉分离法分离。

## 1.2 分离真菌的致病性测定和形态鉴定

### 1.2.1 采前龙眼果实的套袋处理

在自然状态的龙眼果实带菌率很高，为了获得未受病原菌侵染的龙眼果实用于致病性鉴定，对拟接种的龙眼果实在田间栽培期间进行套袋处理，并在果实套袋前用甲基托布津进行保护。具体操作是2004年在福建安溪龙眼场，选定长势良好的龙眼树10株（品种为福眼），从5月3日起，即龙眼盛花期，每隔6 d用甲基托布津1500倍液喷药一次，5月15日喷药次日用牛皮纸袋将整个果穗包裹。其他管理同大田。9月1日采摘后用空调车运回实验室（福州市）备用。

### 1.2.2 接种物的制备

将果肉分离法得到的高分离率的2个潜伏性真菌菌株——毛色二孢（*Lasiodiplodia* sp.）和拟茎点霉（*Phomopsis* sp.）分别在PDA上，经日光灯连续光照，培养25d（28℃）和14d（25℃）后，将产生的分生孢子器用研钵轻轻碾碎后加入无菌水配成孢子悬浮液，镜检将悬浮液浓度调至15×10倍下每视野30个孢子左右。

### 1.2.3 接种

（1）离体龙眼果实的接种。挑选无损伤的套袋龙眼果实进行表面消毒后装入保鲜袋中，每20个果1袋，用小型喷雾器将毛色二孢和龙眼拟茎点霉的孢子悬浮液分别喷雾接种[6]在龙眼果实上，重复3次。无菌水接种为对照。接种后扎紧袋口分别置入28℃和25℃恒温箱中，2d后在日光灯连续光照下培养。4d后用果肉分离法再分离，将再分离物接在PDA上连续光照培养，每个重复分离3个果实，剩余果实继续光照培养，观察记载培养性状、子实体的产生过程和形态特征。

（2）龙眼叶片的接种。将毛色二孢和龙眼拟茎点霉的孢子悬浮液分别用针刺接种法[6]接在龙眼叶片上，塑料膜保湿48h，每个菌接种30张叶片，无菌水接种为对照。

### 1.2.4 病原菌的鉴定

根据再分离物的纯培养在PDA上的培养性状与子实体、产孢细胞和分生孢子的形态特征，结合接种物在接种果实和叶片上引致的症状，参照文献[7-12]鉴定。

## 1.3 不同生长阶段龙眼果实的采集及真菌分离

为了进一步掌握龙眼果实2种主要病原真菌在福建龙眼主要产地的侵染发病动态，2004年在福建的福州和安溪各选定5株福眼龙眼树，从花期至成熟，每隔10d，每株龙眼随机摘取花器、幼果或成熟果样本20个，装入牛皮袋中并贴上标签。花器和幼果经表面消毒后，接在PDA平板上置28℃恒箱中培养，并用单菌丝法纯化得到的菌落；膨大期后的龙眼果实进行表面消毒后，置入灭菌广口瓶中经室温贮藏6d后，用果肉分离法分离真菌，并统计不同真菌在龙眼果实不同发育时期出现的频率。

## 2　结果与分析

### 2.1　龙眼果实真菌的分离结果

从龙眼果实表面可分离到多种真菌，有青霉菌（*Penicillium* sp.）、根霉菌（*Rhizopus* sp.）、曲霉菌（*Aspergillus* sp.）、假链格孢（*Nimbya* sp.）、交链孢（*Alternaria* sp.）、拟盘多毛孢（*Pestalotiopsis* sp.）、枝孢霉（*Cladosporium* sp.）、镰刀菌（*Fusarium* sp.）、炭疽菌（*Colletotrichum* sp.）、粉红聚端孢（*Thichothecium* sp）、霜疫霉（*Peronophthora* sp.）、地霉菌（*Geotrichum* sp.）以及拟茎点霉（*Phomopsis* sp.）和酵母菌等。不同产地所分离到的真菌种类大致相同，各类的分离频率有差异，但没有规律性。

从龙眼果肉中，按照果肉分离法可以从绝大部分果实中分离到2～5种真菌，经初步鉴定这5种真菌分别为镰刀菌、粉红聚端孢、拟盘多毛孢、毛色二孢和拟茎点霉，其中以拟茎点霉、毛色二孢分离频率最大，两者之和超过90%。不同产地的真菌种类大致相同（表1），并且拟茎点霉、毛色二孢这2种真菌的分离频率总是最高，说明这2种真菌可能是龙眼果实储藏期病害的主要病原真菌。但值得注意的是，经室温储藏和低温储藏处理两者的分离频率不同，在室温储藏条件下毛色二孢的分离频率高于拟茎点霉，而在低温储藏条件下则是拟茎点霉的分离频率高于毛色二孢，表明不同储藏条件下的龙眼果实的主要真菌种类不同（表1），其原因有待进一步研究。

**表1　果肉分离法所分离的不同产地和贮藏处理的龙眼果肉中的真菌种类的分离频率**

| 真菌种类 | 室温分离频率/% | | | | | 冷藏分离频率/% | | | | |
|---|---|---|---|---|---|---|---|---|---|---|
| | 莆田 | 漳州 | 福清 | 安溪 | 福州 | 莆田 | 漳州 | 福清 | 安溪 | 福州 |
| 拟茎点霉 *Phomopsis* sp. | 40 | 35 | 40 | 45 | 35 | 50 | 50 | 55 | 55 | 55 |
| 毛色二孢 *Lasiodiplodia* sp. | 40 | 55 | 45 | 35 | 55 | 35 | 40 | 30 | 35 | 45 |
| 拟盘多毛孢 *Pestalotiopsis* sp. | 10 | 5 | 10 | 5 | 0 | 10 | 5 | 10 | 0 | 0 |
| 粉红聚端孢 *Thichothecium* sp. | 5 | 5 | 0 | 15 | 0 | 0 | 0 | 0 | 10 | 0 |
| 镰刀菌 *Fusarium* sp. | 5 | 0 | 5 | 0 | 10 | 5 | 5 | 5 | 0 | 10 |

### 2.2　2个主要潜伏性真菌的致病性测定和形态鉴定

为了明确引起龙眼果实储藏期病害的主要病原真菌，笔者进一步对2个龙眼果肉分离频率最高的真菌，即拟茎点霉和毛色二孢的致病性和形态特征进行了研究。

#### 2.2.1　毛色二孢致病性和形态鉴定结果

取经过套袋处理的龙眼果实接种，接种2d后产生水渍状斑点，并长出灰色菌丝；3d后长出大量疏松菌丝，菌丝颜色呈黑色，7d后开始形成墨绿色子实体（图1A），子实体直径约4～5mm，表面密生绒状短直菌丝，20d后子实体颜色逐渐加深至炭黑色，并伸长成圆柱形。所有接种果实均表现出一致的症状，并与自然病果相同。再分离物在PDA上气生菌丝黑色发达（图1B），2d菌落直径可达90mm，基质黑色，在连续光照条件下，7d后可产生黑色子实体。分生孢子器集生于子座内（图1C），直径200～300μm，黑褐色，分生孢子器中具间生侧丝，线形无色，产孢细胞圆柱形，无色，不分枝，不分隔，全壁芽生式产孢。分生孢子初无色，单孢，卵圆形，基部平截，端部钝圆，壁厚，表面光滑，成熟后变成茶褐色，中央有一隔膜，椭圆形，表面光滑，具纵条纹，大小（18.5～28.8）μm×（13.5～15.3）μm（图1D）。其形态特征与接种物一致。而无菌水接种对照的病果率为20%（表2），其病原种类见表3。在叶片上，接种与对照均不发病。

**表 2 套袋龙眼经室温贮藏 6d 后的发病情况**

| 处理 | 各重复每 20 个果实的病果数/个 | | | | | 平均发病率/% |
|---|---|---|---|---|---|---|
| | Ⅰ | Ⅱ | Ⅲ | Ⅳ | Ⅴ | |
| 套袋 | 5 | 4 | 6 | 3 | 2 | 20 |
| 未套袋（对照） | 20 | 20 | 20 | 19 | 19 | 98 |

**表 3 套袋与未套袋龙眼果实的病原种类和分离频率比较**

| 病原菌 | 套袋/% | 未套袋/% |
|---|---|---|
| 龙眼拟茎点霉 *P. longanae* | 0 | 45 |
| 可可毛色二孢 *L. theobromae* | 5 | 35 |
| 拟盘多毛孢 *P. pauciseta* | 0 | 5 |
| 粉红聚端孢 *T. roseum* | 95 | 15 |
| 茄镰刀菌 *F. solani* | 0 | 0 |

笔者还发现，尽管套袋处理未能完全消除病原菌的潜伏侵染，但经接种的龙眼果实发病率显著高于未接种的对照果实（表 3），证实了所接种的真菌可以侵染龙眼果实，引起贮藏期病害。参照[7-10]，将该菌鉴定为可可毛色二孢（*Lasiodiplodia theobromae*）。并根据其在果实上所产生的症状，参照[11]中此菌所致荔枝病害的命名，将其所致龙眼果实病害命名为龙眼焦腐病。

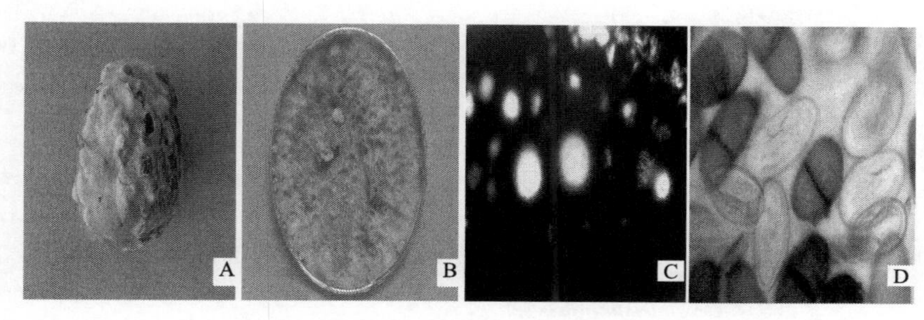


图 1 可可毛色二孢的形态特征及病果症状

A. 病果；B. 在 PDA 上的形态；C. 集生的分生孢子器（×200）；D. 具纵条纹的分生孢子（×500）

### 2.2.2 龙眼拟茎点霉致病性和形态鉴定结果

取经套袋处理的龙眼果实接种，接种后 2d，龙眼果实产生水渍状斑点，3d 后长出白色絮状菌丝，15d 后密生黑色分生孢子器（图 2A）。所有接种的龙眼果实均表现出一致的症状，并与自然病果相同。而无菌水接种对照的病果率也在 20%左右（病原情况与 2.2.1 的无菌水接种对照的病原相同）。再分离物在 PDA 上气生菌丝白色絮状具轮纹，基质黄褐色，7d 后产生黑色分生孢子器（连续光照条件下），初埋生，后突出培养基表面，近球形，黑色，多数单腔或双腔，偶有 3 腔的，器壁极厚，暗褐色，(325～876)μm×(218～561)μm；分生孢子梗分枝，有隔膜，无色，产孢细胞细长，瓶梗型或近圆柱形，无色，内壁芽殖。分生孢子两型：α 型椭圆形至纺锤形，无色，单孢，内含 2 个油滴，(7.5～10.0)μm×2.5μm；β 型丝状，一端弯曲，无色，单孢，(17.5～35.0)μm×(1.3～1.8)μm（图 2 B，C）。其形态特征与接种物一致。接种果实全部发病。该菌接种叶片也能致病，病斑褐色，叶脉部比两旁发展快而呈“V”形（图 2D），后期长出黑色分生孢子器。接种病叶症状、分生孢器和分生孢子的形态特征均与自然发病的龙眼拟茎点霉的一致。参照文献[7,8,11,12]，将该菌鉴定为 *Phomopsis longanae* Chi，并将其所致的龙眼果实病害命名为龙眼拟茎点霉果腐病。

## 2.3 龙眼果实两种主要病原真菌的侵染动态

对不同发育阶段的福州、安溪的龙眼果实的真菌分离结果表明，果实膨大期前（即 7 月 23 日前）分离到的真菌均以链格孢菌的出现频率最高，其他真菌的出现频率因时间和部位而有所变动，镰刀菌、可可毛色二孢、龙眼拟茎点霉、粉红聚端孢等随着果实的增长而逐渐增多（表 4），特别是果实膨大期后直到成熟期，拟茎点霉和可可毛色二孢则成为优势分离菌群。另外从分离结果看，拟茎点霉从花期就可开始侵入，而可可毛色二孢只在果实膨大期后才侵入。

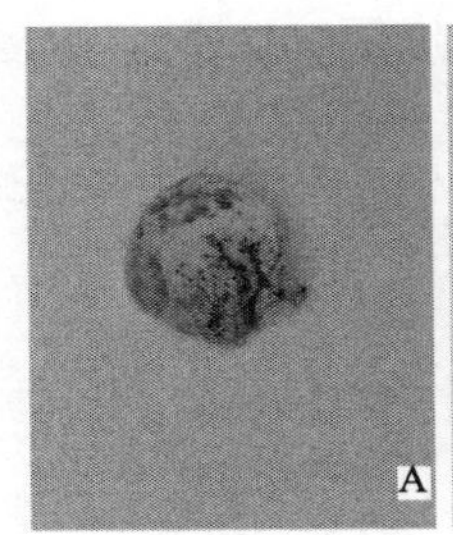

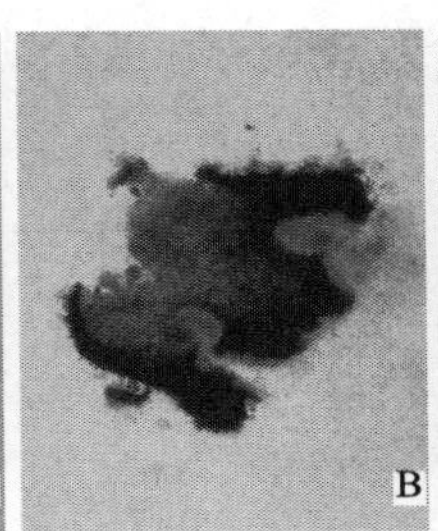

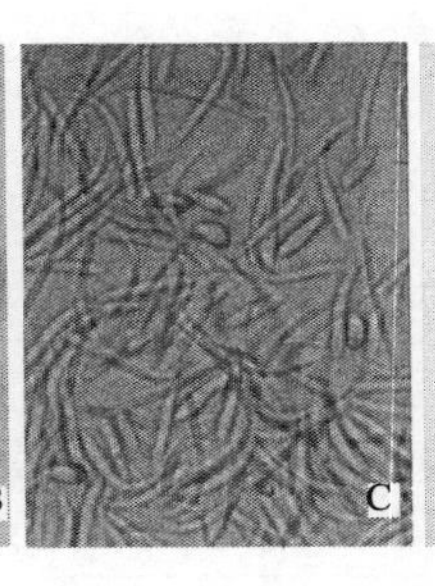

图 2　龙眼拟茎点霉（*P. longanae* Chi）的形态特征及其为害状

A. 病果；B. 分生孢子器（×200）；C. 两型分生孢子（×400）；D. 病叶

**表 4　龙眼果实不同生长阶段分离到的主要真菌及其分离频率**

| 采集时间果实发育时期 | 分离频率 | |
|---|---|---|
| | 福州 | 安溪 |
| 5 月 3 日<br>6 月 3 日<br>花期-幼果期 | 交链孢 *Alternaria* sp.（100%）<br>青霉菌 *Penicillium* sp.（20%）<br>根霉菌 *Rhizopus* sp.（20%）<br>龙眼拟茎点霉 *P. longanae*（10%）<br>拟盘多毛孢 *Pestalotiopsis* sp.（5%）<br>镰刀菌 *Fusarium* sp.（5%） | 交链孢 *Alternaria* sp.（100%）<br>青霉菌 *Penicillium* sp.（30%）<br>根霉菌 *Rhizopus* sp.（20%）<br>龙眼拟茎点霉 *P. longanae*（20%）<br>拟盘多毛孢 *Pestalotiopsis* sp.（10%）<br>镰刀菌 *Fusarium* sp.（5%） |
| 6 月 13 日<br>7 月 13 日<br>幼果 | 交链孢 *Alternaria* sp.（50%）<br>龙眼拟茎点霉 *P. longanae*（20%）<br>镰刀菌 *Fusarium* sp.（5%）<br>拟盘多毛孢 *Pestalotiopsis* sp.（5%） | 交链孢 *Alternaria* sp.（40%）<br>龙眼拟茎点霉 *P. longanae*（30%）<br>镰刀菌 *Fusarium* sp.（10%）<br>拟盘多毛孢 *Pestalotiopsis* sp.（10%）<br>粉红聚端孢 *Thichothecium* sp.（10%） |
| 7 月 23 日<br>9 月 1 日<br>果实膨大期-采收 | 可可毛色二孢 *L. theobromae*（40%）<br>龙眼拟茎点霉 *P. longanae*（30%）<br>镰刀菌 *Fusarium* sp.（5%）<br>拟盘多毛孢 *Pestalotiopsis* sp.（5%） | 龙眼拟茎点霉 *P. longanae*（40%）<br>可可毛色二孢 *L. theobromae*（30%）<br>粉红聚端孢 *Thichothecium* sp.（20%）<br>拟盘多毛孢 *Pestalotiopsis* sp.（10%）<br>镰刀菌 *Fusarium* sp.（5%） |

## 3　讨论

刘卫民[4]和 Sardsud 等[5]曾从腐烂的龙眼果实中分离出种类繁多的微生物，但未能阐明导致采后龙眼果实腐烂的主要病原菌。笔者采用果肉分离法分离龙眼果实上的真菌，能够快速、简便地分离到龙眼果实的主要潜伏性病原菌。通过对不同生长阶段和不同产地的龙眼果实进行真菌分离、致病性测定和病原鉴定，证明了龙眼储藏期真菌病害主要是由于真菌病原的潜伏侵染所致，而且龙眼拟茎点霉和可可毛色二孢是导致龙眼果实储藏期腐烂的主要病原菌种类。值得指出的是，本研究笔者只对福眼龙眼一个品种进行分离，不同品种是否存在其各自的主要潜伏性病原菌群则有待进行进一步研究。

龙眼拟茎点霉在龙眼产地普遍发生[12-14]，却未见有其他寄主的报道。在接种试验中，该菌能够侵染龙眼叶片引起叶枯病，其发病症状、产生的分生孢子器和分生孢子特征与自然发病的一致，而且侵染动态分析表明该菌在龙眼花期即可分离得到。说明病叶上的龙眼拟茎点霉是采后龙眼果实储藏期真菌性病害的主要初侵染来源。据观察，龙眼拟茎点霉叶枯病在春秋 2 季 2 次出现发病高峰期，其春季发病高峰期的病叶为龙眼开花至采收期间提供了大量的分生孢子，这可能是导致龙眼果实大量被龙眼拟茎点霉潜伏侵染的主要原因之一。在生产上如果能够减少叶片发病，有望降低采后龙眼果实贮藏期的腐烂。可可毛色二孢（*L. theobromae*）有多个异名：*Botryodiplodia theobromae* Pat.、*Diplodia theobromae*（Pat.）Npwell、*Lasiodiplodia tubericola* Ell. & Ev. 等[8,10,15]。在龙眼上为首次报道。

此菌可以潜伏侵染方式引起多种亚热带水果的采后病害，如芒果蒂腐病、柑橘焦腐病等[11,15,16]，但未见该菌侵染植物叶片的报道，笔者用此菌接种龙眼叶片也未成功。罗远婵[15]曾报道该菌可能的侵染途径是：病原潜伏在枝条中越冬→花梗→花→果蒂、果皮→果肉，但未明确其初侵染源，因此还需要进一步研究澄清其侵染来源，明确其侵染循环，为龙眼果实的采前病害防治提供理论依据。

为尽量避免所用接种的龙眼果实在自然状态下已被病原菌潜伏侵染，影响试验的准确性，我们对拟接种的龙眼果实进行套袋处理，并在果实套袋前用甲基托布津进行保护。但牛皮纸套袋未能完全杜绝病原菌的侵染，龙眼果实仍有20%左右的发病率，其原因主要有三个方面：①是由于袋口包扎不够严实，致使病原分生孢子随着雨水流入袋中引起套袋龙眼果实的感染；②牛皮纸袋经日晒雨淋后易吸水，导致袋中湿度增高增加了感病的机会；③化学杀菌剂未能完全杀灭套袋前的潜伏菌。但是，这种情况应当不影响对目标菌的致病性评价结果。

**致谢** 病原菌的鉴定工作得到厦门出入境检验检疫局林石明高级农艺师的悉心指导，特此致谢！

## 参考文献

[1] 林河通，席玙芳，陈绍军等. 龙眼采后生理和病理及储运技术研究进展. 农业工程学报，2002，18 (1)：185-190

[2] Lin HT，Chen SJ，Chen JQ，et al. Current situation and advances in postharvest storage and transportation technology of longan fruit. Acta Horticulturae，2001，558：343-351

[3] Jiang YM，Zhang ZQ，Joyce DC，et al. Postharvest biology and handling of longan fruit (*Dimocarpus longan* Lour.). Postharvest Biology and Technology，2002,26 (3)：241-252

[4] 刘卫民. 龙眼果实的储藏保鲜技术及储藏生理的研究. 福建农学院，1988

[5] Sardsud U，Chaiwangsri T，Sardsud V，et al. Effects of plant extracts on the in vitro and in vivo development longan fruit pathogens *In*:Johnson GI，Highley EE. Development of postharvest handling technology for tropical tree Fruits. Australian Centre for International Agricultural Research，Canberra，1994，60-62

[6] 方中达. 植病研究方法. 第三版. 北京：中国农业出版社，1998，122-146

[7] 陆家云. 植物病害诊断. 第二版. 北京：中国农业出版社，1997：134，172，219

[8] 张中义，冷怀琼，张志民等. 植物病原真菌学. 成都：四川科学技术出版社，1988：358-360，449

[9] Shelar SA，Padule DN，Sawant DM，et al. Physiological studies on *Botryodia theobromae* Pat causing die-back disease of mango. Journal of Maharashtra Agricultural University，1997，22 (2)：202-204

[10] 岑炳沾，邓瑞良. 肉桂枯梢病的病原鉴定. 华南农业大学学报，1994，15 (3)：28-34

[11] 戚佩坤. 果蔬贮运病害. 北京：中国农业出版社，1994，67-68

[12] 林石明，戚佩坤. 拟茎点霉属的新种和新纪录. 华南农业大学学报，1992，13 (1)：93-97

[13] 王琪，赖传雅. 广西龙眼真菌性病害种类调查初报. 广西农业生物科学，2002，21 (4)：229-234

[14] 张传飞，戚佩坤. 广东省龙眼几种新病原真菌的鉴定. 华南农业大学学报，1996，17 (2)：59-64

[15] 罗远婵，黄思良，晏卫红. 芒果蒂腐病菌潜伏侵染研究. 中国农学通报，2004，20 (4)：255-267

[16] Shelar SA，Padule DN，Sawant DM. Physiological studies on *Botryodiplodia theobromae* Pat causing die-back disease of mango. J Maharashtra Agric Univ，1997，22 (2)：202-204

# Ⅶ　绿 色 植 保

本部分汇集了与绿色植保有关的 12 篇论文，着重论述绿色植保、和谐植保、持续植保、公共植保，在植保理念、植保经济、植保模式、植保管理、植保技术、植保文化等方面做了一些有益的探索。

# 21世纪我国植物保护问题的若干思考

谢联辉

（福建农林大学植物保护学院，福建福州 350002）

**摘　要：** 针对新世纪人类面临的诸多问题，我们应当如何在农业生产的植物保护中做到少用/不用或正确使用农药，增强植物的保健功能？作者认为在植保理念上要有新突破：即变主要针对防治对象——有害生物的杀灭为主要针对保护对象——植物群体的健康；在植保模式上，要有新跨越，即以植物生态系统群体健康为主导的有害生物生态治理（ecologic pest management，EPM）取代现行的有害生物综合治理（integrated pest management，IPM）。并以生态视角讨论了EPM的理论与实践的可行性，提出了需要进一步研究的问题。

**关键词：** 植物保护；生态环境；植物生态系统群体健康；有害生物生态治理；有害生物综合治理

**中图分类号：** S4　**文献标识码：** A　**文章编号：** 1008-0864（2003）05-0005-03

# Plant protection strategy of China in the 21 century

XIE Lian-hui

（College of Plant Protection，Fujian Agriculture and Forestry University，Fuzhou 350002）

**Abstract：** What should we do in order to achieve the goal of less，not or right use of pesticide in plant protection and enhance the self-health protection ability of plants in the new century? The author suggests that：（1） reevaluation of the conception of plant protection that is to shift the object—the pests being killed to the object of being protected—the health of the plant population；（2） the mode of plant protection needs new spans，that is to use ecological pest management （EPM） being dominated by the plant ecological system to replace the current integrated pest management （IPM）. Furthermore，from the ecological prospective，the author also discusses the theoretical and practical feasibility of EPM and the problems to be further investigated.

**Key words：** plant protection；ecological environment；population health of plant ecological system；ecological pest management，EPM；IPM

## 1　新世纪面临的新问题

“保”（植保）为农业八字宪法之一，它在确保农业增产增收、冲破“绿色壁垒”，保障食品安全上，立下了不朽功勋。但任重而道远，新世纪，一些新的问题显得日益突出。

（1）人多地少矛盾日趋尖锐。人口不断增长，耕地不断减少，是个不可逆转的趋势，要在有限耕

中国农业科技导报，2003，5（5）：5-7

收稿日期：2003-08-14

地上生产更多更好的食物和纤维，来满足人们衣食的需要，植保问题将更为尖锐。

(2) 面对加入 WTO 的挑战，面对“绿色壁垒”，面对食品安全的需要，如何应对？已是我国植保急需解决的新问题。

(3) 经济全球化，贸易自由化，加上旅游日兴、气候趋暖，势必为境外危险性的生物入侵及其滋生蔓延提供有利条件。

(4) 种植结构调整和设施农业的提升，势必给植保带来更多的新问题。

(5) 新世纪人类面临的诸多困境——人口、食物、健康、环境、资源、能源，无一不与植保问题发生直接/间接关系。其中作为人类赖以生存的环境，是所有困境的困境，而造成这一困境最重要、最直接的根源是化学污染。化学污染最重要、最直接的根源是不正确的大量使用化学农药和化学肥料，而且近年来有愈演愈烈的趋势。如不及时引起重视，必将给人类带来更大的负面影响。据世界卫生组织统计，每年农药中毒的人数全球约有 300 万，而我国达数万至 10 万，20 世纪 90 年代以来每年约有 5000～7000 人死亡[1]，业已证明，农业生产者所产生的残留或潜在的不少疾病，均与农药有关[2]。

认真消除这些负面影响，在农业生产中少用/不用或正确使用农药、化肥，确保农业生产健康发展，应是我们不能不严肃思考的重要问题。

## 2 植保理念要有新突破

第二次世界大战以来随着合成农药的发展和第一次（以培育矮秆高产品种为目标）绿色革命的兴起，在农业生产上以大量施用化肥、农药的高投入、高效率的生产模式遍及全球，也波及我国。大施化肥，诱发病虫为害，逼使增施农药；增施农药诱发病虫，增强病虫抗药性，加大农药残留，形成恶性循环。正是化肥、农药的不断追加和非理性施用，给生态环境造成的污染和破坏与日俱增。

如欲改变这种状况，植保理念务必有新突破：变主要针对防治对象——有害生物的杀灭为主要针对保护对象——植物生态系统的群体健康，进而为可持续农业提供可靠的科学依据和技术保证。

## 3 植保模式要有新跨越

20 世纪在有害生物防治模式上，实现了两次跨越：一次是第二次世界大战以后以化学农药为主的防治模式取代第二次世界大战以前以农业措施为主的传统模式；另一次是 1960～1970 年以来以有害生物综合治理（integrated pest management，IPM）取代以化学农药为主的防治模式。

IPM 是运用各种综合技术，防治对农作物有潜在危险的各种有害生物[3]。这对合理使用化学农药、减少环境污染起了积极作用，成绩很大，但就本质而言，其指导思想仍是以主要针对防治对象设计的。因此，新世纪要想摆脱人类的根本困境，遏制生态环境的进一步恶化，在植保模式上务必有个新跨越，即以植物生态系统群体健康为主导的有害生物生态治理（ecologic pest management，EPM）取代现行的有害生物综合治理（IPM）。

## 4 实现新跨越——有害生物生态治理（EPM）的理论与实践

### 4.1 宏观生态治理

有害生物的发生、流行，都离不开对寄主/介体及其环境条件的绝对依赖性，打破这种依赖，或营造健康的生态系统，即可达到有效保护植物的目的。例如以下几点

(1) 栽培免疫——以稻瘟为例。传统认为稻瘟的控制，以选用抗病良种为主，栽培防病和药剂保护为辅的综合防治措施[4]。应用抗病良种的主要问题是抗瘟性不稳定，极易受气候和栽培条件所左右（当然采用抗瘟良种仍是首选措施），而药剂保护是至今尚无有效的绿色农药，因此采用以提高稻株群体抗性为中心的栽培免疫措施有着特别重要的意义（即使采用抗病品种亦然）。在稻瘟流行年份发病严重的田块，总能发现若干不发病的稻株，而这些稻株往往是在田中处于地势较高的土坷上，从而避过了大肥大水的“过饱”状态。农民的“三黄三黑”和“骨肉相称”的看苗管理经验正是保障稻株群体的适度生长，使其提高了抗瘟力[5]。1970～1972 年作者在宁化山区有“稻瘟病窝”之称的甘木塘村蹲点，在 100 公顷稻田全面采用这套（栽培免疫）办法，结果在大流行的 1971 年获得了大面积的控瘟效果，使平均单产比对照增加了近 2 倍。

(2) 轮作套种——生物多样性的利用。轮作防病的有效性在于利用不同植物抑制寄主有限的病原物对单一植物的危害，如禾本科与茄科植物轮作，可有效控制多种土传病害。不同植物或不同品种套种/混作，亦可有效控制若干病害的流行。如利用

水稻品种多样性混作套种，能大大提高感病品种的控瘟效果，且可大大减少农药施用量，提高抗御力，获得显著增产[6]。

（3）耕作改制—— 切断病害循环。小麦秆锈病曾经是我国东南沿海冬麦区和东北、内蒙春麦区小麦的主要病害，在1949～1966年间，福建有6次、东北有4次大流行，给小麦生产造成严重损失[7]。随着1966年菌源越冬基地在福建莆田（八月麦）的发现，通过耕作改制铲除菌源繁殖寄主，切断病害循环等生态措施，使该病得以根本的控制。

（4）严格检疫——抵御境外有害生物入侵。植物检疫所具有的两个基本特征（法规性和预防性），决定了它有抵御外来生物入侵的功能[8]。这方面我国已取得了相当的成功。

作为WTO成员国，既要遵守关贸总协定的条款及相关问题的协定，即“动植物检疫和卫生措施协定”（SPS），又要充分行使国家主权，制定合理的检疫法规，真正做到与国际接轨。这方面还有许多课题需要研究。

### 4.2　微生态治理

有如喝酸奶促进自我健康的作用，我国推广的“增产菌”即属微生态制剂。微生态制剂一般只在植物体内起作用，也能达到防病（抗病）增产的效果。

### 4.3　分子生态治理

通过核酸分子或其他生物活性分子的生态调控或免疫调节，使有害生物得以有效治理。据此我们研制的ER激抗剂，在烟草花叶病（病原为*Tobacco mosaic virus*，TMV）的大面积防治中，取得了很好的防治效果。最近我们设计采用人工诱变筛选的TMV弱毒株TMV-017和TMV-152的4个基因片断转化烟草植株，获得了较高抗性的再生植株[9]。通过转基因植物获得抗性，全球以抗除草剂的转基因大豆、玉米和棉花面积最大，在2002年达4420万公顷，占全球转基因作物的75%，抗虫（Bt）作物达1010万公顷，占17%，兼抗除草剂和抗虫的棉花和玉米仅440万公顷，占8%[10]。此外，我们自1997年以来，从大量植物、菌物和海洋生物中筛选的生物活性物质中，发现了6种新蛋白（已在GenBank注册），对一些植物病毒有很好的抑制活性，具有广阔的应用前景。

## 5　展望

有害生物的发生、流行，是人类干预自然、破坏生态平衡所致，和原始森林、野生植物不同，栽培植物由于人为的不当干预，破坏了生物（包括栽培植物和有害生物等）与环境的统一，进而引起生物灾害的暴发。为此，21世纪的植保科学既要在宏观上揭示有害生物与栽培植物及其外在环境的互作、演化规律，为有害生物的生态控制提供理论依据和技术体系，更要在微观和超微观上，揭示有害生物与寄主细胞及其分子环境的互作、演化关系，为有害生物的分子生态调控提供理论依据和技术体系。

**参 考 文 献**

[1] 姚建仁，郑永权. 浅谈农药残留污染、中毒与控制策略. 植物保护，2001，27（3）：31-35
[2] Kirkhorn SR，Schenker MB. Current health effects of agricultural work：respiratory disease，cancer，reproductive effects，musculoskeletal injuries，and pesticide-related illnesses. Agric Saf Health，2002，8（2）：199-214
[3] 张履鸿. 害虫综合防治. 见：吴福祯. 中国农业百科全书·昆虫卷. 北京：中国农业出版社，1990，41-142
[4] 孙漱源. 稻瘟病. 见：方中达. 中国农业百科全书·植物病理学卷. 北京：中国农业出版社，1996，116-120
[5] 林传光，曾士迈. 植物免疫学. 北京：中国农业出版社，1961，71-78
[6] Zhu Y，Chen H，Fan J，et al. Genetic diversity and disease control in rice. Nature，2000，406（6797）：718-722
[7] 吴友三，曾广然. 见：方中达. 小麦秆锈病. 中国农业百科全书·植物病理学卷. 北京：中国农业出版社，1996：497-499
[8] 梁忆冰. 植物检疫对外来有害生物入侵的防御作用. 植物保护，2002，28（2）：45-47
[9] 邵碧英. 烟草花叶病毒弱毒疫苗的研制及其分子生物学. 福建农林大学博士学位论文，2001
[10] 闫新甫. 全球商业化转基因作物的现状及展望. 世界农业，2003，（6）：4-5

# 绿色植保：现状、目标与实践

谢联辉

（福建农林大学植物病毒研究所，福建福州　350002）

**摘　要**：植保现状堪忧，问题突出，实施绿色植保务必正视这些问题，确保农林植物在人为干预有害生物中的无公害、无污染、无残留、不成灾，确保农林生态系统和谐、植物群体健康，确保农业高产、优质、高效和产品安全，进而实现人与自然的和谐。文中揭示了植物病害的发生、流行机制，并通过稻、麦若干主要病害的生态控制，阐述了绿色植保的成功实例。

## 1　现状

### 1.1　先天不足

（1）耕地活力衰退。在我国现有的18.26亿亩耕地中，有1/3耕地表土流失、沙化，有17%耕地受到严重污染，这些耕地土壤不仅保肥、保水能力低下，有机质少，而且含有毒物、重金属，有益生物、微生物种群明显减少。

（2）耕作制度混乱。总体说来缺乏规划，有些地区连片连作、套种，致使某些病虫连年成灾。

（3）种质基础薄弱。半个世纪以来大力推行的水稻矮秆化，解决了第三世界的吃饭问题，功不可没，但由于品种单一化取代了多样化，加上大肥、大水，不仅有利病虫猖獗、成灾，造成恶性循环，而且导致大量高抗、质优地方品种几近灭绝。

目前广泛种植的杂交稻，虽然增产潜力较大，但其遗传基础十分薄弱，其不育系大多是“野败型”，恢复系大多是“IR系统”，难以抵御复杂多变的有害生物。

（4）化肥、农药过量。随着水稻矮秆化的普及，化肥、农药的施量日趋增加（图1～图4）[1~3]，甚至滥施、滥用的情况也非常普遍。实践表明，人工施下的化肥、农药真正被植物吸收的只有30%左右，而70%是流失到土壤、水层和大气中，不仅不利绿色植保，而且污染生态环境。

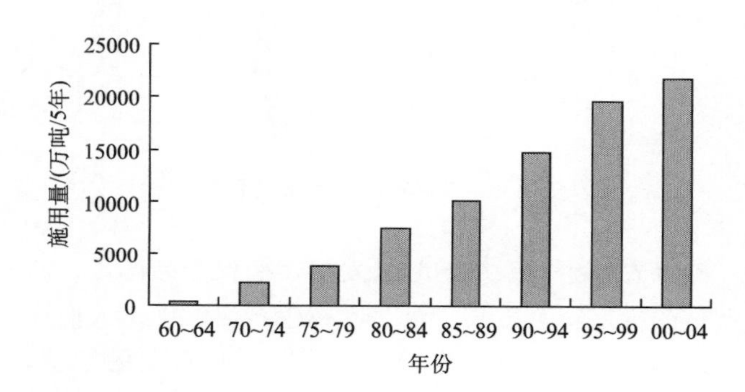


图1　中国化肥施用量趋势

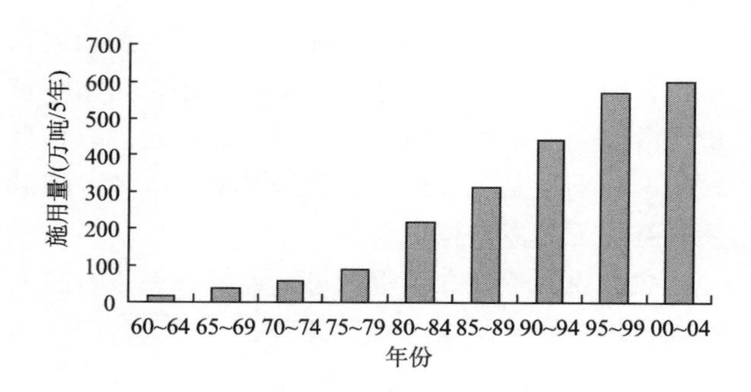


图2　福建省化肥施用量趋势

### 1.2　现实堪忧

（1）认识错位。真正意义的植物保护应以植物为根、生态为本，从植物本身的健康、免疫出发，

在福建省植保科技学术年会上的特邀报告（2008-12-25，福州梅峰宾馆学术报告厅），其中部分内容曾为浙江大学（2008-12-10）、厦门大学（2008-12-20）、中山大学（2009-03-07）的有关学院作特邀报告

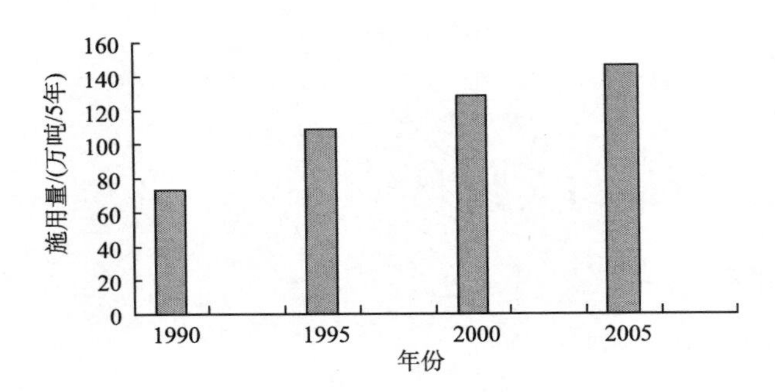


图 3　中国农药施用量趋势

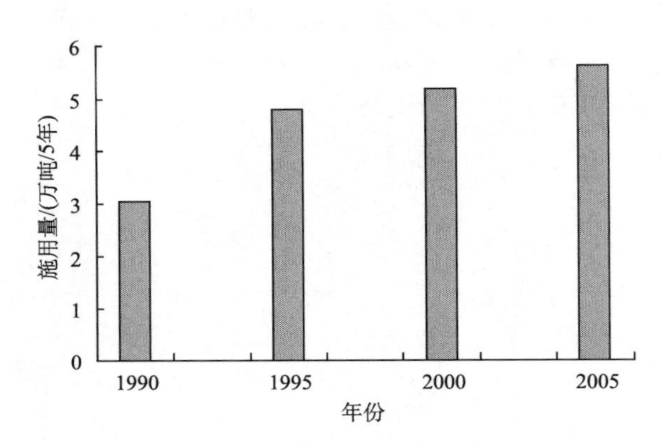


图 4　福建省农药施用量趋势

确保农林生态系统的和谐发展，确保产品产量、质量的稳定安全增长。可是，在生产实践中，人们往往忘了植物本身的潜能，低估了植物自身的智慧，一见病虫就打，总想将其干净杀绝！实际上由于人为的不当干预，却帮了植物的倒忙。

（2）队伍薄弱。中国堪称农业大国，耕地面积不小，但人口众多，人地关系十分紧张，尤须珍惜耕地潜能——科学种田，虫口夺粮。可是现有植保科技人才不足是一大瓶颈，特别是推广人才，摊到乡村基层几无专职植保科技人员。

（3）投入不足。植保信息、监控体系以及公共基本设施等投入不足，有待完善。

# 2　目标

绿色植保，说到底就是和谐植保、公共植保，其基本目标应是确保农林植物在人为干预有害生物侵害中的无公害、无污染、无残留、不成灾，从而确保农林生态系统和谐、植物群体健康，确保农业高产、优质、高效和产品安全、生态安全以及人类生存安全，进而实现人与自然的共同和谐。

# 3　实践：以植物病害为例

## 3.1　弄清机制

（1）植物病害是怎么发生的？植物病害的发生，是植物在生物因素和非生物因素作用下，植物代谢功能失调所引起的植物生命系统的不和谐（不协调）（图 5）。

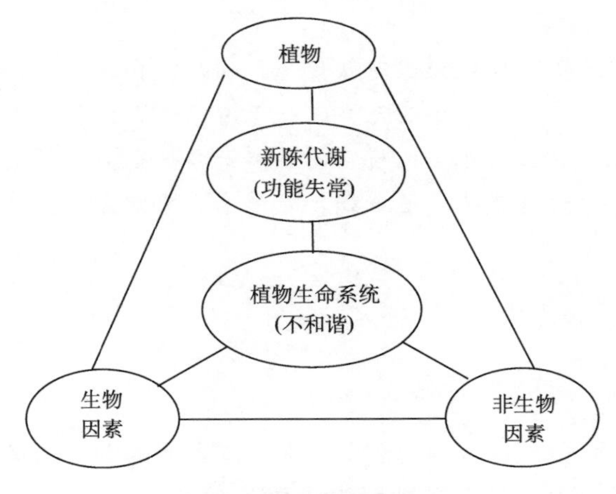


图 5　植物病害发生机制

（2）植物病害为什么会大流行？植物病害的大流行是植物生命系统在生物因素和非生物因素作用下，人为干预不当所引起的农业生态系统的不和谐（不协调）（图 6）。

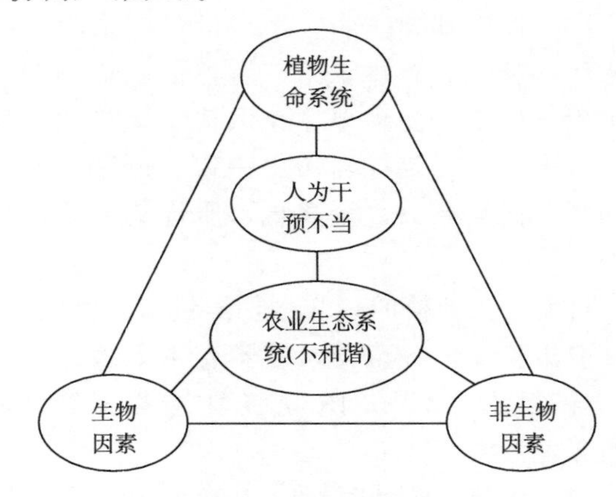


图 6　植物病害流行机理

## 3.2　把握原则

以植物为根、生态为本，充分把握植物病害“双三角”（图 5、图 6），积极挖掘植物免疫新潜能。

### 3.3 成功实例

#### 3.3.1 宏观层次

处理好植物-病原生物-致病环境-人为因素四个层面的关系，突出重点，狠抓关键，例如以下几点。

（1）抗避优先。水稻东格鲁病（rice tungro），由水稻东格鲁球状病毒（*Rice tungro spherical virus*）和水稻东格鲁杆状病毒（*Rice tungro bacilliform virus*）所致，该病曾在我国福建的一些地区暴发成灾，其中于1981年在龙海市发病面积竟占插秧面积的50%以上，病重田颗粒无收，我们采用压缩感病品种，扩种抗病品种以及调整播、插时间，避过易感阶段的介体迁飞高峰等措施，很好地控制了病害的发生与流行[4]。

（2）肥水调控。稻瘟病（rice blast，病原为 *Magnaporthe grisea*）是水稻上的头号病害，我们在总结农民丰产栽培经验基础上，提出以肥水调控为中心的栽培免疫理论[5]，成功地在较大面积（1500亩，福建宁化甘木塘病区，1970，1971）上控制了该病的流行。

（3）耕作改制。小麦秆锈病（wheat stem rust，病原为 *Puccinia graminis* f. sp. *tritici*）曾是我国南北麦区的一种毁灭性、流行性病害。福建冬麦区自1949～1966年就有六次大流行，而东北春麦区也有四次大流行，给小麦生产造成严重损失[6]。1966年以来由于我们发现了该病在我国南方的过渡越冬基地，是莆田的八月麦，提出耕作改制，推动莆田全面改八月麦为其他旱作（甘薯等），从而切断了病害的越冬环节，使其（自1966年以来）至今未见南北麦区有该病的严重发生，且多数麦区几近绝迹。

（4）诱导免疫。烟草普通花叶病（*Tobacco mosaic virus*，TMV）是福建烟区烟草上最重要的病毒病，为了控制该病，我们研制、筛选了针对该病的ER激抗剂，并在闽西烟区推广示范50多万亩，从而有效地控制了该病的流行为害。

#### 3.3.2 微观层次

处理好植物-病原生物-致病环境-细胞-人为因素五个层面的关系。

## 参考文献

[1] 国家统计局农村社会调查总队. 中国农村统计年鉴. 北京：中国统计出版社，1991-2006

[2] 国家统计局国民经济综合统计司. 新中国五十五年统计年鉴汇编. 北京：中国统计出版社，2005

[3] 福建省统计局. 福建统计年鉴. 北京：中国统计出版社，1991-2008

[4] 谢联辉，林奇英，朱其亮等. 福建水稻东格鲁病发生和防治研究. 福建农学院学报，1983，12（4）：275-284

[5] 谢联辉. 稻瘟的免疫. 见：林传光、曾士迈、褚菊澂等. 植物免疫学. 北京：农业出版社，1961，71-78

[6] 吴友三，曾广然，谢水仙. 小麦秆锈病. 见：方中达. 中国农业百科全书·植物病理学卷. 北京：农业出版社，1996，497-499

# 植保生态经济系统与植保经济学*

徐学荣[1,2]，林奇英[1]，谢联辉[1]

（1 福建农林大学植物保护学院，福建福州　350002；
2 福建农林大学经济与管理学院，福建福州　350002）

**摘　要：** 建立了植保生态经济系统及其三个子系统：植保生态系统、植保技术系统、植保经济系统，同时阐明了植保生态经济系统的输入、输出、优化目标，并指出植保经济学的研究对象就是植保生态经济系统。还讨论了建立植保经济学的必要性和可行性，阐述了植保经济学的研究内容、学科性质特点、研究方法、与相关学科的关系，初步建立了植保经济学学科体系框架。

**关键词：** 植保生态经济系统；植保经济学；学科体系框架

# Eco-economic system of plant protection and plant protection economics

XU Xue-rong[1,2], LIN Qi-ying[2], XIE Lian-hui[1]

（1 College of Plant Protection，Fujian Agriculture and Forest University，Fuzhou　350002；
2 College of Economics and Management，Fujian Agriculture and Forest University，Fuzhou　350002）

**Abstract**：This paper presents a new concept：eco-economic system of plant protection. The component，input and output of this system together with its three subsystems，plant protection ecosystem，plant protection technical system and plant protection economic system，all discussed separately. It is pointed out that plant protection eco-economic system is an objective study of plant protection economics. The necessity and feasibility for the establishment of plant protection economics were discussed. The relationship between plant protection economics and correlated subjects has been reviewed and a system framework for plant protection economics has been tentatively formed.

**Key words**：eco-economic system of plant protection；plant protection economics；framework for plant protection economics

植物保护（简称植保）是综合利用多学科知识，以科学、经济的方法，保护人类目标植物少受或免受有害生物危害，提高生产投入的回报，维护人类的物质利益和环境利益的应用科学。植物保护存在广义和狭义的保护对象，前者是指在特定时间和地域范围内人类认定有价值的各种植物，而后者则是指人类的栽培作物[1]。植物保护工作，按纵向管理层次可分为国家、省（市、自治区、盟）、县（旗）和生产者（农户、农场）四级；按技术分工，可横向分成植物检疫、防治、预测预报、药械四大

中国农业经济学会、中国中青年农业经济年会论文集．北京：中国农业出版社．2006，194-199
* 基金项目：植保经济学研究（教育部人文社会科学研究 2006 年度规划项目，项目批准号：06JA790021）

方面；按支持和服务方式可分为植保教育、植保科研、植保技术推广和服务三方面，各层次、各方面的功能各不相同，纵横结合而成为全国的植保工作系统[2]。植物保护工作事关食物安全、生态环境健康、农产品贸易，既必须符合社会的需要，以满意的经济效益、生态效益和社会效益为其综合目标，同时又受社会、经济、生态和技术的促进和制约。它们之间错综复杂的关系有的已超出了植物保护学的研究范畴。需要把植保以及与之密切相关的经济社会因素作为一个整体——“植保生态经济系统”（eco-economic system of plant protection）加以研究，必须建立新学科——“植保经济学”（plant protection economics）来加以展开探讨。

## 1 建立植保经济学的必要性与可行性

经济学是研究社会如何进行选择，以利用具有多种用途的、稀缺的生产资源来生产各种商品，并将它们在不同的人群中进行分配的科学，是研究目标与稀缺手段之间人类行为的科学，不仅是一门研究财富的学问，同时也是一门研究人的学问。植保工作构成一个系统，是跨越自然和社会两界的跨界系统[2]，牵涉到许许多多的人、纷繁复杂的事、形形色色的物，是个复杂化的大系统。在植保工作系统内外，与植保工作紧密相关的社会经济因素很多。主要有：投入植保的人力资源的数量、质量及配置；投入植保工作的资金筹措、配置与利用；植保技术的开发、利用与推广，植保技术服务市场的建立与完善；植保药械的生产、供给、需求和价格；植保理念、防治行为以及对食品安全和生态平衡、人畜健康的态度；农产品安全检测、农产品价格和需求；规范植保工作的法规条例与行政的或经济的手段；植保信息等公共物品的提供、植保风险管理策略和技术等。这些社会经济因素，有的就在植保工作系统内，如植保技术的开发、利用与推广，有的在化工、机械制造系统内，如植保药械的生产，有的又与市场（生产资料市场、农产品市场、技术市场等）有关。这些因素的存在，使得植保经济学研究得以在技术经济、管理经济层次上展开。

植保工作事关食物安全，农产品贸易，人畜和生态环境健康。在我国现实的植物保护中，综合防治未能得到很好的实施，几乎沦为单一的化学防治，化学农药使用带来的农药残留、有害生物再猖獗、有害生物抗药性现象，往往迫使人们加大农药用量或采用高毒农药，从而陷入一种恶性循环中。化学农药的致畸、致癌、致突变特性使食物安全和人畜健康受到严重威胁；以化学农药为主要防治手段的植物保护虽然为食物生产做出了重大贡献，但恶化了食物生产的生态环境，同时也影响食物的营养安全[3]。农药的产、运、销和使用过程中的污染物排放污染土壤、水和大气，危害水生、陆生生物，对生物多样性有重大影响，危害人类和畜禽的健康[4]。农药对农产品的污染还严重影响对外贸易。此外，外来生物入侵对生态、经济造成严重危害的案例也屡见不鲜。由此可见，可以并且有必要在生态经济范畴内研究植保经济学。

国外有关植保技术经济研究较为成熟的是经济阈值（economic threshold）理论和应用、综合防治采用程度的衡量等。以植保技术效果、经济阈值、损失估计、防治预测决策为主要研究内容的植保经济研究，国内有专著《害虫防治经济学》[5]和《植物保护经济学》[6]。《植物保护经济学》中的定义是“植物保护经济学是以人类植保行为中的物质技术因素的经济效果为研究对象的，它是根据农田生态系统和植保技术特点，在一般农业技术经济原理指导下，研究各种技术因素的经济合理性、生产可行性和相互协调的最优性的一门科学”，并指出“植物保护经济学的研究在农业技术经济中应占有一定的地位”[6]。可见，从研究内容和作者意图中分析，可把这些研究归到技术经济研究范围之中，或称为“植物保护技术经济学”，研究内容主要属于植保生态系统和植保技术系统中的有关植保经济的问题。现在植保技术以及植保生产资料都有了很大的变化，书中的案例及分析结果都有待更新，研究范围有待扩展，但他们的研究成果为本研究提供了的基础。

建立植保经济学有利于深化植保工作的系统观、经济观、生态观、环保观，有助于揭示植保工作所应遵循的自然生态规律、社会经济规律，拓展植保学科的视野，丰富经济学的研究领域和内容。是促进生产发展、农民增收、食品安全、生态环境健康的需要，是体现以人为本、增进人与自然和谐的要求。此外，建立植保经济学还是开展学科交叉研究的需要。福建农林大学植病学科正是基于这一思想出发，经三年酝酿策划，才于2000年开始招收植病经济学方向（设置在植物病理学二级学科下）硕士、博士研究生和博士后，并于2004年获准建立植保经济学二级学科硕士、博士学位授予点。现已培养硕士 6 名、博士 6 位、博士后 1 人。八年来的实践，使我们认识到，对于新设置的学科，开展原理、概念和方法的研究尤为必要，同时对整个学科体系必须有个全面把握，并以此为基础，首先在某个层次或某个方向上率先求得进展和深入，然后在各个方面、各个层次上展开。基于这样的认识，本文首先提出植保生态经济系统的概念，并建立植保生态经济系统，把它作为植保经济学的研究对象，然后阐述植保经济学的研究内容、学科性质特点、研究方法、与相关学科的关系等，尝试建立植保经济学学科体系框架。

## 2　植保生态经济系统

植保生态经济系统是由植保生态系统、植保技术系统、植保经济系统这三个子系统耦合而成的系统，其元素是三个子系统元素的和集。该系统包含了植保工作系统。

植保生态系统的组分：①植保目标植物。可以是栽培作物，也可以是人类关注的野生植物，可以是一种植物，也可以是几种植物。广义的植保中，目标植物包含农田植物、园林植物、山地植物、森林植物、草原植物等。②有害生物。在植保生态系统中就是各种病、虫、草、鼠。③有益生物。即与有害生物有关的天敌、益虫、益菌，以及人工引入的生物防治生物。④传播介体生物。⑤野生寄主、虫源病原植物。⑥土壤、温度、水流、气流等非生物组分。

植保技术系统的组分：农业防治技术、物理防治技术、化学防治技术、生物防治技术、生态防治技术、综合防治技术；诊断技术、检测技术（包括产品的农药残留检测技术）、监测技术、检疫技术、预测决策技术、农药生产经营技术、植保器械生产经营技术、农药污染控制技术、风险管理技术等，这里所说的技术不仅包含“硬技术”，还包含植保管理的“软技术”。

植保经济系统的组分：①农户、农业企业；②农药生产和销售企业、植保器械生产和销售企业；③国家、省、地（市）、县（区）、乡植保机构，社会化植保服务组织；④农药市场、植保器械市场；⑤植保技术服务市场；⑥农产品市场；⑦投入植保的人力、物力、财力、信息资源。

植保生态经济系统的概念模型如图 1 所示。

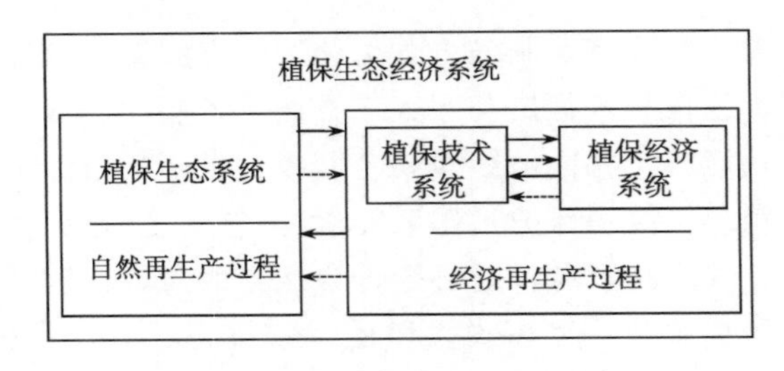


图 1　植保生态经济系统概念模型

植保生态经济系统的输入：①资金（各级政府公共财政、生产者）投入；②资源（自然资源、社会资源、人力资源）投入；③法规、制度、标准和规划；④社会（主要是消费者）反馈信息；⑤生态环境反馈信息。

植保生态经济系统的输出：①产出产品（防治有害生物而挽回的损失）的数量和质量；②对生态系统的影响（主要是指农药在大气、水体、土壤的残留和污染）。

植保生态经济系统的优化目标：①实现植物生态系统的群体健康[7]，植保过程及结果对人、畜、生态环境少害或无害；②技术有效、经济、先进、科学；③植保管理和服务优质可靠、投入产出符合三大效益（经济效益、社会效益、生态效益）要求。

## 3　植保经济学的学科体系框架

### 3.1　植保经济学及其研究内容

植保经济学是研究植保生态经济系统结构、功能、行为、运行机制及其规律性的一门学科。植保经济学所观察思考的客观实体即研究对象是植保生态经济系统。

植保经济学的研究内容，大致包括如下几个方面：①植保战略与理论研究。主要是有关植保方针、指导思想、绿色植保与持续植保理论的研究。②分析植保资源配置的公平与效率问题。③研究政府在植保生态经济系统的职能发挥、植保机构自身结构和功能优化及激励约束机制的建立问题。④植保法规政策的经济分析。⑤探讨农产品市场因素（价格、需求、准入、品牌）、植保生产要素（资金、物质、人力、技术）市场对植保技术系统和生态系统的影响。⑥植保技术服务市场的培育与发展问题。⑦农户和农业企业植保行为的分析、评价与优化。⑧有害生物危害损失评估及有害生物控制的三大效益评价。⑨植物检疫系统的优化与外来生物入侵的生态经济影响评估。⑩农药经济学研究。⑪植保信息经济学研究。⑫植保风险及其管理。⑬有害生物演化与社会经济因素的关系。⑭植保与农业生态经济可持续发展。⑮植保与食品安全。

## 3.2 植保经济学的性质与特点

跨界跨学科性：植保经济学是一门跨越自然和社会两界的生态经济学科，兼具自然科学和社会科学的某些性质。广义的植保中，植保目标植物包含农作物、园林植物、森林植物、草原植物、防护林，都能相应地构成植保经济学的分支研究学科或研究方向，植保经济学跨越农、林、牧、园林等行业，涉及植保、生态、经济等几大类学科。

边缘交叉性：植保经济学是一门边缘学科，一方面是指植保经济学是建立在植保、生态、经济等学科的邻接区域，有些研究内容是这些学科各自研究的前沿问题；另一方面是指，它的研究对象或内容是一些已有学科研究对象的“边缘”性问题，这些学科的研究涉及植保经济问题、但均没有将其作为各自学科的研究重点或中心问题，即被“边缘化”。植保经济学研究经济理论对植保的指导作用以及植保对生态、经济、社会的影响，研究具有学科交叉性。

层次性：植保生态系统属自然生态系统，其本质特征是生物运动；植保生态系统与植保技术系统复合而成生态防治系统，其中的经济问题大多属于技术经济层次的问题；植保技术系统、植保经济系统中的经济问题，主要是管理（植保技术经济管理和植保行政管理）经济学中的问题。植保经济学的研究层次从生产力到生产关系、从自然到社会、从植物和有害生物到农户及农业企业直至国家各级植保机构，层次逐级提高。随着层次的提高，社会经济因素越来越多，越来越复杂。

长久性与发展性：只要人类还需要利用植物，则植保就不能不进行。随着社会的发展，需要保护的植物不断变化和扩展，有害生物也不断繁衍进化，人类的植保目标和行为也相应地在调整，即植保生态经济系统是长久存在并且不断演化的，因此，以它为研究对象的植保经济学必然长久存在并且不断发展。

实用性：植保经济学不仅探讨基本理论和研究方法，更主要的是应用研究，从上述的研究内容可以看出，都围绕植保生态经济系统优化目标的实现。

## 3.3 植保经济学的研究方法

植保经济学以植保生态经济系统为研究对象，研究内容跨自然与社会两界，和自然科学、社会科学的多门学科交叉，因而其研究方法也是多种方法的取舍借鉴、融会贯通。下列一些方法和技术必然会被应用。这些方法主要是：①实验观察法；②系统分析法；③数量分析法；④实证分析法；⑤规范分析法；⑥结构分析法；⑦制度（政策）分析法；⑧效益评价法；⑨方案比较法；⑩边际分析法；⑪环境评价的客观评价法和主观评价法；⑫模拟与系统仿真法；⑬博弈分析法；⑭预测和决策方法。

## 3.4 植保经济学与相关学科的关系

第一类学科——基础学科，主要有：①植保农学类：包括植物病理学、植病生态学、植病流行学、农业昆虫学、昆虫生态学、害虫流行学、杂草学、农业鼠害学、植物检疫学，农药学、作物育种与栽培学、耕作学、气象学等。②生态学类：植物生态学、微生物生态学等。③经济学类：微观经济学、生态经济学、农业生态经济学、政府经济学、可持续发展理论等。还有工具方法类的经济学科：计量经济学、数量经济学、经济博弈论、经济预测与决策技术等。

第二类学科——科学思维及方法论学科，主要有哲学、数学、逻辑学、系统科学、计算机及应用科学。

第三类学科——与植保经济学研究范围或内容有联系有交叉、但各自研究重点或目标有不同的独立学科，这些学科包括：农业经济学，技术经济学，植保系统工程，资源与环境经济学，灾害经济学等。

此外，植保生态经济系统和卫生系统的元素或组分近似有“一一对应”关系，两系统似乎有“同构”关系，植保经济学与卫生经济学（健康经济学）是平行学科。

## 3.5 植保经济学学科体系框架

把植保对象扩展到广义的对象——所有与人类生存有关的植物，如农作物、园林植物、森林植物、防护林植物和草原植被等。根据植物不同类别和不同的立地条件，结合考虑植物保护的社会经济因素，可形成：①农作物保护生态经济系统。②园林保护生态经济系统。③森林保护生态经济系统。

④防护林保护生态经济系统。⑤草原植被保护生态经济系统。它们都是生态经济系统的子系统，各系统中的植物都有遭受病、虫、草、鼠危害的可能，都要进行合理的控制，并加科学的管理，以及投入资源的优化配置。于是可以形成不同的植保经济学，即农作物有害生物管理经济学（在默认所指的植物为作物时，简称植保经济学）、森林有害生物管理经济学、园林有害生物管理经济学、防护林有害生物管理经济学、草原植被有害生物管理经济学。它们可以看成是（广义）植保经济学的五个分支学科。

对应于一类植物，如农作物，再从有害生物分类来看，可分为病、虫、草、鼠等四类，结合生态、技术、经济三个层次，于是可得到下列研究方向，见图 2。

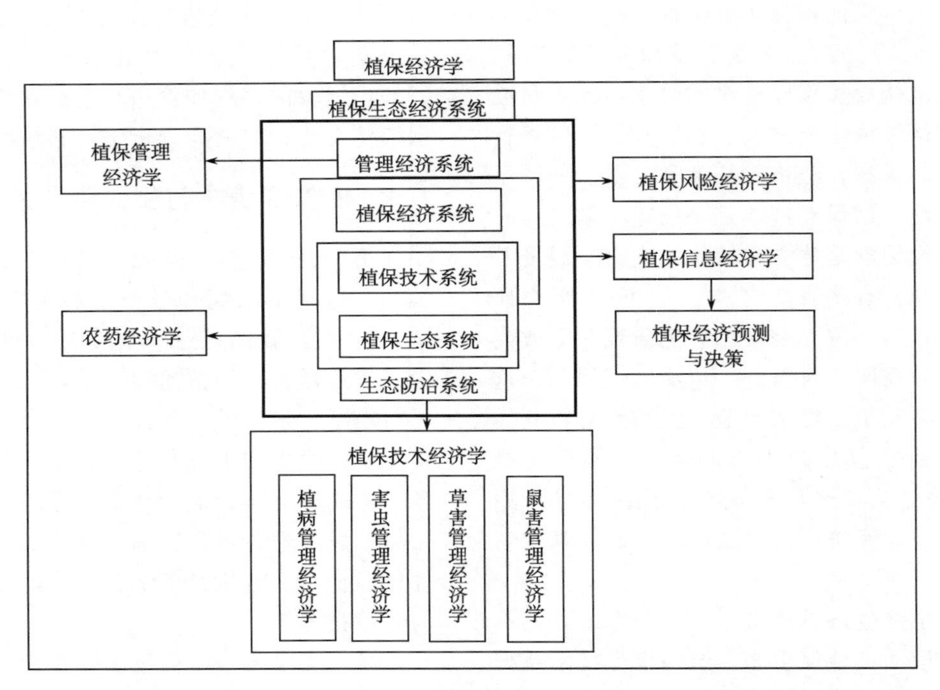


图 2　植保经济学学科体系

（广义）植保经济学的五个分支学科及其对应的图 2 中的各研究方向的总体就是（广义）植保经济学的学科体系。图 2 所包含的各分支研究方向的总体就是植保经济学的学科体系，它是（广义）植保经济学的学科体系的组成部分。

本文内容的详细阐述见徐学荣的博士学位论文[8]。

## 参考文献

[1] 韩召军. 植物保护学通论. 北京：高等教育出版社，2001，1-2
[2] 曾士迈. 植保系统工程导论. 北京：北京农业大学出版社，1994，101，21
[3] 张福山，徐学荣，谢联辉. 植物保护对粮食安全的影响分析. 中国农学通报，2006，12：505-510
[4] 林玉锁，龚瑞忠，朱忠林. 农药与生态环境保护. 北京：化学工业出版社，2000，103-104
[5] 陈杰林. 害虫防治经济学. 重庆：重庆大学出版社，1988
[6] 陈杰林. 植物保护经济学. 贵阳：贵州科技出版社，1991，3
[7] 谢联辉. 21 世纪我国植物保护问题的若干思考. 中国农业科技导报，2003，(5)：5-7
[8] 徐学荣. 植保生态经济系统的分析与优化. 福州：福建农林大学，2004，122-138

# 植物保护的风险及其管理*

徐学荣[1,2]，张福山[2]，谢联辉[2]

（1 福建农林大学经济与管理学院，福建福州　350002；
2 福建农林大学植物保护学院，福建福州　350002）

**摘　要**：植物保护是个充满风险的农事活动，首先界定了生产者植保风险并进行风险分类，找出了各类风险的风险因素，建立了风险综合评价指标体系，说明了评估风险的方法。其次，定义了区域植保风险，探讨了该风险的可能分布类型及假设检验、风险区间及概率计算方法，并对我国水稻主要病虫害的植保风险进行了实例分析。最后，提出了若干降低植保风险的措施。

**关键词**：植保风险；风险评价；风险分布；风险管理

**中图分类号**：F32；S43　**文献标识码**：A　**文章编号**：1001－0068（2008）02-0148-05

# Risks and theirs management in plant protection

XU Xue-rong[1,2]，ZHANG Fu-shan[1,2]，XIE Lian-hui[1]

（1 College of Economics and Management，Fujian Agriculture and Forest University，Fuzhou　350002；
2 College of Plant Protection，Fujian Agriculture and Forest University，Fuzhou　350002）

**Abstract**：There are risks in plant protection. This paper reviews some conceptions of risk. Some conceptions of including natural risk，technological risk，service risk，marketing risk，managerial risk in plant protection was presented. Comprehensive evaluation index system and evaluation method were established for producer to evaluate risk in plant protection. Risk of plant protection in a region was described，the risk probability distributing test procedure，risk interval and corresponding probability calculating method were designed. The risk of rice production due to pest in China together with the risk probability distribution，risk interval and the corresponding probability were all demonstrated. Some measures for decrease risk in plant protection were presented.

**Key words**：risk in plant protection；risk evaluation；risk probability distribution；risk management

农业系统科学与综合研究，2008，24（2）：148-152

收稿日期：2007-10-22　修回日期：2007-12-13

*　基金项目：植保经济学研究（教育部人文社会科学研究 2006 年度规划项目，06JA790021）

# 1 引言

植物保护（简称植保）事关作物增产、农民增收、食品安全和生态健康，是个充满风险的农事活动，加强对植保的风险管理具有重要的理论和现实意义。然而什么是风险呢？不同的学者有不同的解释，对风险给出的定义也不尽相同。Williams 等认为“风险是结果中存在的变化”[1]；Scott 等以为“风险这个术语通常的含义是指结果的不确定状态，或者是实际结果相对于期望值的变动”[2]；Pritchett 等则将风险定义为：“未来结果的变化性”，并进一步解释说：“是不利的、不可预料的事件与我们所预期结果的一种偏差”[3]；Haynes 提出的风险概念是：“风险意味着损失的可能性”[4]。国内学者，在阐述风险的概念时，都对风险的各种定义或解释做了评述。例如，杨梅英把风险的不同学说概括分类为：损害可能与损害不确定说，预期与实际结果变动说、风险主观说与风险客观说[4]；魏华林和林宝清则认为：“风险的真正含义是指引致损失的事件发生的一种可能性”[5]。可见“风险”这么一个常用词并没有通用的定义[2]。因此，在研究植保的风险时，必须首先对所研究的风险加以界定，然后再进行风险评价方法及风险管理对策的探讨。

# 2 生产者植保风险及其综合评价

生产者（农户和农场）植保风险是指由于自然、技术、市场、行为等因素的变化不确定性导致生产者未能达到预期目的的可能性。该可能性是一种事先估计，目的是寻找风险管理的方法。

## 2.1 风险因素及其分类

生产者植保风险由几类风险构成，而各类风险又是由若干风险因素引起，其递阶层次结构如表 1 所示。

**表 1 生产者植保风险的风险因素**

| | 风险分类（第 1 层） | 主要风险因素指标（第 2 层） |
|---|---|---|
| 生产者植保风险 | 自然风险 $u_1$ | 气象 $u_{11}$、有害生物 $u_{12}$ |
| | 生产资料质量及技术有效性风险 $u_2$ | 器械 $u_{21}$、药品 $u_{22}$、防治技术 $u_{23}$、品种抗害性 $u_{24}$ |
| | 市场风险 $u_3$ | 药品价格波动 $u_{31}$、器械价格波动 $u_{32}$、农残影响市场准入与价格 $u_{33}$、产品质价背离 $u_{34}$ |
| | 服务风险 $u_4$ | 技术服务 $u_{41}$、信息服务 $u_{42}$、生产资料供应 $u_{43}$ |
| | 行为风险 $u_5$ | 监测 $u_{51}$、诊断 $u_{52}$、防治方法 $u_{53}$ |

## 2.2 各类风险释义

自然风险。是指在必须防治时碰上不利天气或有害生物危害严重，作为生产者无能为力的可能性，有害生物危害严重主要是指大规模、暴发性、突发性的危害。

生产资料及技术风险。是指由于植保器械、药品的质量和防治技术的有效性、科学性、适应性等偏离标准或预期而造成防治效益下降的可能性。

服务风险。有害生物防治是一项技术性很强的工作，需要政府或植保技术推广组织提供技术示范与咨询服务、信息和生产资料供应服务，生产者得不到所需服务的可能性就是服务风险。

市场风险。市场风险包括植保器械和药品的市场价格上升而影响防治净效益的可能性；也包括药品本身特性或使用不当造成农药残留超标而造成产品不能进入市场或使得价格降低从而最终减少收益的可能性；还包括产品质价背离，导致为生产无公害产品而投入的较高防治成本得不到回报的可能性。

行为风险。当有害生物的防治作业是生产者实行时，生产者受自身能力水平和社会经济环境影响，有可能对有害生物监测不力、诊断失误、防治方法不当或偏离规范要求从而造成损失，这种可能性就是行为风险。

## 2.3 风险的综合评价方法

不同的生产者进行有害生物防治的风险大小是相异的，在这里被评价对象是生产者，生产者植保风险因素很多，表 1 仅就主要风险因素归纳成具有递阶层次结构的风险评价指标体系。确定各指标权重在综合评估中是一个重要的环节，确定权重的方法不少，其中层次分析法（AHP）是定性定量相结合的一种好方法，被广泛应用，有不少专著论述AHP法，如《层次分析原理》[6]。从表1指标层中的各指标可以看出，有的是定性指标，有的是定量指标，并且具有模糊不确定性，模糊综合评价法是处理模糊不确定性的有效方法[7]，因此，可用AHP法和模糊综合评价法相结合的方法进行风险评估[8]。

## 3 区域植保风险及其评估

如上所述，生产者植保风险是指由于自然、技术、市场、行为等因素的变化不确定性导致生产者未能达到预期目的可能性，是一种事先估计，与生产者个体因素紧密相关，一定意义上体现了风险的主观性。从区域的范围或管理者（如政府和保险公司）的角度来考察植保风险，在农业生产上最终表现为有害生物（病、虫、草、鼠）危害造成的实际损失，是一种客观风险。因此，应以区域为总体来进行风险识别、风险估计和风险管理。

### 3.1 风险的定义

尽管风险没有通用的定义，但可用一个一般数学表达式来表示[1,9]：$R=f(P, L)$。其中，$R$表示风险，$P$表示风险概率，$L$表示风险损失，$f$表示函数。在这里风险概率$P$就是“有害生物危害植物”这一事件发生的概率。有害生物危害植物可以用受害植物的病斑数、病株数、器官数等指标衡量，但从区域范围内考虑时，可以近似地认为这样的样本是无穷的。依据几何概率的定义原理，我们定义$P$=发生面积/播种面积。风险损失$L$用实际损失与发生面积之比表示，即$L$=实际损失/发生面积。实际损失和发生面积这两个指标是《全国植保专业统计资料》有统计的指标，各级植保站对当地主要作物和主要病虫害均有统计。实际损失是采取防治措施后仍没能挽回的损失。于是可把区域植保风险$R$定义为：$R=P\times L$。即$R$=（发生面积/播种面积）×（实际损失/发生面积）=实际损失/播种面积。

这样定义的风险可以认为是纯粹风险。因为，这已经是通过防治措施防治后仍没能挽回的损失，对区域总体而言是仅有损失机会并无获利可能的了，风险的偶然性是对生产者（某个农户或农业企业）而言的，或是由于自然风险因素引起，或是由于该个体生产者意外造成。区域较大的话（一个省或一个地区），则有大量的生产者，他们均有遭受损失的可能性，因而区域植保风险是可保的，因为它满足可保风险的条件[5]：①风险不是投机的；②风险必须是偶然的；③风险必须是意外的；④风险必须是大量标的均有遭受损失的可能性；⑤风险应有发生重大损失的可能性。

### 3.2 风险的概率分布及检验

这里的风险$R$是单位播种面积的实际损失，是个连续型随机变量，并且取值非负。它的主要特征是“单峰”和“两头小，中间大”，$R$的分布未必是完全对称的，也可能是偏态的。根据这些特征，$R$可供选择的概率分布类型有：正态分布$N(\mu, \sigma^2)$、对数正态分布、Gamma分布（Γ—分布）、威布尔分布（Weibull分布）、$\chi^2$分布等，密度函数及数字特征等性质详见专著《风险理论与非寿险精算》[10]。风险$R$的分布类型是未知的，但可以通过假设检验获得$R$的分布，检验步骤可参见专著《概率论与数理统计》[11]。

### 3.3 风险区间及概率

当风险$R$通过检验能确信服从分布函数为$F(x)$或密度函数为$f(x)$的概率分布时，则对任意给定的$x_1$、$x_2$，$p\{x_1 < R \leqslant x_2\} = F(x_2) - F(x_1) = \int_{x_x}^{x_2} f(x)\mathrm{d}x$，或查表或积分得到属于区间$(x_1, x_2]$的概率，由此可计算出$R$属于各风险区间的概率。风险区间的划分依据具体的作物和具体的有害生物确定，这些概率就是风险分析所要求的结果，是开展作物风险区划和进行作物保险必需的基础数据。

## 4 我国水稻病虫危害风险实证

以我国水稻主要病虫危害风险作为实例分析，水稻播种面积数据来源于《中国农村统计年鉴》（2001～2005），水稻主要病虫危害实际损失的数据来源于《全国植保专业统计资料》（2000～2004）。通过计算得到水稻病虫危害风险$R$的数值（表2）。

根据表2所列的样本数据，计算得到样本均值$\overline{R}=1.5710$，样本方差$s^2=1.1067^2$，根据直方图（图1）所示的分布，可以猜想$R\sim\Gamma(\alpha, \lambda)$，即$R$服从参数为$\alpha$和$\lambda$的Gamma分布，其密度函数为：

$$f(x) = \frac{\lambda^\alpha}{\Gamma(\alpha)} x^{\alpha-1} e^{-\lambda x}, x > 0$$

**表 2　水稻病虫危害风险 R**　　（单位：t/hm²）

| | 2000 年 | 2001 年 | 2002 年 | 2003 年 | 2004 年 |
|---|---|---|---|---|---|
| 北京 | 0.566 | 0.396 | 1.058 | 1.320 | 0.570 |
| 天津 | 3.467 | 1.379 | 1.636 | 5.355 | 3.708 |
| 河北 | 1.901 | 1.128 | 2.328 | 3.191 | 2.757 |
| 山西 | 1.090 | 0.486 | 0.375 | 2.805 | 3.990 |
| 内蒙古 | 0.276 | 0.280 | 0.694 | 0.539 | 0.242 |
| 辽宁 | 1.402 | 3.549 | 2.713 | 2.157 | 2.130 |
| 吉林 | 1.380 | 1.610 | 0.901 | 0.819 | 0.698 |
| 黑龙江 | 0.628 | 1.306 | 1.475 | 0.900 | 0.422 |
| 上海 | 0.714 | 1.749 | 0.939 | 2.474 | 0.855 |
| 江苏 | 2.105 | 2.193 | 2.500 | 3.586 | 4.153 |
| 浙江 | 1.530 | 1.554 | 1.535 | 1.856 | 2.107 |
| 安徽 | 0.686 | 1.325 | 1.203 | 3.529 | 1.927 |
| 福建 | 0.547 | 0.559 | 0.453 | 0.526 | 0.643 |
| 江西 | 1.942 | 1.981 | 1.504 | 1.286 | 2.642 |
| 山东 | 1.091 | 1.153 | 1.000 | 1.221 | 1.238 |
| 河南 | 0.888 | 2.272 | 1.581 | 2.664 | 0.584 |
| 湖北 | 2.633 | 2.359 | 2.027 | 3.326 | 2.572 |
| 湖南 | 1.252 | 1.346 | 1.493 | 2.216 | 2.111 |
| 广东 | 0.630 | 0.690 | 0.796 | 0.738 | 0.906 |
| 广西 | 0.969 | 0.914 | 1.116 | 0.858 | 0.912 |
| 海南 | 1.021 | 0.781 | 1.193 | 0.372 | 1.325 |
| 重庆 | 1.589 | 1.212 | 2.439 | 0.696 | 2.195 |
| 四川 | 0.864 | 0.574 | 0.794 | 3.062 | 0.976 |
| 贵州 | 1.297 | 0.996 | 3.324 | 2.367 | 3.186 |
| 云南 | 0.738 | 0.567 | 0.735 | 7.507 | 0.689 |
| 陕西 | 2.591 | 2.264 | 2.544 | 3.686 | 1.062 |
| 甘肃 | 1.883 | 1.479 | 1.490 | 2.300 | 2.544 |
| 宁夏 | 2.146 | 1.435 | 1.321 | 0.957 | 1.096 |
| 新疆 | 0.054 | 0.078 | 0.124 | 0.276 | 0.207 |

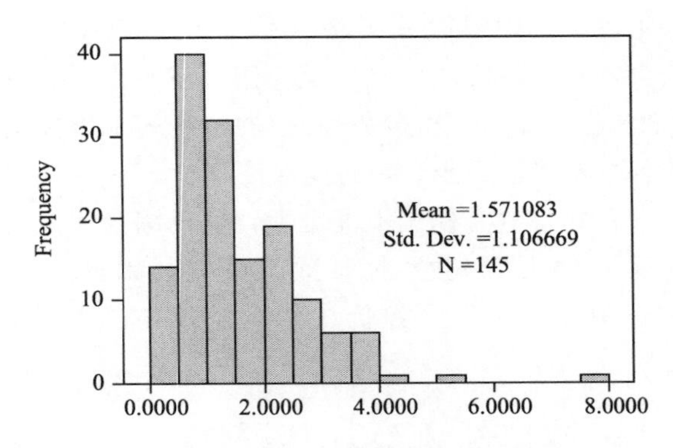


图 1　全国水稻主要病虫危害损失风险直方图

该分布的均值是 $\alpha/\lambda$，方差为 $\alpha/\lambda^2$，由参数矩估计思想，可得方程组：$\alpha/\lambda=1.5710$，$\alpha/\lambda^2=1.1067^2$。解该方程组得：$\alpha=2.015$，$\lambda=1.28$，取 $\alpha=2$，$\lambda=1.3$。于是可建立原假设 $H_0$：$R\sim\Gamma$（2，1.3），其检验过程如表 3 所示，最后得到统计量 $\chi^2=\sum_{i=1}^{k}(m_i-np_i)^2/(np_i)$ 的样本观察值 $\chi^2=6.5165$，而临界值 $\chi^2_{0.05}(7\text{-}2\text{-}1)=\chi^2_{0.05}(4)=9.49$，可见观察值 $\chi^2$ 小于临界值。因此接受 $H_0$，认为 $R$ 服从形状参数为 $\alpha=2$ 和规模参数为 $\lambda=1.3$ 的 Gamma 分布，它的分布函数为 $F(x)=1-(1+\lambda x)e^{-\lambda x}, x>0$，由此可以算出 $R$ 属于各风险区间的概率，见表 3 第 2 行的理论概率 $p_i$。由于 $\alpha=2$ 较小，Gamma 分布的密度函数偏度较大，呈现正偏态特征。损失在 0.5～2.0t/hm² 的概率仅 0.1386，因此要实际损失很少是不现实的；

**表 3　全国水稻主要病虫害实际损失风险分布的 $\chi^2$ 检验**

| 区间编号 $i$ | 1 | 2 | 3 | 4 | 5 | 6 | 7 |
|---|---|---|---|---|---|---|---|
| 区间范围 | (0，0.5] | (0.5，1] | (1，1.5] | (1.5，2] | (2，2.5] | (2.5，3] | (3，+∞) |
| 理论概率 $p_i$ | 0.1386 | 0.2346 | 0. 71 | 0.1523 | 0.1026 | 0.0683 | 0.0965 |
| 理论频数 $np_i$ | 20.10 | 34.02 | 30.03 | 22.08 | 14.88 | 9.90 | 13.99 |
| 实际频数 $m_i$ | 14 | 40 | 32 | 15 | 19 | 10 | 15 |
| $\frac{(np_i-m_i)^2}{np_i}$ | 1.8512 | 1.0512 | 0.1292 | 2.2702 | 1.1408 | 0.0010 | 0.0729 |

损失大于 2t/hm² 的概率是 0.2674，说明大损失的风险也不小；损失在每公顷 0.5～2t 的概率为 0.594，说明中等水平的植保风险占大多数。此外，理论概率 $p_i$ 对全国水稻主要病虫害风险区划和确定保险费率是必不可少的（如果开展该项保险的话）。有害生物危害有区域性特征，可以对我国进行划区域有害生物危害风险评估，以提高针对性和准确度。

# 5　植保风险管理的措施

风险管理措施是根据风险评价的结果和所要实现的风险管理目标做出的风险管理对策。按照上述的评价方法和模型，可评估出生产者植保风险的大小及风险等级、区域植保风险的分布及概率。在此基础上，政府、市场、生产者根据各自的职能，有的放矢地选择如下的植保风险管理措施。

### 5.1 提高生产者自身的水平和能力

在农村实行家庭联产承包的体制中，在植保社会化服务体系有待完善、技术服务市场尚待建立的情况下，提高生产者自身的水平和素质仍然是根本，优化生产者自身的行为和提高他们自身的能力是关键。提高生产者自身的水平和能力可行的途径有：积极参加技术培训，参观学习技术示范；通过电视及互联网等设施多方搜集植保信息，积极向服务组织和专业技术能手咨询；充分利用预测预报信息，提高自然风险的预见性；购置先进器械设备，优选技术方法，严格执行农药使用的标准，提高防治效果和产品的安全性；选择优良的抗性品种，利用提高植物自身对有害生物的免疫和调控作用的模式方法增强植物抗害能力。生产者通过自己的努力，可以降低自然风险并克服行为风险。

### 5.2 促进生产者参加相关专业组织

参加统防统治或让植保服务组织（植保公司、植物医院、植保专业队、植保专业户等）承包代治以降低风险是可行的途径，植保服务组织技术力量较强、设备较为先进、信息掌握较为充分，有利于降低成本并提高效益，病虫害防治的组织化、专业化、规模化有助于提高效益且降低风险。此外，生产者主动参加有关协会（如植保协会）、加入农民经济合作组织、融入农业产业化体系，也有利于降低植保风险。

### 5.3 加强政府的植保管理与公共服务

降低植保风险需要政府、市场、生产者多方共同努力。①植保管理等部门应提供预测预报信息服务，建立和完善有害生物危害的应急体系，以应对大规模、暴发性、突发性的有害生物危害，科学规划（如风险区划）并合理布局作物，多方降低自然风险；②加强植保技术的研发和优良抗性品种的培育，提高施药器械、药品的质量和科技含量，增强防治技术的有效性、科学性和适应性；③完善植保技术推广体系，建立乡村和社区植保服务组织，降低服务风险；④完善市场监督体系，加大打击假冒伪劣的植保生产资料的力度；加强农产品农药残留的检测，建立市场准入制度。

### 5.4 发展农业保险

不论是开展作物综合险还是有害生物危害单项险，都将有利于降低和分散有害生物危害风险。不少重视发展农业的国家都把病虫灾害列入承保范围。例如，加拿大马尼托巴省《农作物保险法》（1991 年）及其实施细则中规定，承保的风险包括干旱、降水过多、洪灾、霜冻、高温、风、病虫害、水禽、野生动物侵害；菲律宾《农业保险法》（1978 年）规定，承保的风险包括所有自然灾害和病虫害；美国《1994 年农作物保险改革法》，进一步完善了美国农作物保险，将干旱、雨涝、洪水、雹灾、风灾、火灾、病虫害等风险损失的保险与其他一些福利性农业计划联系起来强制推行。日本在实施农作物保险计划中，农场普遍加强了病虫害防治，既有助于提高产量，又有利于减少保险成本[12]。还有研究表明，推行作物保险有助于综合防治措施的采用[13]。随着中国经济的发展和国家对“三农”问题的重视，中国农业保险出现转机，露出了曙光[14]，我们期待着中国农业保险能迎来新的大发展，针对作物病虫害的农业保险也能够顺势得到发展。

### 参考文献


[1] Williams CA，Smith ML，Young PC. 风险管理与保险. 马从辉，刘国翰译. 北京：经济科学出版社，2000

[2] Scott EH，Gregory RN. 风险管理与保险. 陈秉正，王珺，周伏平译. 北京：清华大学出版社，2001

[3] Pritchett TS，Schmit JT，Doerpinghaus HI. 风险管理与保险. 孙祁祥等译. 北京：中国社会科学出版社，1998

[4] 杨梅英. 风险管理与保险. 北京：北京航空航天大学出版社，1999

[5] 魏华林，林宝清. 保险学. 北京：高等教育出版社，1999

[6] 许树柏. 层次分析原理. 天津：天津大学出版社，1998

[7] 胡永宏，贺思辉. 综合评价方法. 北京：科学出版社，2000

[8] 徐学荣，林奇英，谢联辉. 绿色食品生产经营的风险及管理. 农业系统科学与综合研究，2004，20(2)：103-106

[9] 曾维华，程声通. 环境灾害学引论. 北京：中国环境科学出版社，2000

[10] 谢志刚，韩天雄. 风险理论与非寿险精算. 天津：南开大学出版社，2000

[11] 周概容. 概率论与数理统计. 北京：高等教育出版社，1984

[12] 庹国柱，王国军. 中国农业保险与农村社会保障制度研究. 北京：首都经济贸易大学出版社，2002

[13] Feinerma E，Herriger JA，Holtkamp D. Crop insurance as a mechanism for reducing pesticide usage：A representative farm analysis. Review of Agricultural Economics，1992，14：169-186

[14] 王友. 开展农业保险要点分析. 保险研究，2005，6：21-22

# 可持续植物保护及其综合评价*

徐学荣[1,2]，吴祖建[1]，林奇英[1]，谢联辉[1]

（1 福建农林大学植物保护学院，福建福州 350002；2 福建农林大学经济与管理学院，福建福州 350002）

**摘 要**：本文探讨了可持续植物保护的内涵及特征，讨论了建立指标体系的原则和框架模式，建立了具有递阶层次结构的可持续植物保护综合评价指标体系，给出了确定指标权重的层次分析方法并算出了各层指标的权重，制定了单指标可持续度及植保系统整体可持续度的计算公式，给出了可持续性动态评价的模型和方法。

**关键词**：可持续植物保护；指标体系；综合评价

**中图分类号**：S4 **文献标识码**：A

# Studies on sustainable crop protection and its comprehensive evaluation

XU Xue-rong[1,2]，WU Zu-jian[1]，LIN Qi-ying[1]，XIE-Lian-hui[1]

（1 College of Plant Protection，Fujian Agriculture and Forestry University，Fuzhou 350002；
2 College of Economics and Management，
Fujian Agriculture and Forestry University，Fuzhou 350002）

**Abstract**：This paper discusses on the connotations and characters of sustainable crop protection（SCP）. An index systems is designed for the comprehensive evaluation of SCP，the AHP method is used in determining weights of the indexes，the logistic curve is presented as the dynamic locus of SCP.

**Key words**：sustainable crop protection；index systems；comprehensive evaluation

可持续发展作为一种经济、生态、社会发展目标模式，现已被世界上绝大多数国家和人民所接受，走可持续发展道路是当今各国人民的共同选择。第13届国际植物保护大会把主题定为“可持续的植物保护造福于全人类”[1-3]，表明在植物保护领域贯彻可持续发展战略的思想和共识。可持续植物保护不单纯是一种思想、一个战略，更重要的是必须细化成系列方案，落实到行动中，并适时进行监控。衡量植物保护可持续程度的一个有力工具就是指标体系及相应的评价方法。功能健全的指标体系及评价方法能描述和反映任何一时点或时期内植物保护各方面的发展水平和状况；评价和监测一定

农业现代化研究，2002，23（4）：314-317

收稿日期：2002-3-22 修回日期：2002-05-08

* 基金项目：福建省高等学校社会科学研究课题“福建农业可持续发展评价指标体系及评价方法研究”（JA99084S）、福建省教育厅社科研究项目“可持续植物保护及其评价研究”（JA02103S）

时期内植物保护各方面的持续发展趋势及速度。因此探讨可持续植物保护的内涵、特征，建立植物保护可持续综合评价指标体系及评价方法是十分必要的。

## 1 可持续植物保护的内涵、特征

可持续植物保护既考虑被保护对象和防治对象，又考虑整个农业生产系统，既考虑受保护作物免受病、虫、草、鼠危害，也考虑环境保护和资源再利用；对防治对象的治理，不仅仅限于个别小地块、小区域，而是考虑整个栖息环境以及流域的治理保护；既考虑某时某个生长季节状况，也考虑未来及更大空间的可能情况；既考虑当代的人类和环境，也考虑子孙后代和环境；考虑的范围从宏观的战略到微观的战术[3,4]。可持续植物保护是综合保护（IPM）的继承和发展，IPM 是走向可持续植物保护的第一步[1]，可持续植物保护是一项庞大而复杂的系统工程。

可持续植物保护追求经济效益、社会效益和生态效益的相容协调。具体表现为：减小有害生物危害，使其降低至经济损失允许阈值之下，而不是消灭有害生物；保证食物安全和人畜健康，保护环境和生物多样性，维护生态平衡，促进人与自然的和谐；追求低消耗、低成本的同时，既注重保产，更追求通过保证产品质量增加经济收入，既考虑当前利益的实现，也考虑未来再生产过程中效益的可获得性。可持续的植物保护以提高植物自身对有害生物的免疫、调控作用为主导（如采用科学的耕作制度、合理的种植结构和种植模式、优良的抗性品种及品种搭配等），注重高新技术的应用并辅以多种无害化防治方法的合理实施。可持续植物保护具有多目标、多方法综合和协调的特点。

可持续植物保护注重发挥生态系统中自然因素的生态调控作用，强调作物本身的健康栽培和抗逆作用，强调天敌功能的发挥，关注生态系统及各子系统的行为、功能、环境的变化，注重系统间相互作用及演化规律的把握并因势利导，注重生态系统的整体功能的发挥和优化，着力于维持生态系统的持续性、稳定性和提高系统的自我调节能力。

可持续的植物保护涉及的不仅是病、虫、草、鼠、药械、水肥、土壤、栽培、环保等专业学科，而且向数、理、化等基础学科和分子生物学、分子遗传学、基因工程、计算机科学等新兴学科横向渗透[5]，还要应用系统科学、管理科学、经济学、预测与决策科学等学科的原理、思想和方法。此外，还需行政、科研、教学等各部门的密切配合与协调，广大农民的积极实践。

可持续植物保护的最终目的是为了人类的可持续发展，人是植保系统中最活跃的因素。植物保护管理人员及其机构的管理水平、决策能力的高低影响着植物保护管理的效率；农户或农场企业是有害生物防治作业的具体设计者和实施者，植物保护的政策法规、科研成果、管理决策、信息服务等只有被他们认识、接受、遵守或采用，才能发挥作用，他们的法律意识、道德水准、文化素质、科技水平、风险意识、生产热情等都直接影响着植物保护的质量和效果。当前面临的许多植保难题，大多都是农艺或植保措施失当引发的后果，归根结底是人为造成的[6]。因此要提高植物保护管理人员和广大农民的素质，以人的知识和科技进步作为植物保护的主要驱动力。

## 2 可持续植物保护评价指标体系

### 2.1 建立可持续植物保护评价指标体系的原则

建立可持续植物保护评价指标体系，除了应遵循建立指标体系的层次性、系统性、可比性、独立性和动态性等基本原则外，还必须遵循的原则如下。

（1）科学性原则：具体指标的选取应建立在对植物保护系统充分认识、深入研究的基础上，客观真实地反映系统发展状况，体现可持续植物保护的内涵与特征，并能较好地度量可持续植物保护主要目标实现的程度。

（2）完备性与可操作性兼顾的原则：指标体系作为一个有机整体，要求能全面反映可持续植物保护各要素的特征、状态及各要素之间的关系。然而植物保护系统涉及科技、社会、生态和环境指标较多，实际评价时，指标体系的完备性与可操作性之间存在一定的矛盾，要做到两方面都兼顾，就必须进行试验调查以获取数据或精减指标。

（3）定性指标与定量指标相结合的原则：植物保护系统中涉及的指标较多，有些难以量化，而这些指标对评价又是很重要的，因此必须用定性指标加以描述，在实际评价时再选取适当的方法（如以模糊统计实验为依据的等级比重法[7]）进行量化处理。

（4）支持保障能力评价与目标结果评价结合的原则：可持续发展以知识和经济为驱动力，不以牺牲资源和环境为代价[8]，可持续植物保护也不例外。因此要把人的素质、科技与教育、管理与投入等要素纳入评价指标体系。可持续植保追求经济、生态、社会效益的协调，目标实现程度的评价也是不可缺少的内容。赵美琦等曾对植保效益评价建立过指标体系[9]，本文所要建立的指标体系以可持续植保为目标，除所选择的指标有较大差异外，最主要的是把植保支持保障评价纳入其中。

（5）时空性原则：不同区域的生态环境的质量状况不同、被保护对象也不一定一样，有害生物种群的构成与分布也随区域而变化。另一方面，不同区域的经济、社会所处的发展阶段也不尽相同，植物保护工作的内容也有差异。因此，可以根据被评价的区域不同而确定指标的内容及其在可持续意义上的“标准值”，并在一定时期内保持相对稳定，但指标体系也要随植物保护工作的发展逐步调整，做到动态性和稳定性相结合。

### 2.2　可持续植物保护评价指标体系基本框架模式

在1992年联合国环境与发展大会之后，各国际组织、各国政府及学术机构对如何度量可持续发展日益关注，形成了诸如DSR模型FISD框架、SCOPE指标体系以及世界银行提出的可持续发展指标体系。我国政府部门以及研究机构和高等院校对我国可持续发展指标体系也进行了许多的研究和探索。不少专著和述评文章对中外可持续评价指标体系都有概括总结和评论，如文献［8，10-13］。比较各框架模式，各有优点和不足。我们认为“状态-趋势”框架模式[12]思路清晰、逻辑严谨。所谓“状态”是指被评价系统或各子系统在观察时期（时点）的实际状况，“趋势”是指状态的变动方向和轨迹。在衡量状态的指标体系中，应包含有反应人类活动方式、手段、支持实现可持续的能力动力指标，也要有反应目标系统状况的指标，但不必一定分成“驱动力（压力）”、“状态”、“响应”指标，更不必一定都得三指标都对应齐全。可持续发展的持续性可以在监测趋势变动过程中看其是否沿着人们认为可持续的轨道在运动着而得到检验，后面给出的可持续植保评价指标体系及评价方法是这一思路的具体实现。

### 2.3　可持续植物保护状态综合评价指标体系

可持续植物保护是总目标，支持保障系统、目标系统可持续是两个子目标。支持保障系统支配科技水平、管理水平、经济投入和行为选择4个准则，目标系统支配经济效益、生态效益和社会效益3个准则。各准则由若干指标加以反应，所有指标构成评价指标层。于是组成了具有层次结构的植物保护状态综合评价指标体系（图1）。

### 2.4　部分指标释义

经济阈值采用率：经济阈值采用率是所进行的防治中，依照经济阈值进行防治的比例，可用面积比表示，经济阈值概念见参考文献［14，15］。减损：即为挽回的损失，是指防治与未防治所带来的产值（或产量）的差，是植物保护活动的产出。外部成本：外部成本是私人活动对外部造成影响而没有承担的成本[16]。植物保护的外部成本主要是指由于化学农药的使用造成对人类健康、环境生物安全的影响和危害的费用总和。可选用人力资源法、疾病费用法、防护支出法和意愿调查价值评估法[17]等方法进行衡量。在科技水平准则下的指标，是指这些指标所指的方法、技术或设备的有效性、安全性和先进性等。例如，有害生物防治是指它所包含的农业、化学、物理、人工及生物等防治方法的有效性、安全性和先进性。预测预报是指预测的准确性、预报的及时性以及测报设备、技术的科学先进程度。药品、器械是指在植物保护过程中使用的药品及器械的有效性、安全性及可获得性等。在科技水平、管理水平准则下的多数指标，在评价时可按定性指标处理。

## 3　评价方法

确定各指标权重在综合评价中是至关重要的环节。本文采用层次分析法（简称AHP法）确定各指标权重，其中建立判断矩阵用的是10/10～18/2标度法[18]。从图1指标层中的各指标可看出，有的是定性指标，有的是定量指标，并且具有模糊不确定性，模糊综合评价法是处理模糊不确定性的有效方法，我们用它来评价单因素。

### 3.1　确定权重的AHP法

在建立了递阶层次结构的评价指标体系后，用

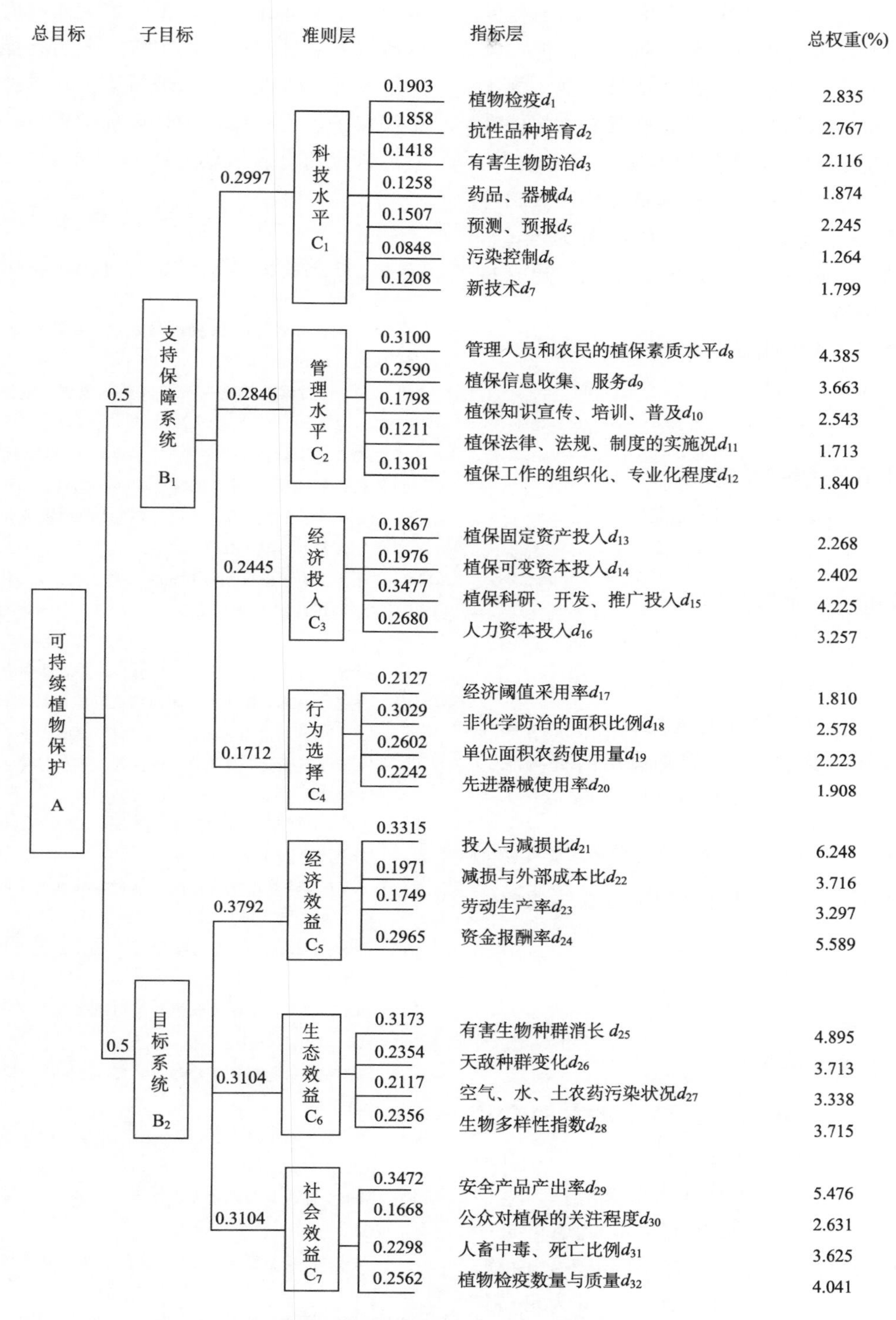


图 1 可持续植物保护综合评价指标体系层次结构图

AHP 法确定各指标权重的基本步骤为[19]：①建立各层次判断矩阵；②进行层次单排序；③进行层次总排序；④进行一致性检验，若达到满意一致性则进行第⑤步骤，否则，对判断矩阵进行调整，转到步骤②；⑤归一化处理得出权重向量。按照这个算法，求出了各指标的权重（图 1 中的数字）。

## 3.2 单指标及系统可持续度计算

为简单方便计算，在进行模糊综合评价时，取评语等级论域 $V=\{v_1\}$，$v_1=$可持续，即使用舍去等级论域的模糊综合评价方法[7]。此时对各指标的评价结果变为一个一维模糊向量，即一个点值。可持续植物保护评价，不同于若干个区域之间的植保综合水平的相对优劣评比与排名，而是各评价对象都与一个“标准的、理想的可持续植保模型”的比较，因而各评价指标都必须找出评价意义上的标准值。标准的确定必须由植物保护专家、生态学家、经济学家以及相关组织和人员依据被评价区域和可持续植保的要求来制定。设标准值向量为（$d_1^*$，$d_2^*$，…，$d_n^*$），这里 $n=31$。对定量指标，建立隶属度也就是可持续度如下。

（1）对数值适中性指标：

$$\mu(d_i)=\begin{cases}d_i/d_i^* & \text{当 } d_i < d_i^* \text{ 时}\\ d_i^*/d_i & \text{当 } d_i \geqslant d_i^* \text{ 时}\end{cases}$$

（2）对数值越小越好的指标：

$$\mu(d_i)=\begin{cases}d_i^*/d_i & \text{当 } d_i \geqslant d_i^* \text{ 时}\\ 1 & \text{当 } d_i < d_i^* \text{ 时}\end{cases}$$

（3）对数值越大越好的指标：

$$\mu(d_i)=\begin{cases}1 & \text{当 } d_i \geqslant d_i^* \text{ 时}\\ d_i/d_i^* & \text{当 } d_i < d_i^* \text{ 时}\end{cases}$$

对于定性指标（以集合 $I_2$ 记之），请各专家估测出指标隶属度，设第 $j$ 个专家估测出的隶属度为 $\mu_j(d_i)$，$d_i \in I_2$、专家人数为 $N$。则可取 $\mu(d_i)=(1/N)\sum_{j=1}^{N}\mu_j(d_i)$（加权平均亦可），或用上文提到等级比重法求 $\mu(d_i)$。于是可以用下列公式求出植保系统的可持续度：

$$S(t)=\sum_{i=1}^{n}W_i \times \mu(d_i)$$

### 3.3　动态可持续性评价

对任意两个时点 $t_1$、$t_2$，$t_1<t_2$，若有 $S(t_1)\leqslant S(t_2)$，则可认为植保系统发展是可持续的。在较长时间内考察 $S(t)$，根据对可持续发展模式、机制的研究结果——S 型发展模式[12,20]，还可进一步要求 $S(t)$ 的轨迹曲线为逻辑（logistic）曲线：$S(t)=A(1+Be^{-rt})^{-1}$，其中，$A=1$，$r$ 为可持续度的增长率。

## 4　结束语

本文所建立的指标体系在数据资料的支持下，可应用于实际评价，评价结果能使政府在促进植保可持续发展过程中明确主次、先后；能使生产者或决策者便于查找差距、分析原因、寻找对策并规范植物保护行为；能作为认识和把握可持续植物保护发展进程的有效信息工具。

## 参 考 文 献

[1] 曾士迈. 持续农业和植物病理学. 植物病理学报，1995，25(3)：193-196
[2] 赵士熙. 可持续植保战略与发展. 福建论坛(社会经济版)，1999,(增刊)：71-73
[3] 丁伟. 可持续的植物保护与农药的发展. 植物医生，1998，11(2)：2-4
[4] 植物保护编辑部. 著名专家、学者对 21 世纪我国植物病虫害可持续控制的展望. 植物保护，1998，24(5)：35-37
[5] 张家兴，王冬兰. 生物综合治理是持续农业发展的坚强支柱. 植物保护，1996，22(5)：33-36
[6] 曾士迈. 关于持续植保和植保系统工程. 见：朴永范. 农作物有害生物可持续治理研究进展. 北京：中国农业出版社，1999，3-9
[7] 胡永宏，贺思辉. 综合评价方法. 北京：科学出版社，2000，173
[8] 承继成，林珲，杨汝万. 面向信息社会的区域可持续发展导论. 北京：商务印书馆，2001，147：225-249
[9] 赵美琦，曾士迈，吴人杰. 植保效益评估体系的初步探讨. 植物保护学报，1990，17(4)：280-296
[10] 谢洪礼. 关于可持续发展指标体系的评述(一)，(二)，(三). 统计研究，1999，1：59-61
[11] 王朝科. 建立中国可持续发展指标体系若干问题刍议. 统计研究，1997，2：56-59
[12] 曾珍香，顾培亮. 可持续发展的系统分析与评价. 北京：科学出版社，2000，95，105，64
[13] 钱易，唐孝炎. 环境保护与可持续发展. 北京：高等教育出版社，2000，146-166
[14] 陈杰林. 植物保护经济学. 贵阳：贵州科学技术出版社，1988，227-228
[15] 曾士迈. 植保系统工程导论. 北京：中国农业大学出版社，1994，128-129
[16] 张帆. 环境与自然资源经济学. 上海：上海人民出版社，1998，35
[17] 马中. 环境与资源经济学概论. 北京：高等教育出版社，1999，6，131-132
[18] 汪浩，马达. 层次分析标度评价与新标度法. 系统工程理论与实践，1993，13(5)：24-26
[19] 许树柏. 层次分析原理. 天津：天津大学出版社，1988，41-76
[20] 曹利军. 区域可持续发展轨迹及其度量. 中国人口·资源与环境，1996，6(2)：46-49

# 可持续发展通道及预警研究*

徐学荣，吴祖建，张巨勇，谢联辉

（福建农林大学，福建福州　350002）

**摘　要**：阐述了可持续发展的组合S型发展机制；探讨了可持续发展条件；提出了可持续发展通道的概念；构建了多阶段可持续发展趋势模型、可持续发展通道、可持续发展预警系统；给出了一个应用实例。

**关键词**：组合S型曲线；可持续发展趋势线；可持续发展通道；可持续发展预警

# Research on the path and early warning of sustainable development

XU Xue-rong，WU Zu-jian，ZHANG Ju-yong，XIE Lian-hui

（Fujian Agriculture and Forestry University，Fuzhou　350002）

**Abstract**：Multiple-hierarchy S-shaped curves are presented as the pattern of sustainable development in this paper. Also，some requirements for sustainable development are discussed. Moreover，a multiple-stage tendency curve model is built up，the concept of sustainable development path is proposed and its connection with the early warning of sustainable development is analyzed. The sustainable development early warning system of fruit industry in Fujian is given as an example.

**Key words**：multi-stage and multi-hierarchy S-shaped curve；sustainable development tendency curve；sustainable development path；early-warning of sustainable development

## 1　引言

经济、生态、社会系统及其子系统的发展过程极其复杂，并非每个发展过程都是可持续的，可持续发展不是指某一特定层次与水平的发展，而是一个不断提高层次与水平的具有周期性与节律性的螺旋式永恒过程[1]。用$Y(t)$表示系统或其子系统的发展过程（状态变量或分量或综合发展水平），则$\mathrm{d}Y(t)/\mathrm{d}t$表示发展速度，$\mathrm{d}Y(t)/\mathrm{d}t=c$（常数）的线性发展以及无极限的指数发展，如$\mathrm{d}Y(t)/\mathrm{d}t=cY(t)$，忽视了资源的稀缺性和环境容量的有限性，只能在一定范围内实现，发展难以持续。考虑了发展有约束的单一S型曲线过程，在体现发展过程非线性、有极限方面是有效的，但仍体现不了发展的不断提高层次的要求。在探讨可持续发展规律、机制、模式的有关研究中，尽管有的是针对某个子系

数学的实践与认识，2003，33（2）：31-37

收稿日期：2002-05-31

*　基金项目：福建省社科“十五”规划项目（批准号2001B049）

统或某个具体发展过程，但研究结果是一致的，可以说取得了共识，那就是组合S型发展机制[1-7]。这些研究虽然有的仅做定性描述，有的只对单一阶段进行定量分析，但都为多层次、多阶段的定量模型的进一步研究奠定了基础。众所周知，S型曲线最一般的形式是理查兹（Richards）曲线：$Y=A(1+Be^{-kt})^{-1/\lambda}$，它包含了修正指数曲线（$\lambda=-1$时）、龚柏茨（Gompertz）曲线（$\lambda\to-1$时）、逻辑曲线（logistic curve）（$\lambda=1$时）[8]。逻辑曲线具有很多优美的性质，被人们广泛应用，可以说是S型曲线的代表。本文遵循可持续发展过程是组合S型曲线过程的思想，利用逻辑曲线，分段描述S型组合曲线，并把重点放在组合曲线的衔接上；探讨可持续发展的条件，并建立可持续发展通道；在此基础上，建立可持续发展预警系统，并给出实际应用例子。

## 2　逻辑曲线发展过程的特征点

对于逻辑曲线$W_i=A_i(1+B_ie^{-k_it})^{-1}$，根据曲线发展特点，沿用文[5]的称谓，把$t=0$称为起动点，把满足$\mathrm{d}^2W_i/\mathrm{d}t^2=0$的$t$称为鼎盛点（记为$T_i^d$），把满足$\mathrm{d}^3W_i/\mathrm{d}t^3=0$的两个$t$中较小者称为起飞点（记为$T_i^q$）、较大者称为成熟点（记为$T_i^{\infty}$），把满足对称要求：$t-T_i^c=T_i^q-0$的$t$称为对称淘汰点（记为$T_i^{\infty}$）。我们把满足$(1-\alpha_i)A_i=A_i(1+B_ie^{-k_it})^{-1}$的$t$称为$\alpha_i$——淘汰点记为$T_i^{\alpha_i}$，因为此时$W_i$的发展已完成$A_i$的$100(1-\alpha_i)\%$。对称淘汰点是特殊的$\alpha_i$——淘汰点（$\alpha_i=1/(1+B_i)$时）。现把这些特征点的坐标列表如下（表1）。

**表1　逻辑曲线特征点坐标**

| 坐标 \ 特征点 | 起动点 | 起飞点 $T_i^q$ | 鼎盛点 $T_i^d$ | 成熟点 $T_i^c$ | 对称淘汰点 $T_i^{\infty}$ | $\alpha_i$——淘汰点 $T_i^{\alpha_i}$ |
|---|---|---|---|---|---|---|
| $t$ | 0 | $\frac{\ln B_i-\ln(2+\sqrt{3})}{k_i}$ | $\frac{\ln B_i}{k_i}$ | $\frac{\ln B_i+\ln(2+\sqrt{3})}{k_i}$ | $\frac{2\ln B_i}{k_i}$ | $\frac{\ln B_i+\ln\left(\frac{1-\alpha_i}{\alpha_i}\right)}{k_i}$ |
| $W_i$ | $\frac{A_i}{1+B_i}$ | $\frac{3-\sqrt{3}}{6}A_i$ | $\frac{A_i}{2}$ | $\frac{3+\sqrt{3}}{6}A_i$ | $\frac{B_iA_i}{(1+B_i)^2}$ | $A_i+(1-\alpha_i)A_i$ |
| $\frac{\mathrm{d}W_i}{\mathrm{d}t}$ | $\frac{k_iB_iA_i}{(1+B_i)^2}$ | $\frac{k_iA_i}{6}$ | $\frac{k_iA_i}{4}$ | $\frac{k_iA_i}{6}$ | $\frac{k_iB_iA_i}{(1+B_i)^2}$ | $\alpha_i(1-\alpha_i)k_iA_i$ |

## 3　可持续发展趋势线、可持续发展条件

如引言所述，可持续发展过程模式不是单一的S型曲线模式，而是多阶段、多层次的组合S型曲线（图1）。

层次间的衔接问题对探讨可持续发展是至关重要的。若第$i$层次的发展处于鼎盛点或成熟点之前，新的发展（如高新技术的应用）又起动，可以认为第$i$层次的发展未完成、新的起动点的产生将贡献于第$i$层次，使第$i$层次的发展更持久，此时合并在一个层次考虑即可，但第$i+1$层次的起动也不能太迟，当第$i$层次发展到成熟点时，已近八成$(3+\sqrt{3})A_i/6\approx0.788A_i$完成第$i$层次可发展容量$A_i$；增长速度已从最大值$A_ik_i/4$降到$A_ik_i/6$，回落幅度$=A_ik_i/12$，约为最大速度的33%；每层次的发展过了成熟点时，系统不具有整体稳定性[9]，未来或为可持续发展或循环、停滞、倒退[3]，此时若第$i+1$层次的发展还没起动，则不利于发展的可持续。因此构造可持续发展趋势线时，可把$i+1$层次的起动点放在$i$层次的成熟点上，于是从形式上可得到发展趋势线方程：

$$\hat{Y}(t)=\begin{cases}A_1(1+B_1e^{-k_1t})^{-1}, \\ \quad 0\leqslant t\leqslant T_i^c \text{ 时} & (3.1)\\ [(3+\sqrt{3})/6]\sum_{j=1}^{i-1}A_j-\sum_{j=1}^{i-1}(A_j/(1+B_i)) \\ \quad +A_i\left[1+B_ie^{-k_i\left(t-\sum_{j=1}^{i-1}T_j^c\right)}\right], \\ \quad \sum_{j=1}^{i-1}T_j^c<t\leqslant\sum_{j=1}^{i}T_j^c;i\geqslant2 & (3.2)\end{cases}$$

专著[2]中，给出过类似的分段曲线（每个$A_i$都相等），但我们的研究不要求每个发展阶段等周期和等幅度，并进一步提出可持续发展条件以及在此基础上构建可持续发展通道和预警系统。事实上，曲线$Y(t)$还不能说是可持续发展趋势线，必须还有其他要求。由于当一层次的发展将近$\alpha$—淘

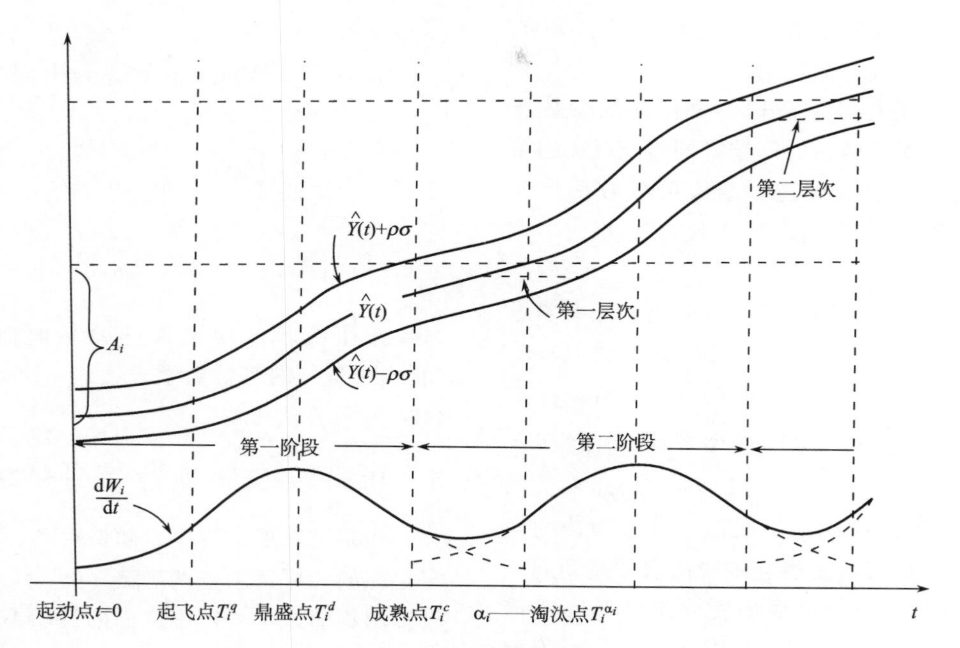


图 1 可持续发展过程

汰点时（淘汰点一般在成熟点后，故可取 $0<\alpha<0.21$）增长极慢，甚至于几乎停滞（$\alpha$ 较小时），此时发展可持续与否主要看高一层次的发展，$i+1$ 层次的发展强劲与否、能否保持 $i$ 层次发展势头，能否跨越 $i$ 层次的饱和极限而真正“起飞”，对能否实现可持续是十分关键的。为此，我们提出可持续发展条件（Ⅰ～Ⅲ）。

条件（Ⅰ）：$i+1$ 层次的发展起动时间不迟于 $i$ 层次发展的成熟时间。

条件（Ⅱ）：$i+1$ 层次的发展的起飞时间不迟于 $i$ 层次的 $\alpha_i$——淘汰时间。

条件（Ⅲ）：$i+1$ 层次的发展起飞时，其 $\hat{Y}(t)$ 必须不小于 $i$ 层次的饱和水平 $[(3+\sqrt{3})/6]\sum_{j=1}^{i-1}A_j-\sum_{j=1}^{i-1}[A_j/(1+B_i)]+A_i$。当 $i=1$ 时，约定 $\sum_{j=1}^{i-1}A_j$，$\sum_{j=2}^{i}[A_j/(1+B_i)]$，$\sum_{j=1}^{i-1}T_j^c$ 都表示 0。条件（Ⅱ）的等价数学表达式为：

$$\sum_{j=1}^{i}T_j^c+[\ln B_{i+1}-\ln(2+\sqrt{3})]/k_{i+1}$$
$$\leqslant\sum_{j=1}^{i-1}T_j^c+[\ln B_i+\ln(1-\alpha_i)-\ln\alpha_i]/k_i$$

把 $T_i^c=[\ln B_{i+1}+\ln(2+\sqrt{3})]/k_i$ 代入并整理得

$$[\ln(1-\alpha_i)-\ln\alpha_i-\ln(2+\sqrt{3})]/k_{i+1}$$
$$\geqslant[\ln B_{i+1}-\ln(2+\sqrt{3})]k_i,i=1,2,\cdots \quad (3.3)$$

条件（Ⅲ）的等价数学表达式为：

$$[(3+\sqrt{3})/6]\sum_{j=1}^{i}A_j-\sum_{j=1}^{i+1}[A_j/(1+B_j)]+$$
$$[(3-\sqrt{3})/6]A_{i+1}\geqslant[(3+\sqrt{3})/6]\sum_{j=1}^{i-1}A_j-$$
$$\sum_{j=2}^{i}[A_j/(1+B_j)]+A_i,i=1,2,\cdots$$

整理得：

$$[(3-\sqrt{3})/6-1/(1+B_{i+1})]A_{i+1}\geqslant$$
$$[(3-\sqrt{3})/6]A_i,i=1,2,\cdots \quad (3.4)$$

因为 $1/(1+B_{i+1})>0$，若（3.4）式成立，则 $A_{i+1}>A_i$，由此得到推论：可持续发展必要条件之一是 $A_{i+1}\geqslant A_i$，即 $i+1$ 层次的可发展空间必须不小于 $i$ 层次的可发展空间，$i=1, 2, \cdots$。我们定义可持续发展趋势线为：满足（3.3）、（3.4）式的发展趋势线 $\hat{Y}(t)$。由于 $\alpha_i$—淘汰点的引入，使可持续发展趋势线具有人工控制的特点。

## 4 可持续趋势线的参数估计

不失一般性，我们就两阶段可持续发展趋势线：

$$\hat{Y}(t)=\begin{cases}A_1(1+B_1e^{-k_1t})^{-1}, \\ \quad 0\leqslant t\leqslant T_1^c \text{ 时} \\ [(3+\sqrt{3})/6]A_i-A_2/(1+B_2) \\ \quad +A_2[1+B_2e^{-k_2(t-T_1^c)}]^{-1}, \\ \quad T_1^c<t\leqslant T_1^c+T_2^c \text{ 时}\end{cases}$$

的参数估计问题进行探讨。设样本点为（$t_1$，$Y(t_1)$），（$t_2$，$Y(t_2)$），…，（$t_n$，$Y(t_n)$）。

（1）如果发展在第一阶段，要估计的参数有$A_1$，$B_1$，$k_1$，此时参数估计问题等同于$\hat{Y}(t)$的第一阶段所在的第一层次的逻辑曲线的参数估计问题，可选用优化法[10,11]、高斯-牛顿迭代法[12]等方法进行。

（2）如果发展处于第一阶段成熟点，正要求进入第二阶段、高一层次时，可取$k_2=k_1$，由（3.3）式得$B_2\leqslant(1-\alpha_1)/\alpha_1$，取$B_2\leqslant(1-\alpha_1)/\alpha_1$，再由（3.4）式得$A_2\geqslant[(3-\sqrt{3})/6]A_1/[(3-\sqrt{3})/6-\alpha_1]$，取$A_2=[(3-\sqrt{3})/6]A_1/[(3-\sqrt{3})/6-\alpha_1]$，于是得到$A_2$，$B_2$，$k_2$的一组取值，这样构造的曲线可作为第二阶段持续发展趋势线从起动点到起飞点那段曲线的近似，$\alpha_1$可根据发展条件及实际需要设定［如取$\alpha_1=1/(1+B_1)$，即淘汰点为对称淘汰点］。我们知道逻辑曲线从起飞点到成熟点之间的发展模式为准线性快速发展，$\alpha_1$取值较小，则说明在第二层次的准线性发展过程到来之前，允许较长时间的较缓发展；反之，$\alpha_1$取值较大，就意味着要求第二层次的准线性快速发展早点到来，$\alpha_1$取值多少为好，依据的是实际需要和高一层次发展的条件是否具备、支持保障是否健全。

（3）如果发展已进入第二阶段，此时修正（2）方法得到的近似曲线。首先，应用第二阶段起动前的（$t_i$，$Y(t_i)$）拟合第一层次曲线，方法同（1）。于是可求得$A_1$，$B_1$，$k_1$以及该发展层次的各特征点。其次，建立如下的非线规划模型NLP求$A_2$，$B_2$，$k_2$。

NLP：Min $Q^2$

$$\text{st.}\begin{cases}[\ln(1-\alpha_i)-\ln a_i-\ln(2+\sqrt{3})]k_2\geqslant \\ \quad[\ln B_2-\ln(2+\sqrt{3})]k_2 \\ [(3-\sqrt{3})/6-1(1+B_2)]A_2\geqslant \\ \quad[(3-\sqrt{3})/6]A_1;A_2\geqslant 0,B_2\geqslant 0,k_2\geqslant 0\end{cases}$$

其中：

$$Q^2=\sum_{t_i\leqslant T_1^C}[Y(t_i)-A_i(1+B_1e^{-k_it_i})^{-1}]^2+\sum_{t_i\geqslant T_1^C}\left\{Y(t_i)-\frac{3+\sqrt{3}}{6}A_1+\frac{A_2}{1+B_2}-A_2[1+B_2e^{-k_2(t_i-T_1^C)}]^{-1}\right\}^2$$

为残差平方和。约束条件就是前面探讨的条件（Ⅱ）、（Ⅲ）的等价数学表达式，NLP可用惩罚函数法[13]等算法求解。

## 5 可持续发展预警与可持续发展通道

在系统发展过程中，随机扰动、微小涨落是必定存在的。可持续发展趋势$\hat{Y}(t)$仅是可持续发展过程的均值线，一定幅度内的变动不影响发展的可待续，但偏离可持续发展趋势线幅度较大时，发展的可持续性将受到影响。因此有必要构建可持续发展预警系统。论述可持续发展模式、规律不能脱离所研究系统的历史发展过程空泛而谈，但也不等同于现实发展过程的再现描述，可持续发展是一种规范的发展模式，上述的可持续发展趋势线的建立体现了这点。在确定警限、警度时，仍必须如此。记$\Delta_i=\hat{Y}(t)-Y(t)$，$i=1$，2，…，$n$。

$\sigma=\left[(1/(n-1))\sum_{i=1}^{n}(\Delta_i-\overline{\Delta})^2\right]^{1/2}$，即$\sigma$为$\{\Delta_i\}$的均方差，其中，$\overline{\Delta}=\sum_{i=1}^{n}\Delta_i/n$。于是，我们确定可持续发展预警系统的警度、警区等如表2。

参数（$\rho>0$）的取值决定着系统发展过程无警年（期）数的多少，无警年数多则有警年数少。确定警限可根据的原则有：半数原则、负数原则、少数原则、均数原则和参数原则等，这些原则可单独使用，也可以联合使用[14]。在可持续发展预警中，我们推荐使用半数原则——大约一半年份无警。双边设警是考虑到发展过热往往意味着潜力的过渡挖

表2 警度、警区划分

| 警情 | 重警 | 轻警 | 无警 | 轻警 | 重警 |
|---|---|---|---|---|---|
| 警度 | −2 | −1 | 0 | 1 | 2 |
| 警区 | $(-\infty,\hat{Y}(t)-2\rho\sigma)$ | $[\hat{Y}(t)-2\rho\sigma,\hat{Y}(t)-\rho\sigma)$ | $[\hat{Y}(t)-\rho\sigma,\hat{Y}(t)+\rho\sigma]$ | $(\hat{Y}(t)+\rho\sigma,\hat{Y}(t)+2\rho\sigma]$ | $(\hat{Y}(t)+2\rho\sigma,\infty)$ |
| 信号 | 蓝灯 | 浅蓝灯 | 绿灯 | 黄灯 | 红灯 |
| 特点表现 | 发展萧条、偏冷，影响发展的可持续性 | 发展萎缩、趋冷 | 发展持续稳定 | 发展略有过快、过热 | 发展过快、过热。影响发展的可持续性 |

掘或过量投入，对未发展不利。对警素时间序列指标 $\{Y(t)\}$ 的预测，可用适合于短期预测的、精度较高的预测方法、模型（如 ARMA）进行，设预测值为 $FY(t)$，于是根据 $FY(t)$ 的值以及该值属于上述五个警区中的哪个警区而给出预警警度。本预警方法属黑色预警[15,16]范围。可持续发展通道就是无警绿灯区，其上轨线为 $\hat{Y}(t)+\rho\sigma$，下轨线为 $\hat{Y}(t)-\rho\sigma$。

## 6 应用举例

应用逻辑曲线拟合福建水果从 1985 年至 2000 年的产量发展过程［产量数据 $Y(t)$ 见表 3 的第 3 行］，得到 $A_1=476.631$，$B_1=18.353$，$k_1=0.2915566$。于是得到福建水果产业持续发展第一层次的曲线模型为

$$\hat{Y}(t)=476.631/(1+18.353e^{-0.2915566t})$$

平均绝对百分误差 $\text{MAPE}=\frac{1}{16}\sum_{t=0}^{15}\left|(Y(t)-\hat{Y}(t))/Y(t)\right|\times 100\%=7.6326\%$。残差序列 $\{\Delta_i\}$ 的标准差 $\sigma=16.1778$，起飞点 $T_1^q=5.463$，年份是 1990 年；鼎盛点 $T_1^d=9.980$，年份是 1995 年；成熟点 $T_1^c=14.497$，年份是 2000 年；对称淘汰点 $T_1^{\infty}=19.960$，即在 2005 年。取 $\alpha_1=1/(1+B_1)$，即取淘汰点为对称淘汰点，应用（2）所述的方法得 $k_2=k_1=0.2915566$，$A_2=630.885$，$B_2=18.3529$，表 2 中 2001～2004 年（$t=16\sim19$）的 $\hat{Y}(t)$ 值由模型 $\hat{Y}(t)=[(3+\sqrt{3})/6]A_1-A_2/(1+B_2)+A_2[1+B_2e^{-k_2(t-T_1^c)}]$算出。

应用软件包 Eviews，选用 ARMA 模型拟合 1985～2000 年的福建水果产量，结果见表 3 第 5 行（$FY(t)$），可见精度是相当高的，预测 2001 年水果产量所得结果是 351.0777 万吨，落在重警蓝灯区，这就是提前一年给出的预警结果。$Y(t)$，$\hat{Y}(t)$，$FY(t)$，$\hat{Y}(t)-\rho\sigma$，$\hat{Y}(t)+\rho\sigma$，$\hat{Y}(t)-2\rho\sigma$，$\hat{Y}(t)+2\rho\sigma$ 的曲线图见图 2 所示（在图中 $Y(t)$，$\hat{Y}(t)$，$FY(t)$，$\hat{Y}(t)-\rho\sigma$，$\hat{Y}(t)+\rho\sigma$，$\hat{Y}(t)-2\rho\sigma$，$\hat{Y}(t)+2\rho\sigma$ 依次由 FJSGLOG，ARMA，LOGL1，LOGR1，LOGL2，LOGR2 表示），其中取 $\rho=0.5$。在 1985～2000 年的 16 年中，无警年数为 9，基本符合半数原则。

表 3 福建水果产量发展过程（1985～2000 年）

| 年份 | 1985 | 1986 | 1987 | 1988 | 1989 | 1990 | 1991 | 1992 | 1993 | 1994 |
|---|---|---|---|---|---|---|---|---|---|---|
| $t$ | 0 | 1 | 2 | 3 | 4 | 5 | 6 | 7 | 8 | 9 |
| $Y(t)$ | 29.41 | 34.72 | 45.68 | 53.54 | 69.9 | 75.78 | 110.53 | 153.75 | 153.75 | 198.13 |
| $\hat{Y}(t)$ | 24.631 | 32.402 | 42.395 | 55.087 | 70.985 | 90.422 | 113.728 | 140.85 | 171.386 | 204.511 |
| $FY(t)$ | NA | 34.72 | 45.68 | 53.540 | 69.900 | 75.780 | 110.530 | 117.18 | 153.9162 | 197.6547 |
| 实际警度 | 0 | 0 | 0 | 0 | 0 | −1 | 0 | −2 | −2 | 0 |
| 预测警度 | *NA* | 0 | 0 | 0 | 0 | −1 | 0 | −2 | −2 | 0 |
| 年份 | 1995 | 1996 | 1997 | 1998 | 1999 | 2000 | 2001 | 2002 | 2003 | 2004 |
| $t$ | 10 | 11 | 12 | 13 | 14 | 15 | 16 | 17 | 18 | 19 |
| $Y(t)$ | 239.33 | 283.81 | 334.34 | 343.04 | 394.1 | 356.44 | | | | |
| $\hat{Y}(t)$ | 239.025 | 273.510 | 306.55 | 336.97 | 363.94 | 387.091 | 392.438 | 407.38 | 426.219 | 449.558 |
| $FY(t)$ | 235.0642 | 282.2880 | 333.456 | 342.6653 | 400.1182 | 357.8501 | 351.0777 | | | |
| 实际警度 | 0 | 1 | 2 | 0 | 2 | −2 | | | | |
| 预测警度 | 0 | 1 | 2 | 0 | 2 | −2 | −2 | | | |

$Y(t)$ 数值来源于《福建统计年鉴 2001 年》第 165 页。单位：万吨

## 7 结束语

本文构建的多阶段可持续发展趋势线模型、可持续发展通道和可持续发展预警系统，遵循了可持续发展过程的组合 S 型机制的理论，体现了可持续发展过程的规范要求。可持续发展条件的提出、$\alpha$—淘汰点的引入以及可持续发展通道“宽窄”的控制参数 $\rho$ 的选取，又体现了可持续发展过程的人工调控特点。在中国加入 WTO 后，福建水果还可以进一步扩大出口量，要求可持续发展符合福建农业比较优势选择，文中所给的例子有现实意义。

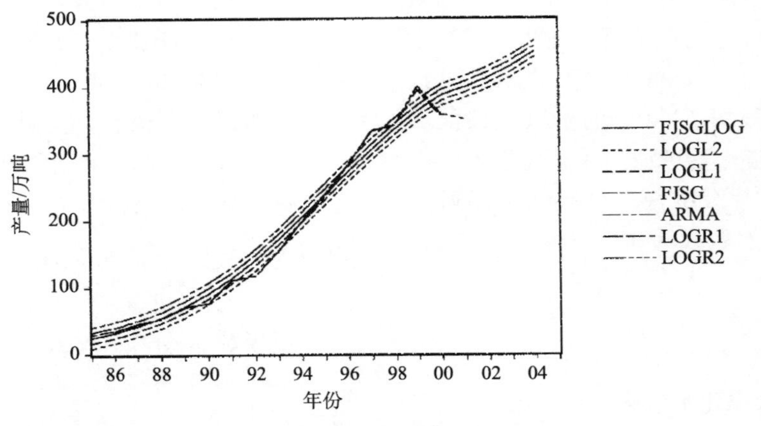


图 2　福建水果产量预警模拟

## 参考文献

[1] 孙玉军. 区域可持续发展与可持续林业的研究. 北京林业大学博士学位论文，1996，7-12

[2] 曾珍香，顾培亮. 可持续发展的系统分析与评价. 北京：科学出版社，2000，10

[3] 曹利军. 区域可持续发展轨迹及其度量. 中国人口. 资源与环境，1998，8(2)：46-49

[4] 陈忠，王浣尘，金伟. 可持续发展研究. 系统工程理论方法应用，1998，7(2)：19-24

[5] 王树岭，林森，林晶. 信息产业发展研究. 系统工程理论与实践，1998，18(12)：110-113

[6] 徐学荣，孟令和. 可持续增长曲线模型及其参数估计的非线性规划方法. 曲阜师范大学学报，1998,(2)：21-26

[7] 曾嵘，魏一鸣，范英等. 人口、资源、环境与经济协调发展系统分析. 系统工程理论与实践，2000，20(12)：1-5

[8] 法朗士 J，索恩利 JHM. 农业中的数学模型. 金之庆，高亮之译. 北京：中国农业出版社，1991，11

[9] 杨林泉，陈琳. 人口系统的稳定性分析. 系统工程理论与实践，1998，18(11)：75-77

[10] 冯文权. 经济预测与决策技术. 武汉：武汉大学出版社，1994，4

[11] 徐学荣. 具有饱和增长趋势的若干曲线模型研究. 农业系统科学与综合研究，1997，13(1)：4-9

[12] 暴奉贤，陈宏立. 经济预测与决策方法. 广州：暨南大学出版社，1995

[13] Bazaraa MS，Shetty CM. 非线性规划理论与算法. 王化存，张春柏译. 贵阳：贵州人民出版社，1986，9

[14] 傅龙波，王亚辉，许庆. 江苏粮食供求预警系统构建. 农业技术经济，1997,(4)：28-31

[15] 魏权龄，刘起运，胡显佑，等. 数量经济学. 北京：中国人民大学出版，1998，9

[16] 顾海兵. 经济系统分析. 北京：北京出版社，1998，4

# 可持续植保对消除绿色壁垒的可行性分析及对策

杨小山[1]，欧阳迪莎[1]，徐学荣[1,2]，吴祖建[1]，金德凌[1,3]

（1 福建农林大学植物病毒研究所，福建福州 350002；2 福建农林大学经济与管理学院，福建福州 350002；3 闽江学院，福建福州 350002）

**摘　要**：通过研究绿色壁垒对我国农产品出口的影响，探讨可持续植保对消除绿色壁垒的可行性，认为发展可持续植保是消除绿色壁垒的重要策略，并阐述了完善可持续植保体系的具体措施，针对绿色壁垒的具体形式提出了相应的对策。

**关键词**：可持续植保；绿色壁垒；可行性分析

**中图分类号**：F323.22　**文献标识码**：A　**文章编号**：1671-6922（2005）01-0065-04

# Feasible analysis and countermeasure of breaking green barrier by sustainable plant protection

YANG Xiao-shan[1]，OUYANG Di-sha[1]，XU Xue-rong[1,2]，WU Zu-jian[1]，JIN De-ling[1,3]

（1 Institute of Plant Virology，Fujian Agriculture and Forestry University，Fuzhou 350002；2 College of Economics and Management，Fujian Agriculture and Forestry University，Fuzhou 350002；3 Minjiang College，Fuzhou 350002）

**Abstract**：The effect of green barrier on Chinese agricultural exports is studied in this article. The feasible analysis of breaking green barrier by sustainable plant protection is discussed. An important tactic of eliminating green barrier by developing sustainable plant protection is suggested. The particular measure of perfecting sustainable plant protection system are set forth. And the relevant countermeasure aiming at the various green barrier are put forward.

**Key words**：sustainable plant protection；green barrier；feasible analysis

随着世界经济全球化和贸易自由化的发展，绿色壁垒作为一种新的贸易保护主义应运而生，尤其是近几年来发达国家对进口商品的环境标准愈抬愈高，对我国农产品出口带来不利影响。欧盟曾全面禁止我国动物源性食品进口；美国则要求所有输美水产品加工企业必须获得 HACCP 验证/认证，对各种药物残留的检测限量标准也越来越严格，有些限量标准近乎苛刻，日本把从我国进口的大米残留检测项目由 56 项增加到 123 项，欧盟对我国茶叶的农残检测种类也多达 77 项。据联合国的一份统计资料，每年仅绿色壁垒，就使我国有 74 亿美元的出口商品受到不利影响[1]。研究消除绿色壁垒的

福建农林大学学报（哲学社会科学版），2005，8（1）：65-68

收稿日期：2004-03-05

对策，对增加我国农产品的出口创汇具有重大意义，而发展可持续植保可以规避绿色壁垒，完善可持续植保体系是消除绿色壁垒的重要策略。

## 1　我国农产品出口面临绿色壁垒的挑战

### 1.1　农产品出口贸易额大幅度下降

由于欧盟将茶叶中农药残留的检验种类由6种扩大到62种，茶叶中农药最大残留限量标准降低到原来的1/100～1/10，2002年1～9月我国茶叶对欧盟的出口量和出口份额分别下降39.16%和34.35%[2]。面对发达国家日渐升高的贸易门槛，我国农产品出口大量受阻。根据中国海关的统计数字显示，2002年前7个月，中国对日本出口的活鳗同比下降了23%，冻鸡下降了41%，保鲜蔬菜和暂时保藏的蔬菜分别下降了20%和29%[3]。由此可见，绿色壁垒严重影响着我国农产品的出口，它日益成为我国农产品出口贸易的重大障碍。

### 1.2　农产品出口检验检疫标准体系亟需完善

WTO协议中《实施动植物检疫措施协议》第2条规定：各成员有权利采取为保护人类、动植物的生命和健康所必需的动植物检疫措施，只要此类措施与本协议的规定不相抵触[4]。因此，许多成员国，尤其是发达国家制定了许多苛刻的、高于《实施动植物检疫措施协议》规定的标准，造成发展中国家产品出口严重受阻。我国农产品质量标准中共涉及62种化学污染物，主要包括化学农药和诸如砷、汞、氯化物等外源污染物，而联合国食物与农业组织至今已公布了相关限制标准共2522项，美国则多达4000多项[5]。所以，完善我国农产品检验检疫标准体系成为当务之急。我国必须尽快地完善这一标准体系，以扩大农产品的出口。

### 1.3　农产品出口结构亟待调整

绿色壁垒对我国农产品出口的严重影响，迫使我国必须利用自己的比较优势调整农产品的产业结构。农产品基本上可以分为两类：土地密集型农产品和劳动密集型农产品。我国劳动力资源丰富，人均土地占有面积少，人均耕地只有0.1公顷，一个农场的规模只有0.4公顷多（1英亩左右）；但是在美国、加拿大、澳大利亚，一个农场的规模通常有80～120公顷（200～300英亩）[6]。而我国的劳动力资源丰富，价格便宜，劳动密集型农产品（如茶叶、蔬菜、水果以及深加工的农副产品等）在我国具有比较优势，加入WTO给我国这些产业的发展提供了更广阔的空间。

## 2　可持续植保对消除绿色壁垒的可行性分析

走可持续发展道路已成为当今世界各国人民共同的选择。第13届国际植保大会主题为："可持续的植物保护造福全人类"[7]。可持续植保即有害生物的可持续治理，是可持续农业在技术体系上对植物保护提出的更高要求，既考虑被保护对象和防治对象，又考虑整个农业生产系统，既考虑受保护作物免受病、虫、草、鼠的危害，也考虑环境保护和资源再利用，综合运用多种控制手段，因时、因地制宜，经济、安全、有效地将有害生物控制在经济阀值之下，从而达到经济效益、社会效益与生态效益的兼顾与平衡[8]。可持续植保作为一种策略，对于消除我国农产品出口中面临的绿色壁垒具有重大作用。下面从理论、政策、技术和经济四个方面分析可持续植保对消除绿色壁垒的可行性。

### 2.1　理论可行性

在农业生产过程中，农户为提高作物产量进行病虫害防治时施用大量农药，对环境造成重大的负面影响，形成外部不经济。而发展可持续植保，在关注环境和生态系统的前提下来保护农业生态系统，以生态控制为主提高作物抗病虫能力，从消灭有害生物转变为将有害生物控制在经济损失水平之下，减少农药以及其他有害物质的使用，从而通过降低环境成本和社会成本消除外部不经济。我国农产品出口很大程度上在于农产品的质量达不到进口国的环境技术标准，尤其是农药残留、重金属含量和放射物质残留量较高，发展可持续植保则可以减轻这一系列问题。因此，从理论上讲，发展可持续植保对消除绿色壁垒是必要的、可行的。

### 2.2　政策可行性

"联合国环境与发展大会"提出可持续发展是全球社会经济发展的战略，并通过了《里约热内卢宣言》、《21世纪议程》等纲领性文件。我国通过的《中国21世纪议程》，提出了我国可持续发展的行动依据、战略目标和方案领域，把保护环境确定为一项基本国策[9]。近几年来，国际贸易中兴起的绿色壁垒在很大程度上是以可持续发展为依托，以保护进口国的环境和人类、动植物的健康为由制定的。所以，从政策上看，可持续植保对消除绿色壁垒是可行的，它们关于可持续发展的目标是一致的。

### 2.3 技术可行性

可持续植保技术在保护环境和生物多样性的基础上，注重作物本身的健康栽培和抗逆能力，通过平衡营养、改善耕作制度、选用抗病虫品种等措施，提高作物的免疫能力和系统的自我调节能力，维持农田生态系统的平衡和稳定。当前，我国农产品出口面临绿色壁垒问题，绿色技术标准是其重要表现形式。按绿色技术标准生产规程生产的绿色食品则可以顺利出口。我国已通过中药材生产质量管理规范GAP，绿色食品、有机食品和无公害食品生产技术也日益完善。山东省昌邑市积极应对加入WTO的挑战，用标准化突破“绿色壁垒”。首先对鸡肉、花生、脱毒大蒜、优质蔬菜等16个系列40多个品种制定出标准化生产技术规范，推行了标准化生产，并在143家龙头企业内部统一了40多个产品的生产标准。目前，全市已有一大批农产品获得绿色产品证书，有49种农副产品出口到日本、俄罗斯等14个国家和地区[10]。由此可见，在技术方面发展可持续植保对于规避绿色壁垒是可行的。

### 2.4 经济可行性

可持续植保主张在有害生物综合治理的基础上，进一步实行生态控制，通过农业防治、生物防治、物理防治等措施降低病虫草鼠的危害，提倡使用有机肥并减少农药和化肥的使用来降低生产成本，从而提高生态效益、社会效益和经济效益。目前，我国农产品出口面临着绿色壁垒的挑战，为达到进口国的环境技术标准，不得不增加有关的环境保护的检测、测试、认证、鉴定等相关费用，形成环境成本内部化。再加上产品的包装、商业广告等中间费用、附加费用，使得我国产品成本增加，丧失了原有的价格优势[11]。而发展可持续植保要求在农产品生产过程中符合一定的环境技术标准，可以降低农产品出口的额外费用，提高我国农产品出口的竞争能力。因此，发展可持续植保对于消除绿色壁垒是十分可行的。

## 3 发展可持续植保是消除绿色壁垒的重要策略

### 3.1 完善可持续植保服务体系，加强对产品出口支持和服务

（1）加大政府对植物保护的支持。我国作为WTO的成员国，既可以享受无歧视的贸易待遇，也要履行一定的职责，同时为保护本国的农业可以采取绿箱政策来加大对农业的支持。然而，我国目前在这方面与发达国家相比还相距甚远。全球调查的结果表明，农业支持占国民生产总值的2%以下，发达国家占国民生产总值的5.5%，而发展中国家还不到1%[12]。1996～1998年，我国政府对病虫害控制的平均支持为21.32亿人民币，仅占绿箱政策的1.4%[4]。因此还要进一步加强政府对农业的扶持力度，尤其是对植保的支持。

（2）优化植保技术推广服务。可持续植保技术推广可以通过实验、示范、培训、指导以及咨询服务，把可持续植保技术应用到农业生产的产前、产中和产后。可持续植保技术推广服务包括以下内容：①组建可持续植保技术及其产品的产业化示范基地，加快科研成果和可持续植保新技术的转化；②开展以农民为中心的田间课堂培训，提高农民的植保素质、植保技术水平和环境保护意识；③县乡村植保技术推广机构、植保科研单位、有关学校以及植保科技人员要适时地通过设立可持续植保技术咨询点，为广大农民提供服务。

（3）加强农产品市场咨询服务。我国农产品出口结构不很合理，存在很多市场大量需求的产品供不应求、市场需求少的产品过量生产的问题。政府及有关部门要加强国内外市场信息的研究和分析，做出及时、有效的生产决策，并将信息传递给生产者，调整生产结构，从而避免了农产品贸易和生产脱节的问题，生产出符合国际市场需求的农产品，增加农产品的出口创汇。

### 3.2 完善可持续植保检疫体系，冲破进口国的“绿色检疫”

随着国际农产品贸易的日益频繁，我国的农业生产面临着更大的威胁，据不完全统计，仅20世纪中后期传入的危险性病虫等造成的经济损失每年就达50亿元以上[13]。因此，健全植物检疫法律法规、提高检疫技术水平、更新检疫设备和方法，是

当前完善可持续植保检疫体系、冲破农产品出口面临的“绿色检疫”的重要措施。

（1）健全植物检疫法律法规。目前，我国颁布的有关植物检疫的法律法规有《中华人民共和国进出境动植物检疫法》、《植物检疫条例》、《中华人民共和国进出境动植物检疫法实施条例》。这些法律法规是我国植物检疫人员进行进出境检疫的有力法律保障和技术标准。我国加入WTO以后，按其规则我国农产品出口也要符合进口国的检疫标准。而某些发达国家以保护其人类、动植物的安全为由，制定了苛刻的动植物检疫标准，造成我国农产品出口严重受阻。因此，针对我国农产品出口面临的“绿色检疫”，我国必须尽快地健全植物检疫法律法规，与世界接轨，以促进农产品出口。

（2）提高植物检疫技术水平。我国检疫技术水平与国际水平相差甚远。在有害生物风险分析（PRA）方面，我国的工作刚刚起步，检疫风险管理意识正在逐步被接受。美、澳等国对从未引进过的、疫情不清的种苗，通常先进行PRA，按引进种苗风险大小分类采取不同的检疫措施，或禁止引进，或有条件引进，或基本开放[13]。不断提高我国的植物检疫技术水平，对进出口产品实施严格、快速、准确的检疫，这对于确保我国人类、动植物的健康和安全，提高出口产品的质量，冲破进口国的“绿色检疫”，均具有巨大的促进作用。

（3）更新植物检疫设备和方法。我国的植物检疫设备陈旧落后，远远不能满足农产品进出口贸易检疫水平不断升高的要求。植物检疫的经费投入不足、实验室条件差、检疫不准确、检疫速度太慢，导致有害生物的入侵、农产品出口难以达到进口国的检疫标准，造成重大经济损失。因此，更新检疫设备、改进检疫方法对于扩大我国农产品出口，冲破进口国的“绿色检疫”有十分重要的作用。

### 3.3　完善可持续植保监测体系，规避进口国的“绿色关税”

可持续植保监测体系是可持续植保体系的重要组成部分，它包括：病虫害发生、流行监测，即对病虫害的发生、发展、流行进行预测，从而有助于防治决策的制定，以便及时地采取有效的防治措施挽回经济损失；病虫害抗药性监测，即对病虫害抗药性的演化趋势进行监控，采取各种有效措施达到最佳防治效果，避免农药的浪费、减少污染并降低生产成本；农药残留监测，即通过完善农药残留监测标准来严格控制农药的使用，降低农产品的农药残留量，规避进口国的“绿色关税”。

（1）病虫害发生流行监测。我国的病虫监控预警体系不健全，大部分仪器设备已陈旧落后，新技术设备缺乏。全国病虫检测站点布局很不完善，平均每100万公顷，只有4.3个检测站，病虫害检测对象只限于15～20种，病虫检测的区域代表性不强[14]。因此，适时地建立和完善病虫害预测预报体系，增强宏观检测能力就成为一项紧迫的任务。要通过加强基础设备的建设、测报信息服务、合理布局监测站点以及提高监测技术水平，尤其是引入信息预测技术来提高测报准确率。据统计，黑龙江省农科院用电子计算机建立病虫预报模型，玉米螟预报准确率达90%以上[15]。

（2）病虫害抗药性监测。通过加强病虫害抗药性监测掌握其抗药性现状和发展趋势，并对抗药性进行预测且建立抗性治理体系，制定合理的用药方案和作物布局方案，进行适当的作物更替和轮换来增加经济效益并减少潜在农药的使用。尤其要开展超长期预测的研究，以便尽可能地对有害生物生态系的演化趋势取得预见，对新的农业技术在大量推广前就做出有关植保的风险估计，以及模拟出不同管理方案的植保后果效益评估[16]。

（3）农药残留监测。农药对农业生产的贡献是不可低估的。据估计，农业上不用农药会减产30%，另外30%也会受到威胁[17]。所以农药在农业生产上的用量仍然很大，但其对环境的影响也是不可忽视的。农药残留监测是环境监测的重要组成部分，它对于实施ISO14000环境管理标准体系和环境标准认证制度具有重要意义。1993年召开的第24届联合国农药残留法典委员会上，就讨论了176种农药在各种商品中的残留量、最高再残留量和指导性残留限量[4]。因此，完善农药残留标准体系和加强监测，对于农产品的农药残留量降低和环境标准认证有重要作用，并可以通过加强农药残留监测规避农产品出口中的“绿色关税”。

### 3.4　完善可持续植保技术体系，突破进口国的“绿色技术标准”

可持续植保技术体系是根据农田生态系统平衡的原理，采用各种低成本、低污染、高效率的植保措施，以生态控制为主提高作物的免疫能力，通过降低有害生物的种群数量，减少对农作物的危害，以生产出高品质、低污染、低残留、在国际市场上有竞争优势的农产品。可持续植保技术体系与绿色食品生产技术、有机食品生产技术、无公害产品生产技术密切相关，并有很多相似的部分。绿色食品、有机食品、无公害产品有低污染、低残留的优点，在国际农产品贸易中很受欢迎。因此，完善可持续植保技术体系，大力发展绿色食品、有机食品、无公害产品对于消除绿色壁垒有重要作用。

## 参考文献


[1] 质检总局：55 件“两会”议案涉及质检工作. http：//news. xinhuanet. com/zhengfu/2004-03/16/content_1368571. htm

[2] 罗忠，付志勇. 绿色壁垒对我国农产品出口的影响及对策. 安徽农业大学学报(哲学社会科学版)，2003，12(5)：20-23

[3] 日本修法筑起绿色壁垒，中国蔬菜遭遇“歧视”. http：//www. china. org. cn/chinese/law/201043. htm

[4] 张汉林. 农产品贸易争端案例. 北京：经济日报出版社，2003，1，67，241，264

[5] 张谋贵，曹淑华. 中国农产品出口如何冲破“绿色壁垒”. 安徽农业科学，2002，30(5)：678-680，683

[6] 林毅夫. 入世与中国粮食安全和农村发展. 农业经济问题，2004，(1)：32-33

[7] 丁伟. 可持续的植物保护与农药的发展. 植物医生，1998，11(2)：2-4

[8] 徐学荣，吴祖建，林奇英等. 可持续植物保护及其综合评价. 农业现代化研究，2002，23(4)：314-317

[9] 陈文林. 农村可持续发展战略. 北京：中国农业出版社，2000，7：54

[10] 昌邑用标准化突破绿色壁垒. http：//www. kjxm. org. cn/NewCenter/NewView. php? Start＝40&ChannelID＝62

[11] 狄佳巍. 面对绿色贸易壁垒的思考. 农业经济，2004，(2)：36-37

[12] Parid T，Kennethg C. Agricultural sustainability and intensive production practices. Nature，418，671-677

[13] 全国农业技术推广服务中心植物检疫处. 危险病虫检疫防疫体系建设. 植保技术与推广，2000，20(6)：4-5

[14] 汤金仪. 论实施植保工程的必要性和紧迫性. 植保技术与推广，2000，20(6)：3

[15] 邓定辉. 生物入侵与植物医学. 植物医生，2001，14(3)：5-6

[16] 曾士迈. 从可持续农业看植保. 植保技术与推广，1994，(1)：26-28

[17] 李金. 有害物质及其检测. 北京：中国石油出版社，2002，123

# 农业保险与可持续植保

欧阳迪莎[1]，何敦春[1]，王　庆[1]，林　卿[2]，谢联辉[1]

（1 福建农林大学植物病毒研究所，福建福州　350002；
2 福建师范大学经济学院，福建福州　350007）

**摘　要**：可持续植保—环境—农户—风险—农业保险是可持续植保与农业保险内在联系的几个主要环节，其中任何一环的变动都会引起其他各环的变动，尤以农户最为重要。本文以此为主线，较为深入地研究了它们的内在联系，较为深刻地剖析了当前我国农业保险和植保可持续发展中的主要共性问题，针对这些问题并结合我国国情，提出了协调发展农业保险和可持续植保的若干对策。

**关键词**：农业保险；可持续植保

**中图分类号**：F840.66　**文献标识码**：A　**文章编号**：167126922（2005）0220026204

# Agriculture insurance and sustainable crop protection

OUYANG Di-sha[1]，HE Dun-chun[1]，WANG Qing[1]，
LIN Qing[2]，XIE Lian-hui[1]

（1 Institute of Plant Virology，Fujian Agriculture and Forestry University，Fuzhou　350002；
2 College of Economics，Fujian Normal University，Fuzhou　350007）

**Abstract**：Sustainable crop protection，environment，farmer，risk，agriculture insurance are the main links between sustainable crop protection and agriculture insurance. Any changes of these joints will affect others clearly，particularly the farmer. This article depends on this main line，the relationships among them are studied more deeply，and the common problems between sustainable crop protection and agriculture insurance are analyzed profoundly. Based on the China's actual conditions and in view of existing problems，the principal ideas to develop agriculture insurance and sustainable crop protection are put forward.

**Key words**：agriculture insurance；sustainable crop protection

农业保险是指保险公司为农业生产者在农业生产经营过程中遭受农业风险或意外事故所致损失提供经济保障的险种，其有利于优化农户植保行为，改善生态环境，推动可持续植保的发展。持续农业的提出促使有害生物综合治理的理论和实践得到进一步发展，走向有害生物持续治理，即可持续植保[1]。可持续植保是一个复合、动态的概念，既考虑防治对象和保护对象，又考虑整个生态系统，同

福建农林大学学报（哲学社会科学版），2005，8（2）：26-29
收稿日期：2004-10-18

时还要考虑生物种的资源和环境保护问题；既要考虑当时当地病虫害，也要考虑到未来及更大空间的病虫害，既考虑植物保护学科本身，也考虑相关学科在可持续发展系统中的联系；既考虑到当代人类和环境，也考虑到下一代人类和环境[2]。发展可持续植保，有利于恢复生态平衡，优化农户治险行为，促进农业保险的持续健康发展。

# 1 农业保险与可持续植保的内在联系

## 1.1 发展农业保险有利于植保可持续发展

农业易受农产品产量波动性和价格随意性的影响，农户不可避免地承担着自然和市场双重风险。农业风险是影响农户生产心理和经营行为的重要因子，尤其是对生产策略的选择。现实中，种植所得往往为农户全部收入，农户不愿去冒改变经营方式所带来的任何不确定风险。由于素质低和生产规模小等客观因素，农户未有足够的信心和能力来驾驭可持续植保策略。以可持续植保策略来替代现行的农业生产策略，在农户看来是一种风险较大的投资行为转变。因此，在未投保农业险情况下，农户更注重短期收益，不愿创新现行的生产模式，以降低未能预期的风险，实现保产丰产。在防治农作物有害生物方面，目前农户仍以大面积大量施用化学农药为主，且农药利用率低、残留高，造成严重的生态环境污染，严重影响可持续植保的发展。据不完全统计，全国农药污染每年直接经济损失为147亿元[3]，而由环境污染和生态破坏造成的损失每年高达2000多亿元[4]。因此，防范农业风险，调整农户生产行为，有利于推动植保的可持续发展。

发达国家的实践证明，建立完善的农业保险制度是在WTO框架下农业政策的合理举措，有利于政府保护农业，诱导农户可持续的生产行为，促进农业资源的合理配置和充分利用，促进植保的可持续发展。在有农业保险条件下，使不确定风险得到经济保障，农户会主动从长期收益和成本出发，调整生产行为，选择有利于保护环境（土地）的可持续植保策略。另一方面，农业保险鼓励农户将原本预留的风险基金和大量未敢投资的资金投入生产和农业科技创新，尤其是对生产规模和水利设施等固定资产的追加投资，有利于实现农业投入的形式多样化，有利于提高农业生产效率，有利于解决抛荒、土壤流失、资源浪费、生态失衡等问题，有利于植保生态系统的优化。更为重要的是，在完善的农业保险制度下，农业保险为生产者采用农业新技术所带来的不确定性后果提供了经济保障，农业生产者的创新意识也不断得到激发，不再单一使用化学防治方法，而是努力尝试一些可持续发展的技术和方法，如“预防为主、综合防治”的植物保护工作方针、有害生物综合治理策略等，以期获得更高的收益。而在利益驱动下，在获得更高效益之后，农户十分愿意转变原来的以化学防治为主的有害生物管理策略，而采用可持续植保策略。如此一来，势必推动农业保险的健康稳定发展，形成农业保险与可持续植保共同推进的良性循环发展格局。

## 1.2 发展可持续植保有利于发展农业保险

诸多农业灾害的突发、暴发和流行，是人类干预自然、破坏生态平衡所致。回顾传统的植物保护历史，化学农药的大面积滥用和过量施用，对病虫害不适度的人为干预，造成严重的环境污染和生态系统破坏，导致农业生产风险系数升高，严重影响农业保险的健康发展。据统计，我国农村平均每年有2亿多人口受灾，受灾农作物达4000多万公顷，受灾面积占总耕地面积的27%，全国粮食因自然灾害每年减产100多亿公斤，大牲畜因灾害疫病死亡3000多万头，每年经济损失高达500多亿元[5]。在传统植物保护模式导致生态失衡情况下，农户治险行为会受到抑制，愿意选择投资低风险小项目，或将资金转向非农产业，即不愿投保，结果是许多农户已无需投保高风险项目，而低风险项目的保险在农户看来毫无必要，甚至为一种负担。显然农民若不愿投保，不管保险公司有无经营意愿，政府有无支持，农业保险的发展终究是十分缓慢甚至停滞。即使农户愿意投保，却因市场经济条件下农户可根据经验来自由选择投保项目，趋于受灾概率大的，而避之概率小的，农户这种理性行为使农业保险公司入不敷出，举步维艰。

相反，发展可持续植保对农业保险的发展是一个巨大的推动。1970年以来，许多国家已开始认识到高度依赖化学农药的植物保护所带来的种种危机，便纷纷转变植保政策。可持续植保是时代发展的需要，它着眼于有害生物的可持续治理，着眼于农业灾害的综合和生态管理，强调人与自然的和谐发展，强调整个生态系统的平衡，综合考虑防治保护对象、生物种群、环境、人类和整个生态系统，在实践中尽量做到少用化学保护，而代以最大限度地实施有害生物综合治理或生态治理策略。发展可持续植保的结果是，整个农业生态系统有望得以改善，农业生产和投资环境有望得以根本改善，农户和农业保险公司的经营行为也都有望得到优化。在实施可持续植保策略，生态平衡不断恢复的情况下，灾害发生频率和为害程度、农业保险风险系数、农业保险的理赔概率和理赔总额等都有望得以降低，更为重要的是农业保险公司的健康发展得到根本保护，其结果是农业保险公司愿意承保。

# 2　我国农业保险和可持续植保发展中的主要问题

## 2.1　人力问题

（1）工作人员数量和质量问题。农业保险和植物保护对从事人员的要求较高，在队伍建设上，既有量的需求，又有对专业素养的要求，尤其是农业保险，不仅要从业人员掌握保险知识，还要了解相关农业生产和植物保护知识，既要能做到因地制宜地向农户介绍农业险种，又能做到尽可能地保护环境安全和农户利益。然而，当前农业保险和植物保护工作人员数量短缺、业务能力不足等问题突出。在农业保险方面，随着农业保险业务的萎缩，地方农业保险机构普遍被撤销。目前，除新疆兵团财产保险公司和中国人民保险公司上海分公司保留了农业保险部外，其他省级分公司则先后撤销了相对独立的农业保险经营机构[6]。在植保队伍方面，目前我国植保推广队伍组织化程度和植保科技转化率低，新老人员交替速度快，防治队伍的技术水平和服务水平低，植保人才数量严重不足。据中华人民共和国人事部统计，我国农业科技人员包括农户技术员在内，共 63 万人，即每万名农业人口中专业技术人员不到 7 名。这一状况与发达国家相比存在明显差距，美国、日本、德国等发达国家，每万名农业人口就有 40 多名农业科技人才[7]。

（2）农户的素质问题。发展农业保险和可持续植保要以人为本，农户的全面发展是关键。当前我国农户小农意识根深蒂固，短期行为严重，喜好立竿见影的有害生物防治方法，重眼前利益，轻新事物和公共事物，环境保护意识差，创新能力和动力不足，科技、文化、管理和心理素质偏低。2000 年我国农村劳动力的文化构成是文盲与半文盲占 8.09%、小学占 32.22%、初中占 48.07%、高中占 9.31%、大专占 0.48%[8]，加上长期以来受封建传统思想、计划经济等因素影响，农业保险的知识普及率低，农户风险意识淡薄，侥幸心理严重，不愿意承担投保和采用新技术所带来的未能预期的成本，甚至认为买保险是加重负担，保险和可持续发展意识淡薄，这些已成为我国农业保险业和可持续农业发展的主要障碍。

## 2.2　财力物力问题

（1）政府方面的问题。农业保险和可持续植保具有很强的政策性，需要政府的支持，与发达国家相比，我国政府的财力、物力支持力度不够。在农业保险方面，除了免交营业税外，尚无其他配套政策和财政拨款予以支持，在支持力度上甚至不及其他商业性保险，一些地区的基层政府甚至将农业保险列为乱收费名目，列入被清理之列。我国加入 WTO 谈判确定的“黄箱”政策补贴不能高于农产品总产值的 8.5%，而目前我们的补贴还不到 2%。协议免除削减的国内支持措施 12 项中，我国尚有 6 项属于空白，其他的支持量也非常有限[9]。在发展可持续植保方面，政府的资金投入也是不足，一部分地区政府甚至对植保工作者实行“断奶”政策，把这支为民办事的服务队伍推向市场，致使部分人员为谋生路，实行有偿服务，严重脱离农户，更有甚者为谋利益，无视防治重点，故意扩大防治对象，极力大面积推广施用化学农药甚至剧毒或高残留农药，此举严重影响可持续植保的发展。

（2）企业方面的问题。对相关企业而言，农业保险和可持续植保成本高、负担重、收入低、亏损风险大，与企业效益最大化的经营目标背道而驰，企业投资动力严重不足。资料显示，1982～2001 年农业保险保费总收入为 70 亿元，总赔付额为 62 亿元，平均赔付率为 88%[9]，1982～1997 年农业保险亏损即达 3 亿多元[4]。我国农业保险经营亏损严重，成为只赔不赚的险种，大多数的保险公司不敢斥资开展此项业务，目前仅有中国人民保险公司和新疆建设兵团保险公司 2 家，而这 2 家公司都有可能彻底放弃农业保险业务，我国农业保险濒临绝境。发展可持续植保，务必做到科学用药，或代以施用无公害或生物农药，但是由于价格高，操作麻烦、防效慢、需求量低等缺点，无公害或生物农药市场占有率低，且农药企业对新一代农药研发和市场推广的投入产出比远远落后于化学农药，即在现有条件下其无法取得最大化利润，因此这些企业只是尝试性地进行投资非化学农药，仍以营销化学农药为主。

（3）农户方面的问题。我国大部分农户尤其是中西部的农户相当贫困，经济底子薄，收入偏低。据调查，1999年592个国定贫困县农民人均纯收入1347元，仅为全国平均水平的60.9%，其中现金纯收入839元，为全国平均水平的54.6%；生产经营性支出在10年下降4.6%的基础上继续下降，降幅达5.8%[10]。经济是投保和可持续能力的重要支撑。如果经济上不去，农户必不惜任何代价以满足生存需要，有可能大面积不合理滥用农药，此时讲可持续植保已成为无本之木，无源之水。同样，若无交纳保险费的经济能力，农户也就无从参加保险，无法利用保险这一途径来获得保障和减少损失，而农业保险的发展更无从说起。

### 2.3 法制滞后问题

农业保险和可持续植保政策性强，其中各种权利义务关系需要专门的法律法规来规范和调整。农户利益最大化的原则和自由的生产行为，诱使其在生产中往往不顾整体环境或后代人的利益，致使农药使用量日增，生态环境严重恶化。因此，运用法律来规范和引导农户合理的生产行为，迫其走可持续植保之路已日显重要。但是，我国可持续植保的法律建设严重滞后，政策不配套和专门法律法规缺乏的状况长期未能得到扭转。不单可持续植保如此，我国农业保险的法制建设形势也不容乐观。我国《保险法》第149条规定："国家支持发展为农业生产服务的保险事业，农业保险由法律、行政法规另行规定"。但至今未出台配套的专门的法律、法规，这与发达国家形成鲜明对比。

## 3 协调发展农业保险和可持续植保的对策

### 3.1 整合政府、企业和农户的力量，共同推动农业保险和可持续植保的协调发展

政府的积极扶持是发展农业保险和可持续植保的必要保证。借鉴国外成功经验，结合中国特殊的国情，针对农业保险和可持续植保成本高、效益低等特点，政府应在财政、税收、金融等方面给予重点支持。政府必须加大投资力度，综合利用政策导向与项目倾斜等方法来带动发展，积极开展农业生产安全性评价以及风险和生态风险评估，逐步建立和完善农业政策性保险制度，建立农业风险专项基金，并由国家出资建立政策性保险机构，由该机构来制定相关政策，实行监督管理，开展农业再保险以及协调统一管理各项工作。同时要整合政府、企业与农户的资源，充分利用社会各界力量，在条件许可的地区，可以从乡镇企业税收和农村社会救济金中提取一部分用于补贴农业保险。并适当引进在农业保险上有专长的国际保险公司和生物农药企业及富有经验的专业人才，推动国内外在这些领域的交流与合作，同时要逐步改变农户用药及治险观念，充分调动其积极性，有效利用其潜在资源，形成政府扶持、企业参与、农户配合的良好格局，共同推动我国农业保险和可持续植保的发展，提高我国农业的生产经营水平和国际竞争实力。

### 3.2 着力优化管理体制，推进农业保险和可持续植保的法制化，形成依法治险和依法植保的新局面

发展农业保险和可持续植保，必须加强管理，形成既灵活又规范的管理体制，同时综合利用经济、法律和行政手段，其中尤以法律手段为主。建立和完善相关法律法规，做到有法可依，保证各级政府对行为主体的规范管理，明确各种权利、义务关系，有利于规范引导农业保险和可持续植保朝着健康持续的方向发展。然而，我国至今尚无一部这方面的相关法律，加快相关法律法规建设是当务之急。对于立法，应将可持续植保的观点写入有关法律法规体系中，将政府的作用、农业保险公司与农户的权利和义务（如最高税收额度、财政扶持、违规违法的处罚、农业保险标的范围、保险金额、保险费率等）写入法律法规中，将农业保险和可持续植保管理纳入法制化轨道。在执行中，各级政府要切实履行职责，综合运用经济杠杆，积极建立完善的预测、预报机制和规范的管理程序，理顺各方关系，优化管理体制，完善组织体系，严格管理严重污染环境的行为和农业保险市场，努力提高管理水平，对违规行为要做到执法必严，违法必究，大力推动农业保险和可持续植保的良性循环发展。

### 3.3 不断加强从业人员的技能培训和可持续发展理念的宣传教育，创造农业保险和可持续植保协调发展的新氛围

解决人才问题是当务之急，吸收、挖掘和培养一大批可持续植保和农业保险的人才事关"三农"的发展大业。1987～1990年，全国举办了4次业务培训和农业保险等函授教育，培训干部1500多

人。这一措施在提高了农业保险人员素质的同时，也使得农业保险业务亏损率从1987年46%下降至1989年的3%，1990年达0.03%[11]。目前，我国从事农业保险工作的人员大都只是接受过相关的培训，真正既掌握保险又熟悉农业生产的人才极少。因此，现阶段在部分农业院校开设相关专业和相关课程，构建完善的人才体系，并在农户中普及培训，对农业保险和可持续植保的发展，对提升我国农业的整体实力和竞争力，促进农业经济的发展和实现农业现代化意义重大。

目前，可持续植物保护和农业保险观念还不为大多数农户所接受。对此，各级政府和有关部门应加大舆论宣传力度，做好广泛动员工作，积极发挥政府职能作用，利用电视、广播、报纸等媒体和办黑板报、张贴海报等多种形式，采取县、乡、村经办人员分片包干、走村串户的形式，推行以农民田间培训为主的“农民田间学校”，大力宣传可持续植保和农业保险知识，增强农户的农业保险和可持续植保意识，逐渐改变用药观念，使其合理施用农药，综合利用农业防治、物理防治、生态防治及其他生物药剂等，自觉采取新的合理的植物保护策略。

## 参考文献

[1] 曾士迈. 持续农业和植物病理学. 植物病理学报，1995，25(3)：193-196
[2] 丁伟. 可持续的植物保护与农药的发展. 植物医生，1998，11(2)：2-4
[3] 刘澄，商燕. 外部性与环境税收. 税务研究，1998，9：32-36
[4] 梁洪学，潘永强. 经济外部性的负效应和环境保护. 中国环境管理，1999，5：20-21
[5] 朱忠贵. 发展我国农业保险的制约因素及对策. 辽宁农业职业技术学院学报，2002，4(1)：41-42
[6] 史建民，孟昭智. 我国农业保险现状、问题及对策研究. 农业经济问题，2003，9：45-49
[7] 梁兴英. 农业科技人才是防范农业风险的关键. 莱阳农学院学报(社会科学版)，2003，15(2)：70-73
[8] 中国农业年鉴编辑委员会. 中国农业年鉴(2001). 北京：中国农业出版社，2002，445
[9] 龙春霞，姜俊臣，程伟民等. 论农业保险体系中存在的问题及对策. 河北农业大学学报(农林教育版)，2003，5(1)：47-49
[10] 中国社会科学院农村发展研究所，国家统计局农村社会经济调查总队. 2000～2001年：中国农村经济形势分析与预测. 北京：社会科学文献出版社，2001，188
[11] 张平. 论我国农业保险体系建立. 上海财经大学硕士学位论文，2001，46

# 植保技术与食品安全

何敦春[1]，王林萍[1,2]　欧阳迪莎[1]

（1 福建农林大学植物病毒研究所，福州　350002；2 福建农林大学经济与管理学院，福州　350002）

**摘　要**：食品安全是一个全球性问题，已成为当今社会发展的热点。影响食品安全的因素很多，源头污染是其重要方面之一，它与有害生物控制所采用的植保技术有着密切关系。鉴于此，从影响食品安全的植保问题入手，论述了植保技术对食品安全的影响，提出了优化和推进食品安全的几点建议。

**关键词**：植保技术；食品安全

**中图分类号**：X592　**文献标识码**：A　**文章编号**：100820864（2005）0620016204

## 1　问题的提出

食品安全是一个全球性问题，已引起社会各界高度重视。食品安全是一个相对的动态概念，是社会文明与和谐的体现，其内涵随着人们生活优化与社会发展而不断变化。近年我国食品污染现象亦时有发生，其中种植业、养殖业的源头污染对食品安全的威胁越来越严重[1]。食品安全受制于诸多因素，食品在生产、加工、运输、销售各环节均存在被污染的可能，从源头上确保生产免受污染是重中之重。我国是世界上化肥农药施用量最大的国家，农药中毒事故也位列世界之首，每年农药中毒占世界同类事故的 50%[2]。我国人体内有机氯农药残留量已超过日本和一些欧美国家污染高峰期的水平[3]。我国的食品安全，尤其是化学安全性问题十分突出，如何杜绝食品化学污染，保障食品安全已成为人们关注的焦点问题，但是目前从植保角度来加以研究的报道还较为罕见，但其又具有必要性和可能性，有助于从源头上确保食品安全。

## 2　植保技术对食品安全的影响

### 2.1　化学植保技术对食品安全的影响

有害生物的危害不仅降低农产品产量，而且削弱农产品质量。主要表现在农产品的品质、外观和保质期在一定程度上变差、变坏或变短。植保技术就是运用生物、化学技术与自然资源结合的综合系统技术[4]。目前化学技术较为常用，该技术以施用化学农药为主。科学使用植保技术有利于挽回食品产量，使食品减轻或免受有害生物危害，从而提高农产品的内在和外观品质，消除食品不安全因素。反之，则会削弱食品安全，特别是滥用化学技术所带来的负面后果十分严重，它是引发食品化学污染问题的主要原因。

食品的化学污染主要是指化学农药、有害金属等对食品的污染。食品质量安全问题主要是农药残留问题。2001 年国家质检总局公布了对 23 个大中城市市售蔬菜中农药残留的检测结果，其中农药残留量超出最大残留限量的样品占被检样品的 47.5%，检出含氧化乐果的 25 件，含克百威的 18 件，含水胺硫磷的 16 件，含 3 种以上农药残留超标的 9 件，含 2 种以上农药残留超标的 13 件[5]。食用农药残留超标的食品，除了引发急性中毒外，还可引起慢性中毒，当有毒物质在体内积累到一定量时，人体可能会产生明显的病变，致使健康甚至生命受到极大威胁。全美资源保护委员会和儿童科学院调查指出：自 1950 年以来，儿童癌症患者增加了 9.8%，成年人肾癌上升 109.4%，皮肤癌上升 321%，淋巴癌上升 158.6%，据认为与化学农药的使用有一定的关系[6]。

中国农业科技导报，2005，7（6）：16-19

收稿日期：2005208217　修回日期：2005209209

此外，生产、运输和使用农药过程中还有可能污染大气、水体、土壤、环境等食品生产必不可少的因素，间接并长期影响食品安全。每年大量的化学农药施于农田，只有0.1%左右的农药到达防治目标，而99.9%的农药或附在作物上与土壤上，或飘散在大气中，或通过降雨经地表径流进入地表水和地下水，污染水体、土壤和农业生态系统[7]。一些化学农药降解期较长，残毒十分严重，残留在土壤、水质、大气、环境中的农药易造成药害，不仅对现时栽培作物有所影响，而且对后茬作物影响也十分明显，在一些作物上可检测到数十年前所使用的剧毒农药残毒，给食品生产埋下了隐患。

### 2.2 非化学植保技术对食品安全的影响

植物保护中所采用的非化学防治技术甚多，如选用抗性品种、农业措施、生物防治技术、物理防治、植物检疫等。以抗性品种为例，其通过利用寄主植物及其抗性基因与有害生物在一定环境条件下的互作机制和协同进化原理来提高植物抵御有害生物侵染的能力，可通过传统杂交、田间株选、基因工程等技术得到。随着生物技术的日新月异，利用转基因技术选育抗性品种也得到了迅猛发展。选用抗性品种是防治病虫害的有效措施。据统计，农作物病害中有80%以上要靠抗病品种或主要靠抗病品种来解决。如美国在小麦、玉米、棉花、苜蓿上，菲律宾的水稻种植，日本的板栗生产等，抗虫品种已成为控制害虫的重要手段[8]。而且植物即便只具有低水平的抗性，也有利于提高其他植保技术的使用效果。选用抗性品种，不污染环境，能有效控制病虫害，使植物免受或减轻病虫害危害，提高食品质量，确保食品安全。此外，生产上合理选用抗病虫品种，增强植物抗病虫与自我免疫及协调能力，不需额外增加设施和投资，可替代或减少化学农药的使用，减少食品污染机会，避免或减轻农药残毒及其所致污染，食品的农药残留量因此能有所降低，食品安全性不断得以提高。生物防治亦是如此，该技术（以虫治虫、以螨治螨、以菌治虫、以抗生素治虫、以抗生菌防治病害）在我国也得到成功应用，如利用平腹小蜂防治龙眼、荔枝椿象，防治效果达81%以上，基本可控制其危害，且降低成本、少用药[9]。在很多情况下，使用单一非化学植保技术还不足以十分有效地控制有害生物，往往需要与其他技术加以综合应用，必要时科学限量地采用化学技术，保益控害，控制农药残留，创造良好的生产环境，保证食品生产过程中少受或不受污染，对食品安全会起到更为积极的影响。

值得注意的还有非化学防治技术对食品安全的一些负面影响，如抗病虫转基因食品的安全性问题，已引起了广泛的关注。抗病虫转基因技术实质上是沉默植物中的感病虫基因，而转入并诱导表达抗病虫基因，这种技术改变了食品的天然属性，据Losey等（1999）报道[10]，他们在实验室中用撒有抗虫害转基因玉米——Bt基因玉米花粉的马利筋叶片来喂饲黑脉金斑蝶幼虫，并以撒有普通玉米花粉及未撒有玉米花粉的马利筋叶片作为对照。结果表明，喂饲撒有Bt玉米花粉的马利筋的幼虫4d后死亡44%，而对照全部存活。此外，幼虫对撒有Bt玉米花粉的马利筋摄取量较小，且生长比较缓慢，重量只有啃食无花粉叶片幼虫的一半。Bt转基因作物能够产生杀伤害虫的物质，从而具有抗虫害能力，一些科学家认为植入Bt基因的作物也因此具有毒性。另据Omar（2002）报道[11]，2002年英国进行了转基因食品DNA的人体残留试验，有7名做过切除大肠组织手术的志愿者，吃了用转基因大豆做的汉堡包之后，在他们小肠肠道的细菌里面检测到了转基因DNA的残留物。此外，转基因食品的生态安全等问题也不容忽视，美国和阿根廷的转基因大豆在全球转基因植物的种植面积和产量方面高居榜首，由于转基因大豆的大面积推广，在很大程度上取代了地方品种，使品种单一化，种质资源日趋减少，造成了大豆基因源的大量流失，同时导致栽培品种的遗传基础越来越窄，以致不能承受病虫害等灾害的袭击[12]。对于一些非化学植保技术的应用，即使无短期安全问题，然而对其远期安全性，在相当长的一段时期（甚至几十年）内，我们都应予以长期关注，甚至有必要开展对其风险的评估工作。

## 3 优化植保技术推进食品安全的几点建议

### 3.1 倡导EPM策略，发展可持续治理模式

安全性食品有一定的有害物质残留标准，一般情况下这个标准是趋于下降的。因此在安全生产一茬产品的同时，必须确保后几茬产品品质，实现持续生产，持续健康的生态环境，是安全生产安全食品的基础。在植保环节，我们务必充分认识到食品安全现状，大力发展有害生物可持续治理模式，尽

量组合和优化各种植保技术，培育一个能自我协调的生态系统，充分依靠生态系统中自然因子的自我调控机能，减少农业生产污染机会，增强生态环境可持续发展能力，为食品永续安全创造良好的生产环境。谢联辉（2003）提出[13]，在植保工作中首先务必转变人们的观念，即以针对防治对象——有害生物为目标转变为以针对保护对象——植物（农作物）为目标的植物生态系统群体健康为主导的有害生物生态治理（ecologic pest management，EPM）。EPM强调的是植物生态系统群体健康、强调自然调控，重视物种多样性，旨在保护生态环境，将有害生物危害控制在一定阈值之内。EPM既吸收了有害生物综合治理（integrated pest management，IPM）的合理内核，也是21世纪食品安全战略下优化植保技术的重点所在。

### 3.2 整合政府、农户和消费者资源，优化植保与食品生产的主体行为

改进有害生物管理体系，选择无公害与绿色植保技术，转变安全食品生产方式是确保食品安全的重中之重，然而这些观点并非是消费者所关注的，成功买卖安全食品的关键在于改善消费者的观念和认识[14]。虽然消费者受制于食品特性，但根据市场规律，食品生产者和经营者只有深刻把握消费者喜好，满足市场需求进行供给，才能获得更大收益。消费者喜好对食品生产及其对植保技术的采用有着深刻影响。如果消费者愿意支付费用以消费绿色产品，并当这种喜好形成潮流时，不安全的食品就会受到排斥，农户在生产和采用植保技术时就不得不考虑这个因素。因此政府仅仅关注生产和销售等环节是远远不够的，还需关注消费者群体，必须在市场前提下积极发挥宏观调控职能，建立互相制约机制，整合各方资源，营造和谐社会环境，切实加强健康的全民宣传教育，寻求消费者需求与行为转向，激励消费者理性消费，创造食用安全食品潮流，增强农户环保与可持续意识，引导农户优化植保技术与生产行为，并建立食品有害物质的监测和预警机制，健全相关法律制度，将植保纳入食品安全监管体系，建立食品安全标准，实行标准化管理，开展全国范围内的食品化学残留调查，公开调查结果和科学数据。

### 3.3 融合植保与食品科学，推动产学研合作

人们对食品安全的呼声不断提高，希望能更好地理解和分析食品安全，而且已越来越强烈地意识到指导合理和包容性的跨学科间的理论和应用研究是十分必要的[15]。植物保护产品和肥料的错误使用是食品污染的主要源头[16]。欧盟已将植物保护纳入在从土地到餐桌的食品安全全程监控之中[17]。植保与食品科学的交叉研究显得十分必要，不仅要不断创新各种无公害植保技术，突破污染源控制和检测的关键技术，还要加强各种植保技术对食品安全影响（包括潜在危害）的研究，加大交叉学科科研力度，力求缓解食品化学污染问题。这是一项系统工程，需要科研院所、企业和农户的合作，取长补短。科研院所在产学研合作中处于核心地位，提供强大的技术支撑；企业将所开发的技术和研究成果加以充分利用和广泛推广，并为科研提供足够的经费支持。这种合作方式包括植保企业与食品企业、企业与科研院所以及农户的合作。

### 3.4 拓展闽台植保合作，实现区域优势互补

闽台农业合作已进入较高阶段，其重要组成部分的闽台植保交流与合作虽早已有之，却尚未得以充分重视，迄今仍处于起步阶段。闽台农业差异性和互补性明显，植保亦是如此，其合作具有可能性与必要性。台湾地区拥有优良品种、套袋保护、抗病育种、生物防治、微生物防治、植物组培（脱毒）等先进植保技术，台湾地区植保的管理机制以及农民的植保方式也值得我们学习和借鉴。此外，台湾地区有害物质残留检测技术也十分成熟，已掌握了农药残留检测的一系列方法，应用生化快速检测法十分普及，并建立了田间果蔬残留监测体系。其出口农产品农药残留情况改观较大，19世纪80年代农药残留超标达30%，现已降至3%左右[18]。因此，如能将闽台植保合作提到更高地位，引入台湾地区先进的植保理念和技术，实现区域间的优势互补，不仅能促进闽台农业合作上一新台阶，还有利于减少农产品农药残留，提高农产品的内在和外观品质，保护农业生态环境，提高农产品国际竞争力。

## 参考文献


[1] 杨小兵. 食品污染与食品安全控制. 湖北预防医学杂志，2003，14(1)：15-16

[2] 叶永茂. 食品安全——中国面临新的形势与挑战. 上海医药情报研究，2004，72(1)：42-47

[3] 林玉锁，龚瑞忠，朱忠林. 农药与生态环境保护. 北京：化学工业出版社，2000，47

[4] 王锋. 植保技术对农业三大工程的支撑作用. 安徽农业科学，

2002，30(5)：710-711

[5] 姚建仁，董丰收，郑永权. 绿色安全农产品发展对农药工业的要求——谈我国农作物农药残留问题. 世界农药，2003，25(2)：5-8，43

[6] Pimental D，Acquay H，Biltoncn Metal. Environmental and economic costs of pesticide use. BioScience，1992，42(10)：750-760

[7] 刘平青，张国安，韦善君. 农业可持续发展与农作物病虫防治的关系. 见：全国农业技术推广服务中心. 农作物有害生物可持续治理研究进展. 北京：中国农业出版社，1999，59-62

[8] 陈万权. 加强农作物抗病虫性研究的基本途径探讨. 植物遗传资源科学，2000，1(3)：61-65

[9] 陈加福. 无公害植保技术在厦门市果蔬生产上的应用. 福建农业科技，2004，3：29-30

[10] Losey JE，Rayor LS，Carter ME. Transgenic pollen harms monarch larvae. Nature，1999，399：214

[11] Omar R. Genetically modified organisms and their implications. Kuala Lumpur：Proceedings of the Marcus Evans Conference Capitalizing on Genetic Modification in the Food Industry，2002

[12] 林秀春. 转基因作物对遗传多样性可能造成的负面影响及对策. 亚热带植物科学，2004，33(4)：57-62

[13] 谢联辉. 21世纪我国植物保护问题的若干思考. 中国农业科技导报，2003，27(5)：5-7

[14] Baker GA. Consumer preferences for food safety attributes in fresh app les：market segments，consumer characteristics and marketing opportunities. Journal of Agricultural and Resource Economics，1999，24(1)：80-97

[15] Hooker NH，Murano EA. Interdisciplinary approaches to food safety research：opportunities for partnership. Journal of Food Distribution Research，2000，3：39-46

[16] 刘波，冒乃和，陆萍. 欧盟有机农业植物保护的理念和技术措施. 植物保护，2004，30(1)：73-75

[17] 冒乃和，刘波. 德国农药使用的法律要求与农药危害的风险防范. 植物保护，2003，29(1)：50-52

[18] 姚文国，施宗伟，姚晓燕. 台湾省动植物检疫新进展. 世界农业，2001，3：36-38

# 植保技术使用对食品安全的风险

何敦春[1]，王林萍[1,2]，欧阳迪莎[3]

（1 福建农林大学植物病毒研究所，福建福州　350002；2 福建农林大学经管学院，福建福州　350002；3 福建省委教育工作委员会，福建福州　350003）

**摘　要：**植保技术对食品安全的风险分析是食品安全方针制定的基础。本文在分析植保技术对食品安全的风险系统的基础上，以诱导农户优化植保技术选择为切入点，从多学科交叉融合的视野研究其风险管理与风险交流。

**关键词：**风险；植保技术；食品安全

**文章编号：**1005-4944（2007）01-0054-03

植保技术对食品安全有着重要影响。世界上许多国家如美国、加拿大、澳大利亚、日本等农业发达国家都高度重视科技在食品安全中的作用[1]。较为常用的植物有害生物防治技术有植物检疫、化学防治、物理防治、农业防治、生物防治等。近年来，随着各种植保技术尤其是化学和生物技术等的大量使用，食品安全风险越来越大。周应恒和霍丽玥（2004）从经济学角度归纳了食品安全的定义，即消费食品后可能对人体产生的“潜在的不利影响”，含危害和风险两方面内容，并将食品安全更科学地定义为“食品风险的对立面（the inverse of food risk）”[2]。技术风险是指由于相关技术的有效性、科学性、先进性、可替代性、适应性等因素引起产品产量或质量偏离标准或预期而造成损失的可能性[3]。植保技术使用对食品安全的风险问题值得充分重视，其是该领域研究的基础。

## 1　植保技术使用与否对食品安全的风险系统分析

植保技术使用与否均能对食品安全产生风险，如图 1 所示，在未使用植保技术情况下，有害生物的为害不仅降低农产品产量，而且削弱农产品质量，存在有害生物污染的风险。反之，不科学的选择植保技术将带来十分严重的负面后果，存在着化学污染、基因污染、生物毒素污染以及外部环境污染的风险。植保技术使用对食品安全的风险信息按风险来源可分为系统内的和系统外的。植物有害生物管理系统有人、有害生物、寄主、介体和环境条件等因子，系统内风险指由于前 4 个因子对食品安全造成的风险，系统外风险指由于外部环境所致的风险，这些风险都是因使用植保技术而引起的。从经济学角度出发，该风险亦可算作经营风险，因为植保技术的使用可因环境变化或经营不善而带来损失的可能性，人为因素扮演着无可替代的作用。

### 1.1　使用植保技术对食品安全的风险

#### 1.1.1　植保技术使用对食品安全的系统内风险

目前系统内污染主要有化学污染、生物污染、基因污染等，这些都是食品的源头污染，其中化学污染包括农药残留、动植物激素和生长调节剂等超标使用所带来的污染[4]。化学农药因其高效、特效、速效等特性长期以来而被人们大量、广泛和持久的使用，甚至达到了滥用程度，成为植保中最常用的技术。单纯依靠农药，过量、滥用化学农药的后果是十分严重的，食品安全有着巨大风险。可因过量施药或施药后过早收获而造成的直接污染，主要是农药直接残留或附着在食品上，现实中由于食品农药残留量超标引起的人畜中毒事故便是佐证；也可通过污染环境进而造成间接污染。生物技术应

农业环境与发展，2007，1：54-56，74

收稿日期：2006-09-26

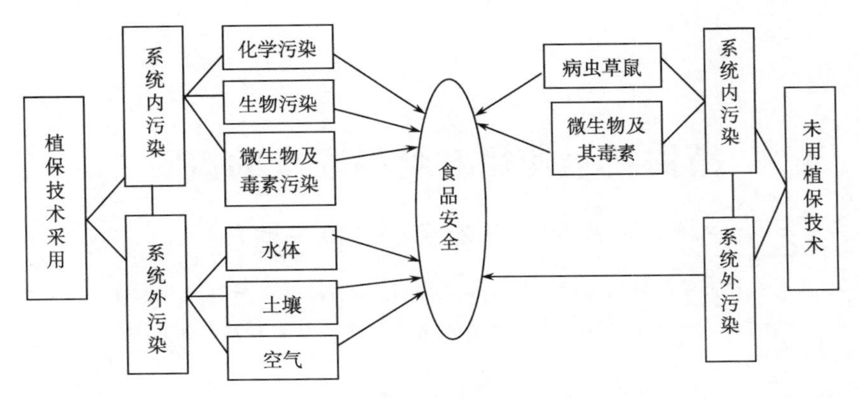


图 1　植保技术使用与否对食品安全的风险系统

用所致的食品安全风险问题，也是我们无法回避的，早在 1992 年的《生物多样性公约》就注意到了生物技术使用对人类健康的风险。生物技术在植保中有广阔的发展前景，但对人体健康潜在的风险应引起我们高度警惕。据报道，美国 Monsanto 公司生产的抗杀虫剂转基因豆子，男人吃了乳房会反常地增大[5]。人在食用转富含甲硫基丁氨酸的巴西坚果基因的大豆后，易诱发过敏症[6]。

### 1.1.2　植保技术使用对食品安全的系统外风险

人类会因植保活动给环境造成有益或有害的变化。不科学的植保技术尤其是化学技术使用具有十分鲜明的负外部性[7]，可造成不同程度的有害物质残留，当残留量超过了环境的自净阈值，环境污染便由此而生。环境污染是影响食品安全的重要因素之一，通过食品对环境中残留农药的吸收、生物富集及食物链传递等途径造成间接污染。每年大量的化学农药施于农田，只有 0.1%左右的农药到达防治目标，而 99.9%的农药或附在作物上与土壤上，或飘散在大气中，或通过降雨经地表径流进入地表水和地下水，污染水体、土壤和农业生态系统[8]。一些化学农药降解期较长，残毒十分严重，残留在土壤、水质、大气、环境中的农药易造成药害，不仅对现时栽培植物有所影响，而且对后茬植物影响也十分明显，现在一些作物上仍可检测到数十年前所使用的剧毒农药残毒，给食品生产埋下了隐患[9]。系统外指外部环境，土壤、水体、大气是其三大因素，三者之间紧密互作，如能综合加以分析更能确切说明问题，其与所致食品安全风险关系可以用三维坐标图表示（图 2），$X$、$Y$、$Z$ 分别表示土壤、水体、大气的影响，当三大因素 $x_1y_1z_1$ 变化到 $x_2y_2z_2$ 时，风险态势也相应地从 $R_1$ 增至 $R_2$。

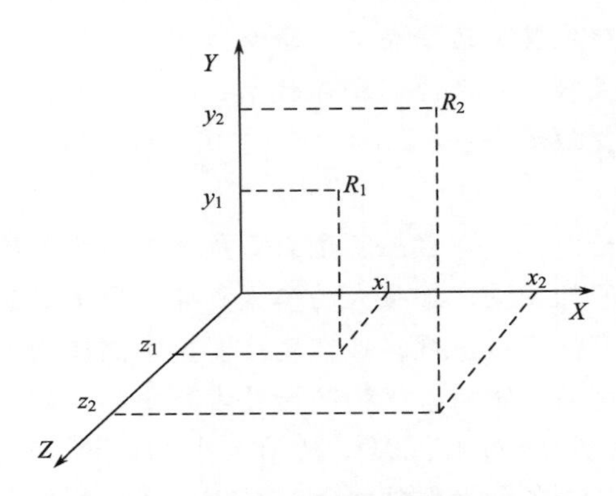


图 2　系统外三大因素对风险的影响

（参照于川和潘振峰，1994[10]，作者进行改制）

## 1.2　未使用植保技术对食品安全的风险

植物病害不仅降低农产品的产量，而且影响农产品的质量，主要表现在农产品的品质、外观和保质期在一定程度上变差、变坏或变短[11]。例如，马铃薯病毒病会导致马铃薯的薯块变小；甘薯受细菌性枯萎病为害后，薯块容易变成褐色、易腐烂，具有苦臭味，且不易煮烂；龙眼鬼帚病致使龙眼花而不实，即使偶尔结实也是果小无味；荔枝霜霉病可引起大量落果和烂果，使荔枝果肉烂成浆状，并且具有强烈的酒味和酸味，有黄褐色的液体流出，大大缩短荔枝保质期，严重影响荔枝的储存和销售[11]。

食品原料的源头污染，主要是由于生物性污染，包括有害生物造成的腐败和生物毒素的危害。如黄曲霉毒素是众所周知的最危险的毒素之一，是一强致癌物，常存在于花生、坚果类植物中，近年我国频繁发生毒大米事件，即为该毒素污染所致[12]。而且若环境污染事实已经存在，即使未使用植保技术，系统外污染的风险仍然存在，因为某些有毒物质的降解时间是相当长的。

## 2 植保技术使用对食品安全的风险管理

风险管理是抉择和实施适当措施以降低风险的过程。植保技术使用与否均能对食品安全产生风险，一般情况下，植保技术使用是必需的，我们就此认为农户均有采用植保技术的行为。从风险信息系统可知，如果从使用植保技术后再进行风险管理，显然风险的管理难度是比较大的。而从源头上诱导农户采用与食品安全相关的植保技术是重中之重，我们将能降低食品安全系统内和系统外污染风险的植保技术称为绿色或可持续的。这是一项系统工程，需要各主体的积极参与，若对其进行直接干预往往会出现意想不到且非利即害的结果，结果可能弊大于利。但若对各个主体进行深入研究，优化其行为，能预防出现某些方法不应产生的高昂成本，并通过平稳和有效的市场方式来配置资源，以达到均衡状态。同时辅以经济、行政、法律手段来诱导农户使用绿色和可持续植保技术，旨在减少危害及其发生的概率。

### 2.1 保险

保险应着眼于确保农户采用绿色植保技术生产安全性食品应得的合理收益，主要内容也应是保护农民收入。主要险种可分为食品产量保险和收入保险。产量保险，即农户因采用绿色植保技术所致产量低于其一定的产量水平，可获得相应的赔偿。收入保险，即因农户采用绿色植保技术所致的总收入低于一定水平时，可获得相应的赔偿。产量保险可以每种产品为对象，而收入保险则是以总收入为对象，是对农户产量保险后的再次保险。保险措施可以鼓励更多农户使用绿色植保技术进行生产，进而降低对食品安全所致的风险。

### 2.2 弹性措施（行政手段）

主要有风险补偿或补贴、生产弹性合同（签订合同）和财务杠杆等措施，主要是对保险措施的补充，亦可称之为非保险援助。风险补偿或补贴，是防御和化解农户因采用绿色植保技术所致风险必要的补充手段，通过及时补偿农户损失途径可降低农户收入减少的风险，它的主要对象是所有采用绿色植保技术的农户，不管投保与否。签订合同，可以事先确保以一定的价格收购安全性农产品，免去农户在销路和利益上的顾虑，并规定如采用非绿色植保技术，不但拒绝收购，且要加以惩罚。财务杠杆，指根据一定的标准对采用安全性植保方式的农户在金融借贷方面进行重点扶持。

### 2.3 法律法规

法律保障是确保食品安全的重要手段。立法要结合植保与食品安全两方面内容，以确保可持续植保与食品安全的同步发展，不仅要将食品安全的种种内容进行强制性规定，还要对农户以及其他主体的行为进行法律约束，包括对政府补贴、保险公司保险措施、金融机构借贷行为、社会团体或个人收购行为等的强制性约定。

### 2.4 风险管理体系的建立和完善

这是一个能对风险信息进行收集、整理、分析、处理、预警和提出应付风险的基本策略的一个动态管理体系。内容不仅涵盖保险、弹性措施和法律法规，还涉及化学和生物技术等植保技术对食品安全的负面影响评价、每一种植保技术进行使用前的严格观察与评价、负面效应出现后的控制措施以及技术之外相关制度的完善等方面内容。

## 3 植保技术使用对食品安全的风险交流

风险交流是在风险分析过程中风险信息和分析结果双向多边的交换和传达，以便相互理解和采取有效管理措施的过程[13]。植保技术使用所致食品安全风险的交流发生于风险分析和管理的各个阶段，其主体有农户、消费者、政府。农户掌握的风险信息优势明显，但也缺乏一些植保技术影响食品质量和安全的信息（如对化学残留及微生物污染的安全特性等）。目前农户与消费者的风险交流是比较困难的，农户难以得到与产品安全性匹配的收益，造成利润不能最大化，进而会漠视安全生产方式。而消费者对食品安全的需求及支付意愿的信息，同样难以完全传递给生产者，也难以完全获得所购食品的安全性信息，造成效用不能最大化。显然风险交流是必要和可行的，构建和谐的交流通道，增进各主体对风险信息了解，使各主体均能从中受益。

## 4 结束语

本文研究的目的在于确保食品安全，保护公众健康。植保技术使用对食品安全的风险，不管是来自系统内，还是系统外，无不深受人为因素影响。对风险的管理和交流，更是如此，其中政府的作用十分巨大，应尽量优化资源配置，加强科学严密的计划和控制，通过与其他社会力量的合作，积极调动农户和消费者的积极参与，建立强大的资源和技术支撑体系，形成政府、科研机构、农户和消费者良性互动的良好氛围。由此可见，运用经济学理论深入研究基于植保技术与食品安全的各主体行为互作，是值得深入研究的课题。

## 参考文献

[1] 肖艳芬，颜景辰，罗小锋. 国外农产品安全生产的技术支撑及启示. 世界农业，2005，8：8-11，57

[2] 周应恒，霍丽玥. 食品安全经济学导入及其研究动态. 现代经探讨，2004，8：25-27

[3] 徐学荣，林奇英，谢联辉. 绿色食品生产经营中的风险及其管理. 农业系统科学与综合研究，2004，20(2)：103-106

[4] 王强，林定根，张宇宙等. 农产品加工中的立体交叉污染及其防治对策. 中国农业科技导报，2005，7(4)：41-45

[5] 钱迎倩，马克平. 生物技术与生物安全. 自然资源学报，1995，10(4)：322-331

[6] 石培华，陈同斌. 重视农业生物技术的生态环境风险问题. 中国人口、资源与环境，1999，9(2)：79-81

[7] 欧阳迪莎，徐学荣，林卿等. 农作物有害生物化学防治的外部性思考. 农业现代化研究，2004,(25)：78-81

[8] 刘平青，张国安，韦善君. 农业可持续发展与农作物病虫防治的关系. 见：全国农业技术推广服务中心. 农作物有害生物可持续治理研究进展. 北京：中国农业出版社，1999，59-62

[9] 何敦春，王林萍，欧阳迪莎. 植保技术与食品安全. 中国农业科技导报，2005，7(6)：16-19

[10] 于川，潘振锋. 风险经济学导论. 北京：中国铁道出版社，1994，67-68

[11] 欧阳迪莎，施祖美，吴祖建等. 植物病害与粮食安全. 农业环境与发展，2003，6：24-26

[12] 吴青梅，吴士健. 食品安全问题研究. 岱宗学刊，2004，8(1)：19-21

[13] 王玉环. 浅议风险分析与食品质量安全管理. 中国农业科技导报，2004，6(6)：67-71

# 植物保护对粮食安全的影响分析

张福山，徐学荣，林奇英，谢联辉

（福建农林大学植物病毒研究所，福建福州 350002）

**摘 要**：概述了粮食安全概念的发展和演变，阐述了有害生物对粮食安全的种种危害，论述了植物保护对粮食安全的重大贡献，同时分析了以化学农药为主要防治手段的植物保护对粮食安全的各种负面影响，以及抗性转基因作物生产对粮食安全可能产生的危害，指出植物保护是影响粮食安全的重要因素。进而提出了实施可持续植保，促进粮食安全的应对之策。

**关键词**：粮食安全；有害生物；植物保护

**中图分类号**：F3 **文献标识码**：A

# An analysis on impacts of plant protection on food security

ZHANG Fu-shan，XU Xue-rong，LIN Qi-ying，XIE Lian-hui

（Institute of Plant Virology，Fujian Agriculture and Forestry University，Fuzhou 350002）

**Abstract**：This paper discussed the harms of pests on food security and contribution of plant protection on food security，and analysed negative impacts of pesticides and GMC on food security，then summarized that plant protection is one of the important factor of food security and proposed solutions of promoting in food security with sustainable plant protection.

**Key words**：food security；pest；plant protection

植物保护（简称植保）是综合利用多学科知识，以科学和经济的方法，保护人类的目标植物免受有害生物危害，提高生产投入的回报，维护人类的物质利益和环境利益的实用科学[1]；作为农业技术措施，它是根据人类社会的需要，按照有害生物（病、虫、草、鼠）发生发展的自然规律和技术及管理的可能性，所进行的农事管理活动的一部分[2]。随着可持续农业的发展，植物保护对农业发展的影响越来越大。粮食安全是农业发展的主要目标，植物保护与粮食安全之间必然存在着紧密的关系。笔者旨在通过全面分析有害生物和植物保护对粮食安全的影响，指出植物保护对粮食安全可持续发展的重要性，呼吁全社会更加重视植物保护，更好地促进粮食安全。

## 1 粮食安全概念的发展演变

1972～1974 年世界范围内的粮食危机暴发后，联合国粮农组织 1974 年 11 月在罗马召开了第一次世界粮食首脑会议，首次提出了“粮食安全”的概念，即为了“保证任何人在任何时候都能够得到为了生存和健康所必需的足够的食品”。从此，粮食安全问题成为人们关注和研究的焦点以及各个国家

中国农学通报，2006，22（12）：505-510

和国际社会所追求的核心政策目标。30 年多来，“粮食安全”的概念一直处于发展演变之中。1983 年 4 月，粮农组织又对该概念进行了修改，提出粮食安全的目标为“确保所有的人在任何时候既能买得到又能买得起所需要的基本食品”。这一新概念包括三项具体目标：①确保生产足够多的粮食；②最大限度地稳定粮食供应；③确保所有需要粮食人们都能获得粮食。这一论述使粮食安全的概念涵盖了生产、储备供给和农民收入等范畴，并且强调粮食的市场安全问题。目前，这个定义得到了全世界的广泛认同，中国政府和学术界在使用“粮食安全”概念的时候，实际上就是这个含义[3]。1996 年 11 月，第二次世界粮食首脑会议通过的《罗马宣言》又对“粮食安全”做出第三次的表述：“当所有人在任何时候都能够在物质上和经济上获得足够安全和富有营养的粮食，来满足其积极和健康生活的膳食需要及食物喜好时，才实现了粮食安全。”这一概念将粮食安全和营养问题直接联系起来，把营养品质安全作为粮食安全的一个重要组成部分。2004 年 10 月 16 日，“世界粮食日”的活动主题是“粮食安全与生物多样性”。FAO 总干事迪乌夫在活动上发言时指出，“世界的粮食安全不仅取决于要保护好全球的遗传资源，而且取决于确保这些遗传资源得到合理的利用，为促进人类的粮食安全服务”[4]。这一主题的提出，再次深化了人类对粮食安全的认识，明确了粮食安全必须建立在可持续发展的生态环境基础之上。

从经济学角度来分析，粮食安全即 Food Security 主要指供给方面的保障程度，包括生产安全、储备安全、贸易安全和支撑粮食生产可持续增长的生态安全；从需求方面看，粮食安全即 Food Safety 主要指营养、健康方面的保障程度[5]，也就是说粮食安全包括数量安全、品质安全和低收入人群的粮食可获得性。因此，从粮食安全的整体性因素考虑，特别是随着人们生活水平的不断提高，所面临的不仅是数量安全问题，还涉及营养安全与生态安全问题；不仅涉及市场安全、居民粮食安全（买得起与能买到）问题，更涉及国家粮食安全（总量供给与收入分配）问题[6]。如何处理好加强粮食安全和保护生态环境、消除贫困的关系是一个引起各国政府日益重视的问题，需要政府、企业、民间机构、农民、科学家等各界的共同努力。

## 2 有害生物对粮食安全的制约

人类为了生存和发展，努力建立并经营着农业生态经济系统。一切不利于农业生态经济系统目标实现的系统内生物便成了有害生物。有害生物对粮食作物生产的产量和品质构成很大的威胁，严重阻碍了粮食生产的良性循环和可持续发展，制约了粮食安全，具体体现在以下几个方面。

### 2.1 有害生物危害粮食的生产安全和数量安全

据联合国粮农组织（FAO）估计，世界粮食生产因虫害常年损失 14%，因病害损失 10%，因草害损失 11%，因鼠害损失 20%[7]。例如，水稻东格鲁病在东南亚国家具有毁灭性，仅菲律宾在 20 世纪 40 年代每年造成的稻谷损失就达 14 亿公斤；该病害至今仍是东南亚国家水稻产量的主要限制因素，据估计每年因此病害发生造成的经济损失在 15 亿美元以上[8,9]。

在中国，农作物生物灾害种类多、发生重、危害大，是农业增产和农产品质量提高的严重制约因素。中国农业生物灾害的危害状况与 FAO 的估计类似。由于中国农业有害生物种类繁多，成灾条件复杂，每年都有一些重大病、虫、草、鼠害暴发流行，猖獗为害。尽管历经防治，每年因农业生物灾害损失的粮食仍高达 1600 多万吨[10]。随着耕作制度改革、水肥条件改善、农药频繁使用，人类对生态环境的干扰加剧，以及全球气候变化等综合影响，使得病虫害的发生有增无减，农业生物灾害的成灾频率明显加快，致灾强度逐年加剧，中国粮食生产正面临着日益严峻的生物灾害威胁。例如，1991 年稻飞虱大暴发，就损失稻谷 1780 万吨[10]；1993 年稻瘟病大暴发，造成稻谷减产 1500 万吨[11]。

### 2.2 有害生物危害粮食的品质安全

有害生物不仅使粮食减产，而且会降低粮食的品质，主要表现为粮食的内在品质变差或致毒、外观变坏和保质期变短，危害粮食的品质安全。例如，食用小麦赤霉病的病麦磨出的面粉后，轻则头疼、呕吐，重则有生命危险。黑麦和牧草的麦角若混入产品被食用，则会导致人畜中毒和流产[12]。感染玉米的串珠镰刀菌会产生对人类和动物有严重危害的伏马毒素[13]。凡此种种，不能不引起社会对有害生物的关切和重视。

### 2.3 有害生物危害粮食的储备安全

粮食在储备过程中，有害生物为害造成储备粮食损失增加和经济价值下降。有研究显示，从田间到餐桌，发展中国家粮食损失至少在7000万吨，主要的原因就是储粮虫害、鼠害和霉烂，其次是管理不善[14]。中国分储于农户的粮食受病虫害的损失也达到约为9%的程度[10]。减少这些损失就等于增加相同数量的粮食产量，也就意味着增强了储粮安全。同时，受到储粮有害生物为害的粮食还会加快陈化速度，致使经济价值相应地快速贬值；而且入库的粮食已经付出全部生产成本，所以粮食的产后经济损失比产中更为可怕。

### 2.4 有害生物危害粮食的生态安全

在世界各国，入侵生物给所在国的生态环境、生物多样性和社会经济造成巨大危害。目前，有害生物入侵给中国造成的经济、社会和生态损失每年高达560亿元[15]，这些有害生物也严重危害了粮食的生态安全。

例如，紫茎泽兰就是对农业造成相当危害的一种有害生物。它从外国传到中国，生命力极强，繁殖率很高，又难以消除的恶性杂草，它有明显的化感作用，一旦入侵田边地埂，就与庄稼争水、争肥、争阳光，造成入侵田块粮食作物减产。紫茎泽兰入侵120d后，土壤中的速效氮、磷、钾分别下降56%～96%、46%～53%、6%～33%，从而导致土壤肥力严重下降，土地严重退化，进而影响土地的粮食产出能力[16]。

### 2.5 有害生物危害粮食的市场安全

由于有害生物严重危害导致粮食的大量减产和品质下降，从而使粮食商品率和经济性降低，加上检验检疫的约束，往往使粮食市场的有效供给减少、粮食贸易受阻，尤其是国际粮食贸易，进而危害粮食的市场安全，影响粮食贸易对粮食供给波动的平抑作用。例如，美国是世界最主要的小麦出口国，其出口量占全世界的1/3，但美国小麦往往因含有检疫性病害——印度腥黑穗病而导致粮食出口不畅[17]，影响了世界粮食的市场安全。

### 2.6 有害生物危害粮食的可获得性

由于有害生物严重为害导致粮食的大量减产和品质下降，致使粮食商品率下降，直接影响消费者对所需食物的可获得性；另一方面，由于减产和品质下降，无形中加大了农业生产成本，影响了粮食生产的效率和效益，使农民蒙受经济损失，收入减少，进而直接降低农民对所需食物的购买力。全世界因有害生物所造成的经济损失高达1200亿美元[18]。湖南省近3年种植业因生物灾害减少的经济收入，就相当于全省3000万农村劳动力平均每人减少186.6元的收入[19]。

### 2.7 有害生物对人类生存与发展构成威胁

有害生物给人类带来灾难的案例，古来有之，于今不绝。1845年爱尔兰连续两年由于马铃薯晚疫病的流行，致使马铃薯歉收而造成大饥荒，导致100万人饿死，50多万人迁移到北美洲。孟加拉1942年大面积的水稻遭受胡麻斑病的侵害而失收，到1943年有200万人被饿死[20]。1987～1989年，非洲发生的一次蝗灾，使得非洲百万公顷的作物和草原受到毁灭性打击，导致了严重的饥荒[21]。

由此可见，有害生物的危害对粮食的产量、品质、生产生态环境和经济活动构成了很大的威胁，严重阻碍着粮食安全的可持续发展。

## 3 植物保护对粮食安全的影响

为了防控有害生物对粮食安全的危害，人类采取了种种植物保护措施。植物保护成了农业耕种体系中不可或缺的一个重要环节，是促进粮食稳产增产的重要技术手段。具体说来，植物保护对粮食安全的影响主要体现以下几个方面。

### 3.1 植物保护为粮食安全做出了重大贡献

#### 3.1.1 以化学农药为主要防治手段的植物保护为粮食

安全做出的重大贡献20世纪30年代瑞士人缪勒发明了DDT，推动了世界农业植物保护方式的革命，以化学农药为主的防治模式取代第二次世界大战以前以农业措施为主的传统模式。在这之后的30年里，化学农药使用范围随着合成农药的发展和第一次（以培育矮秆高产品种为目标的）“绿色革命”的兴起，不断扩展，风靡全球，为农业的增产增收做出了重大贡献。自1960年以来，在没有增加耕地面积的情况下，世界农业生产产量提高了3倍，因此得以养活猛增了80%的世界人口，这主要是依靠了农作物新品种及化肥和农药的使用所做出的贡献[22]。在可以预见的将来，合成农药仍将保持其在世界有害生物防治中的重要地位。

近年来中国每年病虫草鼠的发生防治面积约4亿公顷次，通过开展有效防治，挽回粮食损失6000

万吨，植物保护工作功不可没[23]。1949年以来中国农业生产量的大幅度增长虽然有众多因素，但同政府大力扶持发展农药生产、采用化学防治法控制有害生物分不开。在全国有害生物防治中，化学防治面积占全部防治面积的90%多。蔡承智等(2004)以中国粮食单产为母序列，选择对粮食作物单产影响较大的以下6个因子（有效灌溉面积、化肥、农业机械总动力、农药、良种和复种指数）为子序列进行灰色关联分析。结果表明：1952～1997年间这6大因子对粮食作物单产的贡献率从大到小依次为灌溉面积＞良种＞农药＞复种指数＞化肥＞农机动力，近10年农药投入量与农作物产量的关联度为0.7674。可见，农药对提高粮食产量有着重要作用[24]。

#### 3.1.2 转基因作物的贡献

随着生物技术的迅速发展，利用对有害生物具有抗性的基因进行转基因育种，已成为植物保护的重要高新技术，是实现粮食安全的重要技术支撑。转基因作物主要是用于抗除草剂、抗虫害和抗病害等，其中抗除草剂的转基因作物约占71%，抗虫的转基因作物约占28%[25]。进入20世纪90年代以来，种植转基因作物的国家不断增多，种植面积日益扩大。根据有关资料统计，全世界转基因作物种植面积在1996年仅15万公顷，而2003年已达到了6770万公顷，其中美国占世界种植面积的60%。种植的转基因作物主要是大豆、玉米、棉花、油菜等，相应地，它们的种植面积已达到全球同种作物种植面积的25%[26]。

美国农业部指出农民选择种植通过生物技术改良的作物在于它们有效益，体现在作物产量和食品安全性得以提高、生产成本下降，同时降低了农药使用量或使用比以往可能用于防止有害生物侵害的更安全的杀虫剂。中国抗虫转基因水稻的示范种植结果表明，在整个季节基本不打农药的情况下，这些转基因水稻比对照可增产12%，增收900～1200元/公顷[27]。

转基因粮食贸易也随着其生产的扩大而急剧扩大，2003年中国从美国进口的转基因大豆就达到2074万吨[28]。

#### 3.1.3 其他植物保护技术的贡献

植物保护技术不仅包括化学防治和抗性转基因作物育种，也包括农业防治、生物防治、物理防治以及综合防治等。这些植物保护技术在中国作物病虫害防治中发挥着极大的作用。

例如，历史上曾长期困扰粮食生产的蝗灾，通过20世纪50年代和60年代采取“改治并举”的措施，大力进行治理，使蝗虫滋生范围明显减小；20世纪80年代以后，通过研究推广以生态控制为基础、化学应急防治为补充的蝗灾可持续控制技术，使得蝗虫危害在中国得到了长期有效控制，有力地促进了粮食生产。

自“六五”以来，中国按粮食作物的不同生态区划分别组建自然控制与人为防治措施合理结合的病虫害综合防治技术体系，经过33个综防示范区20万公顷大面积示范，每公顷挽回粮食损失225～450公斤。特别是先后经受住了1990年小麦条锈病、1991年褐飞虱等相继暴发成灾的严峻考验；农药施药量减少1/3，天敌数量成倍增加，投入产出比达到1∶5～1∶10，获得了显著的经济、社会和生态效益[29]。

### 3.2 以化学农药为主要防治手段的植物保护对粮食安全有负面影响

#### 3.2.1 恶化粮食生产的生态环境

大量施用农药化肥的高投入农业生产模式，形成了大施农药化肥，诱发有害生物为害，逼使增施农药化肥的恶性循环，诱导有害生物的抗药性和再猖獗，破坏了自然界原来的生态平衡，减少了生物多样性，恶化粮食生产的生态环境，影响了粮食的生态安全。有研究指出：过去在大多数情况下农田中如有1个害虫，就会有100个天敌；现在农田中有100个害虫也难以找到1个天敌[30]。正因如此，一些重大病虫害，如水稻螟虫和稻飞虱、小麦锈病和小麦蚜虫以及飞蝗、黏虫等，在中国几乎年年有灾情，对粮食生产的威胁越来越大。

还有，长期施用农药还会抑制土壤的生物活性，使土壤中对农作物具有高度毒害作用的微生物占优势地位。前苏联摩尔达维亚由于大量施用除草剂，使3000公顷耕地无法种植农作物而荒废[31]，便是一例。

#### 3.2.2 威胁粮食的品质安全

化学农药尤其是那些高毒、高残留农药的使用，使粮食中残留的有毒成分增多，影响粮食的品质安全，危害人体健康。1989年江苏省武进县稻谷中甲胺磷的超标率为33.3%；同年河南省大米、小麦和玉米等粮食中农药残留超标率为11.4%，个别样品中的对硫磷、甲胺磷分别超出限量标准80～110倍[32]。这样的粮食如被食用，就会严重伤害人类健康。

全美资源保护委员会和儿童科学院调查指出：自1950年以来，儿童癌症患者增加908%，成年人肾癌上升109.4%，皮肤癌上升321%，淋巴癌上升158.6%，据认为与化学农药的使用有一定的关系[33]。

3.2.3 影响粮食的储备安全

为了减少粮食在储备过程中引起的损失，现在各个粮库都使用普遍采用“常温储藏加化学农药药剂熏蒸”的方法对付储粮病虫害和鼠害，但由于害虫抗药性的产生和病菌的不断变异，药剂用量随之不断增加，提高粮食的农药残留量，造成粮食的二次农药污染，降低了粮食品质，加快储粮陈化，加大仓储成本，影响了粮食的储备安全。

3.2.4 影响粮食的市场安全

在世界经济日趋全球化的今天，食品安全问题已成为全世界共同面临的巨大挑战。任何一个国家的食物出现问题都有可能通过国际贸易影响到其他国家的消费者，甚至发展成为国际性食品安全事件。粮食作为食品也不例外，其国际贸易已受到农药残留限量的限制。如中国出口日本的大米检测安全卫生指标有91项，2/3的指标是与农药残留有关的[34]。在中国国内，获得绿色食品认证的粮食比一般粮食在市场上价更高更畅销，也清楚地说明了农药残留问题对粮食贸易的有着直接影响。

### 3.3 转基因作物安全性的风险可能制约粮食安全

由于转基因作物对生态环境和人类健康的影响有许多不确定的因素，可能存在着一定的风险。而这些风险将直接制约着粮食安全。

3.3.1 对粮食生态安全可能有风险

转基因作物对粮食生态安全可能有风险，具体主要表现在两个方面：一是基因漂移。如果转基因作物与野生植物、杂草通过花粉传播产生基因（如抗虫、抗除草剂基因）转移，可增强杂草生长而更难于防治，给农业生产带来隐患；二是对生物多样性的影响。植物引入了具有抗除草剂或抗虫的基因后，有些小生物食用了具有杀虫功能的转基因作物可能死亡，如1999年《科学》杂志报道，抗虫玉米杀死非目标昆虫；有的使一些害虫产生抵御杀虫剂的抗体；有的造成生物数量剧减甚至灭绝的危险等[35]。

3.3.2 可能对粮食的品质安全和人类健康产生危害

转基因作物可能对粮食的营养安全和人类健康产生危害，具体表现主要有三：一是可能含有毒素，引起人类急、慢性中毒或有致癌、致畸、致突变的作用；二是可能含有免疫或致敏物质，引起机体产生变态反应或过敏性反应；三是转基因产品中的主要营养成分、微量营养成分及抗营养因子的变化，会降低食品的营养价值，使其营养结构失衡等[35]。

由此可见，在扩大转基因作物生产的同时，加强对其安全性管理尤为必要。否则，转基因作物也存在制约着粮食安全可持续发展的风险。

## 4 实施可持续植物保护，全面促进粮食安全

通过上面的分析，可以看到植物保护对粮食安全的影响是全方位和多层面的，植物保护是影响粮食安全可持续发展的重要因素。因此必须树立植物保护新理念，实施可持续植物保护策略，以全面促进粮食安全。可持续植物保护是1995年7月在荷兰海牙召开的第13届国际植物保护大会上提出的，大会将主题确定为“可持续植物保护造福于全人类”，强调“从保护作物到保护农业生产体系”。可持续植保的概念由此正式得以确立，表明在植物保护领域已形成了贯彻可持续发展战略的思想和共识[36]。

### 4.1 实施可持续植物保护，从管理上促进粮食安全

防控农业生物灾害，实现防灾减灾目标，是政府的公共管理职能之一[37]。促进粮食生产，实现粮食安全也是政府的公共管理职能[38]。但是，在中国农业生产和科研中，一谈及加强投入，人们首先考虑的是良种培育、科学施肥、兴修水利、区域治理等，植物保护总是被放在从属地位。政府植保技术推广体系中的基层部分仍存在“网破、线断、人散”的状况，植保经费不足以及机构不健全等原因，导致相关基础研究和技术推广滞后，无法开展重大病虫害的灾变规律研究，对灾害的预警能力差，严重影响粮食生产[39]。诺贝尔奖得主、著名育种科学家布劳格（2004）也认为，近年来中国病虫害的流行从一定程度上导致了中国小麦和玉米减产，其最主要因素还在于由于各级政府间协调不

够，使很多农业科技新成果得不到及时推广和应用而导致的[40]。对于农民因灾造成的粮食生产损失，至今还缺乏有效的评价机制和保险补偿机制。因此，要推行可持续植物保护，促进粮食安全的可持续发展，政府必须积极履行其职能，不仅要通过制订政策法规来组织企业、农民和科技人员共同推行可持续植物保护技术，而且还要加大投资，完善政府植保技术推广体系，扶持社会化植保服务组织，促使政府、企业、民间机构、农民、科学家等各界共同努力，使可持续植物保护成为粮食安全可持续发展的重要保障。

## 4.2　实施可持续植物保护，从生态上保障粮食安全

可持续植物保护注重发挥农田生态系统中自然因素的生态调控作用，强调作物本身的健康栽培和抗逆作用，强调有益生物抗害功能的发挥，关注农田生态系统及各子系统的行为、功能、环境的变化，注重系统、子系统间相互作用及演化规律的把握并因势利导，注重农田生态系统的整体功能的发挥和优化。谢联辉认为，植保理念务必有新突破：变主要针对防治对象——有害生物的杀灭为主要针对保护对象——植物生态系统的群体健康，推行可持续植物保护，进而为可持续农业提供可靠的科学依据和技术保证，这样才能有利于全面促进粮食安全可持续发展[41]。为此，他通过长期的研究和实践提出，只要因时因地、科学灵活地运用宏观生态治理（栽培免疫、轮作套种——生物多样性的利用、耕作改制——切断病害循环、严格检疫等）、微生态治理（施用“增产菌”等微生态制剂）和分子生态治理（通过核酸分子或其他生物活性分子的生态调控或免疫调节）的植保技术措施，就能够营造出健康的可持续的粮食生产生态经济系统，促进作物自我健康，提高作物系统的抗御力，打破有害生物的发生、流行对寄主/介体及其环境条件的绝对依赖性，大大减少农药施用量，达到有效保护植物又获得粮食显著增产的目的。

## 4.3　实施可持续植物保护，从技术上促进粮食安全

推行可持续植物保护就务必要促进植保技术模式有个新跨越，即以植物生态系统群体健康为主导的有害生物生态治理（ecological pest management，EPM）取代现行仍是以主要针对防治对象设计的有害生物综合治理（integrated pest management，IPM）和以化学农药为主的防治模式，协调运用多种环境友好的植保技术来克服和解决单一植保技术措施带来的弊端。可持续植物保护以农业防治（包括抗性品种选用）、生物防治为主导，注重高新技术的应用以及多种防治方法的综合，提倡少用农药，但不排除对农药的使用，只是对农药的生产和使用具有更高的要求。例如，1970～1972 年谢联辉在福建宁化山区有“稻瘟病窝”之称的甘木塘村进行试验，100 公顷稻田全面采用以提高稻株群体抗性为中心的栽培免疫办法，结果在大流行的 1971 年获得了大面积的控制水稻稻瘟病的效果，使平均单产比对照增加了近 2 倍[41]。朱有勇等运用生物多样性预防和控制水稻稻瘟病，每公顷稻田增产 750 多公斤而农药施用量却减少 60％以上，同时还提高土地利用率达 10％～15％。自 1997 年至今，全国累计有 200 多万公顷水稻运用了这项技术，优质高效地促进了稻谷生产的可持续增长[42]。这些事实说明，人类可以摆脱以化学农药为主的防治模式，实施可持续植物保护在技术和经济上都具有可行性，而且有利于全面促进粮食安全。

### 参 考 文 献

[1] 韩召军. 植物保护学通论. 北京：高等教育出版社，2001，1-2
[2] 曾士迈. 植保系统工程导论. 北京：北京农业大学出版社，1994，21-21
[3] 游建章. 粮食安全经济学：一个标准模型分析框架. 农业经济问题，2003,(3)：30-35
[4] 王俊鸣. 联合国大力呼吁保护生物多样性促进粮食安全. 科技日报，2004-10-17,(5)
[5] 钟甫宁，朱晶，曹宝明. 粮食市场的市场改革与全球化：中国粮食安全的另一种选择. 北京：中国农业出版社，2004，11-12
[6] 翟虎渠. 坚持依靠政策科技与投入，确保我国粮食安全. 农业经济问题，2004,(1)：24-26
[7] 戴小枫，叶志华，曹雅忠等. 浅析我国农作物病虫草鼠害成灾特点与减灾对策. 应用生态学报，1999，10(1)：119-122
[8] Ou SH. Rice diseases. 2nd. London：Commonwealth Mycological Institute，UK，1985，380-386
[9] Herdt RW. Equity considerations in setting priorities for third world rice biotechnology research. Development：Seeds of Change，1988，4：19-24
[10] 管致和. 植物保护概论. 北京：中国农业大学出版社，1995
[11] 孙漱源. 稻瘟病. 见：方中达. 中国农业百科全书·植物病理学卷. 北京：中国农业出版社，1996，116-120
[12] 曾士迈. 农业植物病理学. 北京：中国农业出版社，1991
[13] 许汉英，刘志研，于元祥. 伏马毒素的研究及其对玉米产业的影响. 世界农业，2003，8：42-44
[14] 厉为民，孙淑英等. 世界粮食安全概论. 北京：中国人民大学

出版社，1988，39-42
[15] 王翰林，罗晓燕. 防范外来有害生物入侵刻不容缓. http://www. people. com. cn/GB/shizheng/3586/20021014/841707. html，2002-10-14
[16] 李永平. 紫茎泽兰的防治. 中国农技推广，2005，1：43-44
[17] 马以贵，冯洁，张楚青等. 美国小麦印度腥黑穗病的发生及对策. 世界农业，2002，7：36-37
[18] 欧阳迪莎，施祖美，吴祖建等. 植物病害与粮食安全. 农业环境与发展，2003，6：24-26
[19] 唐爱平，喻文杰，张尚武. 农业生产第一灾. http://www. hnol. net/gb/content/2003-12/17/content _ 2254534. htm，2003-12-17
[20] 许志刚. 普通植物病理学. 北京：中国农业出版社，1997，13
[21] 石旺鹏，严毓华. 控制蝗灾保护全球农业. 世界农业，2002，12：34-35
[22] 黄鸿章. 植物保护的发展现状与新世纪展望. 中国农业科技导报，2000，4：50-53
[23] 张魁林. 第二十届全国植保信息交流暨农药械交易会在武汉举行. http://www. agri. gov. cn/xxlb/t20041129_278591. htm. 2004-11-29
[24] 蔡承智，陈阜. 中国粮食安全预测及对策. 农业经济问题，2004，4：16-20
[25] 闫新甫. 全球转基因作物种植概况. 世界农业，2001，4：22-23
[26] 李宏伟. 世界转基因作物发展趋势. 全球科技经济瞭望，2005，1：44-47
[27] 张启发. 对我国转基因作物研究产业化发展策略的建议. 中国农业信息，2005，2：4-7
[28] 国家统计局. 中国农村统计年鉴. 北京：中国统计出版社，2004，253
[29] 蒋建科. 我国作物病虫害防治取得显著成绩. 人民日报，2004-5-13
[30] 杨崇良. 植物保护工作面临的挑战及对策. 山东农业科学，1997，6：43-46
[31] 江爱良. 近40年来世界粮食生产和农业生态环境变化概况. 生态农业研究，1993，4：6-14
[32] 姚建仁，郑永权. 董丰收. 浅谈农药残留污染、中毒与控制策略. 植物保护，2001，27(3)：31-35
[33] Pimenta D. Acquary H，Biltomen M. et al. Bioscience，1992，40(10)：750-760
[34] 徐骅，陶建平. 食品安全战略选择与中国生物农药的发展. 世界农业，2003，7：4-6
[35] 黄艳娥，阚保东. 转基因产品的生产与安全管理. 世界农业，2001，3：14-16
[36] 徐学荣，吴祖建，林奇英等. 可持续植物保护及其综合评价. 农业现代化研究，2002，23(4)：314-317
[37] 徐学荣. 植保生态经济系统的分析与优化. 福建农林大学博士论文，2004，79-85
[38] 胡靖. 中国粮食安全：公共品属性与长期调控重点. 中国农村观察，2000，4：24-30
[39] 贾佩华. 控制农作物病虫灾害为至2000年新增1000亿斤粮食作贡献. 见：农业部课题研究组. 中国2000年农业发展问题探讨. 北京：中国农业科学技术出版社，1996，119-124
[40] 李辉，赵于北. 国际知名学者认为协调不足导致中国粮食作物减产. http://www. chinanews. com. cn/news/2004year/2004-07-22/26/462948. shtml，2004-7-22
[41] 谢联辉. 关于21世纪植物保护的若干思考. 中国农业科技导报，2003，5：5-7
[42] 杨跃萍. 云南农大朱有勇获粮农组织国际稻米年科研一等奖. http://news3. xinhuanet. com/newscenter/2004-10/16/content_2098172. htm，2004-10-16

# 培育植保生态文化　促进可持续农业发展*

张福山，徐学荣，林奇英，谢联辉

（福建农林大学植物病毒研究所，福建福州　350002）

**摘　要**：简要分析了当前植物保护存在的问题及其原因，提出了植保生态文化的概念，并讨论了植保生态文化的含义，指出了培育植保生态文化、促进可持续农业发展的必要性，进而阐述了培育发展植保生态文化的对策建议。

**关键词**：植物保护；生态文化；植保生态文化；可持续农业

**中图分类号**：S181　**文献标识码**：A　**文章编号**：1671-6922（2007）02-0064-03

# Develop plant protection ecological culture, to promote sustainable agriculture

ZHANG Fu-shan, XU Xue-rong, LIN Qi-ying, XIE Lian-hui

(Institute of Plant Virology, Fujian Agriculture and Forestry University, Fuzhou　350002)

**Abstract**: Based on analysis of the current status and causes, the concept and meaning of plant protection ecological culture were expounded, meanwhile it was proved the necessity to develop plant-protection ecological culture and promote sustainable agriculture development. Accordingly the countermeasures were proposed.

**Key words**: plant protection; ecological culture; plant protection ecological culture; sustainable agriculture

## 1　培育植保生态文化的必要性

### 1.1　构建生态文化是可持续农业发展的重要保障

近现代的技术革命和工业革命引发了农业的科技革命，形成了以经济效益为核心的农业生产思维方式。化肥、农药、地膜和拖拉机等能源和物质被大量投入到农业生产中去，实现了高投入、高产出，极大地满足和丰富了人类的食物需求。但是，在人们尽情享受现代农业所带来的成果时，人类社会同时也面临着由此带来的农业高成本、资源高消耗和农产品品质不安全的代价。这些问题不解决将严重威胁人类社会的可持续发展。

党的十六届三中全会明确提出了“坚持以人为本，树立全面、协调、可持续的发展观，促进经济、社会和人的全面发展”的发展战略。这种可持续的科学发展观充分体现了“以人为本，生态为魂”的生态文化精髓，所以生态文化必将成为当代

---

福建农林大学学报（哲学社会科学版），2007，10（2）：64-66

收稿日期：2006-10-30

* 基金项目：教育部人文社会科学研究2006年度规划项目（06JA790021）

社会持续发展的主流文化。

我国是人口大国和农业大国，特殊的国情决定了我国农业是基础性产业，始终处于社会矛盾的中心。农业可持续发展与否很大程度上取决于全民对农业及农业生态环境的认识程度，即人们对农业可持续发展观念的接受和坚持程度，而观念的形成受主流文化的熏陶与环境的潜移默化，因此构建生态文化是可持续农业发展的重要保障[1]。

### 1.2 培育植保生态文化是可持续农业发展迫切而客观的内在要求

植物保护作为农业的重要技术支撑，在现代农业发展过程中发挥了巨大的促进作用。但由于人类片面地应用植物保护技术，滥用农药，依赖农药，忽视甚至否定农业生态系统的自我修复功能和生物天敌的积极作用，结果在保护人类目标植物免受生物危害，提高农业生产投入回报，维护人类物质利益的同时，却造成了严重的农药残留伤害人类健康的社会问题和环境污染、生态破坏等全球性生态危机的问题。植物保护已由较为单纯的农业技术问题，逐渐演变成为直接事关农业生产发展、农民增收、食品安全、农产品国际贸易以及生态安全等主要难点、热点的问题。而这些问题在我国的表现尤为突出。

近20多年来，受耕作制度的变化、气候变异以及产业结构调整等因素的影响，我国的农作物病虫害发生面积不断扩大，突发和暴发的频率增大，危害加剧。全国农作物病虫害发生面积由1978年的1.29亿公顷次扩大到2003年的4.01亿公顷次。农药施用量达$15kg/hm^2$，是发达国家的2倍多[2]。主要农产品中，农药残留超标率高达16%～20%[3]。尽管历经防治，每年因农业生物灾害损失的粮食仍高达1600多万吨[4]，经济损失巨大。同时，大量施用农药减少了生物多样性，诱发有害生物的抗药性和再猖獗，恶化农业生产的生态环境，影响了农业的生态安全。还有，随着国际贸易的扩大，既不断增加"绿色壁垒"引起的贸易纠纷及争端，又大大增加了检疫性有害生物入侵我国的机会。所有这些问题都严重制约了我国农业的发展后劲，不利于我国国民经济社会的可持续发展。查找这些问题产生的根源，我们可以发现，技术的异化和人类价值观的扭曲是导致人类不恰当应用植物保护技术引发生态危机和社会问题的重要原因。当前植物保护技术应用中所存在的问题，其实质是文化和价值问题，是目标和意义的选择问题，而不是单纯的技术和经济问题。

## 2 生态文化与植保生态文化的含义

### 2.1 生态文化的含义

生态文化是指人类在实践活动中保护生态环境，追求生态平衡的一切活动和成果，也包括人们在与自然交往过程中形成的价值观念、思维方式等[5]。生态文化，确立生命和自然界有价值的观点，摒弃传统文化的"反自然"的性质，抛弃人统治自然的思想，走出人类中心主义，按照"人与自然和谐发展"的价值观，实现人类文化的制度层次、物质层次和精神层次的一系列选择和转变[7]。生态文化的核心内涵是人与自然和谐相处，生态与经济和社会的相得益彰、协调发展，从而实现可持续发展的一种文化[6]；其主要特征是从人统治自然的文化，走向人与自然和谐发展的文化。这种过渡以价值观的转变最为关键。生态文化自古有之，从采集狩猎文化到农业、林业、城市绿化等都属于生态文化的范畴。但由于历史的原因，在很长一段时间内人与生态的矛盾尚未突出出来，生态文化一直是融合于其他文化之中，而未能成为一种独立的文化形态，更谈不上成为社会的主流文化。而今，随着人类社会的日益生态化，人类文明不断向生态文明演进，生态文化将不可抗拒地成为可持续发展社会的主流文化。

因此，生态文化的发展创新，正凝聚起巨大的精神力量，对可持续发展发挥巨大的推动作用。它不仅为可持续发展提供理论根据和制度规范，而且为可持续发展提供实现手段（生态文化中生态产品和生态技术的创新，将为可持续发展提供有效的手段、途径、工具和方法）和新的生长域（人类社会发展每个方面都存在生态创新的新领域）[8]。

### 2.2 植保生态文化的含义

根据生态文化的一般原理，可以认为，植保生态文化就是指人类在植物保护活动中保护生态环境、促进人类与自然的协调和谐，实现生态与经济和社会的相得益彰、协调发展的一切活动和成果，也包括人们在植保活动中与自然交往过程中形成的价值观念、思维方式等。

植保生态文化，就其制度层次来看，它包括有规范植保工作的法规条例与行政的或经济的手段、植保信息等公共品的提供、植保风险管理策略等。就其物质层次来看，它包括有一定区域投入植保的人力资源的数量、质量及配置；投入植保工作的资金筹措、配置与利用；植保技术的开发、利用与推广，植保技术服务市场的建立与健全；植保药械的生产、供给、需求和价格；农产品安全检测、农产品价格和需求；区域内自然生态环境和农业生态经济环境等。就其精神层次来看，它包括一定区域的植保理念、防治习惯以及对食品安全和生态健康的态度等。也包括一定区域人们（包括农业生产者、市场经营者、消费者、管理者和科技人员）的道德风尚、科学文化和生态文化素质、环境意识和环境文明程度，以及区域内人们热爱家园、热爱自然、自觉保护环境和资源的精神境界[9]。

植保工作系统是跨越自然和社会两界的系统[10]，是个复合生态系统，牵涉到许许多多的人、纷繁复杂的事、形形色色的物，要求必须“懂物理、明事理、通人理”[9]，其动力学机制来源于自然和社会两种作用力。自然力的源泉是各种形式的太阳能，它们流经系统的结果导致各种物理、化学、生物过程和自然变迁。社会力的源泉有3个方面：①经济杠杆——资金；②社会杠杆——权力；③文化杠杆——精神。资金刺激竞争，权力推动共生，而精神孕育自生[11]。只有这些力量的共同协调作用，才能推动植保系统在可持续发展的轨道上运行。因此，培育植保生态文化，促进植保生态文化发展，是经济、社会、生态可持续发展的内在需要。

## 3 培育植保生态文化，促进可持续农业发展

### 3.1 牢固树立“公共植保”和“绿色植保”理念，建立和完善有利于建设和谐社会的植保法规，加快构建可持续发展的新型植物保护体系，从制度上促进植保生态文化的发展

制度创新是植保生态文化的重要内容，制度规则影响配置资源的经济行为，决定资源可持续利用状况，直接影响可持续植保的实施与发展。由于当前的植保生产实践活动具有显著的正负两面的外部性，它不仅给社会提供经济产品和生态产品，也产生农药残留、生态环境污染等问题。因此植保工作具有公共产品性质，政府要带头履行好政府公共管理与服务职能，牢固树立“公共植保”和“绿色植保”理念，注重农业资源和环境管理的生态特性，通过制度创新，构建新型植物保护体系，使得广大农业生产者、经营者、消费者、管理者和科技人员能够合力促进植保生态文化的发展。近10多年来福建省安溪县政府通过制定相关的扶持政策，大力发展茶树生态栽培，高度重视并积极推广应用绿色植保技术，千方百计控制农药残留，培育起良好的植保生态文化，使得安溪茶叶优质优价，畅销国内外市场，实现了产业群体的良性循环，就是很好的一个案例。

### 3.2 植保科学技术发展要重视“绿色”导向，使绿色科技渗透到植保一切活动领域，实现植保科学技术发展生态化

实现这种转变，主要包括3个方面的任务：①实现植保科学技术价值观的转变。植保科学技术研究开发及其成果的应用要从片面追求经济利益转变为促进整个“人—社会—自然”系统的协调发展，实现发展的生态持续性、经济持续性和社会持续性三者的统一。②实现植保科学思维方式的转变。改变“只见树木、不见森林”的做法，从机械论思维走向整体论思维，使植保科学技术的研究从分化走向系统化综合，研究内容从主要针对防治对象——有害生物的杀灭转变为主要针对保护对象——植物生态系统的群体健康。③实现植保科学技术应用生态化，促进植保策略的转变，即以植物生态系统群体健康为主导的有害生物生态治理（ecological pest management，EPM）取代现行仍是以主要针对防治对象设计的有害生物综合治理（integrated pest management，IPM）和以化学农药为主的传统防治模式，协调运用多种环境友好的植保技术来克服、解决单一植保技术措施带来的弊端[12]。

### 3.3 大力宣传植保生态文化的价值观，促进人们树立可持续植保理念和生态消费观念

可持续农业的发展不仅受生产方式的影响，也受消费方式的影响，不同的文化伦理引导不同的消费行为。需求引导生产，不合理的消费方式刺激不合理的生产方式，健康和环保的消费模式有利于农业可持续发展。可持续农业要求全民的自觉参与，这种自觉参与意识的提升需要生态环境观念的大众化，即生态文化的传播、普及。普及生态文化可使

人们建立生态消费的基本模式，进而促进农业生产者自觉地保护农业生态环境，生产优质农产品。但是，如果没有健康持续发展的绿色产品市场，绿色植保技术就会被冷落。因此，植保工作要通过与有关部门的协作，扩大工作范围，既要面向农业生产者和企业，同时也要面向农产品消费者和其他所有的相关人员和部门，积极开展科普工作，增进大众对植物保护的了解，认知植保生态文化，使得生产者和消费者共同推动可持续植保的实施与发展。

近10多年，绿色消费观念的兴起，绿色消费群体的不断增加，绿色优质农产品市场的持续扩大，有力地促进了各种可持续植保技术的应用和生态农业的发展，使得农业生态环境保护由被动状态逐渐变成主动状态。“绿色壁垒”在影响农产品国际贸易的同时，也有力地促进了可持续植保技术的应用。这些事实说明，培育植保生态文化，遵循“消费决定生产”的经济学原理，利用消费者和市场的力量，有利于引导生产者形成正确的植保理念和防治习惯，也有利于不断提高人们（包括农业生产者、市场经营者、消费者、管理者和科技人员）的环境意识和生态文化素质。

### 3.4 发展植保生态产业，推进企业的植保生态文化建设，夯实植保生态文化的发展基础

培育植保生态文化既要加强完善生态制度，大力普及生态知识，弘扬生态精神，研发生态技术，又要注意发展生态产品及生态产业。植保系统是典型的生态经济社会复合系统，植保产品和产业在植保系统的可持续发展中具有至关重要的作用。企业既是经济行为的主体，也是维护生态的主体，企业行为对生态的变化有着直接、十分重大的影响。只有植保企业（植保技术服务企业，植保药械的生产企业和营销企业，农产品安全检测机构以及广大农户）的经济效益与植保生态文化建设的矛盾得到解决，植保生态文化建设成为企业的自觉行动，企业实施清洁生产和安全生产，环境污染从源头消失或削减，植保生态文化才有实践的舞台和产业的支持。因此，在植保生态文化建设中，应把企业的植保生态文化建设作为重点，通过绿色认证、环境法及各种有法律效应和约束力的公约推动企业建设植保生态文化，使企业真正做到用植保生态文化的基本精神指导其经济行为，共同形成具有持久竞争力的植保生态产业。

## 参考文献


[1] 吕爱清，李慧玲，卞新民. 生态文化建设与农业可持续发展. 安徽农业科学，2005，33(6)：1078-1079，1127

[2] 汤金仪. 论实施植保工程的必要性和紧迫性. 植保技术与推广，2000，20(6)：3-4

[3] 章轲. 我化工农业走向穷途：牺牲生态年减产百亿公斤.（2006-08-15)[2006-10-11]http://news. xinhuanet. com/newcountryside/2006-08/15/content_4961407. htm

[4] 管致和. 植物保护概论. 北京：中国农业大学出版社，1995

[5] 余谋昌. 生态文化论. 石家庄：河北教育出版社，2001，326-328

[6] 余谋昌. 生态文化是一种新文化. 长白学刊，2005，(1)：99-104

[7] 王丛霞. 生态文化：科学与人文走向融合的文化. 长白学刊，2005，4：103-105

[8] 高建明. 论生态文化与文化生态. 系统辩证学学报，2005，13(3)：82-85

[9] 徐学荣. 植保生态经济系统的分析与优化. 福建农林大学博士学位论文，2004，21

[10] 曾士迈. 植保系统工程导论. 北京：北京农业大学出版社，1994，21

[11] 王如松. 从农业文明到生态文明——转型期农村可持续发展的生态学方法. 中国农村观察，2000，1：2-8

[12] 谢联辉. 关于21世纪植物保护的若干思考. 中国农业科技导报，2003，5：5-7

# Ⅷ 农药问题

本部分汇集了与农药有关的5篇论文，侧重分析农药的积极贡献和消极影响及其应对对策，并就农药企业的社会责任与农业面源污染问题及其控制进行了探讨。

# 21 世纪我国农药发展的若干思考

顾晓军，谢联辉

（福建农林大学植物保护学院，福建福州　350002）

**摘　要**：农药自问世以来虽然带来过一些负面效应，但为人类做出了巨大贡献。通过多年的努力农药的负面效应已经降至一个可以接受的水平。随着科技的发展，有害生物控制手段将越来越多，但未来可持续农业中仍将有农药的一席之地。为了我国农药的更好发展，应该加强农药管理、改善使用技术、开发更多的绿色农药制剂。

**关键词**：农药；负面效应；可持续农业；绿色农药制剂

# Some considerations on pesticide development in China

GU Xiao-jun，XIE Lian-hui

（College of Plant Protection，Fujian Agriculture and Forestry University，Fuzhou　350002）

**Abstract**：Pesticides have made great contributions for mankind in spite of their negative effects. After years of hard work，their negative effects have been decreased to an acceptable level. With the development of science and technology，more and more measures can be adopted to control pests. However，pesticides will still play a role in the future sustainable agriculture. To develop our pesticides better，we should strengthen management，improve pesticide use skill，and develop more green agrochemical formulations.

**Key words**：pesticides；negative effects；sustainable agriculture；green agrochemical formulations

人类已告别 20 世纪进入了 21 世纪。20 世纪科技、文化等各方面的迅速发展，一方面极大地增强了人们的环保意识、健康意识，另一方面增加了人们对有害生物发生规律的认识并丰富了有害生物的控制手段，这样就显著减少了有害生物控制对农药特别是化学农药的依赖性。而这些进步继而又引发了对农药特别是化学农药的许多争议，现在越来越多的人在关注农药的命运，更有人提出完全禁止化学农药的使用。农药该往何处去成为我们所有从事农药或与农药相关工作的人所关心的话题，要回答这一问题我们应该结合以下 3 点考虑，即如何看待农药的负面效应？可持续农业中是否有农药的一席之地？我们又该为我国的农药发展做些什么？本文仅就这 3 个问题谈谈我们的观点。

## 1　如何看待农药的负面效应

农药包括化学农药与生物农药两大类，而能够引发负面效应并引起争议的则主要是化学农药，所以现在所提农药负面效应实际是指化学农药的负面效应，而一些人主张全面禁止的农药实际上也是指化学农药。化学农药自问世以来，为有害生物的控制包括农业有害生物、媒介有害生物的控制做出过

世界科技研究与发展，2003，25（2）：13-20

巨大贡献。在1949～1989年的40年间，全世界粮食生产由每公顷1000kg提高到2499kg，其中被认为做出了巨大贡献的4大核心因素便是农药、化肥、良种、灌溉[1]，而全世界通过植保增加的粮食中，农药的贡献被认为是在80%以上。至于农药通过防治媒介害虫、减少人类疾病、甚至死亡发生的贡献则更是有目共睹。据世界卫生组织报道，1948～1970年间由于DDT的使用，人类免于死亡人数达5000万之多，免除疫病患者更在10亿以上[2]。Paul Muller也正因为发明了DDT而获得了诺贝尔奖[3]。

然而随着时间的推移，由于农药负面效应的逐渐显现，突出地表现为药害、人畜中毒，农药残留、对有益生物的伤害、抗药性等，而这当中最受关注的又是农药残留、人畜中毒、抗药性。可是农药的负面效应是否就是农药与生俱来的缺点呢？农药的负面效应是否可以降低到一个可以接受的水平呢？我们不妨对此也做分析。

### 1.1 农药负面效应的形成原因

根据以往的经验农药负面效应形成原因不外乎以下几个方面，即农药自身性质、农药的加工剂型、农药使用、农药管理等。

有关农药性质、加工剂型、农药使用方面的分析很多，我们也不难理解这几方面因素与农药负面影响形成的关系，如有机氯农药之所以易于在环境中残留，是因为其自身化学性质难于降解之故；而乳油中的溶剂、粉剂的粉尘都会污染环境；农药使用方法的落后会直接导致农药的用量偏高；而农药的不合理、不正确使用必然造成人畜中毒、残留超标、抗药性等负面效应的增加。但是相比较而言，实际中农药负面效应的形成或许与管理的关系更为密切。农药管理措施及其力度直接影响到市场上农药质量、农药器械的质量、农药的用量及农药的使用方法，进而影响到农产品中农药残留、人畜中毒事故的发生、抗药性的形成。这一点，从一些统计数据便可以清楚地看出。虽然多年来，欧美等发达国家一直在努力减少农药用量，但经济越发达、农业现代化水平越高的国家和地区农药用量越高的总体格局并未改变。即便是最近的2000年，发达国家农药需求也仍占绝对多数。2000年世界农药销售额按地区分布为：北美洲29.6%，西欧21.9%，亚太地区25.4%，拉丁美洲12.8%，其他地区10.3%[4]。先前欧美等发达国家农药用量所占比例还更大。然而与农药用量分布形成鲜明对照的是农药的负面效应却主要发生在发展中国家，发生在农药用量少的国家。曾经有统计表明全世界75%的农药急性中毒死亡事故发生在发展中国家[5]。倘若我们对这些资料稍做分析，便不难看出农药负面效应的形成的主要原因既不是因为有农药使用的缘故，也不是因为农药用量太大的缘故。发展中国家农药负面效应严重的最主要原因就在于这些国家农药管理水平的落后。也正因为发展中国家农药管理水平的差距，使得这些国家农药市场上有相当数量的不合格农药、伪劣农药、不合格的喷雾器具；使用中存在大量的违规使用、过量使用现象；农药储存也不够规范等。而这些又正是农药负面效应的形成、特别是农药中毒事故发生的直接原因。

### 1.2 农药负面效应能否被降低

既然农药有可能导致负面效应，因而各国都很重视，都为降低或消除农药的负面效应做出了努力，并取得了显著的成绩。这些措施及成绩体现在：

（1）通过严格规范的农药登记、审核制度，保证进入市场农药的安全性。半个世纪以来，农药登记法规几度修改，安全要求越来越高[6]。在化学农药刚刚问世的20世纪50年代，农药登记时毒性数据只要求急性毒性一种，其他方面都未涉及。而80年代以后，仅毒性数据就包括急性毒性、亚急性毒性、慢性毒性、“三致”效应等。其他有关农药在动植物体内代谢、对环境生物的影响、在环境中的行为等也都有许多具体要求。随着时间的推移、社会的发展，农药登记制度还有越来越严的趋势。再有一点，为了加强对农药负面效应的监控，现在农药获得登记并不意味着就获得了长期的许可，瑞典、我国等就规定农药产品的最长认可期仅为5a[7]。在严格农药登记制度的同时，各国还加强了对已上市农药的重新审核，急性毒性严重的内吸磷、累积毒性严重的狄氏剂、艾氏剂、DDT、六六六，有致癌作用的杀虫脒、二溴氯丙烷，毒性与环境问题严重的无机砷、有机汞制剂、氟乙酰胺等都已先后被禁止使用[1]。

严格的农药登记制度，避免了新的负面效应严重的农药上市；而对已上市农药的审核，淘汰了已进入市场的负面效应严重的农药品种。经过多年努力，现在全世界有数百种化学农药的急性毒性比食盐、阿斯匹林还低[8]。

（2）通过开发农药新品种提高农药的安全性。农药自问世以来，品种的更新过程就是一个药效不断提高、安全性不断增加、用量不断减少的过程。以形成负面效应危险性最大的杀虫剂为例，杀虫剂的发展经历了以下几个阶段：安全低效（天然杀虫剂，持效期短，对环境安全，但有些对哺乳动物高毒）、高效高残留（有机氯杀虫剂）、高效低残留（有机磷、氨基甲酸酯杀虫剂，在环境中易代谢降解，但大多对哺乳动物有较高的急性毒性）、高效低毒低残留（大多为类天然产生杀虫剂，如类除虫菊素、类烟碱杀虫剂等，以及一些偶然合成筛选出的与天然产物作用机制相同的杀虫剂）、高效高选择性低毒性低残留（昆虫生长调节剂，不但对哺乳动物安全，对天敌亦有选择性）[9]。至于目前农药中比重不断增加的生物农药的安全性则更值得信赖。农药用量减少的趋势也很明显，农药越来越向精细化方向发展。据统计，在20世纪40年代治虫时的用药量需7～8kg/hm$^2$；到50～70年代新一代农药的用量已降至0.75～1.5kg/hm$^2$；至70年代以后出现的高效与超高效农药的用量只需0.015～0.075kg/hm$^2$，还有许多农药的用量已低于0.015kg/hm$^2$[10]。而新开发的许多除草剂的用量1公顷只有1g，甚至有些只需0.2～0.3g[11]。农药活性及安全性的提高、用量的降低，可以显著地减轻环境对毒物的负荷量，同时也降低了人畜中毒、农产品中农药残留超标的危险。

（3）通过开发农药新剂型、新包装提高农药安全性。有关农药剂型对于农药安全性特别是对农药使用者的安全性早就受到重视，较为典型的便是高毒农药呋喃丹，通过制成颗粒剂大大降低了对使用者的接触毒性。乳油、粉剂、可湿性粉剂、颗粒剂是农药的4大基本剂型，但是在安全性方面都有其不足。如乳油，其中含有大量有机溶剂（主要是甲苯、二甲苯），常常会成为环境的一大污染源，仅我国每年用于生产乳油的溶剂便达30万吨之多[12]。粉剂、可湿性粉剂也有易致药害及粉尘污染等的缺点。改进农药剂型是提高农药安全性的有效途径，现在农药剂型正朝着水基性、粉状、缓释、多功能和省力化的方向发展，微乳剂、乳剂有代替乳油的趋势，可湿性粉剂也可望被悬浮剂取代，其他剂型如水溶剂、悬浮乳剂、水溶性粉剂、缓释剂、省力化剂型等也都有所发展[13]。在克服农药废弃物和包装的污染方面也取得了新的进展，如日本已研制成功了水溶性包装制剂，无论是安全性还是使用效率都大大提高[14]。

（4）通过改进施药技术及用药器械的质量，减少农药的直接毒害。不难相信施药技术会影响农药的用量，而用药器械的质量也会影响用药效率及对使用者的安全。在以往的农药使用中，主要采用大容量喷雾法。该法劳动强度大但有效沉降率只有20～30%，流失率达到50～60%。不仅在经济上造成浪费，而且也可能造成大面积的环境污染[15-16]，同时劳动强度的增大也增加了农药使用者接触中毒的危险。而与此形成对照的是细容量喷雾法、静电喷雾法的有效沉降率能分别达到60～70%、80～90%[17]。不仅如此，在使用方法落后的同时用药器械的质量问题在发展中国家（包括我国）也很突出，我国植保机械质量检测中心对国家正规喷雾器产品一次检查合格率1986年仅为50%、1987年75%、1988年66.6%、1989年59.5%，非正规产品合格率更低[15]；印度尼西亚、菲律宾有58%的手动喷雾器有药液渗漏；巴基斯坦则有50%的农药损失于劣质喷雾器和不科学的使用技术[18]。为了改变发展中国家植保机械工艺落后、质量低劣的状况，1997年FAO决定对喷雾器实行绿色认证制度，迫使技术落后、质量低劣的喷雾器械早日停止使用。我国也正采取类似的措施，提高喷雾器械质量[18]。据称仅此一项就能减少70%的农药用量。在新型用药器械研制方面近来也取得了新的成就，韩国研制成功了无人农药喷洒机并已投入批量生产，美国也研制成功了智能农药喷洒器。此类用药器械能够完全避免农药使用者与农药的直接接触，当然也就杜绝了农药使用者中毒事故的发生。而全球卫星定位系统（GPS）技术应用于农药使用中则能既大幅减少农药用量又能保证农药使用效果[19-20]。虽然这些成果还没有普及甚至推广，但至少透露了这么一个信息，完全避免农药在使用过程中对使用者的接触毒性并不是不可能的。

通过多年多方面的努力，农药的负面效应已经显著降低。在西方发达国家（农药使用大户），农药造成的急性中毒事件已经极少。英国在1974～1985年间就已经没有发生过农药中毒死亡事件，而据美国1988年的统计，在突发性中毒死亡事件中，与农药有关的仅占0.2%。使用农药急性中毒的风险，在发达国家已经比使用割草机、轻便折叠躺椅的风险还小。甚至有资料表明，在美国1988

年全国各地花园中由于花盆破碎造成的伤亡事故都比杀虫剂引起的中毒事故多 8 倍以上[21]。

当然，如前所言发展中国家因为各方面的原因特别是管理方面的漏洞，农药负面效应还没能得到很好地克服，有时甚至还表现得较为严重。不过应当承认如果这些国家借鉴发达国家的管理经验，管理好自己的农药市场、农药器械市场，必然会有所改观，而绝非只有完全禁止化学农药使用才能减少农药的负面效应。总之，凭现有的技术条件加上有效的管理足以最大限度地降低化学农药的负面效应。

### 1.3 农药负面效应能否被接受

通过多年的努力，农药的负面影响已经很小，越来越多的人摆脱了农药是全球杀手的恐惧，美国甚至有人乐观地认为农药是安全的。他们认为即使是农药用量很高的国家，只要遵守操作规程，其危险性都是相当小的[22]。

可是近年来无论是在电视新闻中还是从报纸杂志上我们都能经常看到，诸如我国茶叶因农药残留超标被退货、市场上农产品农药残留超标现象严重等消息，不仅使人难以相信农药的负面效应已经降到可以被接受的水平，甚至还给人一个感觉就是农药残留超标现象大有愈演愈烈之势。固然这些现象的发生与我国仍然存在的农药使用不合理、违规使用农药等现象有关。但另外一点、或许也是更重要的一点，就是技术壁垒因素在起作用。随着全球贸易一体化的推进，关税壁垒已越来越行不通，但各国都在想方设法避免外来产品对自己国内产业的冲击，千方百计维护自己的利益，于是技术壁垒就应运而生了。不仅国外，就是我国也将越来越多地采用技术壁垒保护自己的产品。相应地，农产品中农药残留标准就将成为技术壁垒的组成部分。本来农产品中农药最大残留限量（MRL）应当是依据风险分析的原理，建立在毒理学数据和允许摄入量（ADI）的基础上[23]。但现在 MRL 制定已越来越偏离这一原则。比如，在我国出口茶叶中超标现象最为严重的便是氰戊菊酯、甲氰菊酯和优乐得[24]，造成超标的最主要原因是由于从 1998 年开始，欧盟普遍降低了农产品中农药残留标准，平均下降了一个数量级以上，而这当中又以拟除虫菊酯类农药下降幅度最大[10]。氰戊菊酯在旧标准中最大残留限量是 10mg/kg，新标准则降为 0.1mg/kg，降低幅度为 100 倍；甲氰菊酯和优乐得在旧标准中都未作规定，而新标准却都分别定为 0.02mg/kg。除了氰戊菊酯的慢性毒性还未完全定论外，甲氰菊酯和优乐得并未发现其残留有何新的为害。可他们又为何要这么做，只能以技术壁垒来解释[25]。更何况世界各地执行的许多最高残留极限，所根据的试验数据还是不充分的[26]。即便如此，通过近 2 年的调整，我国茶叶又已呈现出恢复性增长的势头。所以若撇开技术壁垒因素，农药使用只要遵守操作规程、合理使用，其负面效应应该是可以接受的。换言之，农药的负面效应不应该成为限制农药使用的理由。

## 2 未来的可持续发展农业中是否有农药的一席之地

世界人口一直处于不断增长之中，生产足够的粮食一直是人类面临的重要任务，并且一个国家粮食安全也是这个国家政治安全的前提。但是让人人拥有面包这一目标至今并未完全实现[27]，1985 年 FAO 报道全球有 5.5 亿饥民，每年有 4000 万人死于饥饿。而到 1998 年，发展中国家长期处于饥饿半饥饿状态的人口增至 8.28 亿，13 亿人处于贫困状态[28,29]。另据估计，当世界人口稳定时，对粮食和其他农产品的需求量将是当前的 3 倍[30,31]。可与此形成对照的是，耕地面积却在不断减少，如何利用日益减少的土地解决日益增加的人口的吃饭问题以及提高人类的生存质量，既是一个现实而紧迫的问题，又将是一个长期存在的问题。

有害生物的控制一直是农业生产中的重要问题，在以后的可持续农业中也不例外，而且要实现可持续控制。随着社会的发展、科技的进步，有害生物的控制手段将越来越丰富、越来越先进。农药特别是化学农药的地位将越来越低，用量也将越来越少，这是应该接受的事实。近年来，世界农药市场农药销售额一直徘徊不前，便是一个证明[4]。对农药冲击最大的便是转基因作物的培育与种植。在世界农药市场停步不前的今天，转基因作物销售却一路攀升。1995～2000 年全球转基因作物的销售额由 0.75 亿美元猛增到 26.4 亿美元，短短的几年内，增幅超过了 30 倍[4,32]。转基因作物无论是对有害生物的控制，还是其产生的经济效益都很显示出其强大的竞争能力。以中国农科院生物工程中心开发的 Bt 棉为例，其杀虫能力达到 80%以上，可减少栽种期间农药喷洒次数 10 次以上，减少农药使用量 80%左右，每公顷增加净收益 120 元以上。

不仅如此，国产抗虫棉还高抗枯萎病、耐黄萎病，纤维品质符合优质棉标准。除转基因作物外，利用转基因害虫的遗传防治，利用转基因天敌控制害虫，利用转基因技术构建高效杀虫微生物等也都做了有益的尝试[33,34]。与化学农药相比，转基因技术的优点在于不杀伤天敌、无残留毒性等，而且现在已有足够的证据能够证明或有足够的措施能够保证转基因作物及其产品的安全性[35,36]。在转基因技术迅速发展的同时，农业防治、物理机械防治、生物防治技术等近来也取得了长足的进步。

然而有害生物治理手段的丰富、技术的进步，是否就意味着在未来的可持续农业中不需要农药（特别是化学农药）的参与呢？也就是说在未来可持续农业中是否就没有农药的一席之地呢？现在，持赞同与否定观点的都有。但我们认为，在可持续农业中农药（包括化学农药、生物农药）将继续存在并发挥作用。

以我国为例，目前我国农药在农业中主要用于水稻、小麦等粮食作物及棉花、水果、蔬菜等经济作物。粮食作物生育期长，且收益仅与产量及其品质有关，与上市时节关系也不明显。对于此类作物，我们可以通过培育高产优质抗性品种，提高作物耐害性，也可以在充分利用作物的补偿能力、甚至超补偿能力的基础上选用对环境安全但见效相对较慢的有害生物控制途径诸如生物农药、生物防治等达到控制目的。在此类作物上降低化学农药用量、甚至完全不用化学农药用量应该说相对比较易于实现，如若结合转基因技术效率会更高。而对于蔬菜、水果等经济作物，收益不仅与产量、品质挂钩，而且还与农产品的外观、上市时节等有关。在此类作物上耐害性或补偿性对产量可能有一定意义，但对于最终经济效益的意义却不大，至少不成简单的正比。在这些作物上，对防治方法的速效性要求很高，而在这方面化学农药具有独特的优势。随着农业产业结构的调整，经济作物所占比例将越来越大。同时为了提高经济效益将更多种植反季节蔬菜，保护地栽培技术将更多推广，而保护地往往有利于病虫害的发生。另外全球气候变暖、农产品贸易往来的日益频繁，都有可能加剧有害生物的发生与扩散，突发性病虫害也会不断增加，蝗虫近几年在我国北方地区大发生便是一个例子。所有这些都说明，在未来可持续农业中有害生物的控制任务不是减轻了，而是加重了；有害生物控制的难度不是减小了，而是加大了。这就需要尽可能多的控制手段才能有效控制有害生物的危害。

我们还应该看到尽管各种有害生物控制手段都取得了长足的进步，但仍存在着各自的不足。生物防治、生物农药自不必说，转基因植物也不例外。第一，转基因植物地中并不能完全不用农药。如前所言，我国的转基因棉田中减少的农药用量是80%，而不是100%；第二，转基因植物抗虫性表达也不是很稳定，在不同生长发育时期、不同组织器官的抗虫性都有差异，我国转基因棉田中棉铃虫发生就有逐代加重的趋势[37]；第三，转基因植物也存在抗性风险及其使用寿命问题。转基因棉连年种植后，棉铃虫发生有加重趋势[37,38]；第四，由于一种作物在生长季节往往有多种害虫为害，而转基因作物并不能完全抵御所有害虫为害[2]。第五，转基因作物的种植还可能会改变作物地中生物群落的组成，使一些次要害虫发生加剧并上升为主要害虫。如转基因棉田中，红蜘蛛、棉盲蝽、棉蓟马、美洲斑潜蝇等的发生都有所加重[37-38]。这些害虫的控制还不能完全没有化学农药的参与。最后一点，转基因植物也存在成本问题。如转 B. t. 番茄早已培育成功，并于 1995 年注册，可其市场份额一直不超过 4%，就是因为其成本高于使用化学农药。即便是市场份额较大的转基因植物也只有在害虫中等至偏重发生时才显示效益优势，在害虫发生较轻时其效益还可能低于常规植物[36]。这些也再一次说明了一个早已证明了的事实，试图依靠某一种或某少数几种控制手段完全解决有害生物危害是较难实现的。所以，我们既不能因为转基因植物的突出优点就看不到其不足，进而把有害生物控制的全部希望都寄托于此；也不能因为化学农药的存在不足就片面追求完全不用农药。

总而言之农药（包括化学农药、生物农药）还将继续发挥作用，未来的可持续发展农业中还仍将有农药的一席之地。

## 3 我们该为我国农药发展做些什么

随着人们环保意识的增强、农药制剂质量的提高、使用技术的改进、农药替代手段的发展，可以肯定世界农药市场需求增加空间已经很小，甚至会下降。与此同时，新农药开发的难度、成本等都显著增加，这些已经导致农药行业的竞争加剧。现在世界各大著名农药公司都纷纷采取合并、重组等形式加强联合以提高竞争力。我国已经加入 WTO，一方面外国农药进入我国市场将更加容易，这必然会对我国农药行业带来更大冲击；另一方面我国的农药及农产品也将有更多机会参与国际竞争，农药的质量会影响农药的国际竞争力、农产品中的农药残留量会影响农产品的出口。可见，面对世界农药行业出现的新变化、面对我国已经加入 WTO 的现实，我们农药行业若无动于衷显然行不通。不仅如此，我们的政府及所有从事与农药相关工作的人都必须为我国农药工业的健康发展多做工作。

### 3.1 加强政府管理职能，引导农药健康发展

前面已经提到农药管理水平与农药负面效应的发生及其严重性密切相关，而管理职能主要由政府行使。近来我国国家及各级地方政府都加强了对农药的管理。如农业部药检所 1999 年颁布规定，禁止氰戊菊酯在茶叶上使用，福州市政府先后规定禁止销售甲胺磷等 6 种剧毒、高毒、高残留农药以及对市场蔬菜实施农药残留检测等[39,40]。这些措施的实施都取得了较好的成效，前面提到的我国茶叶出口呈恢复性增长便是一例，而最近有关部门对福州市场蔬菜的多次抽样检测结果都表明农药残留超标现象已经基本消失。

近年来，我国农业生产开始转向基地化建设，同时“公司＋农户”式的订单农业也逐渐兴起，我国居民的购买力也在不断提高，这些变化都为农产品从源头实施质量认证提供了许多便利。这样一方面可以阻止农药残留超标农产品进入市场，另一方面也可以通过质量认证拉开农产品价格档次使高质量农产品真正获得高收益。

其他诸如农药企业的兼并重组、植保机械的质量保证、农药安全合理使用技术的推广等也都需要政府的参与、引导、执法等。

### 3.2 加强农药基础理论研究，为农药正确、合理使用提供理论指导

农药要做到正确合理使用必须把握两点即合适的用药时机与合适的农药用量。以往用药时机确定主要是以经济阈值为依据制订防治指标以指导用药，这些防治指标制订时依据的是产量与效益的关系。由于现在越来越多的人主张将环境代价纳入成本，加之现在蔬菜、水果等经济作物所占比重越来越大，农产品中农药的残留量也越来越成为农产品价格的影响因素，因而如何更好地综合蔬菜、水果等农产品的产量、外观、上市时节、农药残留量及环境代价制订合理的防治指标、防治时节就成为一个越来越重要的问题。这需要加强植保经济学研究。

要使农药用量处于合适的水平一方面需要尽可能提高农药使用效果，另一方面需要合理评价农药的使用效果。要提高农药的使用效果就必须充分发挥化学农药与其他防治手段及气象因子、水肥管理等的联合作用效应。为此要加强生物农药、农业防治、生物防治以及水肥管理、气象因子对化学农药使用效果的影响研究，同时也要加强化学农药对有害生物抗逆性、对其他防治手段效果影响的研究。要合理评价农药的使用效果，就必须既要考察农药的短期影响，又要考察农药的长期影响。而且根据农药的发展趋势，杀伤性很强的农药所占比重将越来越小，杀伤性弱的见效慢的农药将越来越多。从这个角度，长期效果较之于短期效果就更显重要。而要合理评价农药的长期影响，就必须加强农药对有害生物适合度的影响研究。我们应该通过这两方面的研究，逐步建立起以降低有害生物适合度为手段、控制有害生物种群为目标，以农业防治（包括转基因植物）、生物防治、生物农药等为主、化学农药为辅的，充分发挥气象因子、水肥管理等对有害生物控制作用的、可持续的有害生物生态管理体系。

### 3.3 加强新型用药器械的研制，提高农药使用效果

喷雾法使用农药一直是农药使用中的主要方法，在以后的农药使用中也不例外。因为在以后的农药中虽然乳油、可湿性粉剂等的比重会降低，但水剂、微乳剂、浓乳剂、悬浮乳剂等的比重会增加，这些剂型农药的使用主要是采用喷雾法。喷雾法一直被认为是使用效率较低的一种方法。也正因为如此，众多学者都认为：化学农药是高效的，但使用却是低效率的[41]。农药使用效率低也是农药用量偏高的原因之一，影响喷雾使用效果的因素很多，诸如植物表面特征，害虫对不同粒径雾滴的捕获能力等。我国喷雾器械一直存在着工艺落后、质量不合格等现象。同时，我国南北气候差异大，作物种类繁多，病虫草害千差万别。无疑针对不同的作物表面特征、害虫对不同雾滴粒径的捕获能力研制相应的喷头，对于促进喷雾器械产品的更新换代及对于农药正确、合理、安全使用的意义均不可低估。

### 3.4 开发绿色农药制剂，提高农药制剂竞争力

农药企业是我国农药行业的主体，也是参与世界农药竞争的主力军。我国农药行业一直存在着许多问题，诸如企业规模小、产量低、创新能力不足等，这些都不利于农药企业参与国际竞争。同时我们还必须看到农药越来越向精细化方向发展，农药用量增加余地已不是很大。因而我们不能仅寄希望于扩大农药企业规模、增加农药产量来完全解决这些问题。只有通过技术革新、尽可能降低生产成本、生产出既能满足生产需要又符合安全要求的农药产品才能在农药市场赢得自己的地位。

企业的创新能力是企业得以生存、发展的基础，源头创新则是最具生命力的创新。我国政府也早就注意到这个问题，组建了南北两个新农药创制中心，并已开始良好运行。但是源头创新所需人力、物力、财力等确实是我国目前尚难以解决的问题。据国外统计，创制一个新农药需要筛选 5 万个左右的化合物，投入 2 亿美元，花 8～10 年的时间[42]。这对于我国大多数农药企业而言难以承受。因此我国农药企业更多地还是应该在开发“绿色农药制剂”上多下功夫[1]。如前所言，开发农药新剂型、农药新包装与开发农药新品种一样都是降低农药负面效应、提高农药安全性的有效途径，但这方面我国一直重视不够。虽然我国农药产量居世界第二位，但农药结构不合理的问题很突出。这既体现在杀虫剂所占比例过高，也体现在新剂型制剂比重太小。在我国新剂型农药制剂只占制剂总数的 5.6%，远低于西方发达国家[13,43]。在农药新包装开发方面进展也很慢。在这方面的一个有利条件是随着许多农药品种专利保护期的陆续到期，市场上非专利农药所占比重将越来越大，可供选择开发新剂型、新包装的农药品种也将越来越多。以开发农药新剂型、新包装为突破口，既能提高我国农药产品的安全性，又能提高我国农药产品的竞争力。除此而外在制剂开发上我们还要继续加强混配制剂研究特别是化学农药与生物农药混配制剂的开发研究。从而使我们的农药产品既能发挥化学农药见效快、生物农药安全性好的优点，又能减少化学农药用量、降低化学农药毒性并克服生物农药见效慢、效果不稳定的不足。

综上所述，未来的可持续农业离不开农药的参与。只要我们加强管理、改进农药剂型、提高农药使用技术，我国农产品一定能符合质量要求，我国农药产品也一定能在国际市场上占有自己的份额，我国农药工业一定会有较好的发展。

## 参 考 文 献

[1] 梁义平，郑裴能，王仪等. 21 世纪农药发展的趋势：绿色农药与绿色农药制剂. 农药，1999，38(9)：1-2
[2] 吴文君. 农药学原理. 北京：中国农业出版社，2000，2
[3] 高希武. 农药的功与过和化学防治展望. 见：李典谟. 走向二十一世纪的中国昆虫学. 北京：科学出版社，2000，619-621
[4] 徐尚成. 农药研究开发的进展与展望. 现代农药，2002，1：7-13，6
[5] 龙惠珍，陆贻通. 世界农药急性中毒概况. 农药译丛，1997，19(3)：54-56
[6] 叶贵标. 世界农药试验重点的演变. 世界农业，1999，6：45-46
[7] 周卫平. 瑞典农药重新登记述评. 农药译丛，1997，19(4)：32-37，17
[8] 屠豫钦，袁会珠. 农药和化学防治法前景广阔. 农药，1996，35(5)：6-9
[9] 李斌. 杀虫剂研发进展. 农药，2000，39(4)：6-9，5
[10] 蔡道基. 农药环境毒理学研究. 北京：中国环境科学出版社，1999
[11] 王大翔. 农药发展之我见. 世界农药，1999，21(4)：1
[12] 杨春河. 新药创制、环境保护与结构调整——对我国农药工业发展的一点思考. 农药，2000，39(1)：1-6
[13] 凌世海. 农药剂型进展评述. 农药，1998，37(8)：6-9
[14] 周本新. 浅谈日本农药新剂型及施用技术新动向. 农药，1999，40-42
[15] 徐伟钧，于全福. 植保药械应用中的问题. 黑龙江农业科学，1999，(2)：48-49
[16] 台立民，刘冬雪，沈永嘉. 化学型农药缓释剂. 农药，2000，39(6)：5-13
[17] 屠豫钦. 农药剂型和制剂与农药的剂量转移. 农药学学报，1999，1(1)：1-6
[18] 屠豫钦. 农药和化学防治的“三 E”问题——效力、效率和环境. 农药译丛，1998，20(3)：1-5
[19] 程序. “精确农作”在美国兴起——应用全球卫星定位系统(GPS) 技术提高化肥、农药的有效利用率. 世界农业，1996，(9)：14-15
[20] 马友华，转可钦，Schnug E. 全球卫星定位系统在现代农业中的应用. 中国农学通报，2000，16(2)：40-42
[21] Coats JR. Risks from natural versus synthetic insecticides. Annual Review of Entomology，1994，39：489-515
[22] 叶永保. 农药应用动态. 世界农业，1997，1：44-45
[23] 吴雪原. 欧盟茶叶农药残留限量的新规定及应对措施. 世界农业，2001，9：11-13，41
[24] 陈宗懋. 我国茶叶中农药残留的研究进展与展望. 中国茶叶，2001，23(1)：3-4
[25] 姜含春，赵红鹰. 绿色消费需求与无公害茶营销. 茶叶科学，2001，21(1)：17-20
[26] 赖以飞. 农药允许残留极限与发展中国家. 世界农药，2000，

22(6)：45-49
[27] 程霞. 粮食保障——人类今后仍需作物保护的缘由. 世界农药，1999，21(6)：53
[28] 吴天锡. 世界粮食安全问题再次引人关注. 世界农业，1999，(6)：9-11
[29] 顾宝根. 生物技术对未来农药的影响. 世界农业，2000，1：27-29
[30] 王贤辅. 21世纪农业发展目标、障碍和对策. 世界农业，1994，7：3-5
[31] 张一宾，孙晶. 国内外有机磷农药的概况及对我国有机磷农药发展的看法. 农药，1999，38(7)：1-3
[32] 张敏恒. 转基因作物与农药. 农药，2000，39(4)：1-5
[33] 王琛柱，黄玲巧. 应用转基因技术治理害虫展望. 植物保护，1998，24(3)：35-37
[34] 张忠信，张光裕. 害虫基因防治新方向. 昆虫知识，1998，35(1)：51-55
[35] 张启发. 面对转基因食品是否需要"如临大敌". 文汇报，2002年3月18日第8版
[36] Shelton AM，Zhao JZ，Roush RT. Economic，ecological，food safety，and consequences of the deployment of Bt transgenic plants. Annual Review of Entomology，2002，47：845-881
[37] 郭荣，杨焱杰. 转Bt基因棉田害虫发生动态及防治对策. 世界农业，2000，(9)：31-33
[38] 徐汉虹，安玉兴. 生物农药的发展动态与趋势展望. 农药科学与管理，2001，22(1)：32-34
[39] 黄君薇，陈长森. 本市禁用六种剧毒农药. 福州晚报，2002年3月23日第1版
[40] 陈岳. 蔬菜农药残留昨起检测. 福建日报，2001年11月29日A1版
[41] 袁会珠. 生物行为与农药使用相关性的研究进展. 农药译丛，1997，19(6)：52-54
[42] 王龙根. "十五"农药行业技术创新工作重点. 中国农药发展年会——一体化经济与农药发展专题研讨会专题报告集，2001，4-9
[43] 胡笑形. 我国农药工业的现状与发展方向. 农药，1998，37(6)：7-10

# 论农药企业的社会责任

王林萍[1,2]，徐学荣[1,2]，林奇英[1]，谢联辉[1]

（1 福建农林大学植物保护学院，福建福州　350002；2 福建农林大学经济与管理学院，福建福州　350002）

**摘　要**：农药企业与其他企业一样必须承担社会责任。本文阐述了企业社会责任的内涵，探讨了农药企业社会责任内容设定的几个原则，从核心层、延伸层和超越层责任三个层面讨论了农药企业社会责任的内容，指出了各层面社会责任的联系与区别。

**关键词**：企业社会责任；农药企业；农药企业社会责任

**中图法分类号**：F767.2　**文献标识码**：A

# Study on corporation social responsibility of pesticide enterprises

WANG Lin-ping[1,2]，XU Xue-rong[1,2]，LIN Qi-ying[1]，XIE Lian-hui[1]

（1 College of Plant Protection，Fujian Agriculture and Forestry University，Fuzhou　350002；
2 College of Economics and Management，Fujian Agriculture and Forestry University，Fuzhou　350002）

**Abstract**：Pesticide enterprises should take corporation social responsibility（CSR）as other enterprises in today's business world. Based on the literature review of CSR，the principals for the framework of CSR were discussed；the definition of CSR for pesticide enterprises from core level，extend level and beyond level was given in this paper. Finally the relationship among three levels of CSR was explained.

**Key words**：corporation social responsibility；pesticide enterprises；CSR of pesticide enterprises

农药对人类社会的发展做出了重要的贡献。作为提供农药研发和生产的集聚地，农药企业对人类的发展也功不可没。企业作为一种社会组织，其基本责任是在遵守社会契约的前提下行使权力；因为不同时期社会契约是不断变化的，企业的责任也不断发展[1]。20 世纪 80 年代，在印度博帕尔邦发生了一起历史上最为不幸的工业事故：美国碳化集团在印度的一家杀虫剂厂的一种用于生产杀虫剂的有毒气体发生泄漏，先后导致 3500 人死亡，20 多万人受伤害。这起事故震惊了全世界，使得“企业的社会责任”问题再次被越来越多的跨国公司和社会组织所认识和重视[2]。由此可以看出，企业的责任也从追求利润对股东负责而逐步转变为对所有利益相关者的责任。研究农药企业的社会责任，首先明确企业社会责任（corporation social responsibility，CSR）的内涵，同时根据农药行业和企业的特点，阐明设定农药企业社会责任的原则，然后在此基础上建立起农药企业的社会责任体系。

---

科技和产业，2006，6（2）：17-20

收稿日期：2005-09-20

# 1 企业社会责任的内涵

企业社会责任的内涵及其所涉及的层面，目前国内外的研究没有统一的界定，但研究的共同点比较集中地围绕着“三重底线”（经济、环境和社会），并以企业利益相关者为对象，以促进社会的可持续发展为目标，以此展开，但侧重点各不相同。

## 1.1 从企业利益相关者的层面划分企业的社会责任

将企业社会责任从利益相关者的层面入手，可使企业的社会责任的内容更加清晰和通俗。当然对利益相关者理解上的不同也会导致企业的社会责任范围划分的差异。正如 Evan 和 Freeman 所说：“利益相关者理论虽然不能取代企业社会责任，但是它可以被看作是企业社会责任研究的一个重要条件，它可以把企业承担社会责任的对象具体化”[3]。

国内理论界一般认为，中国企业的社会责任主要包括企业对员工（内部）的责任和企业对社会（外部）的责任[4]。这种区分过于宽泛，也不够具体。有学者[5]从社会责任会计的角度要求社会责任至少应包括：企业对投资者、债权人的责任，对职工的责任，对政府的责任，对客户的责任，对周围社会的责任，对改善生态环境的责任。这也是企业社会责任报告中应披露的主要内容。胡孝权也提出类似的观点[6]。他认为企业的社会责任分为企业对投资者的社会责任、企业对消费者的社会责任、企业对企业职工的社会责任、企业对政府的社会责任和企业对社会的社会责任。

## 1.2 从社会组织性质和公民义务的角度划分企业的社会责任

美国著名的经济伦理学家乔治·恩德勒提出企业社会责任包含三个方面：经济责任、政治和文化责任以及环境责任。其中环境责任主要是指“致力于可持续发展——消耗较少的自然资源，让环境承受较少的废弃物”。Brummer 则是通过对各种企业责任的比较来把握它的含义。他把企业责任划分为四种，即企业经济责任、企业法律责任、企业道德责任和企业社会责任[3]。在他看来，企业社会责任是与企业其他责任并列的一种责任。卡罗尔则认为应从企业应承担的经济责任、法律责任、伦理责任和慈善责任四个层面来定义企业社会责任[7]，这有助于我们了解企业社会责任由哪些方面组成。刘藏岩认为企业社会责任是一个企业为现存社会环境应当承担的义务，主要包括社会义务和道德义务两大类。前者指企业的经济责任和法律责任，这是企业责任的基本要求，而后者指企业在公益，文化，教育、环境等方面的责任[8]。秦颖和高厚礼将企业社会责任分为经济责任观、公众责任和社会责任感[9]。

## 1.3 从人权和环保的视角划分企业的社会责任

在企业社会责任研究上侧重人权和环保问题也是研究的特点之一，尽管社会责任的内涵远不止此。我国劳动和社会保障部劳动科学研究所在其企业社会责任课题的研究中指出[10]：企业社会责任主要包括人权、劳工权益和环境三个方面，其中劳工权益是核心。中国人民大学常凯教授在接受商业周刊的采访中也表明相关利益人中最主要的群体就是企业中的劳动者，所以，企业社会责任运动的基本形式就是“工厂守则运动”[11]。而这两年备受关注的 SA8000 企业社会责任标准则将这种视角发挥到了极致，并运用于实践中。SA8000 关于企业的社会责任可概括为九个要素：①不使用或不支持使用童工；②不使用或不支持使用强迫性劳动；③健康与安全；④组织工会的自由与集体谈判的权利；⑤不从事或不支持从事歧视；⑥惩戒性措施；⑦工作时间；⑧薪酬；⑨管理系统等[2]。可以看出九大要素几乎全部都与人权和劳工权益问题相关。

## 1.4 从意愿性和强制性方面划分企业的社会责任

美国经济开发委员会在一篇题为《商事公司的社会责任》的报告中罗列了 58 种企业应有的行为，这些行为涉及 10 个方面，它们是：①经济增长与效率；②教育；③用工与培训；④公民权与机会均等；⑤城市改建与开发；⑥污染防治；⑦资源保护与再生；⑧文化与艺术；⑨医疗服务；⑩对政府的支持。在此基础上又将其区分为两个基本的类别。其一是纯自愿性的行为，这些行为由企业主动实施并由企业在其实施中发挥主导作用；其二是非自愿性的行为，这些行为由政府借助激励机制的引导，或者通过法律、法规的强行规定而予以落实[12]。

陈志昂和陆伟将企业社会责任三角模型引入企

业社会责任研究，认为企业社会责任由下而上可分为法规层级、标准层级和道义以及战略层级。最下面层级的强制性最强，而越往上则越弱[13]。这样的划分从一定层面上说明了企业社会责任有强制性承担和自愿性承担两个部分。

### 1.5　从促进社会发展方面划分企业的社会责任

对企业社会责任内涵的研究目前较多从促进社会的持续发展入手，内容涉及经济、环境和社会三个方面。实际上，以上的分类中也不乏有许多观点涉及可持续发展的内容，但因其他的特点更为显著，所以专门另列。

美国会计人员协会（National Association of Accountants，NAA）的企业工作委员会 1972 年的一项报告提出企业实施社会责任应涵盖下列四个主要范畴：人力资源的开发、参与社区活动、实体资源的运用及环境的维护以及提供商品与劳务[14]。国际标准化组织（International Organization for Standardization，ISO）设立的一个研究企业社会责任的专门小组是这样来定义企业社会责任的：对于那些从事经济、社会和环保事业的企业来说，企业社会责任是一种造福于人类、团体和社会的和谐安定的途径方法。企业社会责任要关注以下这些方面的问题：人权，工作条件和员工有关的问题、包括职业健康和安全问题；不公平的商业活动；企业管理；环境；市场和消费者；公众相关问题；社会发展[15]。国际标准化组织对企业社会责任的定义侧重阐述了企业社会责任的功能，在企业社会责任的内容上，则涉及了劳工、商业伦理、环境及产品。而世界经济论坛则将企业公民的社会责任概括为四个方面：好的公司治理和道德标准，对人的责任，对环境的责任和对社会发展的广义贡献[12]。

中国社会科学院社会学研究所博士陆建华认为，应该在企业的基础性的社会责任、公益事业方面、劳资关系、企业活动的“外部性”、公正和公平的责任及与政府关系六个层面上全面地理解企业的社会责任[16]。

以上所有这些研究都是确定农药企业社会责任内容的坚实基础。但这些研究是针对所有企业而言，试图建立企业社会责任的一般框架，注重的是共性，寻找的是企业共有的标准，并未考虑到企业社会责任的特殊性、发展性及具体的行业特征。若要使企业真正承担起社会责任，更好地履行义务，在遵循企业社会责任共识的基础上，结合行业的特点探讨企业的社会责任则更有利于提高社会责任的实效，更有利于促进社会的可持续发展。

## 2　农药企业社会责任内容设定需考虑的几个原则

### 2.1　共性与特性的统一

企业应根据企业的共性和自身的特点来寻找一个适当的社会责任模式，并制定和实施相应的社会责任策略。农药企业与一般企业有所不同，其产品中含有对人体和环境有害的物质，生产、运输或使用不当都可能造成对人体和环境的伤害。产品中的有些成分还会在人体和环境中残留和富集，情况严重时甚至还影响后代的健康和生存环境。煤矿企业也有类似的社会责任问题，但近期频频发生的矿难事件引发了人们对该问题的高度关注，但该行业的社会责任问题可能更多地集中于人权和劳工问题上。再拿与农药行业相去甚远的金融投资公司来说，其社会责任可能会更倾向于遵守经济责任和行业操守以及通过进行责任投资来引导产业结构调整，从而促进经济社会和生态的可持续发展。可见不同性质的企业其社会责任有一定的共性，但更多的是其个性，所以确定农药企业的社会责任时，必须充分考虑农药企业的特性，同时也不能忽略企业社会责任的共性，做到共性与特性的有机统一，否则很难想象能有一套“放之四海而皆准”的社会责任统一要求。

### 2.2　遵循循序渐进的原则

企业社会责任是一个渐进发展的过程，在制定时要考虑阶段性实施的问题。从目前社会责任履行较好的农药跨国企业来看，这些企业对社会责任的认知和履行能力也在不断的发展和完善中。在德国、拜耳或巴斯夫集团公司就曾一次又一次与公众发生剧烈冲突。原因是他们的化工生产设施对周围居民和环境造成了威胁和事故。如今，在发生紧急化学事故时，已有特别行动队负责处理基地内外的安全问题。这时，公司不仅履行行业内通行的标准，更具有良好的社会道德。根据沃克姆研究分析院得出的结论，在全世界 35 家最大化工集团中，拜尔公司的企业责任感排行第 3 位[17]。2004 年巴斯夫已连续四年被纳入道琼斯可持续发展指数中[18]。

### 2.3 重点与全面的结合

在不同的发展阶段，企业的社会责任重点会有所不同。农药企业在认真遵循企业共同应有的社会责任的同时，应根据企业发展中不同阶段的特点，相应地突出社会责任的重点，而不是面面俱到，或主次不分。例如，有的企业为了扩大影响，进行一些捐助活动，但对于该企业环境污染的问题却迟迟没有解决，这并不能说明该企业是个“良好公民”。

### 2.4 协会与政府共同推动的特点

农药企业社会责任的推进除了企业本身要有正确的发展思路外，行业协会和政府的支持十分重要。美国和欧洲国家在企业社会责任和社会责任投资（SRI）的发展历程上大不相同。这主要体现在政府参与程度的不同。美国的企业社会责任发展是以民间发起的社会责任投资类型股票投资为杠杆，欧洲国家则由政府引导推进企业社会责任和社会责任投资[19]。在中国，由企业自发，行业协会引导和政府鼓励是可行之路。

## 3 农药企业社会责任的内容

基于以上的考虑，本文把农药企业社会责任的内容概括为“三层一线”（图1），即：核心层、延伸层、超越层责任和遵纪守法线。

核心层：农药产品质量；节约清洁生产；劳工权益

延伸层：农药产品的运输；农药存储安全；农药使用指导；农药产品废弃物回收；社区环境保护

超越层：慈善捐款；投资赞助；公益宣传；教育培训

图1 农药企业社会责任分层示意图

核心层责任包括保证农药产品质量，节约和清洁生产以及保护劳工权益。这一层面的责任以开发和提供合格质量、与环境相容的高效低毒的农药产品为核心，在生产中注重对资源能源的节约和有效利用，并采取有效的措施将生产中的污染排放控制在规定的标准之内，对员工的工作环境、健康与发展给予高度关注，尤其对职业病的预防。延伸层责任包括农药产品的安全运输、储存、农药产品使用指导、农药产品废弃物回收以及农药厂周围社区的环境保护。这一层面的责任将农药的安全问题延伸至运输和产品的使用环节。在这个环节中，专人（受过培训）专用运输工具的安全输送，安全的储存仓库、农民安全合理用药的宣传及示范指导，废弃物的回收机制等都是关键的问题。超越层包括慈善捐款、投资赞助、公益宣传及教育与培训。这部分的责任可能与农药行业的活动相关也可能不相关。责任的内容非常丰富，因时因地而不同。遵纪守法线是指农药企业在履行其社会责任的时候遵守法律和国家的有关规定始终贯穿其中，这也是企业最根本的责任。

农药企业社会责任内容的特点是以产品的质量为核心责任原点、向外不断拓展和渗透的一个过程。责任越靠内层，企业的特性越强，责任越靠外层，体现企业社会责任的共性越多。其中内层的责任是外一层的基础，外一层的责任是内层的延续、发展和超越。农药企业承担社会责任所应遵循的原则总体上应是由里及外。遵纪守法线则贯穿于所有责任中（图2）。一般说来，农药企业如果连核心层责任都不能很好履行，是很难将延伸层和超越层责任付之实施。其次要强调的一点是社会责任的实践是一渐进发展的过程，根据农药企业的经济和发展实力，在不同阶段踏踏实实地承担起企业所应负和所承担的责任。

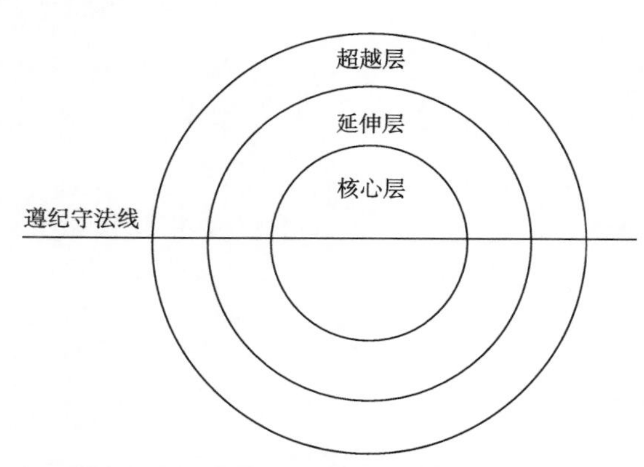


图2 农药企业社会责任“三层一线”图

### 参考文献

[1] 金乐琴. 企业社会责任与可持续发展：理论及对策. 绿色中国，2004，1：51-52
[2] 陈淑华. 西方企业社会责任标准及其对我国的启示. 湖南经济管理干部学院学报，2004，15(3)：8-10
[3] 田田，李传峰. 论利益相关者理论在企业社会责任研究中的作用. 江淮论坛，2005，1：17-23
[4] 郭丹. 企业社会责任及其在中国的实践. 市场与发展，2003，12：11-13
[5] 南岳峰. 企业社会责任报告浅谈. 会计之友，2000，11：22-23
[6] 胡孝权. 企业可持续发展与企业社会责任. 重庆邮电学院学报

(社会科学版)，2004，2：123-125
[7] 卡罗尔·阿奇B，巴克霍尔茨·安K. 企业与社会伦理与利益相关者管理. 北京：机械工业出版社，2004
[8] 刘藏岩. 企业社会责任与持续成长. 农村金融研究，2004，4：9-11
[9] 秦颖，高厚礼. 西方企业社会责任理论探讨. 淄博学院学报(社会科学版)，2004，4：26-29
[10] 劳动和社会保障部劳动科学研究所课题组. 企业社会责任运动应对策略研究. 中国劳动，2004，9：2-16
[11] 全球化与企业社会责任——访中国人民大学常凯教授. 商业周刊(中文版)，2004，5：6-7
[12] 李国强. 强化我国"企业社会责任"以及S. A：8000是一个现实问题. 国务院发展研究中心，第147号(总2206号)内部资料，2004年10月11日
[13] 陈志昂，陆伟. 企业社会责任三角模型. 经济与管理，2003，11：60-61
[14] 王鲜萍. 解读"企业社会责任". 上海企业，2004，7：21-23
[15] 陶天福，青松. 美国质量界关注"企业社会责任". 上海质量，2004，5：43-46
[16] 刘立燕. 企业可持续发展的战略选择：社会责任管理. 经济与管理，2004，18(12)：87-89
[17] 项东. 公司的社会责任：也是一种特殊的营销工具——拜耳的可持续发展管理战略的实施，为公司提供了创建价值和成功之路的方法. 国际市场，2002,(6)：30-32
[18] BASF Shaping the Future Corporate Report，2004
[19] 植杉威一郎. 企业的社会责任和社会责任投资. 经济管理文摘. 2004，17：24-25

# 农药企业社会责任认知度调查分析

王林萍[1,2]，徐学荣[1,2]，林奇英[1]，谢联辉[1]

（1 福建农林大学植物保护学院，福建福州 350002；2 福建农林大学经济与管理学院，福建福州 350002）

**摘 要**：企业社会责任是21世纪可持续发展下的一个重要组成部分，近年来国内对此问题高度重视。本文以公众敏感的农药企业为对象，分别从农药企业对企业社会责任概念的认知、对环境保护问题的看法、对员工权益的维护及企业发展和创新能力四个方面对农药企业社会责任的认知度作问卷调查。结果表明：农药企业对企业社会责任认识尚需统一，企业应该承担社会责任的观念需要树立，在履行社会责任方面企业的自主创新能力和环境保护意识必须增强。

**关键词**：企业社会责任；农药企业；农药企业社会责任

**中图分类号**：F271 **文献标识码**：A

农药企业所带来的安全、健康和环境问题一直是公众关注的焦点，农药企业是否承担起相应的企业社会责任（corporation social responsibility，CSR），为可持续发展做出贡献也是公众关注的问题。为了了解目前我国农药企业在CSR方面认知及具体表现，2005年笔者对部分农药企业进行问卷调查。现将问卷调查的描述统计结果进行阐述分析，希望能有助于CSR的宣传和农药企业CSR体系的构建。

## 1 调查数据来源和样本结构

2005年农药企业CSR认知度调查的对象为农药生产企业，主要以原药、制剂或复配为主，不包括农药器械和包装生产企业。调查问卷的发放、填制和回收主要完成于2005年10月中国农药工业协会在南京举办的“第五届全国农药交流会暨农化产品展览会”和由全国农业技术推广服务中心于2005年11月在长沙主办的第21届全国植保信息交流会（即植保“双交会”），填写问卷的人员为农药企业高层管理人员。少量问卷的回收来自厂家邮寄。本次调查共发放问卷150份，收回100份，问卷的回收率为67%，其中有效问卷84份。根据中国农药工业协会的统计，目前全国的农药企业有2600多家，多数企业规模不大。截至2004年，年销售额在500万元以上的农药企业只有650家[1]。而本次抽样企业的年销售额在500万元以下的只有5家，抽样比例约为12%，调查主要集中在大中型农药企业中。

从本次调查的样本分布来看，被调查的农药企业涉及全国18个省、市和自治区，样本比较集中在山东（36.9%），江苏（14.2%）和浙江（10.7%）三个省份。这与我国农药企业数量的地域分布比较吻合。从被调查农药企业的性质来看，国有控股占16.67%，民营企业占69.05%，三资企业占5.95%，其他占8.33%。主要以民营企业为主。上市公司的比例为16.67%，有产品出口的农药企业占61.90%。

## 2 调查结果与分析

本文对我国农药企业CSR认知度及表现方面所做的问卷内容包括农药企业对CSR概念的认知、对环境保护问题的看法、对员工权益的维护及企业发展和创新能力四个方面，这四个方面基本体现了农药企业CSR的主要内涵和要求。

### 2.1 农药企业对CSR概念的认知

#### 2.1.1 农药企业对CSR的了解程度不一

由于CSR的概念在我国的出现和兴起的时间不长，尚未有统一的定义和要求。调查表明：听说过CSR的农药企业占80.95%，没听说过的占19.05%。可以看出，尽管绝大多数的农药企业有

商业时代，2007，15：62-64

听说过 CSR，但仍有 1/5 的企业对此一无所知。农药企业对社会责任投资（SRI）的了解则更显不足了。在问及有无听说过 SRI 时，54.76%的企业回答为有 45.24%的企业从未听过此名词。尽管目前国外 SRI 的数量在与日俱增，据统计全世界按照 SRI 标准投资的基金资产值已达约 3 万亿美元，可是在我国还没有 SRI。实际上，我国许多行业对 SRI 的认知度都很低。

当企业被问及在决策中有否考虑社会、经济及环境效益的结合时，有 78.57%的企业回答有考虑、14.29%的企业很少考虑、7.14%的企业没有考虑。由此可以看出农药企业已逐步将可持续发展因素列入其决策中。

#### 2.1.2 农药企业对企业是否应当承担 CSR 的认识不一

为了考察农药企业对与 CSR 相关问题的态度，调查中列出了 6 个问题让被调查的农药企业进行选择，赞同选项中所述观点的企业数及所占比例如表 1 所示。从表 1 可以看出，有 76.2%的农药企业认为企业应该承担社会责任，但只有 44.05%的企业认为企业每年要提交可持续发展报告（或 CSR 报告），以此对外沟通交流。对于近半数（44.05%）农药企业而言，他们认为遵纪守法、创造产值就是好企业。调查中还发现，仍有 16.67%的企业认为利润是企业追求的唯一目标，对于环境问题，应该先发展后治理。甚至还存在少数（7.1%）企业，他们认为社会责任应由政府承担。这些都反映出部分农药企业在 CSR 认识方面还存在不足，对“好企业”的认识逋于传统的观念，对企业的发展仍停留在追求利润最大化、忽视社会效益的阶段。

**表 1 赞同选项观点的农药企业数及所占比例**

| 选 项 | 赞同的企业数 | 赞同的企业所占比例/% |
|---|---|---|
| 企业应该承担社会责任 | 64 | 76.2 |
| 企业每年要提交可持续发展报告 | 37 | 44.05 |
| 遵纪守法，创造产值就是好企业 | 37 | 44.05 |
| 利润是企业追求的唯一目标 | 14 | 16.67 |
| 环境问题，先发展后治理 | 14 | 16.67 |
| 社会责任应由政府承担 | 6 | 7.1 |

#### 2.1.3 农药企业对 CSR 内容的认知限于以产品为核心和以生产为中心的范畴

为了考察被调查的农药企业对于 CSR 内容的看法，调查中采用多选的方式，设计了表 2 中的 10 个选项。这些选项能从另一侧面反映出企业对 CSR 的构成内容的认知。结果显示：选择开发高效低毒农药产品的企业最多（79.80%），其次是农药产品质量控制（78.60%）和劳工社会保障投入（70.20%）。从表中可以看出，企业对社会责任的衡量体现出以产品为核心和以生产为中心的特点，同时注重劳工社会保障和教育培训问题。相比较而言，在环境保护这一方面认同略显逊色，如选择生产性环保支出的占 54.76%，也就是说有近一半的企业不认为该项可以体现或衡量社会责任。农药企业在公益活动方面的选择也比其他的选项低，如公益性环保投入为 48.81%，公益性社会捐赠仅为 39.29%。这也能在一定程度上反映出农药企业认为社会公益活动方面的责任并不重要。在其他这一选项中，有的企业特别注明如下行动能体现社会责任：增加企业收入、开展文化活动、提升企业文化；保护生态平衡；采用无公害溶剂；为农民多挽回损失。这其中也反映出经济责任是衡量 CSR 的组成部分。

**表 2 农药企业对于社会责任内容衡量的看法**

| 选 项 | 赞同的企业数 | 赞同的企业所占比例/% |
|---|---|---|
| 农药产品质量控制 | 66 | 78.60 |
| 高效低毒的农药产品开发 | 67 | 79.80 |
| 合理纳税 | 55 | 65.50 |
| 农药产品售后服务 | 55 | 65.50 |
| 劳工社会保障投入 | 59 | 70.20 |
| 公益性环保投入 | 41 | 48.81 |
| 生产性环保支出 | 46 | 54.76 |
| 公益性社会捐赠 | 33 | 39.29 |
| 劳工教育培训投入 | 48 | 57.14 |
| 其他 | 4 | 4.76 |

### 2.2 农药企业在环境保护问题上的认识和具体措施

#### 2.2.1 高毒农药产品的生产厂家比例下降

根据国际上农药发展的趋势，我国目前已经在大力提倡研发和生产高效低毒的农药产品，引导农药生产者、经营者和使用者生产、推广和使用安全、高效、经济的农药，促进农药品种结构调整步伐，促进无公害农产品生产发展。2002 年 6 月 5 日根据中华人民共和国农业部公告第 199 号，国家明令禁止使用六六六（HCH），滴滴涕（DDT）等 16 种高毒农药。2004 年，经国务院批准，农业部和国家发改委决定在2004～2007年分三个阶段完成对甲胺磷、对硫磷、甲基对硫磷、久效磷和硫胺5种高毒农药的削减工作，2007年1月1日起全国禁止在农业上使用。2005年5种高毒农药产量占农药总产量的比重已由原来的25%下降到9%左右。

从本次调查的结果来看，企业生产高毒农药产品的比例已经减少。企业目前的农药产品性质为生产低毒农药产品的有78家，占92.86%，中毒的54家，占64.29%，高毒的15家，占17.86%。这些企业中只生产低毒农药产品的企业28家，同时生产低毒和中毒农药产品的企业36家。在调查中发现生产高毒农药的企业数量明显已经减少，76%的企业生产的都是中低毒的农药产品。这从一方面反映出我国农药产品性质改变的状况。但限制高毒高残留农药生产量的工作仍不能掉以轻心。目前高毒、高残留农药还占我国农药总量35%以上（占杀虫剂一半以上）。

#### 2.2.2 与农药产品生产相关的环境问题没能很好解决

为了了解被调查的农药企业对于环境保护和农药残留问题的解决途径，调查中设计了研发低毒低残留产品、加大使用技术推广和售后技术服务、产品注明安全间隔期、对农药产品废弃物的回收、标明产品“禁用”和“限用”、提示施药工具清洗不能污染水源、农药生产过程防污措施、扩大厂区及周边绿化面积8个选项，结果表明：有83.33%的农药企业重视低毒低残留产品的研发和生产，这与目前国际农药产品开发的趋势有关，有61.70%的企业能做到加大使用技术推广和售后技术服务，以提高农药产品的合理有效使用；可是只有54.80%的企业能够在农药生产过程中采取防污措施，53.60%的企业能够对产品注明安全间隔期；对于其他的措施如对农药产品废弃物的回收，标明产品“禁用”和“限用”，提示施药工具清洗不能污染水源，扩大厂区及周边绿化面积等方式60%以上的企业表明目前无法做到。这也在一定程度上反映出我国农药企业多年来重生产而轻环保的严重问题。这与我国在三废治理和环境保护方面的认识不足和投资缺乏有很大关系。近年在建设项目总投资中三废治理投资约占10%～15%，而国外一般达30%～40%。治理技术落后，监管不力，建成的三废治理设施正常运行的少，对周围的环境造成不良影响。

### 2.3 农药企业对员工权益的维护

#### 2.3.1 农药企业比较重视生产安全问题，但忽视职业健康的维护

安全生产是农药企业生产的基本要求。农药企业在生产中如果管理不善，可能发生化学品泄漏的反应、爆炸和中毒事件等。与企业安全生产直接相关的包括生产设备安全、员工人身安全、使用物料安全。而产品质量安全、信息管理安全、社区环境安全是与产品安全生产间接相关的问题，如果在这些环节中处理不当也会引起很多安全隐患。从调查的情况可以看出，农药企业对其产品质量安全最为关注，对生产设备安全和员工人身安全也足够重视，其次是注重使用物料安全和社区环境安全，但只有一半左右的企业进行信息管理安全方面的工作（表3）。

**表3 被调查农药企业安全生产的认知情况**

| 选项 | 产品质量安全 | 生产设备安全 | 员工人身安全 | 使用物料安全 | 信息管理安全 | 社区环境安全 |
|---|---|---|---|---|---|---|
| 企业数 | 76 | 72 | 70 | 57 | 45 | 51 |
| 所占比例/% | 90.48 | 85.71 | 83.33 | 67.86 | 53.57 | 60.71 |

根据中华人民共和国职业病防治法（2002年5月1日起施行）的定义：职业病，是指企业、事业单位和个体经济组织（以下统称用人单位）的劳动者在职业活动中，因接触粉尘、放射性物质和其他有毒、有害物质等因素而引起的疾病。农药企业的生产过程中一线在岗工人每天都要面对大量的有毒有害物质，因此企业是否有为员工采用有效的职业病防护设施，并为劳动者提供个人使用的职业病防护用品，有没有依法参加工伤社会保险，进行职业病防治指导，建立、健全职业病危害事故应急救援预案等都体现出企业是否遵守国家职业病防治法及对员工权益的维护。调查中发现，77.38%（65家）的企业有为职工进行职业病防治，而仍有22.62%（19家）的企业无视国家和行业的规定，未对员工的职业健康重视，忽视了员工的基本权益。

#### 2.3.2　农药企业为员工提供了不同的培训项目，其中技术培训是重点

对企业员工进行各项培训是企业持续发展的动力来源。技术培训是基础，安全培训是保障，素质培训是前提，发展培训是支持。这里所指的素质培训包括思想觉悟，职业道德，行业操守等，发展培训是指员工在已有的技能的基础上的继续学习和提高。调查表明农药企业都有对企业的员工进行不同程度和不同类型的培训，其中对员工的技术培训比较重视（占比 84.52%），位居第一，其次是安全培训（占比 75%），而素质培训（占比 67.86%）和发展培训（占比55.95%）较前两种培训要弱。

### 2.4　企业发展和创新能力

#### 2.4.1　我国大型农药企业与国外大型农药公司相比规模很小

此次调查的 84 家农药企业中，年销售额在 1 亿元以上的有 39 家，占 46.4%；年销售额介于 1 千万元与 1 亿元之间的有 39 家，占 46.4%，年销售额在 1 千万元以下的有 6 家，占 7.1%，且被调查企业主要为我国较大规模的企业。尽管如此，与国外大型农药公司相比，我国农药企业的规模仍然很小很散。我国的 2600 多家农药企业中，年销售额在 500 万元以上的只有 650 家，2004 年我国 15 家上市农药公司的主营收入是 117 亿元（约合 14.4 亿美元），仅为先正达公司 2004 年年报公布的销售额 60.30 亿美元的 24%[2]。这足以说明我国农药企业的散、乱状态。许多农药企业尽管创造了一定的产值，但同时也带来了严重的环境问题，导致社会成本很大。

#### 2.4.2　企业产品的品种结构趋向合理

近几年我国农药企业的产品品种结构已经发生了变化，杀虫剂的比例在下降，除草剂的比例在上升，根据中国农药工业协会的数据，2000 年我国杀虫剂、杀菌剂和除草剂的产量比例分别为 61.3%、10.6% 和 18%，2005 年这一数字分别为 41%、11.1% 和 28.9%[1]。在全球农药市场中，除草剂约占 50%。因此我国农药产品的品种结构还有优化的空间。从调查中看出（从生产厂家的角度），生产杀虫剂的厂家比例仍然很高，有 77 家（91.67%）的农药企业生产该品种。但也可以看出生产杀菌剂和除草剂的企业在增加，分别达到 54 家（64.29%）和 43 家（51.2%）。另外有 20 家（23.8%）的企业生产植物生长调节剂。总体来看，农药企业生产杀虫剂、杀菌剂和除草剂三个品种以上的有 32 家，占 38%。

#### 2.4.3　企业自主研发产品能力弱

根据 2005 年初不完全统计，我国目前生产（包括完成中试）的农药品种 313 个，其中专利未到期品种 54 个，占 17.3%，在 313 个品种中，具有我国自主知识产权的品种仅 13 个，占 4.15%[1]。在调查中定义的自主开发的品种是指包含国内新复配的产品。由于被调查的农药企业绝大部分为销售额在每年 1000 万元以上的企业，调查中有自主开发产品的企业比例达 64.29%，企业自主开发的品种数从一个至数十个不等。其中主要的部分还是国内新复配的产品偏多。真正具有自主知识产权的品种很少。这与我国农药产品创新的技术能力和产品创新投入有关。企业的规模和盈利能力在一定程度上也会制约企业的发展和技术创新，因为农药行业的新产品开发需要投入大量的人力、物力和财力。调查的情况表明我国绝大部分的农药企业研发资金的比例约占年销售额的 5% 以下，而国外巴斯夫 2003 年研发费用就高达 2.54 亿欧元，占其农药销售额的 8%，先正达 2005 年的研发费用也占农药销售额的 10% 之多。总体看来，我国农药产品创新能力还很低。

## 3　总结与建议

我国农药企业在企业社会责任方面的认知调查表明，大部分农药企业对企业社会责任有一定认识，认为企业应该承担社会责任。企业的社会责任不仅应该包括基本的经济责任、法律责任还应该具有环境保护和对提高社会整体福利的责任。具体体现在农药产品的生产中应注重控制产品质量，力求高效低毒产品的开发，提供产品的售后服务和用药指导，清洁和安全生产，与社区和谐共处，遵纪守法，合理纳税等。在具体履行企业社会责任的表现上，农药企业比较注重与产品相关联的一系列活动，如农药产品的质量控制，开发和生产高效低毒的产品，对员工的生产安全和技术培训比较重视等。但我国农药企业在具体环境保护、社区建设和社会活动方面的表现仍显不足，没有比较系统的 CSR 规划，在 CSR 的认识上也存在一定分歧，同时在企业发展和自主创新能力方面还有待提高。

综上所述，本文认为国内农药企业应在行业协会的带动、组织和帮助下，加快 CSR 的宣传和教

育，明确农药行业 CSR 的内涵和具体要求，将 CSR 纳入企业的长远规划和进入企业的决策中，构建 CSR 的评价体系。而各个农药企业可以根据自身的特点和企业的目标，建立企业的 CSR 体系，增强企业的竞争力。

## 参考文献

[1] 中国农药工业协会. 中国农药工业年鉴，2005
[2] 胥维昌，杨春河，杨威. 我国农药上市企业运营状况(一). 农药，2006，45(1)：1-3

# 农药企业社会责任指标体系与评价方法*

王林萍[1,2]，施婵娟[1]，林奇英[2]

（1 福建农林大学经济与管理学院，福建福州　350002；2 福建农林大学植物保护学院，福建福州　350002）

**摘　要：**企业社会责任评价体系是企业履行社会责任的指南和准则，是引导和规范企业行为的信息工具，是农药企业社会责任从定性研究到定量评价、从理论到实践的桥梁和纽带。本文在构建指标体系原则指导下，设计了农药企业社会责任综合评价指标体系，从经济效益、创新能力、产品质量、售后服务、环境保护、员工权益、社区关系和慈善公益八个方面设计指标反映农药企业社会责任评价所包含的主要内容，并利用层次分析法确定了不同子目标和指标的权重，同时就企业间横向比较和单一企业纵向比较两种情形，分别给出了社会责任综合评价的方法。

**关键词：**企业社会责任；农药企业社会责任；指标体系；评价方法；层次分析法

**中图分类号：**F06219　**文献标志码：**A

# The index system and evaluation method on corporation social responsibility of pesticide enterprises

WANG Lin-ping[1,2]，SHI Chan-juan[1]，LIN Qi-ying[2]

（1 College of Economics and Management，Fujian Agriculture and Forestry University，Fuzhou　350002；
2 College of Plant Protection，Fujian Agriculture and Forestry University，Fuzhou　350002）

**Abstract**：The assessment system of corporation social responsibility（CSR）is the guideline and principle of implementing the responsibility，the information tool of guiding and standardizing the enterprise performance and the bridge and tie linking the qualitative research and quantitative research，theory and practice. According to the principles of science rationality，industry focus，weak relativity，maneuverability and typicality，a comprehensive evaluation index system of CSR for pesticide enterprises has been established and its design was considered from different aspects such as economic performance，innovation capacity，product quality，after sales service，environment protection，employee equity，community relationship and charity activities. Analytical hierarchy process（AHP）was used to weigh the relative importance of different purposes and indexes and comprehensive evaluation method was also introduced then.

**Key words**：corporation social responsibility；corporation social responsibility of pesticide enterprises；index system；evaluation method；analytical hierarchy process

---

技术经济，2007，26（9）：98-122

收稿日期：2007-04-23

* 基金项目：福建省教育厅基金（K03005）

企业社会责任已成为社会日益关注的问题。由于农药产品的毒性特点，农药生产过程中“三废”的排放会引发安全、健康和环境问题，公众对农药企业的社会责任给予更多的期待。农药企业的社会责任是指农药企业在生产、经营与发展的过程中以健康、安全和环境为核心，以确保社会整体福利、有利可持续发展为目标，注重与各利益相关者的交流及和谐共处关系，自觉自愿履行农药企业在经济、法律、社会和慈善方面的责任。企业社会责任评价体系为公正评价农药企业社会责任的状况提供了客观依据，它既是企业应该遵守的行为准则，又是企业改善社会责任表现的行动指南。因此本文在农药企业社会责任概念的基础上，结合农药行业的特点以及中国的国情，构建农药企业社会责任指标体系。

## 1 国内外主要的企业社会责任标准和评价体系

随着企业社会责任研究和实践的深入，国内外也出现了一些衡量企业社会责任的标准和评价体系。尽管这些标准和评价体系内容有所侧重，但它们的目的都是一致的，即在全球范围，或在国家层面提供一个相对完备的能较全面反映企业社会责任内涵和实质的评价或报告体系。通过对企业的社会责任评价，进一步促进企业社会责任的发展。

目前国际上比较有影响力的衡量企业社会责任和可持续发展的体系有道琼斯可持续发展指数(DJSI)、多米尼社会责任投资指数（KLD）和全球报告倡议（GRI）。DJSI 是由可持续发展方面领先的公司所构成的指数，关注企业发展对环保、社会和经济发展的三重影响，并在企业财务报告中加以衡量和表述。多米尼 400 社会指数 1990 年由 KLD Research & Analytics Inc.（KLD）公司发布，这是美国第一个符合社会和环境标准的股票指数，面向投资者。KLD 评估企业在环境、多元化、员工关系、人权、社区关系以及产品质量和安全 7 个维度的内容[2]。GRI 是由美国非政府组织，由对环境负责经济体联盟（CERES）和联合国环境规划署联合倡议，于 1997 年成立，其目的在于提高可持续发展报告的质量、严谨度和实用性，并希望获得全球认同和采用。2002 年进行修订的 GRI《指南》从经济、环境和社会业绩三个角度（亦称“三重底线”）出发，其基本框架包括：远景构想与战略、概况、管治架构和管理体系、GRI 内容索引、业绩指标（经济业绩指标，环境业绩指标，社会业绩指标）[3]。

由于 DJSI 注重的是领先地位的公司，所以 DJSI 体系也格外注重评估对象在经营风险和危机管理政策方面的信息。KLD 是为机构投资人，投资信托人和经理具备专业知识的使用者服务的，使用者和用途的不同导致它与其他体系的差异[4]。Wilenius 认为 GRI 没有国内特性，即在合理使用之前需要为各公司自行地调整[5]。尽管 GRI 已确定为企业的责任提供关键平台和方法迈出了重要的一步，但就目前而言还未能提供精确、专业和清晰的细节平台。

国内目前比较有影响力的社会责任标准和评价体系有以下三个。其中《中国公司责任评价办法（草案）》由商务部跨国公司研究中心、社科院世界经济与政治研究所联合制定的，于 2006 年 2 月 16 正式发布，并向全社会征求意见。草案所界定的公司责任体系包括股东责任、社会责任和环境责任。公司社会责任首要是为公司利益相关者负责，包括公司员工、供应商、客户、社区等。环境责任则包括提高资源的利用率、减少排放、推进循环经济三个层面。

北京大学民营经济研究院 2006 年完成了《中国企业社会责任调查评价体系与标准》。该评价体系对企业的股东权益责任、社会经济责任、员工权益责任、法律责任、诚信经营责任、公益责任、环境保护责任等指标进行量化比较，已经通过了多轮专家论证和实践操作检验，在指标完备性、操作可执行性、检验结果等方面均得到认可。

纺织行业于 2005 年建立了中国纺织企业社会责任管理体系（China Social Compliance 9000 for Textile & Apparel Industry，CSC9000T），对纺织业中企业社会责任的要求做了较全面的规定，内容涉及管理体系、劳动合同、童工、强迫或强制劳动、工作时间、薪酬与福利、工会组织与集体谈判权、歧视、骚扰与虐待以及职业健康与安全。可以看出纺织业要求的社会责任侧重强调了员工权益方面的内容。

以上这些社会责任评价标准或体系（除了 CSC9000T 管理体系）共同的特点就是在设计和建立之初试图使标准或评价体系具有通用性，希望能被广泛采纳，因此在内容上比较注重完备性，这就导致对行业的特征不加区分，难以体现行业的责任特性。本研究与以上社会责任标准和评价体系的区别是，在参考了企业社会责任的基本评价框架的前提下，在考虑农药企业对利益相关者的企业社会责任的基础上，结合农药生产行业的特殊性，突出反映农药企业在履行社会责任上的针对性，具有强烈的行业特性。在指标体系的设计上我们充分考虑了农药产品生产、运输和使用上的特点以及产品生产和使用可能给环境带来的影响，选择有代表性的指标，尽可能地使指标体系的内容能反映农药企业履行社会责任的影响和结果。本研究的目的是建立符合国际惯例，考虑中国国情的面向农药企业的企业社会责任指标体系。

## 2　农药企业社会责任指标体系建立的原则

（1）科学合理性原则。指标与指标体系的设置与前述中农药企业社会责任内涵涉及的概念和范围要相一致。各指标要有明确的内涵，计算方法要简明、科学。

（2）行业针对性原则。由于该指标体系是针对农药这一特殊的企业，因此要充分合理地设计有针对性的指标。指标体系的设置与一般企业社会责任的指标体系有一定的区别。

（3）弱相关性原则。所选取的指标应相对独立，相互间的关联性弱，每个指标都应能够独立地说明某一方面的问题。也就是说各个指标之间的共线性不应太强。

（4）可操作性原则。尽管对企业社会责任的评价涉及许多定性的指标，但在指标设计时的选取上，所选取的指标应该是能够量化或者是能够予以定性分析的，对于过于模糊难以分析的指标应不以纳入。

（5）重要代表性原则。在对企业社会责任的表现进行评估时，不可能对企业的任何一项与之有关的活动进行衡量、记录并予以分析，因此，必须将能够基本上反映企业在履行社会义务与责任的一些关键指标纳入评估指标体系，应尽可能全方位地反映企业在履行社会责任后所形成的结果。

## 3　农药企业社会责任指标体系

农药企业社会责任评价指标体系由总目标、一级目标和二级指标3个层次构成，每个一级目标用若干个具体指标来反映，具体指标的全体构成了指标层，于是形成了具有递阶层次结构的评价指标体系（图1）。

### 3.1　农药企业社会责任指标体系一级目标

（1）经济效益。利润最大化不是企业追求的唯一目标，但经济责任则是企业的基本责任之一。农药企业创造出良好的经济效益是企业得以生存和持续发展的关键以及承担社会责任的基础。

（2）创新能力。21世纪新农药的开发和应用都取决于企业的创新能力，创新不仅能给农药企业带来超额的利润和持续盈利也是企业竞争力的集中体现。同时符合环境、健康和安全的产品创新能力的提高，有利于整个社会的可持续发展。

（3）产品质量。为社会和消费者提供品质保证，防治有效的农药产品是企业的职责。产品质量的高低直接影响市场的销售和消费者满意度，进而对企业的品牌、声誉也有影响。

（4）售后服务。由于农药产品的毒性特点使得产品的售后服务尤为重要。为消费者提供安全的用药示范和指导，帮助消费者合理用药提高对自身健康和周围环境的保护也是企业应尽的超越法律层面的社会责任。

（5）环境保护。充分利用能源，清洁生产，做到生产中“三废”达标排放下的减量排放，减少对环境的负面影响是农药企业很重要也很艰巨的责任。

（6）劳工权益。农药企业员工的健康与安全、发展与培训以及机会均等方面的权益都可反映出企业对员工的关注度和对其权益的保护。

（7）社区关系。农药企业与所在社区和谐共处能反映出企业通过各种形式的沟通和交流，与社区利益相关者建立的公开信任和理解的机制。

（8）慈善公益。企业在力所能及的情况下，积极参与社会公益和慈善活动。体现了利他层面的社会责任。

### 3.2　农药企业社会责任指标体系二级指标

农药企业社会责任指标体系中二级指标包括26个，现分别将各项指标释义如下（表1）。

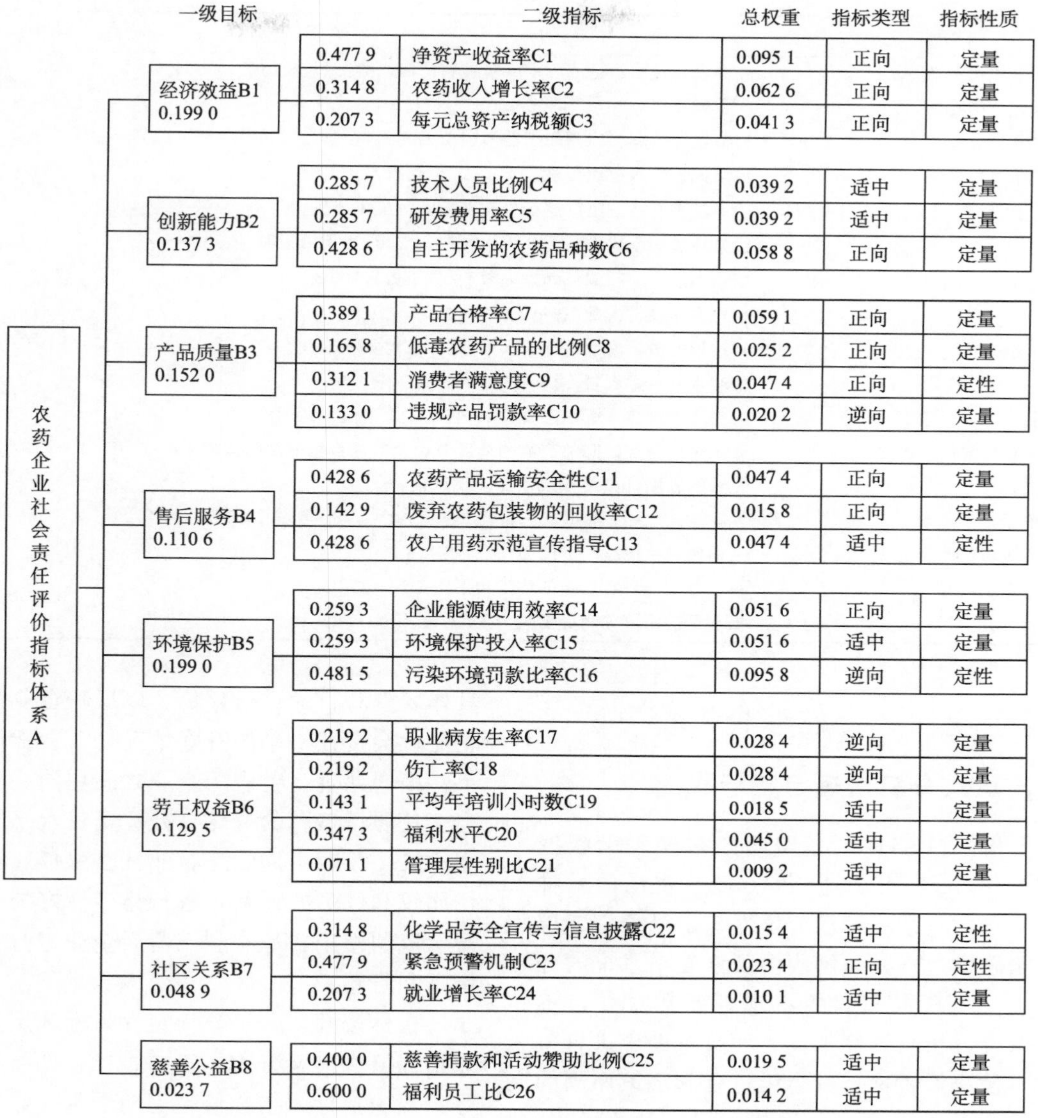

农药企业社会责任评价指标体系A

| 一级目标 | 权重 | 二级指标 | | 总权重 | 指标类型 | 指标性质 |
|---|---|---|---|---|---|---|
| 经济效益B1 | 0.199 0 | 0.477 9 | 净资产收益率C1 | 0.095 1 | 正向 | 定量 |
| | | 0.314 8 | 农药收入增长率C2 | 0.062 6 | 正向 | 定量 |
| | | 0.207 3 | 每元总资产纳税额C3 | 0.041 3 | 正向 | 定量 |
| 创新能力B2 | 0.137 3 | 0.285 7 | 技术人员比例C4 | 0.039 2 | 适中 | 定量 |
| | | 0.285 7 | 研发费用率C5 | 0.039 2 | 适中 | 定量 |
| | | 0.428 6 | 自主开发的农药品种数C6 | 0.058 8 | 正向 | 定量 |
| 产品质量B3 | 0.152 0 | 0.389 1 | 产品合格率C7 | 0.059 1 | 正向 | 定量 |
| | | 0.165 8 | 低毒农药产品的比例C8 | 0.025 2 | 正向 | 定量 |
| | | 0.312 1 | 消费者满意度C9 | 0.047 4 | 正向 | 定性 |
| | | 0.133 0 | 违规产品罚款率C10 | 0.020 2 | 逆向 | 定量 |
| 售后服务B4 | 0.110 6 | 0.428 6 | 农药产品运输安全性C11 | 0.047 4 | 正向 | 定量 |
| | | 0.142 9 | 废弃农药包装物的回收率C12 | 0.015 8 | 正向 | 定量 |
| | | 0.428 6 | 农户用药示范宣传指导C13 | 0.047 4 | 适中 | 定性 |
| 环境保护B5 | 0.199 0 | 0.259 3 | 企业能源使用效率C14 | 0.051 6 | 正向 | 定量 |
| | | 0.259 3 | 环境保护投入率C15 | 0.051 6 | 适中 | 定量 |
| | | 0.481 5 | 污染环境罚款比率C16 | 0.095 8 | 逆向 | 定性 |
| 劳工权益B6 | 0.129 5 | 0.219 2 | 职业病发生率C17 | 0.028 4 | 逆向 | 定量 |
| | | 0.219 2 | 伤亡率C18 | 0.028 4 | 逆向 | 定量 |
| | | 0.143 1 | 平均年培训小时数C19 | 0.018 5 | 适中 | 定量 |
| | | 0.347 3 | 福利水平C20 | 0.045 0 | 适中 | 定量 |
| | | 0.071 1 | 管理层性别比C21 | 0.009 2 | 适中 | 定量 |
| 社区关系B7 | 0.048 9 | 0.314 8 | 化学品安全宣传与信息披露C22 | 0.015 4 | 适中 | 定性 |
| | | 0.477 9 | 紧急预警机制C23 | 0.023 4 | 正向 | 定性 |
| | | 0.207 3 | 就业增长率C24 | 0.010 1 | 适中 | 定量 |
| 慈善公益B8 | 0.023 7 | 0.400 0 | 慈善捐款和活动赞助比例C25 | 0.019 5 | 适中 | 定量 |
| | | 0.600 0 | 福利员工比C26 | 0.014 2 | 适中 | 定量 |

图1 农药企业社会责任综合评价指标体系

**表1 农药企业社会责任指标体系二级指标及释义**

| 二级指标 | 指标释义 |
|---|---|
| 净资产收益率 | 净资产收益率充分体现了投资者投入企业的自有资本获取净收益的能力，突出反映了投资与报酬的关系<br>净资产收益率=净利润/平均净资产×100% |
| 农药收入增长率 | 农药收入增长率=农药收入增长额/上期农药收入×100% |
| 每元总资产纳税额 | 每元总资产纳税额=税收总额/企业总资产×100% |
| 技术人员比例 | 技术人员比例=技术人员/总员工数×100% |
| 研发费用率 | 研发费用率=研发费用支出/销售收入总额×100% |
| 自主开发的农药品种数 | 个数统计/年 |
| 产品合格率 | 产品合格率=合格产品数/总产品数×100% |
| 低毒农药产品的比例 | 低毒农药产品的比例=低毒农药产量/总产量×100% |
| 消费者满意度 | 问卷调查 |
| 违规产品罚款率 | 违规产品罚款=违规产品罚款数/当年销售额×100% |
| 农药产品运输安全性 | (1-运输事故数/年运输次数)×100% |

续表

| 二级指标 | 指标释义 |
|---|---|
| 废弃农药包装物的回收率 | 废弃农药包装物的回收率＝包装物的回收数/总包装物数×100％ |
| 农户用药示范宣传指导 | 次数统计/年 |
| 企业能源使用效率 | 能源使用效率＝当期用于能源消费的费用/企业当期总销售额×100％ |
| 环境保护投入率 | 环境保护投入率＝环境保护投入/总投入×100％ |
| 污染环境罚款比率 | 企业是否有“三废”超标排放及重大污染事故发生<br>污染环境罚款比率＝因环境问题罚款支出/当年销售额×100％ |
| 职业病发生率 | 职业病发生率＝职业病发病数/总员工数×100％ |
| 伤亡率 | 伤亡率＝伤亡人数/总员工数×100％ |
| 平均年培训小时数 | 年培训时数＝参加培训总人数/培训总时数 |
| 福利水平 | 福利水平＝福利费/总费用×100％ |
| 管理层性别比 | 管理层性别比＝管理层女性数/管理层总人数×100％ |
| 化学品安全宣传与信息披露 | 体现企业与社区间的交流和社区对企业的危险化学品的知情权次数/年 |
| 紧急预警机制 | 完善的程度，可用专家评估 |
| 就业增长率 | 就业增长率＝（本年末企业员工总数/上年末企业员工总数－1）×100％ |
| 慈善捐款和活动赞助比例 | 捐助比例＝捐款和赞助额/税前收入×100％ |
| 福利员工比率 | 福利员工指身有残疾的员工和下岗工人<br>福利员工比＝福利员工数/总员工数×100％ |

# 4 农药企业社会责任综合评价方法

## 4.1 采用层次分析法确定指标权重

层次分析法（AHP）是美国匹兹堡大学教授萨迪（A. L. Saaty）于20世纪70年代提出的一种系统分析方法，它是一种综合定性与定量分析，模拟人的决策思维过程，以解决多因素复杂系统的分析方法[6,7]。AHP将人们的主观判断数学化，不仅简化了系统分析与计算工作，而且有助于进行一致性检验，使决策者保持其思维过程和决策原则的一致性。该方法的步骤是：①建立层次结构模型；②构造各层次判断矩阵；③根据判断矩阵计算被比较元素对于该准则的相对权重；④进行一致性检验，若检验系数符合要求，则进行步骤⑤；若未能通过一致性检验，转步骤②，重新构造判断矩阵；⑤归一化处理得出权重向量。其中，判断矩阵的标度法有十多种，本文采用“10/10～18/2”标度[8]（表2）。

表2 “10/10～18/2”标度

| 标度 | 10/10 | 12/8 | 14/6 | 16/4 | 18/2 | (9＋$k$)/(11－$k$) |
|---|---|---|---|---|---|---|
| 区分 | 相同 | 稍微大 | 明显大 | 强烈大 | 极端大 | 通式 |

## 4.2 单指标评价值及综合评价值的计算

对农药企业社会责任进行综合评价，可以采用纵向和横向评价两种方式，所谓纵向评价是对同一农药企业在若干年中企业社会责任的形成、发展的具体表现和行为进行评价，以反映企业的若干年中企业社会责任水平的升降情况，社会责任履行的效果；横向评价为各农药企业之间在同一时间段中社会责任履行情况的好坏、社会责任水平高低的评价和比较。可对不同农药企业社会责任履行的情况进行比较和优劣的评判，进行排名。好的企业可以进行示范的作用，也有利于落后企业进行社会责任的调整和赶超。

指标按性质分可分为定性指标和定量指标；按照指标值取向又分为：正向指标，即指标值越大越好；适中指标，指标值越趋向于某一数值越好；逆向指标，即指标值越小越好（图1）。不同类型的指标在计算和处理上各不相同，综合评价时首先必须将指标值进行标准化处理。

### 4.2.1 纵向评价对比

（1）单指标评价值的计算：设评价年份数为$m$，评价指标数为$n$。以$C_j^{(k)}$表示第$k$年第$j$个指标的实际评价值，其中，$k=1, 2, \cdots, m$；$1\leqslant j\leqslant n$。若$C_j^{(k)}$为定量指标，用$D_j^{(k)}$表示第$k$年第$j$个指标评价值，则有：

对于正向指标：$D_j^{(k)}=C_j^{(k)}/\max\limits_{1\leqslant k\leqslant m}\{C_j^{(k)}\}$，

对于适中指标：

$$D_j^{(k)}=\begin{cases}C_j^{(k)}/X_0, & C_j^{(k)}\leqslant X_0\text{ 时}\\ X_0/C_j^{(k)}, & C_j^{(k)}\leqslant X_0\text{ 时}\end{cases}$$

其中，$X_0$表示适中值，可以是均值$(1/i)\sum_{j=0}^{i}B_j^{(k)}$

或为某个指定的数值。

对于逆向指标：$D_j^{(k)}=\max_{1\leqslant k\leqslant m}\{C_j^{(k)}\}/C_j^{(k)}$。

若指标 $C_j^{(k)}$ 为定性指标，采用企业自评或专家评分法来估测。如果企业自评，则可直接取值；若采用专家评分，设有 $M$ 个专家，第 $t$ 个专家估测出评价值为 $S_t[C_j^{(k)}]$，则：

$$D_j^{(k)}=(1/M)\sum_{t=1}^{M}S_t[C_j^{(k)}]$$

（2）第 $k$ 年该农药企业社会责任综合评价值：$E_k=100\times\sum_{j=1}^{n}[D_j^{(k)}\times W_j]$，$k=1$，2，…，$m$。其中 $E_k$ 表示第 $k$ 年企业社会责任的评价值，$W_j$ 为第 $j$ 个指标权重。

4.2.2 横向评价对比

（1）单指标评价值的计算：有 $m$ 个参评农药企业，评价的指标数为 $n$。以 $C_{sj}$ 表示第 $s$ 个企业、第 $j$ 个指标的指标值，其中，$s=1$，2，…，$m$；$1\leqslant j\leqslant n$。

对于定量指标，先对指标实际值进行标准化。本研究采用极差正规化方法；

若 $C_{sj}$ 为正向指标，$C_{sj}$ 表示第 $S$ 个农药企业的第 $j$ 个指标评定系数；$C_{sj}$ 极差正规化后：

$$C_{sj}=(C_{sj}-C_{j\min})/(C_{j\max}-C_{j\min})$$

若 $C_{sj}$ 为适中指标，$C_{sj}$ 极差正规化后：

$$C_{sj}=\begin{cases}(C_{j\max}-C_{sj})/(C_{j\max}-X_{0j}), & C_{sj}\geqslant X_{0j}\text{ 时}\\(C_{sj}-C_{j\min})/(X_{0j}-C_{j\min}), & C_{sj}\leqslant X_{0j}\text{ 时}\end{cases}$$

若 $C_{sj}$ 为逆向指标，$C_{sj}$ 极差正规化后：

$$D_{sj}=(C_{j\max}-C_{sj})/(C_{j\max}-C_{j\min})$$

其中，$C_{j\min}=\min_{1\leqslant s\leqslant m}C_{sj}$，$C_{j\max}=\max_{1\leqslant s\leqslant m}C_{sj}$，$X_{0j}$ 为第 $j$ 适中指标的适中值，$1\leqslant j\leqslant n$。

对于定性指标，通过专家评分法进行打分，以打分结果的平均值为指标值进行极差正规化。

（2）各农药企业社会责任的综合评价值：$E_t=100\times\sum_{j=1}^{n}(w_jD_{tj})$，$t=1$，2，…，$m$。其中，$E_t$ 表示第 $t$ 个农药企业社会责任评价值，$w_j$ 为第 $j$ 个指标的权重。

## 参考文献


[1] 王林萍，林奇英，谢联辉．化工企业的社会责任探讨．商业时代，2006，10：84-86

[2] Domini Standards. http://www.csr.org.cn/User/User_Chk-Login.asp，2003

[3] 全球报告倡议组织(GRI)．可持续发展报告指南，2002

[4] 田书军．基于GRI体系的浙江上市公司社会责任信息披露研究．杭州：浙江大学出版社，2006

[5] Wilenius M. Towards the age of corporate responsibility? Emerging challenges for the business world. Futures，2005，(37)：133-150

[6] 许树柏．层次分析原理．天津：天津大学出版社，1988，41-76

[7] 王莲芬，许树柏．层次分析法引论．北京：中国人民大学出版社，1990

[8] 徐泽水．关于层次分析中几种标度的模拟评估．系统工程理论与实践，2002，7：58-62

# 中国农业面源污染的制度根源及其控制对策

杨小山[1]，刘建成[2]，林奇英[1]

（1 福建农林大学植物病毒研究所，福建福州　350002；
2 福建省科技厅社会发展处，福建福州　350003）

**摘　要：** 中国是一个水资源短缺的国家，随着人口的迅速膨胀、经济物质生活的高速增长、集约化农业的迅速普及，化肥、农药等威胁水源安全的农业生产投入品的大量或过量使用以及畜禽养殖业的排污，许多河流、湖泊、近海受到严重污染。由此农业面源污染问题摆上了议事日程。本文分析了中国农业面源污染概况，然后从市场失灵和政府失灵两方面探讨了中国农业面源污染的制度根源，最后分别从转变指导思想、完善法律法规、优化管理体制、调控宏观经济政策以及加强支持保障系统五个方面提出控制农业面源污染的建议。

**关键词：** 农业面源污染；制度根源；市场失灵；政府失灵

**中图分类号：** F323.22　**文献标识码：** A　**文章编号：** 1671-8402（2008）03-0025-04

水是人类生存必不可少的重要物质，现代医学发现人的疾病80%与水有关，当被污染的动植物食品和饮水进入人体后，就可能使人体患癌症或其他疾病[1]。水环境受到污染严重影响人类的健康。2005年，巢湖、滇池、太湖流域的总氮和总磷负荷来自农业面源污染的TN、TP和COD分别占60%～70%、50%～60%和30%～40%，北京密云水库、天津于桥水库、云南洱海、上海淀山湖等水域，农业面源污染比例均超过其他污染[2]。这些严峻的形势引起党中央的重视，“防治农药、化肥和农膜等面源污染，加强规模化养殖场污染控制”被写进《中华人民共和国国民经济和社会发展第十一个五年规划纲要》。胡锦涛总书记在十七大中提出要“建设生态文明，基本形成节约能源资源和保护生态环境的产业结构、增长方式、消费模式”。农业面源污染控制对农村生态环境保护、全面建设小康社会以及生态文明建设都具有重要意义。农业面源污染根源于科技落后和制度失灵。科学技术的进步会促进环境质量的改善，科技落后或科技滥用会导致污染的加重。然而在既定的科学技术水平下，不同的制度安排会影响农业面源污染的轻重。本文从市场失灵和政府失灵两方面探讨农业面源污染的制度根源，以期为制定控制农业面源污染的对策奠定理论基础。

## 1　中国农业面源污染概况

农业面源污染是指由农业生产活动引起的、时空上（沉淀物、化肥、农药、盐分、病菌等）在各种应力作用下以低浓度、大范围的形式缓慢地在土壤圈内运动并且从土壤圈向水圈、大气圈扩散，对大气、水、土壤造成的污染[3]。农业面源污染具有随机性强、分布范围广，形成机制复杂、潜伏周期长等特点，致使农业面源污染的控制难度较大。

### 1.1　化肥、农药的过量使用是农业面源污染的核心问题

改革开放以来，为促进农业生产，中国采取了一系列政策鼓励化肥、农药的使用。然而随着化肥、农药的大量使用，其边际生产率已经很小，有些地区甚至成为负值，严重影响农产品的质量安全，污染生态环境。据1996年进行的区域调查统计，稻、麦的氮肥利用率只有27%，这不仅造成了氮肥的极大浪费和损失，也出现了肥效报酬递减现象[2]。Widawsky等分别使用农药价值量、农药数量与农药有效成分对我国东部地区农药的生产弹

性进行计算，得出杀虫剂的生产弹性仅为0.002～0.007；杀菌剂的生产弹性为－0.048～－0.031，单从经济效益的角度足以判断农药的使用是过量的，如果再考虑其外部成本，则可认定农药的使用是过量的[4]。化肥、农药不仅已过量使用，其造成的污染在某些地区已经超过工业排污。丁华等运用不同类型有机物理论化学耗氧量的数学计算模型，分别计算了大连市化肥农药流失和工业废水排放对海域的污染影响，结果认为大连市化肥农药流失对海域污染物COD的污染贡献率远远大于工业废水排放的COD贡献率[5]。因此，化肥、农药的过量使用是农业面源污染的核心问题，需要重点控制。

### 1.2 农村畜禽养殖排污是农业面源污染的主要来源

随着畜禽养殖业的大力发展，农村畜禽养殖排污成为农业面源污染的主要来源。仅在1999年中国畜禽粪便产生量约为19亿吨，而各工业行业每年产生的工业固体废物为7.8亿吨，畜禽粪便产生量是工业固体废弃物的2.4倍，而且畜禽粪便含有极其庞杂的有机污染物，仅COD含量就达7118万吨，远远超过工业废水与生活废水COD排放量之和[2]。由此可见，农村畜禽养殖排污已成为农业面源污染的主要来源，随着近几年畜禽养殖业规模的不断扩大，农村畜禽养殖排污更为严重。虽然国家环保总局在2001年发布了《畜禽养殖业污染防治管理办法》，对畜禽养殖造成水污染和固体废弃物污染问题进行了强制性的管理要求，并联合国家质检总局颁布了《畜禽养殖污染物排放标准》，但由于畜禽养殖排污设施成本较高，致使很多养殖场仍然违标排污。

### 1.3 农膜残留是农业面源污染的重要来源

尽管农膜残留对环境具有显著副作用，但由于农膜的增产、增效等作用，近几年的使用面积仍在不断扩大。如表1所示，2005年的农膜使用总量比1996年增加了74.38%，地膜使用量和地膜使用面积也有大幅度地增加，而且这十年间的地膜负荷均在70kg/hm² 左右[6]。因此，农膜残留也成为农业面源污染的重要来源，大量的农膜残留不仅改变土壤特性，影响植物生长，降低农产品的产量和品质，而且农膜分解后产生的有毒物质对土壤、大气、水体造成直接危害，严重阻碍农业的可持续发展。

表1 1996～2005年农膜使用量[6]

| 年份 | 农膜使用总量/t | 地膜使用量/t | 地膜使用面积/$hm^2$ | 地膜负荷/($kg/hm^2$) |
|---|---|---|---|---|
| 1996 | 1010633 | 562494 | 7449016 | 75.51 |
| 1997 | 1161532 | 625746 | 9149623 | 68.39 |
| 1998 | 1200673 | 688377 | 9673915 | 71.16 |
| 1999 | 1258674 | 693618 | 10114642 | 68.58 |
| 2000 | 1335446 | 722497 | 10624829 | 68.00 |
| 2001 | 1449286 | 780911 | 10960669 | 71.25 |
| 2002 | 1539484 | 839716 | 11701092 | 71.76 |
| 2003 | 1591670 | 855165 | 11966873 | 71.46 |
| 2004 | 1679985 | 931481 | 13063148 | 71.31 |
| 2005 | 1762325 | 959459 | 13518377 | 70.97 |

## 2 中国农业面源污染的制度根源

农业面源污染的严重性要求我们深入探究其本质原因。农业面源污染的控制不仅需要调整农业面源污染控制链条中某个部分的管理错位或缺位，而且需要对整个农业面源污染控制体系进行调整、优化。做到这些，必须站在更加宏观、更能把握全局的角度深入分析问题。农业面源污染的制度根源探析将为我们揭开农业面源污染更深层次的面纱。制度根源主要可从市场失灵和政府失灵两方面来分析。

### 2.1 市场失灵

#### 2.1.1 农业面源污染主体的有限理性

农业面源污染的主体主要包括农户、畜禽养殖者。尽管新古典经济学家假设经济主体是完全理性的，但是现实生活中并非如此。经济主体在各种经济活动中不断追求自身利益最大化，具备个体理性，但是很难实现集体理性，往往达不到帕累托最优状态。畜禽养殖者为追求自身利益最大化，向环境中排污，导致周围环境受到污染，周围居民的福利严重受损；农户为提高农产品产量，实现自身利益最大化，加大化肥、农药的使用，使周围水域TN、TP过高，农产品农药残留超标，严重危害周围居民和消费者的利益，致使经济主体的个体理性偏离社会的整体理性。

#### 2.1.2 农业面源污染信息的不对称性

市场难以在农业面源污染控制方面起作用的一个重要原因是污染信息的不对称。首先是污染信息分布不均匀。如畜禽养殖者对其排污状况更为了解，而其他相关主体如周围受污染的居民、所在区域的环保部门由于畜禽养殖户的分散以及监控成本过高，对其具体情况了解较少。其次是污染信息的间隔性，可包括隔时性和隔地性。如农户过量施用或不合理使用化肥、农药导致河流、湖泊受到污染，然而污染问题的显现时间与农户施肥、施药的时间存在一定差距，使公众与环保部门难以确定是哪些农户造成的污染。同时，农业面源污染物具有流动性和不可鉴别性，此地的污染可能会转移到其他周围地区，因此对污染行为和污染主体的判断造成困难。

#### 2.1.3　农业面源污染的负外部性

农业面源污染为典型的“外部不经济”。畜禽养殖者排放的不经处理或处理不达标的污染物对周围环境产生污染，化肥、农药、农膜的大量使用对土壤、水环境、大气、农产品也带来严重污染，导致农产品品质下降、生物多样性降低，甚至危及人畜健康。但中国的制度安排并未对此采取措施或所采取的措施力度不够，难以发挥作用。总之，农业面源污染者的私人成本小于社会成本，但污染者并不承担或少承担超过私人成本的那部分成本，因此造成严重的负外部效应。

#### 2.1.4　农业面源污染控制的公共物品属性

经济学中将具有非排他性、不可分割性、无偿性和强制性的物品称为公共物品。农业面源污染控制需要政府重新协调各相关个体与个体之间，个体与群体之间以及群体与群体之间的利益关系，建立相应的制度安排，对环境利益分配机制、环境义务以及损害赔偿机制进行固化，同样具有强制性、非排他性、不可分割性和无偿性，因此也属于公共物品。但在执行过程中，各污染主体都尽可能逃避环境成本的承担，可能会出现“搭便车”现象。

#### 2.1.5　生态环境资源市场的不成熟性

如果可以界定明确的产权，则会减少生态环境资源的过度使用，利于环境保护。如中国农村土地承包期的延长，使农户在使用土地资源时注意土地资源的保护和可持续利用，在农业面源污染控制方面起到积极的作用。随着土地产权承包期的延长，农户会考虑使用有机肥、农药残留较低的农药，这些都将利于环境的保护。然而生态环境资源中，土地比较容易界定产权，但水、空气等较难界定产权，致使农业面源污染控制难度较大。

### 2.2　政府失灵

#### 2.2.1　政府农业面源污染控制政策的滞后性

政府制定一项政策往往要经过讨论、决策、执行三个阶段，由于政府机构的庞大与复杂性，政策出台具有滞后性，难以跟上经济发展和管理的需要，农业面源污染控制政策亦是如此。中国目前农业面源污染控制相关的法律法规主要有的《中华人民共和国环境保护法》、《海洋污染防治法》、《水污染防治法》、《固体废弃物污染防治法》、《肥料登记管理办法》、《畜禽养殖业污染防治管理办法》、《畜禽养殖污染物排放标准》、《农药管理条例》、《农药管理条例实施办法》、《中华人民共和国农业法》，随着农业面源污染的不断加重，这些法律法规已较难适应管理的需要。

#### 2.2.2　政府制定农业面源污染控制政策的信息不完全性

政府在制定农业面源污染控制政策时，需要收集大量信息，并进行加工、处理、筛选，但是有限信息的加总并不等于完全充分的信息，因为信息对个人不足的，对政府同样也是不足的。另外较完善信息的获得需要较高的成本，因此政府很难掌握充分的信息。同时，政府在获取这些信息时往往要从基层政府向较高层政府传递，在信息传递过程中，由于某些官员的政治目的，造成信息的扭曲。因此高层决策者面临的这些客观因素让他们很难制定出完全符合社会、经济和环境保护发展需要的农业面源污染控制政策。

#### 2.2.3　农业面源污染控制对象的寻租行为

西方经济学定义的“寻租”活动指为获得和维持垄断地位从而得到垄断利润（亦即垄断租金）的活动[2]。在农业面源污染控制中也存在寻租活动。如某些畜禽养殖户向周围排污超标，当地环境保护局根据排污标准对其进行罚款，由于受污染的人较多且散，且反污染的成本较高，而每个受污染者都有“搭便车”的心理，致使污染者有机可乘，通过向某些官员进行寻租活动，以较低的寻租成本免除较高的罚款，最后致使污染的外部成本转嫁给受污染者。

#### 2.2.4　政府不合理干预市场造成价格扭曲

政府不合理干预市场可能会造成市场价格的扭曲，造成资源配置低效。尤其是改革开放以来，中国对化肥、农药实行补贴鼓励农民的增产积极性，但是这些却导致农民大量甚至过量使用化肥、农药。如农药的某些优惠政策：①经营环节中的优惠，1994年1月1日至1997年12月31日对农药生产企业免征增值税，对经营中所需的流动资金实行专项安排，优先保证；②进口贸易中的优惠，如中央和地方进口统配农药所需配套人民币资金，银行优先给予支持，中央计划进口的农药，继续减免关税和低关税/产品税不收保证金[4]。这些优惠政策实质上间接对农药进行补贴，都将降低农药的生产成本，致使农药的价格偏低，从而鼓励农药的生产与过量使用。

#### 2.2.5 地方保护主义问题的存在

地方保护主义问题的存在也造成政府失灵。有些地方政府为大力发展经济忽视环境污染问题，即使出现了环境污染问题，但因其污染主体可能是政府业绩的重要来源，因此地方保护主义应运而生。在农业面源污染控制中同样存在着严重的地方保护主义。如某畜禽养殖企业是所在地区的重要纳税大户，但是对周围的河流、湖泊造成严重污染，环保部门对其进行惩罚，而某些政府官员为提高自己的业绩，并不执行或一直推迟执行环保部门的惩罚规定，以至于出现“大盖帽”不敌“保护伞”的现象。

## 3 农业面源污染控制的制度性建议

农业面源污染控制需要技术的支撑和制度安排的合理化，在既定的技术水平下，优化当前的制度安排，对于控制农业面源污染也具有重大意义。

### 3.1 转变指导思想

随着农业面源污染的加重，各级政府在制定农业政策的同时，应转变指导思想，由原先的只注重经济、社会效益转变为经济、社会、生态效益并重的轨道中来，尽快把财政补贴从支持化学化、产业化的农业转变为支持农户使用农家肥、绿色农药的绿色农业中来，对绿色农业采取补贴。

### 3.2 完善法律法规

由于农业面源污染的分散性、随机性等特点，各地政府应该根据各地的污染情况制定不同的针对本地区的区域性农业面源污染控制法律法规。

### 3.3 优化环境管理体制

目前，中国农业面源污染控制体制尚未理顺，尚未建立起完整的从中央到各级政府的农村环境保护工作体系，没有明确、统一的管理部门。环保部门偏重于环境执法的功能，对于农业面源污染缺乏有效的工作手段；农业部门主要关注农业与农村经济发展，往往存在生产发展与环境保护的角色冲突；地方注重工业经济发展、注重城市建设的观念还占据主导地位，农村基础设施建设特别是环境保护建设尚未列入政府工作的议事日程[2]。因此首先要理顺并完善农业面源污染控制相关的环境管理体制，明确规定农业面源污染控制的主管部门，同时建立起农业、环保、水土、国土等部门综合协调机制，提高管理效率、拓宽管理深度，从而减少地方保护主义和“搭便车”的行为。

### 3.4 调控宏观经济政策

农业面源污染控制相关宏观经济政策的合理调控，将会引导市场机制健康发展，资源配置效率提高，达到“帕累托最优”。农业面源污染控制可分为源头控制和末端控制。对于化肥、农药的污染由于其使用后污染效应较难鉴别，源头控制比较适用。由于农民是弱势群体，近几年党中央采取了一系列政策增加农民收入，向农民征收化肥、农药税可能会比较难以执行，但是可作为对比手段，对使用农家肥、绿色农药的农户实行补贴，而对使用大量化肥、高毒农药的农户象征性地征税，形成一定的反差，更能促进农户采用绿色农业模式。而畜禽养殖污染控制较适合采用末端控制，排污权交易、排污许可证制度以及“锦标赛”制度都可以作为畜禽养殖污染控制的有效手段。

### 3.5 加强支持保障系统

农业面源污染控制还需要政府加强支持保障系统。农业面源污染控制属于公共物品，环保设施建设是政府的重要职责，农业面源污染监测体系、农产品质量监测体系以及环保基础设施的建立是农业面源污染控制的基础。同时应建立起政策性融资为主、市场融资为辅的以政府主导、社会群体广泛参与的治污投融资机制。另外相关的配套激励政策也急需出台。环境友好型农业生产模式如绿色农业、有机农业模式由于其成本较高，导致市场竞争力较低，政府可出台一系列政策给予扶持。畜禽养殖业的治污成本较高，政府除补贴部分成本外，还可以通过银行政策，以无息或低息贷款的方式以促使畜禽养殖者治污。

## 参 考 文 献

[1] 赵章元. 人类疾病80%与水有关. 瞭望新闻周刊，2005，11：63
[2] 李远，王晓霞. 我国农业面源污染的环境管理：背景及演变. 环境保护，2005，4：23-27
[3] 刘丽，张仁慧，柴瑜. 西安市农业非点源污染控制. 干旱地区农业研究，2005，23(3)：209-212
[4] 张巨勇. 有害生物综合控制(IPM)的经济学分析. 北京：中国农业出版社，2004，127
[5] 丁华，翟红，孙明湖等. 大连市化肥农药流失入海量分析. 海洋环境科学，2006，3(3)：50-53
[6] 国家统计局农村社会经济调查司. 中国农村统计年鉴(1997—2006). 北京：中国统计出版社，2007
[7] 高鸿业. 西方经济学(微观部分). 北京：中国人民大学出版社，2000，374-380

# 附　　录

## 1. 教材与专著

[1] 林传光，曾士迈，褚菊澂，李学书，谢联辉. 植物免疫学. 北京：农业出版社，1961
[2] 梁训生，谢联辉. 植物病毒学. 北京：农业出版社，1994
[3] 谢联辉. 水稻病害. 北京：中国农业出版社，1997
[4] 谢联辉，林奇英，吴祖建. 植物病毒名称及其归属. 北京：中国农业出版社，1999
[5] 谢联辉. 水稻病毒：病理学与分子生物学. 福州：福建科学技术出版社，2001
[6] 谢联辉，林奇英. 植物病毒学（第二版）. 北京：中国农业出版社，2004
[7] 谢联辉. 普通植物病理学. 北京：科学出版社，2006
[8] 谢联辉. 植物病原病毒学. 北京：中国农业出版社，2008

## 2. 参编书目

[1] 谢联辉. 水稻病毒病测报方法. 农作物主要病虫测报办法. 农业部作物病虫测报总站. 北京：农业出版社，1981，27-39
[2] 谢联辉，林奇英. 我国水稻病毒病的发生和防治. 中国水稻病虫综合防治进展. 曾昭慧. 杭州：浙江科学技术出版社，1988，255-264
[3] 张学博，谢联辉. 甘蔗病害. 见：金善宝. 中国农业百科全书·农作物卷. 北京：农业出版社，1991，182-183
[4] 谢联辉，林奇英. 水稻病毒病. 见：方中达. 中国农业百科全书·植物病理学卷. 北京：农业出版社，1996，427-430
[5] 徐学荣，张巨勇，谢联辉. 见：汪同三、张守一、王崇举. 第十章可持续发展通道与预警，21世纪数量经济学. 重庆：重庆出版社，2005，69-80
[6] 孙恢鸿，沈瑛，许志刚，谢联辉，林含新. 水稻品种抗病性及其利用. 见：李振歧、商鸿生. 中国农作物抗病性及其利用. 北京：中国农业出版社，2005，263-327
[7] 陈启建，谢联辉. 植物病毒疫苗的研究与实践. 见：邱德文. 植物免疫与植物疫苗——研究与实践. 北京：科学出版社，2008，19-32
[8] 郭银汉. 对虾病毒病的诊断检测. 见：苏永全. 虾类的健康养殖. 北京：海洋出版社，1998，192-197
[9] 孙慧，吴祖建，林奇英，谢联辉. 大型真菌抗烟草花叶病毒（TMV）活性的初步筛选. 见：喻子牛. 微生物农药及其产业化. 北京：科学出版社，2000，199-206
[10] 蒋继宏，吴祖建，谢荔岩，谢联辉，林奇英. 双稠哌啶类生物碱的高效毛细管电泳分离. 见：喻子牛. 微生物农药及其产业化. 北京：科学出版社，2000，219-223

## 3. 论文目录

[1] 谢联辉，林德槛. 引起水稻瘟兜的一种细菌性病害——稿头瘟. 福建农业科技，1977，2：37-39
[2] 谢联辉，林奇英. 水稻黄矮病中长期预测简报. 农业科技简讯，1977，4：13-16
[3] 陈昭炫，谢联辉，林奇英，胡方平. 水稻类普矮病研究初报. 中国农业科学，1978，3：79-83
[4] 谢联辉，林奇英. 水稻黄矮病的流行预测和验证. 植物保护，1979，5（5）：33-37
[5] 谢联辉，陈昭炫，林奇英. 水稻簇矮病研究Ⅰ. 簇矮病——水稻上的一种新的病毒病. 植物病理学报，1979，9（2）：93-100
[6] 谢联辉，陈昭炫，林奇英. 水稻病毒病化学治疗试验初报. 病毒学集刊，1979，44-48
[7] 谢联辉，林奇英. 锯齿叶矮缩病在我国水稻上的发现. 植物病理学报，1980，10（1）：59-64
[8] 谢联辉. 水稻病毒病流行预测研究的几个问题. 福建农学院学报，1980，9（1）：43-50
[9] Xie Lianhui，Lin Qiying. Studies on bunchy stunt disease of rice，a new virus disease of rice plant. Chinese Science Bulletin，1980，25（9）：785-789
[10] Xie Lianhui，Lin Qiying. Rice ragged stunt disease，a new record of rice virus disease in China. Chinese Science Bulletin，1980，25（11）：960-963

[11] 谢联辉，林奇英. 水稻黄叶病和矮缩病流行预测研究. 福建农学院学报，1980，9 (2)：32-43
[12] 谢联辉，林奇英，黄金星. 水稻矮缩病的两个新特征. 植物保护，1981，7 (6)：14
[13] Xie LH，Lin QY，Guo JR. A new insect vector of *Rice dwarf virus*. Int Rice Res Newsl，1981，6 (5)：14
[14] 谢联辉，林奇英. 水稻品种对病毒病的抗性研究. 福建农学院学报，1982，11 (2)：15-18
[15] 谢联辉，林奇英. 水稻东格鲁病（球状病毒）在我国的发生. 福建农学院学报，1982，11 (3)：15-23
[16] 谢联辉，林奇英，郭景荣. 传带水稻矮缩病毒的二点黑尾叶蝉. 福建农业科技，1982，3：24，50
[17] 谢联辉，林奇英，朱其亮. 水稻簇矮病的研究Ⅱ. 病害的分布、损失、寄主和越冬. 植物病理学报，1982，12 (4)：16-20
[18] Xie LH，Lin QY. Properties and concentratations of *Rice bunchy stunt virus*. Int Rice Res Newsl，1982，7 (2)：6-7
[19] 谢联辉，林奇英. 水稻簇矮病的研究Ⅲ. 病毒的体外抗性及其在寄主体内的分布. 植物病理学报，1983，13 (3)：15-19
[20] 谢联辉，林奇英. 福建水稻病毒病的诊断鉴定及其综合治理意见. 福建农业科技，1983，5：26-27
[21] 林奇英，谢联辉，朱其亮. 水稻橙叶病的研究. 福建农学院学报，1983，12 (3)：195-201
[22] 谢联辉，林奇英，朱其亮，赖桂炳，陈南周，黄茂进，陈时明. 福建水稻东格鲁病发生和防治研究. 福建农学院学报，1983，12 (4)：275-284
[23] 谢联辉. 近年来我国新发现的水稻病毒病. 植物保护，1984，10 (3)：2-3
[24] 谢联辉，林奇英，刘万年. 福建甘薯丛枝病的病原体研究. 福建农学院学报，1984，13 (1)：85-88
[25] 谢联辉，林奇英，谢黎明，赖桂炳. 水稻簇矮病的研究Ⅳ. 病害的发生发展和防治试验. 植物病理学报，1984，14 (1)：33-38
[26] 林奇英，谢联辉，王桦. 水稻品种对东格鲁病及其介体昆虫的抗性研究. 福建农业科技，1984，4：34-35
[27] 林奇英，谢联辉，郭景荣. 光照和食料对黑尾叶蝉生长繁殖及其传播水稻东格鲁病能力的影响. 福建农学院学报，1984，13 (3)：193-199
[28] 谢联辉，林奇英，王少峰. 水稻锯齿叶矮缩病毒抗血清的制备及其应用. 植物病理学报，1984，14 (3)：147-151
[29] 谢联辉，林奇英. 我国水稻病毒病研究的进展. 中国农业科学，1984，6：58-65
[30] 林奇英，谢联辉，陈宇航，谢莉妍，郭景荣. 水稻齿矮病毒寄主范围的研究. 植物病理学报，1984，14 (4)：247-248 [研究简报]
[31] 林奇英，谢联辉. 水稻黄萎病的病原体研究. 福建农学院学报，1985，14 (2)：103-108
[32] 林奇英，谢联辉，谢莉妍. 水稻黄萎病的发生及其防治. 福建农业科技，1985，4：12-13
[33] 谢联辉，林奇英，曾鸿棋，汤坤元. 福建烟草病毒病病原鉴定初报. 福建农学院学报，1985，14 (2)：116 [研究简报]
[34] Xie LH. Research on rice virus diseases in China. Tropical Agriculture Research Series，1986，19：45-50
[35] 林奇英，谢联辉. 福建番茄病毒病的病原鉴定. 武夷科学，1986，6：275-278
[36] 林奇英，谢联辉，谢莉妍，陶卉. 烟草扁茎簇叶病的病原体. 中国农业科学，1986，3：92 [研究通讯]
[37] 林奇英，谢莉妍，谢联辉，黄白清. 甘薯丛枝病的化疗试验. 福建农业科技，1986，3：25
[38] 谢联辉，林奇英. 热带水稻和豆科作物病毒病国际讨论会简介. 病毒学杂志，1987，1：85-88
[39] 谢联辉，林奇英，黄如娟. 水仙病毒病原鉴定初报. 云南农业大学学报，1987，2：113 [研究简报]
[40] 谢联辉，林奇英，段永平. 我国水稻病毒病的回顾与前瞻. 病虫测报，1987，1：41
[41] 林奇英，谢联辉，黄如娟，谢莉妍. 烟草品种对病毒病的抗性鉴定. 中国烟草，1987，3：16-17
[42] 周仲驹，林奇英，谢联辉，王桦. 甘蔗褪绿线条病研究Ⅰ. 病名、症状、病情和传播. 福建农学院学报，1987，16 (2)：111-116
[43] 周仲驹，林奇英，谢联辉，彭时尧. 我国甘蔗白叶病的发生及其病原体的电镜观察. 福建农学院学报，1987，16 (2)：165-168
[44] 周仲驹，谢联辉，林奇英，蔡小汀，王桦. 福建蔗区甘蔗斐济病毒的鉴定. 病毒学报，1987，3 (3)：302-304
[45] 范永坚，周仲驹，林奇英，谢联辉，难波成任，山下修一，土居养二. 中国几种水稻病毒病超薄切片的电镜观察. 日本植物病理学会报，1987，53 (3)：24-25 [摘要]
[46] Duan YP，Hibino H. Improved method of purifying *Rice tungro spherical virus*. IRRN，1988，13 (5)：30-31
[47] Xie LH，Lin QY，Zhou ZJ，Song XG，Huang LJ. The pathogen of rice grassy stunt and its strains in China. 5th International Congress of Plant Pathology Abstracts of Papers，Kyoto，Japan，1988，383
[48] 陈宇航，周仲驹，林奇英，谢联辉. 甘蔗花叶病毒株系研究初报. 福建农学院学报，1988，17 (1)：44-48

[49] 谢联辉，林奇英，段永平．烟草花叶病的有效激抗剂的筛选．福建农学院学报，1988，17（4）：371-372

[50] 周仲驹，林奇英，谢联辉．甘蔗病毒病及其类似病害的研究现状及其进展．四川甘蔗，1988，2：28-34

[51] 林奇英，唐乐尘，谢联辉．水稻暂黄病流行预测与通径分析．福建农学院学报，1989，18（1）：37-41

[52] 林奇英，谢莉妍，谢联辉．百合扁茎簇叶病的病原体观察．植物病理学报，1989，19（2）：78 [研究简报]

[53] 周仲驹，黄如娟，林奇英，谢联辉，陈宇航．甘蔗花叶病的发生及甘蔗品种的抗性．福建农学院学报，1989，18（4）：520-525

[54] 彭时尧，周仲驹，林奇英，谢联辉．甘蔗叶片感染甘蔗花叶病毒后 ATPase 活性定位和超微结构变化．植物病理学报，1989，19（2）：69-73

[55] 谢联辉，林奇英．中国水仙病毒病的病原学研究．中国农业科学，1990，23（2）：89-90 [研究通讯]

[56] 谢联辉，郑祥洋，林奇英．水仙潜隐病毒病病原鉴定．云南农业大学学报，1990，5（1）：17-20

[57] 郑祥洋，林奇英，谢联辉．水仙上分离出的烟草脆裂病毒的鉴定．福建农学院学报，1990，19（1）：58-63

[58] 林奇英，谢联辉，周仲驹，谢莉妍，吴祖建．水稻条纹叶枯病的研究 Ⅰ．病害的分布和损失．福建农学院学报，1990，19（4）：421-425

[59] 周仲驹，林奇英，谢联辉．甘蔗花叶病毒株系研究现状．四川甘蔗，1990，3：1-7

[60] Lin Xing，Wang Youyi，Zhang Wenzhen，Xu Jinyui，Lin Qiying，Xie Lianhui. Amino acid component in protein of *Rice dwarf virus*（RDV） and laser Raman spectrum. ICLLS' 90，1990，452-454

[61] 林奇英，谢联辉，谢莉妍，周仲驹，宋秀高．水稻条纹叶枯病的研究 Ⅱ．病害的症状和传播．福建农学院学报，1991，20（1）：24-28

[62] 谢联辉，周仲驹，林奇英，宋秀高，谢莉妍．水稻条纹叶枯病的研究 Ⅲ．病害的病原性质．福建农学院学报，1991，20（2）：144-149

[63] 谢联辉，郑祥洋，林奇英．水仙病毒血清学研究 Ⅰ．水仙黄条病毒抗血清的制备及其应用．中国病毒学，1991，6（4）：344-348

[64] 林奇英，谢联辉，谢莉妍．水稻簇矮病毒的提纯及其性质．中国农业科学，1991，24（4）：52-57

[65] 王明霞，张谷曼，谢联辉．福建长汀小米椒病毒病的病原鉴定．福建农学院学报，1991，20（1）：34-40

[66] 周仲驹，施木田，林奇英，谢联辉．甘蔗花叶病在钾镁不同施用水平下对甘蔗产质的影响．植物保护学报，1991，18（3）：288 [研究简报]

[67] 周仲驹，林奇英，谢联辉，彭时尧．甘蔗褪绿线条病的研究 Ⅱ．病原形态及其所致甘蔗叶片的超微结构变化．福建农学院学报，1991，20（3）：276-280

[68] 唐乐尘，林奇英，谢联辉，吴祖建．植物病理学文献计算机检索系统研究．福建农学院学报，1991，20（3）：291-296

[69] 施木田，周仲驹，林奇英，谢联辉．受甘蔗花叶病毒侵染后甘蔗叶片及其叶绿体中 ATPase 活性的变化．福建农学院学报，1991，20（3）：357-360

[70] 周仲驹，林奇英，谢联辉．水稻东格鲁杆状病毒在我国的发生．植物病理学报，1992，22（1）：15-18

[71] 周仲驹，林奇英，谢联辉，彭时尧．水稻条纹叶枯病的研究 Ⅳ．病叶细胞的病理变化．福建农学院学报，1992，21（2）：157-162

[72] 周仲驹，谢联辉，林奇英，陈启建．香蕉束顶病的病原研究．福建省科协首届青年学术年会—中国科协首届青年学术年会卫星会议论文集．福州：福建科学技术出版社，1992，727-731

[73] Zhou ZJ，Xie LH，Lin QY. Epidemiology of *Banana bunchy top virus* in China's continent. 5th International Plant Virus Epidemiology Symposium，Virus，Vectors and the Environment，Valenzano（BARI），Italy，27-31 July，1992，149-150

[74] Xie LH，Lin QY，Wu ZJ. Diagnosis，monitoring and control strategy of rice virus diseases in China's continent. 5th International Plant Virus Epidemiology Symposium，Virus，Vectors and the Environment，Valenzano（BARI），Italy，27-31 July，1992，235-236

[75] 谢联辉．面向生产实际，开展病害研究．中国科学院院刊，1993，8（1）：61-62

[76] 胡翠凤，谢联辉，林奇英．激抗剂协调处理对烟草花叶病的防治效应．福建农学院学报，1993，22（2）：183-187

[77] 谢联辉．水稻病毒与检疫问题．植物检疫，1993，7（4）：305

[78] Lin QY，Xie LH，Chen ZX. *Rice bunchy stunt virus*，a new member of Phytoreovirus group. 6th International Congress of Plant Pathology Abstrcts of Papers，Montreal，Quebec，Canada（July 28-August 6，1993），1993，303

[79] Xie LH，Lin QY，Zheng XY，Wu ZJ. The pathogen identification of narcissus virus diseases in China. 6th International Congress of Plant Pathology Abstrcts of Papers，Montreal，Quebec，Canada（July 28-August 6，1993），1993，303

[80] Zhou ZJ, Xie LH, Lin QY, Chen QJ. A study on banana virus diseases in China. 6th International Congress of Plant Pathology Abstrcts of Papers, Montreal, Quebec, Canada (July 28-August 6, 1993), 1993, 303
[81] 谢联辉，林奇英，谢莉妍，赖桂炳. 水稻簇矮病的研究Ⅴ. 病害的年际变化. 植物病理学报，1993，23（3）：253-258
[82] 周仲驹，林奇英，谢联辉，陈启建，郑国璋，吴黄泉. 香蕉束顶病的研究Ⅰ. 病害的发生、流行与分布. 福建农学院学报，1993，22（3）：305-310
[83] 周仲驹，陈启建，林奇英，谢联辉. 香蕉束顶病的研究Ⅱ. 病害的症状、传播及其特性. 福建农学院学报，1993，22（4）：428-432
[84] Zhou Zhongju, Xie Lianhui, Lin Qiying. An introduction of studies on *Banana bunchy top virus* in Fujian, current banana research and development in China. Collected papers submitted to the 3rd Meeting of the INIBAP/ASPNET Regional Advisory Comittee and China and INIBAP/ASPNET RAC Meeting, September 6-9, SCAU, Guangzhou, China, 1993, 14-18
[85] 林奇英，谢联辉，谢莉妍. 水稻簇矮病的研究Ⅵ. 水稻种质对病毒的抗性评价. 植物病理学报，1993，23（4）：305-308
[86] Zhou ZJ, Xie LH. Status of banana diseases in China. Fruits, 1992, 47 (6): 715-721
[87] 林奇英，谢联辉，谢莉妍，吴祖建，周仲驹. 中菲两种水稻病毒病的比较研究Ⅱ. 水稻草状矮化病的病原学. 农业科学集刊，1993，1：203-206
[88] 林奇英，谢联辉，谢莉妍，王明锦. 中菲两种水稻病毒病的比较研究Ⅲ. 水稻草状矮化病毒的株系. 农业科学集刊，1993，1：207-210
[89] 林奇英，谢联辉，谢莉妍，林金嫩. 中菲两种水稻病毒病的比较研究Ⅳ. 水稻东格鲁病毒的株系. 农业科学集刊，1993，1：211-214
[90] 吴祖建，林奇英，谢联辉，谢莉妍，宋秀高. 中菲两种水稻病毒病的比较研究Ⅴ. 水稻种质对病毒及其介体的抗性. 福建农业大学学报，1993，23（1）：58-62
[91] 林奇英，谢联辉，谢莉妍，吴祖建. 烟草带毒种子及其脱毒处理. 福建烟草，1994，2：27-29
[92] 林奇英，谢联辉，谢莉妍，吴祖建，周仲驹. 中菲两种水稻病毒病的比较研究Ⅰ. 水稻东格鲁病的病原学. 中国农业科学，1994，27（2）：1-6
[93] 林奇英，谢联辉，谢荔石，林星，王由义. 水稻簇矮病的研究Ⅶ. 病毒的光谱特性. 植物病理学报，1994，24（1）：5-9
[94] Zhou ZJ, Peng SY, Xie LH. Cytochemical localization of ATPase and ultrastructural changes in the infected sugarcane leaves by mosaic virus. Current Trends in Sugarcane Pathology, 1994, 289-296
[95] 谢联辉，林奇英，吴祖建，周仲驹，段永平. 中国水稻病毒病的诊断，监测和防治对策. 福建农业大学学报，1994，23（3）：280-285
[96] 谢联辉，林奇英，谢莉妍，段永平，周仲驹，胡翠凤. 福建烟草病毒种群及其发生频率的研究. 中国烟草学报，1994，2（1）：25-32
[97] 吴祖建，林奇英，谢联辉. 农杆菌介导的病毒侵染方法在禾本科植物转化上研究进展. 福建农业大学学报，1994，23（4）：411-415
[98] 周仲驹，林奇英，谢联辉，陈启建. 香蕉束顶病的研究Ⅲ. 传毒介体香蕉交脉蚜的发生规律. 福建农业大学学报，1995，24（1）：32-38
[99] 徐平东，谢联辉. 黄瓜花叶病毒分子生物学研究进展. 山东大学学报（自然科学版），1995，29（增刊）：30-36
[100] 吴祖建，林奇英，李本金，张丽丽，谢联辉. 水稻品种对黄叶病的抗性鉴定. 上海农学院学报，1995，13（增刊）：58-64
[101] 吴祖建，林奇英，林奇田，肖银玉，谢联辉. 水稻矮缩病毒的提纯和抗血清制备. 福建省科协第二届青年学术年会-中国科协第二届青年学术年会卫星会议论文集. 福州：福建科学技术出版社，1995，600-604
[102] 谢莉妍，吴祖建，林奇英，谢联辉. 植物呼肠孤病毒的基因组结构和功能. 福建省科协第二届青年学术年会-中国科协第二届青年学术年会卫星会议论文集. 福州：福建科学技术出版社，1995，605-608
[103] 张广志，谢联辉. 香蕉束顶病毒的提纯. 福建省科协第二届青年学术年会—中国科协第二届青年学术年会卫星会议论文集. 福州：福建科学技术出版社，1995，609-612
[104] 林含新，吴祖建，林奇英，谢联辉. 应用 F (ab)$'_2$-ELISA 和单克隆抗体检测水稻条纹病毒. 福建省科协第二届青年学术年会—中国科协第二届青年学术年会卫星会议论文集. 福州：福建科学技术出版社，1995，613-616

[105] 鲁国东，黄大年，陶全洲，杨炜，谢联辉. 以 Cosmid 质粒为载体的稻瘟病菌转化体系的建立及病菌基因文库的构建. 中国水稻科学，1995，9（3）：156-160

[106] 吴祖建，谢联辉，大村敏博，石川浩一，日比启野行. 中国福建省产イネ萎缩ウイルス（RDV-F）と日本产普通系（RDV-O）の性状の比较. 日本植物病理学会报，1995，61（3）：272［摘要］

[107] 周仲驹，林奇英，谢联辉，徐平东. 香蕉束顶病株系的研究. 植物病理学报，1996，25（1）：63-68

[108] 周仲驹，林奇英，谢联辉，陈启建，吴祖建，黄国穗，蒋家富，郑国璋. 香蕉束顶病的研究Ⅳ. 病害的防治. 福建农业大学学报，1996，25（1）：44-49

[109] 林含新，谢联辉. RFLP 在植物类菌原体鉴定和分类中的应用. 微生物学通报，1996，23（2）：98-101

[110] 杨文定，吴祖建，王苏燕，刘伟平，叶寅，谢联辉，田波. 表达反义核酶 RNA 的转基因水稻对矮缩病毒复制和症状的抑制作用. 中国病毒学，1996，11（3）：277-283

[111] Xie Lianhui，Lin Qiyin，Xie Liyan，Chen Zhaoxuan. *Rice bunchy stunt virus*：a new member of *Phytoreoviruses*. Journal of Fujian Agricultural University，1996，25（3）：312-319

[112] 林含新，林奇英，谢联辉. 水仙病毒病及其研究进展. 植物检疫，1996，10（4）：227-229

[113] 徐平东，张广志，周仲驹，李梅，沈春奇，庄西卿，林奇英，谢联辉. 香蕉束顶病毒的提纯和血清学研究. 热带作物学报，1996，17（2）：42-46

[114] 王宗华，陈昭炫，谢联辉. 福建菌物资源研究与利用现状、问题及对策. 福建农业大学学报，1996，25（1）：446-449

[115] 李尉民，Roger Hull，张成良，谢联辉. RT-PCR 检测南方菜豆花叶病毒. 中国进出口动植检，1997，30（1）：28-30

[116] 徐平东，李梅，林奇英，谢联辉. 我国黄瓜花叶病毒及其病害研究进展. 见：刘仪. 植物病毒与病毒病防治研究. 北京：中国农业科学技术出版社，1997，13-22

[117] 李尉民，张成良，谢联辉. 植物病毒分类的历史、现状与展望. 见：刘仪. 植物病毒与病毒病防治研究. 北京：中国农业科学技术出版社，1997，131-137

[118] 周仲驹，谢联辉，林奇英，陈启建. 我国香蕉束顶病的流行趋势与控制对策. 见：刘仪. 植物病毒与病毒病防治研究. 北京：中国农业科学技术出版社，1997，161-167

[119] 林含新，吴祖建，林奇英，谢联辉. 水稻品种对水稻条纹病毒的抗性鉴定及其作用机制研究初报. 见：刘仪. 植物病毒与病毒病防治研究. 北京：中国农业科学技术出版社，1997，188-192

[120] 周仲驹，Liu H，Boulton MI，Davis JW，谢联辉. 玉米线条病毒 V1 基因产物的检测及其在大肠杆菌中的表达. 见：刘仪. 植物病毒与病毒病防治研究. 北京：中国农业科学技术出版社，1997，272-277

[121] 李尉民，Roger Hull，张成良，谢联辉. 南方菜豆花叶病毒菜豆株系在非寄主植物豇豆中的运动. 见：刘仪. 植物病毒与病毒病防治研究. 北京：中国农业科学技术出版社，1997，310-315

[122] 鲁国东，王宗华，谢联辉. 稻瘟病菌分子遗传学研究进展. 福建农业大学学报，1997，26（1）：56-63

[123] 徐平东，李梅，林奇英，谢联辉. 应用 A 蛋白夹心酶联免疫吸附法鉴定黄瓜花叶病毒血清组. 福建农业大学学报，1997，26（1）：64-69

[124] 徐平东，李梅，林奇英，谢联辉. 西番莲死顶病病原病毒鉴定. 热带作物学报，1997，18（2）：77-84

[125] 周仲驹，黄志宏，郑国璋，林奇英，谢联辉. 香蕉束顶病的研究Ⅴ. 病株的空间分布型及其抽样. 福建农业大学学报，1997，26（2）：177-181

[126] 鲁国东，黄大年，谢联辉. 稻瘟病菌的电击转化. 福建农业大学学报，1997，26（3）：298-302

[127] 王宗华，郑学勤，谢联辉，张学博，陈守仁，黄俊生. 稻瘟病菌生理小种 RAPD 分析及其与马唐瘟的差异. 热带作物学报，1997，18（2）：92-97

[128] 周仲驹，杨建设，陈启建，林奇英，谢联辉，刘国坤. 香蕉束顶病无公害抑制剂的筛选研究. 全国青年农业科学学术年报（A 卷）. 北京：中国农业科学技术出版社，1997，304-308

[129] 徐平东，谢联辉. 黄化丝状病毒属（*Closterovirus*）病毒及其分子生物学研究进展. 中国病毒学，1997，12（3）：193-202

[130] 林含新，林奇英，谢联辉. 水稻条纹病毒分子生物学研究进展. 中国病毒学，1997，12（3）：203-209

[131] Hu FP，Young JM，Triggs CM，Wilkie JP. Pathogenic relationships of subspecies of *Acidovorax avenae*. Australasian Plant Pathology，1997，26：227-238

[132] Hu FP，Young JM，Stead DE，Goto M. Transfer of *Pseudomonas cissicola*（Takimoto 1939）Burkholder 1984 to the *Genus Xanthomonas*. International Journal of Systematic Bacteriology，1997，47（1）：228-230

[133] Young JM，Garden I，Ren XZ，Hu FP. Genomic and phenotypic characterization of the bacterium causing bright of kiwifruit in New Zealand. Plant Pathology，1997，48：857-864
[134] 徐平东，李梅，林奇英，谢联辉. 黄瓜花叶病毒两亚组分离物寄主反应和血清学性质比较研究. 植物病理学报，1997，27 (4)：353-360
[135] 王宗华，鲁国东，谢联辉，单卫星，李振岐. 对植物病原真菌群体遗传研究范畴及其意义的认识. 植物病理学报，1998，28 (1)：5-9
[136] 周仲驹，徐平东，陈启建，林奇英，谢联辉. 香蕉束顶病毒的寄主及其在病害流行中的作用. 植物病理学报，1998，28 (1)：67-71
[137] 王宗华，王宝华，鲁国东，谢联辉. 稻瘟病菌侵入前发育的生物学及分子调控机制. 见：刘仪. 植物病理学研究. 北京：中国农业科学技术出版社，1998，65-69
[138] 周仲驹，谢联辉，林奇英，王桦. 我国甘蔗病毒及类似病害的发生、诊断和防治对策. 见：刘仪. 植物病理学研究. 北京：中国农业科学技术出版社，1998，40-43
[139] 徐平东，谢联辉. 黄瓜花叶病毒亚组研究进展. 福建农业大学学报，1998，27 (1)：82-91
[140] 陈启建，周仲驹，林奇英，谢联辉. 甘蔗花叶病毒的提纯及抗血清的制备. 甘蔗，1998，5 (1)：19-21
[141] 徐平东，沈春奇，林奇英，谢联辉. 黄瓜花叶病毒亚组Ⅰ和Ⅱ分离物的形态和理化性质研究. 见：刘仪. 植物病害研究与防治. 北京：中国农业科学技术出版社，1998，201-203
[142] 周叶方，胡方平，叶谊，谢联辉. 水稻细菌性条斑菌胞外产物的性状. 福建农业大学学报，1998，27 (2)：185-190
[143] 胡方平，方敦煌，Young John，谢联辉. 中国猕猴桃细菌性花腐病菌的鉴定. 植物病理学报，1998，28 (2)：175-181
[144] 李尉民，Roger Hull，张成良，谢联辉. 南方菜豆花叶病毒 (SBMV) 两典型株系特异 cDNA 和 RNA 探针的制备及应用. 植物病理学报，1998，28 (3)：243-248
[145] 林奇田，林含新，吴祖建，林奇英，谢联辉. 水稻条纹病毒外壳蛋白和病害特异蛋白在寄主体内的积累. 福建农业大学学报，1998，27 (3)：322-326
[146] 王宗华，鲁国东，赵志颖，王宝华，张学博，谢联辉，王艳丽，袁筱萍，沈瑛. 福建稻瘟病菌群体遗传结构及其变异规律. 中国农业科学，1998，31 (5)：7-12
[147] 鲁国东，王宗华，郑学勤，谢联辉. cDNA 文库和 PCR 技术相结合的方法克隆目的基因. 农业生物技术学报，1998，6 (3)：257-262
[148] 鲁国东，郑学勤，陈守才，谢联辉. 稻瘟病菌 3-磷酸甘油醛脱氢酶基因 (*gpd*) 的克隆及序列分析. 热带作物学报，1998，19 (4)：83-89
[149] Lu Guodong，Wang Zonghua，Xie Lianhui，Zheng Xueqin. Rapid cloning full-length cDNA of the glyceraldehyde-3-phosphate dehydrogenase gene (*gpd*) from *Magnaporthe grisea*. Journal of Zhejiang Agricultural University，1998，24 (5)：468-474
[150] Wang Zonghua，Lu Guodong，Wang Baohua，Zhao Zhiying，Xie Lianhui，Shen Ying，Zhu Lihuang. The homology and genetic lineage relationship of *Magnaporthe grisea* defined by POR6 and MGR586. Journal of Zhejiang Agricultural University，1998，24 (5)：481-486
[151] 林丽明，吴祖建，谢荔岩，林奇英，谢联辉. 水稻草矮病毒与品种抗性的互作. 福建农业大学学报，1998，27 (4)：444-448
[152] Hu FP，Young JM，Fletcher MJ. Preliminary description of biocidal (syringomycin) activity in fluorescent plant pathogenic *Pseudomonas* species. J Appl Microbiol，1998，85 (2)：365-371
[153] Hu FP，Young JM. Biocidal activity in plant pathogenic *Acidovorax*，*Burkholderia*，*Herbaspirillum*，*Ralstonia* and *Xanthomonas* spp. J Appl Microbiol，1998，84 (2)：263-271
[154] 王海河，谢联辉. 植物病毒 RNA 间重组的研究现状. 福建农业大学学报，1999，28 (1)：47-53
[155] 王海河，周仲驹，谢联辉. 花椰菜花叶病毒 (CaMV) 的基因表达调控. 微生物学杂志，1999，19 (1)：34-40
[156] 方敦煌，胡方平，谢联辉. 福建省建宁县中华猕猴桃细菌性花腐病的初步调查研究. 福建农业大学学报，1999，28 (1)：54-58
[157] 张春嵋，吴祖建，林奇英，谢联辉. 植物抗病基因的研究进展. 生物技术通报，1999，15 (1)：22-27
[158] 张春嵋，王建生，邵碧英，吴祖建，林奇英，谢联辉. 鳖病原细菌的分离鉴定及胞外产物的初步分析. 福建农业大学学报，1999，28 (1)：90-95

[159] 徐平东，李梅，林奇英，谢联辉. 侵染西番莲属（*Passiflora*）植物的五个黄瓜花叶病毒分离物的特性比较. 中国病毒学，1999，14（1）：73-79

[160] 刘利华，林奇英，谢华安，谢联辉. 病程相关蛋白与植物抗病性. 福建农业学报，1999，2（4）：53-56

[161] 徐平东，周仲驹，林奇英，谢联辉. 黄瓜花叶病毒亚组Ⅰ和Ⅱ分离物外壳蛋白基因的序列分析与比较. 病毒学报，1999，15（2）：164-171

[162] 林丽明，吴祖建，谢荔岩，林奇英，谢联辉. 水稻草矮病毒特异蛋白抗血清的制备及其应用. 植物病理学报，1999，29（2）：126-131

[163] Hu FP，Young JM，Jones DS. Evidence that bacterial blight of kiwifruit，caused by a *Pseudomonas* sp.，was introduced into New Zealand from China. J Phytopathology，1999，147：89-97

[164] Lin Hanxin，Lin Qitian，Wu Zujian，Lin Qiying，Xie Lianhui. Purification and serology of disease- specific protein of *Rice stripe virus*. Virologica Sinica，1999，14（3）：222-229

[165] Lin Hanxin，Wei Taiyuan，Wu Zujian，Lin Qiying，Xie Lianhui. Molecular variability in coat protein and disease-specific protein genes among seven isolates of *Rice stripe virus* in China. Abstracts for the Ⅺth International Congress of Virology. 1999. 8. Australia. Sydney：1999，235-236

[166] 张春嵋，吴祖建，林奇英，谢联辉. 纤细病毒属病毒的分子生物学研究进展. 福建农业大学学报，1999，28（4）：445-451

[167] Lin Hanxin，Lin Qitian，Wu Zujian，Lin Qiying，Xie Lianhui. Characterization of proteins and nucleic acid of *Rice stripe virus*. Virologca Sinica，1999，14（4）：333-352

[168] 郑耀通，林奇英，谢联辉. 水体环境的植物病毒及其生态效应. 中国病毒学，2000，15（1）：1-7

[169] 魏太云，林含新，吴祖建，林奇英，谢联辉. 应用 PCR-RFLP 及 PCR-SSCP 技术研究我国水稻条纹病毒 RNA4 基因间隔区的变异. 农业生物技术学报，2000，8（1）：41-44

[170] Guo Yinhan，Lin Shifa，Yang Xiaoqiang，Xie Lianhui. 对虾白斑病的流行病学. 中山大学学报（自然科学版），2000，39（增刊）：190-194

[171] 鲁国东，王宝华，赵志颖，郑学勤，谢联辉，王宗华. 福建稻瘟菌群体遗传多样性 RAPD 分析. 福建农业大学学报，2000，29（1）：54-59

[172] 郭银汉，林诗发，杨小强，谢联辉. 福州地区对虾暴发性白斑病的病原鉴定. 福建农业大学学报，2000，29（1）：90-94

[173] 魏太云，林含新，吴祖建，林奇英，谢联辉. 水稻条纹病毒两个分离物 RNA4 基因间隔区的序列比较. 中国病毒学，2000，15（2）：156-162

[174] 张春嵋，吴祖建，林奇英，谢联辉. 水稻草矮病毒核衣壳蛋白基因克隆及在大肠杆菌中的表达. 中国病毒学，2000，15（2）：200-203

[175] 王海河，蒋继宏，吴祖建，林奇英，谢联辉. 黄瓜花叶病毒 M 株系 RNA3 的变异分析及全长克隆的构建. 农业生物技术学报，2000，8（2）：180-185

[176] 魏太云，林含新，吴祖建，林奇英，谢联辉. PCR-SSCP 技术在植物病毒学上的应用. 福建农业大学学报，2000，29（2）：181-186

[177] 林尤剑，Rundell PA，谢联辉，Powell CA. 感染柑橘速衰病毒的墨西哥酸橙病株中病程相关蛋白的检测. 福建农业大学学报，2000，29（2）：187-192

[178] 王宝华，鲁国东，张学博，谢联辉，王宗华，袁筱萍，沈英. 福建省稻瘟菌的育性及其交配型. 福建农业大学学报，2000，29（2）：193-196

[179] 林尤剑，谢联辉，Rundell PA，Powell CA. 应用改进的多克隆抗体 Western blot 技术研究柑橘速衰病毒蛋白（英文）. 植物病理学报，2000，30（3）：250-256

[180] 李利君，周仲驹，谢联辉. 利用斑点杂交法和 RT-PCR 技术检测甘蔗花叶病毒. 福建农业大学学报，2000，29（3）：342-345

[181] Lin Youjian，Rundell PA，Xie Lianhui，Powell CA. *In situ* immunoassay for detection of *Citrus tristeza virus*. Plant Disease，2000，84（9）：937-940

[182] Han Shengcheng，Wu Zujian，Yang Huaiyi，Wang Rong，Yie Yin，Xie Lianhui，Tien Po. Ribozyme-mediated resistance to *Rice dwarf virus* and the transgene silencing in the progeny of transgenic rice plants. Transgenic Research，2000，9（2）：195-203

[183] 郭银汉，林诗发，杨小强，张诚，谢联辉. 福州地区对虾白斑病病毒的超微结构. 中国病毒学，2000，15（3）：277-284

[184] 于群，魏太云，林含新，吴祖建，林奇英，谢联辉. 水稻条纹病毒北京双桥（RSV-SQ）分离物 RNA4 片段序列分析. 农业生物技术学报，2000，8（3）：225-228

[185] 刘利华，吴祖建，林奇英，谢联辉. 水稻条纹叶枯病细胞病理变化的观察. 植物病理学报，2000，30（4）：306-311

[186] 张春嵋，林奇英，谢联辉. 水稻草矮病毒血清学和分子检测方法的比较. 中国病毒学，2000，15（4）：361-366

[187] 林含新，林奇田，魏太云，吴祖建，林奇英，谢联辉. 水稻品种对水稻条纹病毒及其介体灰飞虱的抗性鉴定. 福建农业大学学报，2000，29（4）：453-458

[188] 吴刚，吴祖建，谢联辉. 水稻东格鲁病研究进展. 福建农业大学学报，2000，29（4）：459-464

[189] Wang Haihe，Xie Lianhui，Lin Qiying，Xu Pingdong. Complete nucleotide sequences of RNA3 from *Cucumber mosaic virus*（CMV）isolates PE and XB and their transcription *in vitro*. The 1st Asian Conference on Plant Pathology. Beijing：China Agricultural Scientech Press，2000，104

[190] Zhang Chunmei，Lin Qiying，Xie Lianhui. Construction of plant expression vector containing nucleocapsid protein genes of *Rice grassy stunt virus* and transformation of rice. The 1st Asian Conference on Plant Pathology. Beijing：China Agricultural Scientech Press，2000，124

[191] 林含新，魏太云，吴祖建，林奇英，谢联辉. 我国水稻条纹病毒一个强致病性分离物的 RNA4 序列测定与分析. 微生物学报，2001，41（1）：25-30

[192] 林含新，魏太云，吴祖建，林奇英，谢联辉. 水稻条纹病毒外壳蛋白基因和病害特异性蛋白基因的克隆和序列分析. 福建农业大学学报，2001，30（1）：53-58

[193] 林尤剑，谢联辉，Powell CA. 橘蚜传播柑橘衰退病毒的研究进展. 福建农业大学学报，2001，30（1）：59-66

[194] 王海河，林奇英，谢联辉，吴祖建. 黄瓜花叶病毒三个毒株对烟草细胞内防御酶系统及细胞膜通透性的影响. 植物病理学报，2001，31（1）：43-49

[195] 李利君，周仲驹，谢联辉. 甘蔗花叶病毒 3′端基因的克隆及外壳蛋白序列分析比较. 中国病毒学，2001，16（1）：45-50

[196] 张春嵋，谢荔岩，林奇英，谢联辉. 水稻草矮病毒 *NS6* 基因在大肠杆菌中的表达及植物表达载体的构建. 病毒学报，2001，17（1）：90-92

[197] 孙慧，吴祖建，谢联辉，林奇英. 杨树菇（*Agrocybe aegetita*）中一种抑制 TMV 侵染的蛋白质纯化及部分特征. 生物化学与生物物理学报，2001，33（3）：351-354

[198] 林含新，魏太云，吴祖建，林奇英，谢联辉. 应用 PCR-SSCP 技术快速检测我国水稻条纹病毒的分子变异. 中国病毒学，2001，16（2）：166-169

[199] 魏太云，林含新，吴祖建，林奇英，谢联辉. 水稻条纹病毒 RNA4 基因间隔区的分子变异. 病毒学报，2001，17（2）：144-149，203

[200] 王海河，谢联辉，林奇英. 黄瓜花叶病毒西番莲分离物 RNA3 的 cDNA 全长克隆及序列分析. 福建农业大学学报，2001，30（2）：191-198

[201] 吴丽萍，吴祖建. 农杆菌介导的遗传转化在花生上的应用及前景. 福建农业科技，2001，2：16-18

[202] 谢联辉，魏太云，林含新，吴祖建，林奇英. 水稻条纹病毒的分子生物学. 福建农业大学学报，2001，30（3）：269-279

[203] 邵碧英，吴祖建，林奇英，谢联辉. 烟草花叶病毒弱毒株的筛选及其交互保护作用. 福建农业大学学报，2001，30（3）：297-303

[204] 王海河，谢联辉，林奇英. 黄瓜花叶病毒香蕉株系（CMV-Xb）RNA3 cDNA 的克隆和序列分析. 中国病毒学，2001，16（3）：217-221

[205] 王盛，吴祖建，林奇英，谢联辉. 甘薯羽状斑驳病毒研究进展. 福建农业大学学报，2001，30（增刊）：2-9

[206] 林芩，吴祖建，林奇英，谢联辉. 甘薯脱毒研究进展. 福建农业大学学报，2001，30（增刊）：10-14

[207] 邵碧英，吴祖建，林奇英，谢联辉. 烟草花叶病毒弱毒株的致弱机理及交互保护作用机理. 福建农业大学学报，2001，30（增刊）：19-28

[208] 郑杰，吴祖建，周仲驹，林奇英，谢联辉. 香蕉束顶病毒研究进展. 福建农业大学学报，2001，30（增刊）：32-38

[209] 张铮，吴祖建，谢联辉. 植物细胞程序性死亡. 福建农业大学学报，2001，30（增刊）：45-53

[210] 方芳，吴祖建. 类病毒的分子结构及其复制. 福建农业大学学报，2001，30（增刊）：61-66

[211] 林芩，吴祖建，林奇英，谢联辉. 甘薯分生组织培养配方的筛选. 福建农业大学学报，2001，30（增刊）：81-83
[212] 明艳林，吴祖建，谢联辉. 水稻条纹病毒 CP、SP 进入叶绿体与褪绿症状的关系. 福建农业大学学报，2001，30（增刊）：147（简报）
[213] 魏太云，林含新，吴祖建，林奇英，谢联辉. 寄主植物与昆虫介体中水稻条纹病毒的检测. 福建农业大学学报，2001，30（增刊）：165-170
[214] 吴兴泉，吴祖建，谢联辉，林奇英. 核酸斑点杂交检测马铃薯 X 病毒. 福建农业大学学报，2001，30（增刊）：191-193
[215] 林毅，张文增，林奇英. 13 种（科）植物种蛋白质提取物的抗 TMV 活性. 福建农业大学学报，2001，30（增刊）：211-212
[216] 林毅，吴祖建，林奇英，谢联辉. 核糖体失活蛋白及其对植物病毒病的控制. 福建农业大学学报，2001，30（增刊）：222-227
[217] 欧阳迪莎，谢联辉，施祖美，吴祖建. 植物病害与持续农业. 福建农业大学学报（社会科学版），2001，4（增刊）：5-9
[218] 张春嵋，吴祖建，林丽明，林奇英，谢联辉. 水稻草状矮化病毒沙县分离株基因组第六片断的序列分析. 植物病理学报，2001，31（4）：301-305
[219] 魏太云，林含新，谢联辉. PCR-SSCP 分析条件的优化. 福建农业大学学报（自然科学版），2002，31（1）：22-25
[220] 沈建国，翟梅枝，林奇英，谢联辉. 我国植物源农药研究进展. 福建农业大学学报（自然科学版），2002，31（1）：26-31
[221] 付鸣佳，吴祖建，林奇英，谢联辉. 美洲商陆抗病毒蛋白研究进展. 生物技术通讯，2002，13（1）：66-71
[222] 林琳，何志勇，杨冠珍，谢联辉，吴松刚，吴祥甫. 人胎盘 TRAIL 基因的克隆和在大肠杆菌中的表达. 药物生物技术，2002，9（1）：12-15
[223] 邵碧英，吴祖建，林奇英，谢联辉. 烟草花叶病毒强、弱毒株对烟草植株的影响. 中国烟草科学，2002，1：43-46
[224] 林琳，谢必峰，杨冠珍，施巧琴，林奇英，谢联辉，吴松刚，吴祥甫. 扩展青霉 PF898 碱性脂肪 cDNA 的克隆及序列分析. 中国生物化学与分子生物学报，2002，18（1）：32-37
[225] 翟梅枝，沈建国，林奇英，谢联辉. 中药生物碱成分的毛细管电泳分析. 西北林学院学报，2002，17（1）：55-59
[226] 林含新，魏太云，吴祖建，林奇英，谢联辉. 我国水稻条纹病毒 7 个分离物的致病性和化学特性比较. 福建农林大学学报（自然科学版），2002，31（2）：164-167
[227] 金凤媚，林丽明，吴祖建，林奇英. 纤细病毒属病毒病害特异蛋白的研究进展. 福建农业大学学报，2002，17（1）：26-28
[228] 孙慧，吴祖建，林奇英，谢联辉. 小分子植物病毒抑制物质研究进展. 福建农林大学学报（自然科学版），2002，31（3）：311-316
[229] 吴兴泉，吴祖建，谢联辉，林奇英. 马铃薯 S 病毒外壳蛋白基因的克隆与原核表达. 中国病毒学，2002，17（3）：248-251
[230] 付鸣佳，吴祖建，林奇英，谢联辉. 榆黄蘑中一种抗病毒蛋白的纯化及其抗 TMV 和 HBV 的活性. 中国病毒学，2002，17（4）：350-353
[231] 王盛，吴祖建，林奇英，谢联辉. 珊瑚藻藻红蛋白分离纯化技术及光谱学特性. 福建农林大学学报（自然科学版），2002，31（4）：495-499
[232] 付鸣佳，林健清，吴祖建，林奇英，谢联辉. 杏鲍菇抗烟草花叶病毒蛋白的筛选. 微生物学报，2003，43（1）：29-34
[233] 魏太云，林含新，谢联辉. 酵母双杂交系统在植物病毒学上的应用. 福建农林大学学报（自然科学版），2003，32（1）：50-54
[234] 徐学荣，吴祖建，林奇英，谢联辉. 不同类型土壤作物混合种植布局优化模型. 农业系统科学与综合研究，2003，19（1）：63-65
[235] 魏太云，王辉，林含新，吴祖建，林奇英，谢联辉. 我国水稻条纹病毒 RNA3 片断序列分析——纤细病毒属重配的又一证据. 生物化学与生物物理学报，2003，35（1）：97-102
[236] 刘国坤，谢联辉，林奇英，吴祖建. 介体线虫传播植物病毒专化性的研究进展. 福建农林大学学报（自然科学版），2003，32（1）：55-61
[237] 林丽明，吴祖建，林奇英，谢联辉. 水稻草矮病毒基因组 vRNA3 *NS3* 基因的克隆、序列分析. 农业生物技术学报，2003，11（2）：187-191
[238] 徐学荣，吴祖建，张巨勇，谢联辉. 可持续发展通道及预警研究. 数学的实践与认识，2003，33（2）：31-35

[239] 刘国坤，谢联辉，林奇英，吴祖建，陈启建. 15种植物的单宁提取物对烟草花叶病毒（TMV）的抑制作用. 植物病理学报，2003，33（3）：279-283

[240] 刘国坤，吴祖建，谢联辉，林奇英，陈启建. 植物单宁对烟草花叶病毒的抑制活性. 福建农林大学学报（自然科学版），2003，32（3），292-295

[241] 陈启建，刘国坤，吴祖建，林奇英，谢联辉. 三叶鬼针草中黄酮甙对烟草花叶病毒的抑制作用. 福建农林大学学报（自然科学版），2003，32（2）：184-191

[242] 翟梅枝，李晓明，林奇英，谢联辉. 核桃叶抑菌成分的提取及其抑菌活性. 西北林学院学报，2003，18（4）：89-91

[243] 魏太云，林含新，吴祖建，林奇英，谢联辉. 我国水稻条纹病毒种群遗传结构初步分析. 植物病理学报，2003，33（3）：284-285

[244] 魏太云，林含新，吴祖建，林奇英，谢联辉. 水稻条纹病毒 *NS2* 基因遗传多样性分析. 中国生物化学与分子生物学报，2003，19（5）：600-605

[245] 魏太云，林含新，吴祖建，林奇英，谢联辉. Comparison of the RNA2 segments between Chinese isolates and Japanese isolates of *Rice stripe virus*. 中国病毒学，2003，18（4）：381-386

[246] 魏太云，林含新，吴祖建，林奇英，谢联辉. 水稻条纹病毒 RNA4 基因间隔区序列分析——混合侵染及基因组重组证据. 微生物学报，2003，43（5）：577-585

[247] 翟梅枝，杨秀萍，林奇英，谢联辉，刘路. 核桃叶提取物对杨毒蛾生物活性的研究. 西北林学院学报，2003，18（2）：65-67

[248] 顾晓军. 谢联辉. 21世纪我国农药发展的若干思考. 世界科技研究与发展，2003，25（2）：13-20

[249] 徐学荣，俞明，蔡艺，谢联辉. 福建生态省建设的评价指标体系初探. 农业系统科学与综合研究，2003，19（2）：89-92

[250] 徐学荣，林奇英，施祖美，谢联辉. 科学组织农药使用确保生态环境安全. 农业现代化研究，2003，24（增刊）：127-129

[251] 林琳，施巧琴，郭小玲，吴松刚，吴祥甫，谢联辉. 扩展青霉碱性脂肪酶的纯化及N端氨基酸序列分析. 厦门大学学报（自然科学版），2003，30（5）：600-604

[252] 邵碧英，吴祖建，林奇英，谢联辉. 烟草花叶病毒及其弱毒株基因组的 cDNA 克隆和序列分析. 植物病理学报，2003，33（4）：296-301

[253] 林光美，侯长红. 太子参生产质量管理规范（GAP）的初步探讨. 福建农林大学学报（哲学社会科学版），2003，6（2）：51-54

[254] 林丽明，张春嵋，谢荔岩，吴祖建，谢联辉. 农杆菌介导的水稻草矮病毒 *NS6* 基因的转化. 福建农林大学学报（自然科学版），2003，32（3）：288-291

[255] 明艳林，李梅，郑国华，吴祖建. RT-PCR 检测齿兰环斑病毒技术的建立. 福建农林大学学报（自然科学版），2003，32（3）：345-347

[256] 邵碧英，吴祖建，林奇英，谢联辉. 烟草花叶病毒复制酶介导抗性的研究进展. 生物技术通讯，2003，14（5）：416-418

[257] 徐学荣，姜培红，林奇英，施祖美，谢联辉. 整合农药企业与资源利用效率问题的博弈分析. 运筹与管理，2003，12（5）：81-84

[258] 谢联辉. 21世纪我国植物保护问题的若干思考. 中国农业科技导报，2003，27（5）：5-7

[259] 刘振宇，林奇英，谢联辉. 环境相容性农药发展的必然性和可能途径. 世界科技研究与发展，2003，5：11-16

[260] 林毅，陈国强，吴祖建，林奇英，谢联辉. 绞股蓝抗 TMV 蛋白的分离及编码基因的序列分析. 农业生物技术学报，2003，11（4）：365-369

[261] 林毅，林奇英，谢联辉. 绞股蓝核糖体失活蛋白的分离、克隆与表达. 分子植物育种，2003，1（5/6）：759-761

[262] 林毅，吴祖建，谢联辉，林奇英. 抗病虫基因新资源：绞股蓝核糖体失活蛋白基因. 分子植物育种，2003，1（5/6）：763-765

[263] 欧阳迪莎，施祖美，吴祖建，林卿，徐学荣，谢联辉. 植物病害与粮食安全. 农业环境与发展，2003，6：24-26

[264] 林毅，陈国强，吴祖建，谢联辉，林奇英. 利用核糖体失活蛋白控制植物病虫害. 云南农业大学学报，2003，18（4）：52-56

[265] 林毅，陈国强，吴祖建，谢联辉，林奇英. 绞股蓝核糖体失活蛋白的信号肽和上游非编码区. 云南农业大学学报，2003，18（4）：63-66

[266] 魏太云，林含新，谢联辉. 植物病毒分子群体遗传学研究进展. 福建农林大学学报（自然科学版），2003，32（4）：453-457

[267] 吴丽萍，吴祖建，林奇英，谢联辉. 毛头鬼伞（*Coprinus comatus*）中一种碱性蛋白的纯化及其活性. 微生物学报，2003，43（6）：793-798

[268] 吴兴泉，陈士华，吴祖建，林奇英，谢联辉. 马铃薯A病毒CP基因的克隆与序列分析. 植物保护，2003，29（5）：25-28

[269] 孙慧，吴祖建，林奇英，谢联辉. 小分子植物病毒抑制物质研究进展. 福建农林大学学报（自然科学版），2003，32（3）：311-316

[270] 姜培红，徐学荣，谢联辉. 县级植保站绩效综合评价. 福建农林大学学报（哲学社会科学版），2003，6（增刊）：85-88

[271] 王盛，钟伏弟，吴祖建，谢联辉，林奇英. 抗病虫基因新资源：海洋绿藻孔石莼凝集素基因. 分子植物育种，2004，2（1）：153-155

[272] 王盛，钟伏弟，吴祖建，林奇英，谢联辉. 一种新的藻红蛋白的亚基组成分析. 福建农林大学学报（自然科学版），2004，33（1）：68-71

[273] 刘振宇，吴祖建，林奇英，谢联辉. 羊栖菜多酚氧化酶特性. 福建农林大学学报（自然科学版），2004，33（1）：56-59

[274] 林丽明，吴祖建，林奇英，谢联辉. 农杆菌介导获得转水稻草矮病毒 *NS3* 基因水稻植株. 福建农林大学学报（自然科学版），2004，33（1）：60-63

[275] Wang Sheng，Zhong Fu-di，Zhang Yong-jiang，Wu Zu-jian，Lin Qi-ying，Xie Lian-hui. Molecular characterization of a new lectin from the marine alga *Ulva pertusa*. Acta Biochimica et Biophysica Sincia，2004，36（2）：111-117

[276] 林毅，陈国强，吴祖建，林奇英，谢联辉. 快速获得葫芦科核糖体失活蛋白新基因. 农业生物技术学报，2004，12（1）：8-12

[277] 陈宁，吴祖建，林奇英，谢联辉. 灰树花中一种抗烟草花叶病毒蛋白质的纯化及其性质. 生物化学与生物物理进展，2004，31（3）：283-286

[278] 程兆榜，杨荣明，周益军，范永坚，谢联辉. 关于水稻条纹叶枯病防治策略的思考. 江苏农业科学，2003，（增刊）：3-5

[279] 魏太云，林含新，吴祖建，林奇英，谢联辉. 水稻条纹病毒中国分离物和日本分离物RNA1片断序列比较. 植物病理学报，2004，34（2）：141-145

[280] 金凤媚，林丽明，吴祖建，林奇英. 转RGSV-SP基因水稻植株的再生. 中国病毒学，2004，19（2）：146-148

[281] 郑耀通，林奇英，谢联辉. 天然砂与修饰砂对病毒的吸附与去除. 中国病毒学，2004，19（2）：163-167

[282] 徐学荣，林奇英，谢联辉. 绿色食品生产经营中的风险及其管理. 农业系统科学与综合研究，2004，20（2）：103-106

[283] 徐学荣，欧阳迪莎，林奇英，施祖美，谢联辉. 农产品的价格和需求对无公害植保技术使用的影响. 农业系统科学与综合研究，2004，20（1）：16-19

[284] 王盛，钟伏弟，吴祖建，林奇英，谢联辉. R-藻红蛋白免疫荧光探针标记方法的探索. 福建农林大学学报（自然科学版），2004，33（2）：206-209

[285] 欧阳迪莎，徐学荣，林卿，谢联辉. 优化有害生物管理，提升我国农产品竞争力. 中国农业科技导报，2004，6（3）：54-56

[286] 魏太云，林含新，吴祖建，林奇英，谢联辉. 中国水稻条纹病毒两个亚种群代表性分离物全基因组核苷酸序列分析. 中国农业科学，2004，37（6）：846-850

[287] 林丽明，吴祖建，金凤媚，谢荔岩，谢联辉. 水稻草矮病毒在水稻原生质体中的表达. 微生物学报，2004，44（4）：530-532

[288] 欧阳迪莎，徐学荣，林卿，谢联辉. 农作物有害生物化学防治的外部性思考. 农业现代化研究，2004，25（增刊）：78-80

[289] 王盛，钟伏弟，吴祖建，林奇英，谢联辉. 珊瑚藻R-藻红蛋白 *repA* 和 *repB* 基因全长cDNA克隆与序列分析. 中国生物化学与分子生物学报，2004，20（4）：428-433

[290] 郑耀通，林奇英，谢联辉. TMV在不同水体与温度条件下的灭活动力学. 中国病毒学，2004，19（4）：315-319

[291] 祝雯，林志铿，吴祖建，林奇英，谢联辉. 河蚬中活性蛋白CFp-a的分离纯化及其活性. 中国水产科学，2004，11

(4)：349-353

[292] 林毅，吴祖建，谢联辉，林奇英. 绞股蓝 RIP 基因双子叶植物表达载体的构建及其对烟草叶盘的转化. 江西农业大学学报，2004，26 (4)：589-592

[293] 林毅，陈国强，吴祖建，谢联辉，林奇英. C 端缺失和完整的绞股蓝核糖体失活蛋白在大肠杆菌中的表达. 江西农业大学学报，2004，26 (4)：593-595

[294] 翟梅枝，高芳銮，沈建国，林奇英，谢联辉. 抗 TMV 的植物筛选及提取条件对抗病毒物质活性的影响. 西北农林科技大学学报，2004，32 (7)：45-49

[295] 刘国坤，陈启建，吴祖建，林奇英，谢联辉. 13 种植物提取物对烟草花叶病毒的活性. 福建农林大学学报（自然科学版），2004，33 (3)：295-299

[296] 陈启建，刘国坤，吴祖建，谢联辉，林奇英. 26 种植物提取物抗烟草花叶病毒的活性. 福建农林大学学报（自然科学版），2004，33 (3)：300-303

[297] 吴兴泉，陈士华，魏广彪，吴祖建，谢联辉. 福建马铃薯 A 病毒的分子鉴定及检测技术. 农业生物技术学报，2004，12 (1)：90-95

[298] 周莉娟，郑伟文，谢联辉. *gfp/luxAB* 双标记载体在抗线虫菌株 BC2000 中的转化及表达检测. 农业生物技术学报，2004，12 (5)：573-577

[299] Wang Sheng，Zhong Fu-di，Wu Zu-jian Lin Qi-ying，Xie Lian-hui. Cloning and sequencing the γsubunit of R-phycoerythrin from *Corallina officinalis*. Acta Botanica Sinica，2004，46 (10)：1135-1140

[300] Lin Li-ming，Wu Zu-jian，Xie Lian-hui，Lin Qi-ying. Gene cloning and expression of the *NS3* gene of *Rice grassy stunt virus* and its antiserum preparation. Chinese Journal of Agriculture Biotechnology，2004，1 (1)：49-54

[301] 吴丽萍，吴祖建，林奇英，谢联辉. 一种食用菌提取物 y3 对烟草花叶病毒的钝化作用及其机制. 中国病毒学，2004，19 (1)：54-57

[302] 郑耀通，林奇英，谢联辉. $PV_1$、B. fp 在不同水样及温度条件下的灭活动力学. 应用与环境生物学报，2004，10 (6)：794-797

[303] 王盛，钟伏弟，吴祖建，林奇英，谢联辉. 珊瑚藻藻红蛋白 α 亚基脱辅基蛋白基因克隆与序列分析. 农业生物技术学报，2004，12 (6)：733-734

[304] 沈建国，谢荔岩，翟梅枝，林奇英，谢联辉. 杨梅叶提取物抗烟草花叶病毒活性及其化学成分初步研究. 福建农林大学学报（自然科学版），2004，33 (4)：441-443

[305] 杨小山，欧阳迪莎，徐学荣，吴祖建，金德凌. 可持续植保对消除绿色壁垒的可行性分析及对策. 福建农林大学学报（社会哲学版），2005，8 (1)：65-68

[306] 沈建国，谢荔岩，张正坤，谢联辉，林奇英. 一种植物提取物对 CMV、$PVY^N$ 及其昆虫介体的作用. 中国农学通报，2005，21 (5)：341-343

[307] 付鸣佳，谢荔岩，吴祖建，林奇英，谢联辉. 抗病毒蛋白抑制植物病毒的应用前景. 生命科学研究，2005，9 (1)：1-5

[308] 林毅，谢荔岩，陈国强，吴祖建，谢联辉，林奇英. 绞股蓝核糖体失活蛋白家族编码基因的 5 个 cDNA 及其下游非编码区. 植物学通报，2005，22 (2)：163-168

[309] 付鸣佳，吴祖建，林奇英，谢联辉. 金针菇中蛋白质含量的变化和其中一个蛋白质的生物活性. 应用与环境生物学报，2005，11 (1)：40-44

[310] 刘振宇，谢荔岩，吴祖建，林奇英，谢联辉. 孔石莼质体蓝素氨基酸序列分析和分子进化. 分子植物育种，2005，3 (2)：203-208

[311] 刘振宇，谢荔岩，吴祖建，林奇英，谢联辉. 孔石莼（*Ulva pertusa*）中一种抗 TMV 活性蛋白的纯化及其特性. 植物病理学报，2005，35 (3)：256-261

[312] 陈启建，刘国坤，吴祖建，谢联辉，林奇英. 大蒜精油对烟草花叶病毒的抑制作用. 福建农林大学学报（自然科学版），2005，34 (1)：30-33

[313] 连玲丽，吴祖建，段永平，谢联辉. 线虫寄生菌巴斯德杆菌的生物多样性研究进展，福建农林大学学报（自然科学版），2005，34 (1)：37-42

[314] 欧阳迪莎，何敦春，王庆，林卿，谢联辉. 农业保险与可持续植保. 福建农林大学学报（哲学社会学科版），2005，8 (2)：26-29

[315] 林白雪，黄志强，谢联辉. 海洋细菌活性物质的研究进展. 微生物学报，2005，45 (4)：657-660

[316] 吴兴泉，陈士华，魏广彪，吴祖建，谢联辉. 福建马铃薯S病毒的分子鉴定及发生情况. 植物保护学报，2005，32（2）：133-137

[317] 李凡，杨金广，谭冠林，吴祖建，林奇英，陈海如，谢联辉. 云南水稻条纹病毒病害特异性蛋白基因及基因间隔趋序列分析. 中国食用菌，2005，24（增刊）：14-18

[318] 王盛，钟伏弟，吴祖建，林奇英，谢联辉. 珊瑚藻藻红蛋白β亚基脱辅基蛋白基因克隆与序列分析，福建农林大学学报（自然科学版），2005，34（3）：334-338

[319] 欧阳迪莎，何敦春，杨小山，林卿，谢联辉. 植物病害管理中的政府行为. 中国农业科技导报，2005，7（3）：38-41

[320] 范国成，吴祖建，黄明年，练君，梁栋，林奇英，谢联辉. 水稻瘤矮病毒基因组S9片断的基因结构特征. 中国病毒学，2005，20（5）：539-542

[321] 谢联辉，林奇英，徐学荣. 植病经济与病害生态治理. 中国农业大学学报，2005，10（4）：39-42

[322] 何敦春，王林萍，欧阳迪莎. 植保技术与食品安全. 中国农业科技导报，2005，7（6）：16-19

[323] 范国成，吴祖建，林奇英，谢联辉. 水稻瘤矮病毒基因组S8片断全序列测定及其结构分析. 农业生物技术学报，2005，13（5）：679-683

[324] 陈来，吴祖建，傅国胜，林奇英，谢联辉. 灰飞虱胚胎组织细胞的分离和原代培养技术. 昆虫学报，2005，48（3）：455-459

[325] 何敦春，王林萍，欧阳迪莎. 闽台植保合作的若干思考. 台湾农业探索，2005，4：15-17

[326] 张居念，林河通，谢联辉，林奇英. 龙眼焦腐病菌及其生物学特性. 福建农林大学学报（自然科学版），2005，34（4）：425-429

[327] 周丽娟，郑伟文，谢联辉. 线虫拮抗菌BC2000的分子鉴定及其GFP标记菌的生物学特性. 福建农林大学学报（自然科学版），2005，34（4）：430-433

[328] 李凡，杨金广，吴祖建，林奇英，陈海如，谢联辉. 水稻条纹病毒病害特异性蛋白基因克隆及其与纤细病毒属成员的亲缘关系分析. 植物病理学报，2005，35（增刊）：135-136

[329] 林娇芬，林河通，谢联辉，林奇英，陈绍军，赵云峰. 柿叶的化学成分、药理作用、临床应用及开发利用. 食品与发酵工业，2005，31（7）：90-96

[330] 章松柏，吴祖建，段永平，谢联辉，林奇英. 单引物法同时克隆RDV基因组片段S11、S12及其序列分析. 贵州农业科学，2005，33（6）：27-29

[331] 章松柏，吴祖建，段永平，谢联辉，林奇英. 水稻矮缩病毒的检测和介体传毒能力初步分析. 安徽农业科学，2005，33（12）：2263-2264，2287

[332] 章松柏，吴祖建，段永平，谢联辉，林奇英. 一种实用的双链RNA病毒基因组克隆方法. 长江大学学报（自然科学版），2005，2（2）：71-73

[333] 沈建国，谢荔岩，吴祖建，谢联辉，林奇英. 药用植物提取物抗烟草花叶病毒活性的研究. 中草药，2006，37（2）：259-261

[334] 刘振宇，吴祖建，林奇英，谢联辉. 孔石莼质体蓝素的柱色谱纯化及其对其N端氨基酸序列的分析测定. 色谱，2006，24（3）：275-278

[335] 刘振宇，谢荔岩，吴祖建，林奇英，谢联辉. 海藻蛋白质提取物对香蕉炭疽病的抑制作用. 福建农林大学学报（自然科学版），2006，35（1）：21-23

[336] 刘国坤，陈启建，吴祖建，林奇英，谢联辉. 丹皮酚对烟草花叶病毒的抑制作用. 福建农林大学学报（自然科学版），2006，35（1）：17-20

[337] 何敦春，王林萍，欧阳迪莎，谢联辉. 休闲经济与海峡西岸经济区建设. 福建农林大学学报（社会科学版），2006，9（1）：21-25

[338] 李凡，杨金广，吴祖建，林奇英，陈海如，谢联辉. 水稻条纹病毒云南分离物*CP*基因克隆及序列比较分析. 云南农业大学学报，2006，21（1）：48-51

[339] 沈硕，谢荔岩，林奇英，谢联辉. 组织培养技术在植物病理方面的应用研究进展. 中国农学通报，2006，22（增刊）：150-155

[340] 杨彩霞，贾素平，刘舟，林奇英，谢联辉，吴祖建. 从福建省杂草赛葵上检测到粉虱传双生病毒. 中国农学通报，2006，22（增刊）：156-159

[341] Youjian Lin，Phyllis A Rundell，Lianhui Xie，Charles A Powell. Prereaction of *Citrus tristeza virus*（CTV）specific antibodies and labeled secondary antibodies increases speed of direct tissue blot immunoassay for CTV. Plant Disease,

2006，90：675-679

[342] Youjian Lin，Charles A Powell. Visualization of the distribution pattern of *Citrus tristeza virus* in leaves of Mexican Lime. Hortscience，2006，41 (3)：725-728

[343] 王林萍，林奇英. 跨国农药公司企业社会责任的特点及对中国的启示. 科技与产业，2006，6 (10)：11-16

[344] 陈启建，刘国坤，吴祖建，谢联辉，林奇英. 大蒜挥发油抗病毒花叶病毒机理. 福建农业学报，2006，21 (1)：24-27

[345] 何敦春，张福山，欧阳迪莎，杨小山，王林萍. 植保技术与食品安全中政府与农户行为的博弈分析. 中国农业科技导报，2006，8 (6)：71-75

[346] Liu Bin，Wang Yiqian，Zhang Xiaobo. Characterization of a recombinant maltogenic amylase from deep sea thermophilic *Bacillus* sp. *WPD616*. Enzyme and Microbial Technology，2006，39：805-810

[347] Liu Bin，Wu Sujie，Song Qing，Zhang Xiaobo，Xie Lianhui. Two novel bacteriophages of thermophilic bacteria isolated from deep-sea hydrothermal fields. Current Microbiology，2006，53：163-166

[348] Liu Bin，Li Hebin，Wu Sujie，Song Qing，Zhang Xiaobo，Xie Lianhui. A simple and rapid method for the differentiation and identification of thermophilic bacteria. Can J Microbiol，2006，52：753-758

[349] 李凡，林奇英，陈海如，谢联辉. 幽影病毒属病毒的研究现状与展望. 微生物学报，2006，46 (6)：1033-1037

[350] 刘伟，谢联辉. 芽孢杆菌对感染蔓割病甘薯活性氧代谢的效应. 福建农林大学学报（自然科学版），2006，35 (6)：569-572

[351] Huang HN，Hua YY，Bao GR，Xie LH. The quantification of monacolin K in some red yeast rice from Fujian province and the comparison of the other product. Chem Pharm Bull，2006，54 (5)：687-689

[352] 李凡，林奇英，陈海如，谢联辉. 幽影病毒引起的几种主要植物病害. 微生物学通报，2006，33 (3)：151-556

[353] 方敦煌，吴祖建，邓云龙，扬波，林奇英. 防治烟草赤星病拮抗根际芽孢杆菌的筛选. 植物病理学报，2006，36 (6)：555-561

[354] 方敦煌，吴祖建，邓云龙，邓建华，林奇英. 烟草赤星病拮抗菌株 B75 产生抗菌物质的条件. 中国生物防治，2006，22 (3)：244-247

[355] 吴兴泉，谭晓荣，陈士华，谢联辉. 马铃薯卷叶病毒福建分离物的基因克隆与序列分析. 河南农业大学学报，2006，40 (4)：391-393

[356] 黄宇翔，吴祖建，柯昉，刘金燕. 组织培养技术筛选香石竹低玻璃化无性系初报. 中国农学通报，2006，22 (8)：88-90

[357] 陈爱香，吴祖建. 水稻条纹病毒云南分离物 NS2 蛋白基因的分子变异. 河南农业科学，2006，7：54-58

[358] 张居念，林河通，谢联辉，林奇英，王宗华. 龙眼果实潜伏性病原真菌的初步研究. 热带作物学报，2006，27 (4)：78-82

[359] 张福山，徐学荣，林奇英，谢联辉. 植物保护对粮食安全的影响分析. 中国农学通报，2006，22 (12)：505-510

[360] 王林萍，林奇英，谢联辉. 化工企业的社会责任探讨. 商业时代，2006，28：84-86

[361] 侯长红，林光美，施祖美，谢联辉. 植病经济的内涵与研究方法评述. 福建农林大学学报（哲学社会科学版），2006，9 (4)：33-36

[362] 李凌绪，翟梅枝，林奇英，谢联辉. 海藻乙醇提取物抗真菌活性. 福建农林大学学报（自然科学版），2006，35 (4)：342-345

[363] 黄志强，林白雪，谢联辉. 产碱性蛋白酶海洋细菌的筛选与鉴定. 福建农林大学学报（自然科学版），2006，35 (4)：416-420

[364] 王林萍，徐学荣，林奇英，谢联辉. 论农药企业的社会责任. 科技和产业，2006，6 (2)：17-20

[365] 沈建国，张正坤，吴祖建，谢联辉，林奇英. 臭椿抗烟草花叶病毒活性物质的提取及其初步分离. 中国生物防治，2006，23 (4)：348-352

[366] Chun Yukang，Tadashi Miayata，Wu Gang. Xie Lianhui. Effects of enzyme inhibitors on acetylcholinesterase and detoxification enzymes in *Propylaea japonica* and *Lipaphis erysimi*. Proceedings of 5th International Workshop on Management of the Diamondback Moth and Other Crucifer Insect Pest，Beijing，2006

[367] 吴艳兵，谢荔岩，谢联辉，林奇英. 毛头鬼伞（*Coprinus comatus*）多糖的理化性质及体外抗氧化活性. 激光生物学报，2007，16 (4)：438-442

[368] 谢东扬，祝雯，吴祖建，林奇英，谢联辉. 灵芝金属硫蛋白基因的克隆及序列分析. 中国农学通报，2007，23 (5)：

87-90
[369] 王林萍，徐学荣，林奇英，谢联辉. 农药企业社会责任认知度调查分析. 商业时代，2007，15：62-64
[370] 张福山，徐学荣，林奇英，谢联辉. 培育植保生态文化促进可持续农业发展. 福建农林大学学报（哲学社会科学版），2007，10（2）：64-66，114
[371] 沈建国，张正坤，吴祖建，谢联辉，林奇英. 臭椿和鸦胆子抗烟草花叶病毒作用研究. 中国中药杂志，2007，32（1）：27-29
[372] 何敦春，王林萍，欧阳迪莎. 植保技术使用对食品安全的风险. 农业环境与发展，2007，24（1）：54-56，74
[373] 王林萍，施婵娟，林奇英. 农药企业社会责任指标体系与评价方法. 技术经济，2007，26（9）：98-102，122
[374] 连玲丽，谢荔岩，许曼琳，林奇英. 芽孢杆菌对青枯病菌-根结线虫复合侵染病害的生物防治. 浙江大学学报：农业与生命科学版，2007，33（2）：190-196
[375] 王林萍，林奇英. 化工行业的社会责任关怀. 环境与可持续发展，2007，2：37-39
[376] 胡志坚，陈华，庞春艳，郑玲，林奇英. 微囊藻毒素LR促肝癌过程p53、p16基因mRNA表达. 福建医科大学学报，2007，41（1）：36-38，65
[377] 胡志坚，陈华，庞春艳，林奇英. 微囊藻毒素对肝细胞凋亡相关基因表达的影响. 中华预防医学杂志，2007，41（1）：13-16
[378] 谢东扬，祝雯，吴祖建，林奇英，谢联辉. 灵芝中一种新的脱氧核糖核酸的纯化及特征. 福建农林大学学报（自然科学版），2007，36（5）：486-490
[379] 路炳声，黄志强，林白雪，谢联辉. 海洋氧化短杆菌15E产碱性蛋白酶的发酵条件. 福建农林大学学报（自然科学版），2007，36（6）：591-595
[380] 杨小山，徐学荣，谢联辉，林奇英. 农药管理能力和水平的综合评价指标体系与评价方法. 福建农林大学学报（哲学社会科学版），2007，10（5）：57-60
[381] 何敦春. 科学家秘书的艺术. 福建教育学院学报，2007，10：21-23
[382] 庄军，林奇英. 泊松分布在生物学中的应用. 激光生物学报，2007，16（5）：655-658
[383] Xu You-ping，Zheng Lu-ping，Xu Qiu-fang，Wang Chang-chun，Zhou Xue-ping，Wu Zu-jian，Cai Xin-zhong. Efficiency for gene silencing induction in *Nicotiana* species by a viral satellite DNA vector. Journal of Integrative Plant Biology，2007，49（12）：1726-1733
[384] Wu Zu-jian，Ouyang Ming-an，Wang Cong-zhou，Zhang Zheng-kun，Shen Jian-guo. Anti-*Tobacco mosaic virus*（TMV）triterpenoid saponins from the leaves of *Ilex oblonga*. J Agric Food Chem，2007，55（5）：1712-1717
[385] Wu Zu-jian，Ouyang Ming-an，Wang Cong-zhou，Zhang Zheng-kun. Six new triterpenoid saponins from the leaves of *Ilex oblonga* and their inhibitory activities against TMV replication. Chem Pharm Bull，2007，55（3）：422-427
[386] Zhang Zheng-kun，Ouyang Ming-an，Wu Zu-jian，Lin Qi-ying，Xie Lian-hui. Structure-activity relationship of triterpenes and triterpenoid glycosides against *Tobacco mosaic virus*. Planta Med，2007，73：1457-1463
[387] Ouyang Ming-an，Huang Jiang，Tan Qing-wei. Neolignan and lignan glycosides from branch bark of *Davidia involucrata*. J Asian Nat Prod Res，2007，9（6）：487-492
[388] Ouyang Ming-an，Chen Pei-qing，Wang Si-bing. Water-soluble phenylpropanoid constituents from aerial roots of *Ficus microcarpa*. Nat Prod Res，2007，21（9）：269-274
[389] Ouyang Ming-an，Wang Cong-zhou，Wang Si-bing. Water-soluble constituents from the leaves of *Ilex oblonga*. J Asian Nat Prod Res，2007，9（4）：399-405
[390] Wu Gang，Tadashi Miyata，Chun Yukang，Xie Lianhui. Insecticide toxicity and synergism by enzyme inhibitors in 18 species of pest insects and natural enemies in crucifer vegetable crops. Pest Management Science，2007，63：500-510
[391] Zhang Yihui，Tadashi Miyata，Wu Zhujian，Wu Gang，Xie Lianhui. Hydrolysis of acetylthiocholine iodide and reactivation of phoxim-inhibited acetylcholinesterase by pralidoxime chloride，obidoxime chloride and trimedoxime. Arch Toxicol，2007，81：785-792
[392] 鹿连明，秦梅玲，谢荔岩，林奇英，吴祖建，谢联辉. 利用酵母双杂交系统研究水稻条纹病毒三个功能蛋白的互作. 美国农业科学与技术，2007，1（1）：5-11
[393] 丁新伦，谢荔岩，林奇英，吴祖建，谢联辉. 水稻条纹病毒胁迫下抗、感病水稻品种胼胝质的沉积. 植物保护学报，2008，35（1）：19-22
[394] 连玲丽，谢荔岩，林奇英，谢联辉. 芽孢杆菌三种抗菌素基因的杂交检测. 激光生物学报，2008，17（1）：81-85

[395] 程兆榜，任春梅，周益军，范永坚，谢联辉. 水稻条纹病毒不同地区分离物的致病性研究. 植物病理学报，2008，38 (2)：126-131

[396] 林白雪，黄志强，谢联辉. 海洋氧化短杆菌 15E 碱性蛋白酶的酶学性质. 福建农林大学学报（自然科学版），2008，37 (2)：158-161

[397] 胡树泉，徐学荣，周卫川，张辉，宁昭玉. 红火蚁在中国的潜在地理分布预测模型. 福建农林大学学报（自然科学版），2008，37 (2)：205-209

[398] 杨小山，刘建成，林奇英. 中国农业面源污染的制度根源及其控制对策. 福建论坛，2008，3：25-28

[399] Liu Fang，Tadashi Miyata，Li Chunwei，Wu Zhujian，Wu Gang，Zhao Shixi，Xie Lianhui. Effects of temperature on fitness costs，insecticide susceptibility and heat shock protein 70 in insecticide-resistant and susceptible *Plutella xylostella*. Pesticide Biochemistry Physiology，2008，91：45-52

[400] Roy B Mugiira，吴剑丙，吴祖建，李桂新，周雪平. 从福建分离的广东赛葵曲叶病毒的分子特征. 植物病理学报，2008，38 (3)：258-262

[401] 林董，郑璐平，谢荔岩，吴祖建，林奇英，谢联辉. GFP 与水稻条纹病毒病害特异蛋白的融合基因在 sf9 昆虫细胞中的表达. 植物病理学报，2008，38 (3)：271-276

[402] 林董，何柳，谢荔岩，吴祖建，林奇英，谢联辉. RSV 编码的 4 种蛋白在"AcMNPV-sf9 昆虫细胞"体系中的重组表达. 福建农林大学学报（自然科学版），2008，37 (3)：269-274

[403] 陈启建，欧阳明安，谢联辉，林奇英. 银胶菊（*Parthenium hysterophorus*）中抗 TMV 活性成分的分离及活性测定. 激光生物学报，2008，17 (4)：544-548

[404] 丁新伦，张孟倩，谢荔岩，林奇英，吴祖建，谢联辉. 实时荧光定量 PCR 检测 RSV 胁迫下抗病、感病水稻中与脱落酸相关基因的差异表达. 激光生物学报，2008，17 (4)：464-469

[405] 高芳銮，范国成，谢荔岩，黄美英，吴祖建. 呼肠孤病毒科的系统发育分析. 激光生物学报，2008，17 (4)：486-490

[406] 鹿连明，林丽明，谢荔岩，林奇英，吴祖建，谢联辉. 水稻条纹病毒 CP 与叶绿体 Rubisco SSU 引导肽融合基因的构建及其原核表达. 农业生物技术学报，2008，16 (3)：530-536

[407] 鹿连明，秦梅玲，王萍，兰汉红，牛晓庆，谢荔岩，吴祖建，谢联辉. 利用免疫共沉淀技术研究 RSV CP、SP 和 NSvc4 三个蛋白的互作情况. 农业生物技术学报，2008，16 (5)：891-897

[408] 吴艳兵，颜振敏，谢荔岩，林奇英，谢联辉. 天然抗烟草花叶病毒大分子物质研究进展. 微生物学通报，2008，35 (7)：1096-1101

[409] 杨金广，方振兴，张孟倩，徐飞，王文婷，谢荔岩，林奇英，吴祖建，谢联辉. 应用 real-time RT-PCR 鉴定 2 个水稻品种（品系）对水稻条纹病毒的抗性差异. 华南农业大学学报，2008，29 (3)：25-28

[410] 杨金广，王文婷，丁新伦，郭利娟，方振兴，谢荔岩，林奇英，吴祖建，谢联辉. 水稻条纹病毒与水稻互作中的生长素调控. 农业生物技术学报，2008，16 (4)：628-634

[411] 张晓婷，谢荔岩，林奇英，吴祖建，谢联辉. Pathway tools 可视化分析水稻基因表达谱. 激光生物学报，2008，17 (3)：371-377

[412] 张正坤，沈建国，谢荔岩，谢联辉，林奇英. 鸦胆子素 D 对烟草抗烟草花叶病毒的诱导抗性和保护作用. 科技导报，2008，26 (8)：31-36

[413] 张正坤，吴祖建，沈建国，谢联辉，林奇英. 烟草花叶病毒运动蛋白的表达及特异性抗体制备. 福建农林大学学报（自然科学版），2008，37 (3)：265-268

[414] 祝雯，谢东扬，林奇英，谢联辉，吴祖建. 杨树菇中一种脱氧核糖核酸酶的纯化及其性质. 中国生物制品学杂志，2008，21 (10)：869-872

[415] Wu Gang，Lin Yongwen，Tadashi Miyata. Jiang Shuren，Xie Lianhui. Positive correlation of methamidophos resistance between *Lipaphis erysimi* and *Diaeretilla rapae* (M'Intosh) and effects of methamidophos ingested by host insect on the parasitoid. Insect Science，2008，15：186-188

[416] Yang JG，Dang YG，Li GY，Guo LJ，Wang WT，Tan QW，Lin QY，Wu ZJ，Xie LH. Anti-viral activity of *Ailanthus altissima* crude extract on *Rice stripe virus* in rice suspension cells. Phytoparasitica，2008，36 (4)：405-408

[417] Shen Jianguo，Zhang Zhengkun，Wu Zujian，Ouyang Mingan，Xie Lianhui，Lin Qiying. Antiphytoviral activity of bruceine-D from *Brucea javanica* seeds. Pest Manag Sci，2008，64：191-196

[418] Wu Zujian，Ouyang Mingan，Wang Shibin. Two new phenolic water soluble constituents from branch bark of *Davidia*

*involucrate*. Nat Prod Res, 2008, 22 (6): 483-488

[419] Yang CX, Cui GJ, Zhang J, Weng XF, Xie LH, Wu ZJ. Molecular characterization of a distinct begomovirus species isolated from *Emilia sonchifolia*. Journal of Plant Pathology, 2008, 90 (3): 475-478

[420] Yang C, Jia S, Liu Z, Cui G, Xie L, Wu Z. Mixed Infection of two *Begomoviruses* in *Malvastrum coromandelianum* in Fujian, China. J Phytopathology, 2008, 156: 553-555

[421] Wu Zujian, Ouyang Mingan, Su Renkuan, Kuo Yuehhsiung. Two new *Cerebrosides* and anthraquinone derivatives from the marine fungus *Aspergillus niger*. Chinese Journal of Chemistry, 2008, 26 (4): 759-764

[422] Yang Yuan-ai, Wang Hong-qing, Wu Zu-jian, Cheng Zhuo-min, Li Shi-fang. Molecular variability of hop stunt viroid: identification of a unique variant with a tandem 15-nucleotide repeat from naturally infected plum tree. Biochem Genet, 2008, 46: 113-123

[423] Zhu Yue-hui, Jiang Jian-guo, Chen Qian. Characterization of cDNA of lycopene β-cyclase responsible for a high level of β-carotene accumulation in *Dunaliella salina*. Biochem Cell Biology, 2008, 86: 285-292

[424] Zhu Yue-hui, Jiang Jian-guo, Chen Qian. Influence of daily collection and culture medium recycling on the growth and β-carotene yield of *Dunaliella salina*. J Agric Food Chem, 2008, 56: 4027-4031

[425] 吴丽萍，吴祖建，林奇英，谢联辉. 毛头鬼伞（*Coprinus comatus*）中一种抗病毒蛋白 y3 特性和氨基酸序列分析. 中国生物化学与分子生物学报，2008，24（7）：597-603

[426] 郑璐平，谢荔岩，姚锦爱，钟伏弟，林奇英，吴祖建，谢联辉. 孔石莼凝集素蛋白基因的克隆与表达. 激光生物学报，2008，17（6）：762-767

[427] 连玲丽，谢荔岩，段永平，林奇英，吴祖建. 线虫寄生菌巴斯德杆菌遗传多样性分析. 微生物学通报，2008，35（7）：1039-1044

[428] 徐学荣，张福山，谢联辉. 植物保护的风险及其管理. 农业系统科学与综合研究，2008，24（2）：148-152

[429] 谭庆伟，吴祖建，欧阳明安. 臭椿化学成分及生物活性研究进展. 天然产物研究与开发，2008，4：748-755

[430] 韩芳，张颖滨，吴祖建，吴云锋. 菜豆荚斑驳病毒的 RT-PCR 检测及其传毒介体研究. 西北农业学报，2008，17（5）：94-97

[431] Wu Zu-jian, Ouyang Ming-an, Su Ren-kuan, Kuo Yueh-hsiung. Two new cerebrosides and anthraquinone derivatives from the marine fungus *Aspergillus niger*. Chinese Journal of Chemistry, 2008, 26 (4): 759-764

[432] J. G. Yang, Y. G. Dang, G. Y. Li, L. J. Guo, W. T. Wang, Q. W. Tan, Q. Y. Lin, Z. J. Wu, L. H. Xie. Anti-viral activity of *Ailanthus altissima crude extract on Rice stripe virus* in rice suspension cells. Phytoparasitica, 2008, 36 (4): 405-408

[433] Z. Liu, C. X. Yang, S. P. Jia, P. C. Zhang, L. Y. Xie. L. H. Xie, Q. Y. Lin, Z. J. Wu. First Report of Ageratum yellow vein virus causing tobacco leaf curl disease in Fujian province, China. Plant Disease, 2008, 92 (1): 177

[434] Yuan-ai Yang, Hong-qing Wang, Zu-jian Wu, Zhuo-min Cheng, Shi-fang Li. Molecular variability of *Hop stunt viroid*: identification of a unique variant with a tandem 15-nucleotide repeat from naturally infected plum tree. Biochem Genet, 2008, 46: 113-123

[435] 林董，连超超，肖文艳，谢荔岩，吴祖建. 甘草乙醇浸提取液诱导肝癌 SMMC-7721 细胞凋亡的研究. 激光生物学报，2009，18（3）：287-290

[436] Dongmei Jiang, Shan Peng, Zujian Wu, Zhuomin Cheng, Shifang Li. Genetic diversity and phylogenetic analysis of *Australian grapevine viroid* (AGVd) isolated from different grapevines in China. Virus Genes, 2009, 38: 178-183

[437] Zu-jian Wu, Ming-an Ouyang, Qing-wei Tan. New asperxanthone and asperbiphenyl from the marine fungus *Aspergillus* sp. Pest Manag Sci, 2009, 65 (1): 60-65

[438] Wan-ying Hou, Teruo Sano, Feng Li, Zu-jian Wu, Li Li, Shi-fang Li. Identification and characterization of a new coleviroid (CbVd-5). Arch Virol, 2009, 154 (2): 315-320

[439] Qi-jian Chen, Ming-an Ouyang, Qing-wei Tan, Zheng-kun Zhang, Zu-jian Wu, Qi-ying Lin. Constituents from the seeds of *Brucea javanica* with inhibitory activity of *Tobacco mosaic virus*. Journal of Asian Natural Products Research, 2009, 11 (5): 1-9

[440] Tai-yun Wei, Jin-guang Yang, Fu-long Liao, Fang-luan Gao, Lian-ming Lu, Xiao-ting Zhang, Fan Li, Zu-jian Wu, Qi-yin Lin, Lian-hui Xie, Han-xin Lin. Genetic diversity and population structure of *Rice stripe virus* in China. Journal of General Virology, 2009, 90, 1025-1034

[441] Dongmei Jiang, Zhixiang Zhang, Zujian Wu, Rui Guo, Hongqing Wang, Peige Fan, Shifang Li. Molecular characterization of *Grapevine yellow speckle viroid*-2（GYSVd-2）. Virus Genes, 2009, 38（3）: 515-520

[442] Lianming Lu, Zhenguo Du, Meiling Qin, Ping Wang, Hanhong Lan, Xiaoqing Niu, Dongsheng Jia, Liyan Xie, Qiying Lin, Lianhui Xie, Zujian Wu. Pc4, a putative movement protein of *Rice stripe virus*, interacts with a type Ⅰ DnaJ protein and a small Hsp of rice. Virus Genes, 2009, 38: 320-327

## 4. 博士后

[1] 蒋继宏（谢联辉，林奇英）. 植物中抗病毒活性物质的分离及其作用机制研究，2000

[2] 张巨勇（谢联辉，林奇英）. IPM采用的经济学分析〔专著：有害生物综合治理（IPM）的经济学分析. 北京：中国农业出版社，2004〕，2001

[3] 李凡（谢联辉，林奇英）. 烟草丛顶病的病原物及其分子生物学，2006

[4] 林河通（谢联辉，林奇英）. 真菌侵染所致龙眼果实采后病害的研究，2008

[5] 吴刚（谢联辉，林奇英）. 菜田害虫和天敌抗药性进化趋势，2008

## 5. 博士

[1] 周仲驹（谢联辉）. 香蕉束顶病的生物学、病原学、流行学和防治研究，1994

[2] 吴祖建（谢联辉）. 水稻病毒病诊断、监测和防治系统的研究，1996

[3] 鲁国东（谢联辉）. 稻瘟病菌转化体系的建立及三磷酸甘油醛脱氢酶基因的克隆，1996

[4] 徐平东（谢联辉）. 中国黄瓜花叶病毒的亚组及其性质研究，1997

[5] 李尉民（谢联辉）. 南方菜豆花叶病毒株系特异性检测、互补运动研究和菜豆株系5′端的克隆②，1997

[6] 王宗华（谢联辉）. 福建稻瘟菌的群体遗传规律，1997

[7] 胡方平（谢联辉）. 非荧光植物假单胞菌的分类和鉴定②，1997

[8] 林含新（谢联辉）. 水稻条纹病毒的病原性质、致病性分化及分子变异①②，1999

[9] 张春媚（林奇英，谢联辉）. 水稻草状矮化病毒基因组RNA4-6的分子生物学②，1999

[10] 刘利华（林奇英，谢联辉）. 三种水稻病毒病的细胞病理学，1999

[11] 王海河（谢联辉，林奇英）. 黄瓜花叶病毒三个株系引起烟草的病生理、细胞病理和RNA3的克隆，2000

[12] 孙慧（林奇英，谢联辉）. 抗植物病毒（TMV）活性的大型真菌的筛选和抗病毒蛋白的纯化及其性质，2000

[13] 郭银汉（谢联辉）. 福州地区对虾病毒病的病原诊断及流行病学，2001

[14] 林琳（谢联辉）. 扩展青霉PF898碱性脂肪酶基因的克隆与表达②，2001

[15] 邵碧英（林奇英，谢联辉）. 烟草花叶病毒弱毒疫苗的研制及其分子生物学，2001

[16] 林丽明（谢联辉，林奇英）. 水稻草矮病毒基因组RNA1-3的分子生物学②，2002

[17] 郑耀通（林奇英，谢联辉）. 闽江流域福州区段水体环境病毒污染、存活规律与灭活处理（专著：环境病毒学. 北京：化学工业出版社，2006），2002

[18] 吴兴泉（谢联辉，林奇英）. 福建马铃薯病毒的分子鉴定与检测技术，2002

[19] 傅鸣佳（林奇英，谢联辉）. 食用菌抗病毒蛋白特性、基因克隆，2002

[20] 王盛（林奇英，谢联辉）. 珊瑚藻藻红蛋白分离纯化及相关特性，2002

[21] 魏太云（谢联辉，林奇英）. 水稻条纹病毒的基因组结构及其分子群体遗传②，2003

[22] 翟梅枝（林奇英，谢联辉）. 植物次生物质的抗病活性及构效分析，2003

[23] 刘国坤（谢联辉，林奇英）. 植物源小分子物质对烟草花叶病毒及四种植物病原真菌的抑制作用，2003

[24] 林毅（林奇英，谢联辉）. 绞股蓝核糖体失活蛋白的分离、克隆与表达，2003

[25] 何红（胡方平，谢联辉）. 辣椒内生枯草芽孢杆菌（*Bacillus subtilis*）防病促生作用的研究，2003

[26] 徐学荣（谢联辉，林奇英）. 植保生态经济系统的分析与优化②，2004

[27] 吴丽萍（林奇英，谢联辉）. 两种食用菌活性蛋白的分离纯化及其抗病特性，2004

[28] 刘振宇（林奇英，谢联辉）. 海藻中两种与植物抗病相关铜结合蛋白的分离、特性和基因特征，2004

[29] 祝雯（谢联辉，林奇英）. 河蚬（*Corbicula fluminea*）活性糖蛋白和多糖的分离纯化及其抗病特性，2004

---

① 全国百篇优秀博士学位论文

② 福建省优秀博士学位论文

[30] 欧阳迪莎（谢联辉，林卿）. 可持续农业中的植物病害管理②，2005
[31] 洪荣标（谢联辉，林奇英）. 滨海湿地入侵植物的生态经济和生态安全管理，2005
[32] 周莉娟（谢联辉）. GTP在根结线虫（*Meloidogyne incogita*）拮抗菌 *Alcaligenes faecalis* 研究中的应用，2005
[33] 沈建国（林奇英，谢联辉）. 两种药用植物对植物病毒及三种介体昆虫的生物活性，2005
[34] 刘伟（谢联辉）. 芽孢杆菌（*Bacillus* spp.）拮抗菌株的筛选及TasA基因研究，2006
[35] 刘斌（谢联辉，章晓波）. 高温噬菌体分子特征及热稳定麦芽糖基淀粉酶的性质，2006
[36] 黄宏南（谢联辉，林奇英）. 福建红曲的活性物质及其医疗保健效应，2006
[37] 郑冬梅（赵士熙，谢联辉）. 中国生物农药产业发展研究〔专著：中国生物农药产业发展研究. 北京：海洋出版社，2006〕，2006
[38] 林董（谢联辉，林奇英）. RSV五个基因及GFP-CP、GFP-SP融合基因在sf9昆虫细胞中的表达，2007
[39] 王林萍（谢联辉，林奇英）. 农药企业社会责任体系之构建，2007
[40] 张福山（林奇英，谢联辉）. 植物保护对中国粮食生产安全影响的研究，2007
[41] 连玲丽（谢联辉，林奇英）. 芽孢杆菌的生防菌株筛选及其抑病机理，2007
[42] 方敦煌（谢联辉，林奇英）. 防治烟草赤星病根际芽孢杆菌的筛选及其抗菌物质研究，2007
[43] 吴艳兵（林奇英，谢联辉）. 毛头鬼伞（*Coprinus comatus*）多糖的分离纯化及其抗烟草花叶病毒（TMV）作用机制，2007
[44] 陈启建（林奇英，谢联辉）. 金鸡菊（*Coreopsis drummondii*）和小白菊（*Parthenium hysterophorus*）抗烟草花叶病毒活性研究，2007
[45] 张晓婷（谢联辉，林奇英）. 水稻感染水稻条纹病毒后的基因转录谱和蛋白质表达谱，2008
[46] 丁新伦（谢联辉，林奇英）. 脱落酸在水稻条纹病毒与寄主水稻互作的研究，2008
[47] 杨金广（谢联辉，林奇英）. 水稻条纹病毒与寄主水稻互作中的生长素调控，2008
[48] 鹿连明（谢联辉，林奇英）. 利用酵母双杂交系统研究水稻条纹病毒与寄主水稻间的互作，2008
[49] 范国成（谢联辉，林奇英）. 水稻瘤矮病毒病毒样颗粒组装及Pns12蛋白的亚细胞定位，2008
[50] 杨小山（谢联辉，林奇英）. 农药环境经济管理的主体行为及政策构思，2008
[51] 张正坤（林奇英，谢联辉）. 鸦胆子活性物质抗烟草花叶病毒的作用机理及构效关系，2008

## 6. 硕士

[1] 陈宇航（谢联辉）. 甘蔗花叶病毒株系的研究，1986
[2] 周仲驹（谢联辉）. 甘蔗褪绿线条病和斐济病的初步研究，1986
[3] 郑祥洋（谢联辉）. 福建水仙病毒病的类型及其病原鉴定，1988
[4] 胡翠凤（谢联辉）. 应用激抗剂防治烟草花叶病的研究，1988
[5] 王明霞（张谷曼，谢联辉）. 福建省小米椒病毒病原的初步鉴定及品种抗性初测，1989
[6] 徐平东（柯冲）. 福建省西番莲病毒病的研究，1989
[7] 宋秀高（谢联辉）. 我国水稻条纹叶枯病的研究，1990
[8] 吴祖建（谢联辉）. 水稻病毒病诊断咨询专家系统的研究，1991
[9] 林含新（林奇英）. 我国水稻条纹病毒的两个分离物，1995
[10] 张广志（谢联辉）. 香蕉束顶病毒的提纯与检测，1995
[11] 周叶方（谢联辉，胡方平）. 水稻细菌性条斑病菌（*Xanthomonas oryzae* pv. *oryzicola*），1996
[12] 方敦煌（谢联辉，胡方平）. 中国猕猴桃细菌性花腐病，1996
[13] 林丽明（谢联辉，林奇英）. 水稻草矮病S-蛋白与品种抗性的互作，1998
[14] 林奇田（林奇英，谢联辉）. 水稻条纹病毒病特异蛋白和病毒外壳蛋白及其血清学，1998
[15] 权立宏（林奇英，谢联辉）. 丝瓜花叶病害的研究，1998
[16] 林芩（林奇英，谢联辉）. 甘薯茎尖脱毒培养技术，1999
[17] 王盛（谢联辉，林奇英）. 福建甘薯羽状斑驳病毒的鉴定，1999
[18] 李利君（谢联辉，周仲驹）. 甘蔗花叶病毒3′端基因克隆及病毒分子检测，1999
[19] 张铮（谢联辉，吴祖建）. TMV诱导心叶烟细胞程序性死亡，2000
[20] 吴刚（谢联辉）. 烟草花叶病毒灭活因子的初步研究，2000
[21] 魏太云（林奇英）. 我国水稻条纹病毒RNA4基因间隔区的分子变异，2000

[22] 郑杰（吴祖建）. 香蕉束顶病毒基因克隆及病毒分子检测，2000
[23] 祝雯（谢联辉）. 马铃薯 Y 病毒的核酸点杂交检测试剂盒的研制，2001
[24] 张晓鹏（林奇英）. 闽江福州段水体病毒的检测，2001
[25] 明艳林（吴祖建）. 水稻条纹病毒在原生质体内的复制与表达，2001
[26] 于群（吴祖建）. 水稻条纹病毒 *CP*、*SP* 基因转化水稻及 RNA4 序列分析，2002
[27] 张永江（谢联辉）. 海藻凝集素的筛选、纯化及其性质，2002
[28] 陈宁（林奇英）. 灰树花中一种抗病毒蛋白的纯化及其性质，2002
[29] 金凤媚（林奇英）. 水稻草矮病毒 *SP* 基因转化水稻及其在水稻原生质体内的转录和表达，2003
[30] 王辉（谢联辉）. 水稻条纹病毒 *NS3* 基因的分子变异及其抗血清的制备，2003
[31] 侯长红（施祖美，谢联辉）. 植病经济与可持续发展——兼论福建省植病经济建设，2003
[32] 陈启建（谢联辉）. 植物源抗烟草花叶病毒活性物质的筛选及其作用机制，2003
[33] 方芳（吴祖建）. 杏鲍菇和云柚菇中抗病毒蛋白的分离纯化、理化性质及其生物活性，2003
[34] 钟伏弟（吴祖建）. 珊瑚藻 R-藻红蛋白的分子生物学，2003
[35] 陈爱香（谢联辉）. 水稻条纹病毒 *NS2* 基因的分子变异及其原核表达，2004
[36] 林健清（谢联辉）. 水稻草矮病毒 *SP* 基因转化水稻及其抗性分析，2004
[37] 廖富荣（林奇英）. 水稻条纹病毒及其介体灰飞虱的遗传多样性，2004
[38] 陈来（吴祖建）. 灰飞虱（*Laodelphax Striatellus Fallen*）四种组织原代培养及其 cDNA RAPD 分析，2004
[39] 范国成（吴祖建）. 水稻瘤矮病毒部分基因组片段的克隆及序列分析，2004
[40] 章松柏（段永平）. 水稻矮缩病毒的检测及部分基因的比较分析，2004
[41] 陈国强（谢联辉）. 绞股蓝（*Gynostemma pentaphyllum*）核糖体失活蛋白转基因水稻的表达，2004
[42] 李凌绪（林奇英）. 海藻提取物的制备与抗病活性，2004
[43] 林董（吴祖建）. 抗肿瘤活性物质体外筛选及其机制初探，2004
[44] 丁新伦（段永平）. 水稻齿叶矮缩病毒基因组 S8 和 S10 片段的原核表达及抗血清制备，2005
[45] 程文金（吴祖建）. 水稻条纹病毒 RNA4 基因间隔区分子变异与致病性关系，2005
[46] 邱美强（吴祖建）. 水稻条纹病毒代表分离物致病性与部分基因分子变异，2005
[47] 魏广彪（谢联辉）. 马铃薯卷叶病毒的分子鉴定与检测技术，2005
[48] 黄宇翔（吴祖建）. 无病毒香石竹组培玻璃化控制研究，2005
[49] 姜培红（徐学荣）. 影响农药使用的经济因素分析——以福建省为例，2005
[50] 王庆（谢联辉，林卿）. 加入 WTO 后植物病虫害防治的生态经济分析，2005
[51] 于敬沂（林奇英）. 几种海藻多糖的提取及其抗氧化、抗病毒（TMV）活性研究，2005
[52] 许曼琳（谢联辉，段永平）. 枯草芽孢杆菌抑菌作用及编码蛋白 TasA 的基因克隆及表达，2005
[53] 陈良华（谢联辉）. 藻红蛋白荧光标记技术及在烟草花叶病毒检测上的应用，2005
[54] 刘振国（谢联辉）. 赛葵上双生病毒的分子鉴定，2006
[55] 季英华（谢联辉）. 水稻品种对水稻条纹病毒及其介体的抗性机制，2006
[56] 黄梓奇（段永平）. 利用水稻矮缩病毒研发核酸分子量 MARKER，2006
[57] 林宇巍（段永平）. 水稻矮缩病毒 *Pns10* 和 *Pns11* 基因的原核表达及抗血清制备，2006
[58] 肖冬来（吴祖建）. 不同传毒能力灰飞虱群体的 mRNA 差异分析，2006
[59] 高芳銮（吴祖建）. 水稻瘤矮病毒 *P8*、*Pns10* 基因的原核表达及生物信息学分析，2006
[60] 韩凤英（谢联辉）. 抗烟草花叶病毒海洋细菌的分离鉴定及发酵产物的活性，2006
[61] 黄小恩（谢联辉）. 番木瓜环斑病毒 *HC-Pro*、*NIb* 和 *CP* 基因的原核表达及其抗体制备，2006
[62] 林志铿（吴祖建）. 两种植物病毒胶体金免疫层析检测试剂盒的研制，2006
[63] 陈雅明（吴祖建）. 三种植物病毒 ELISA 检测试剂盒的研制及其应用，2006
[64] 王小婷（徐学荣）. 农药企业绩效及其综合评价，2006
[65] 王昌伟（林奇英）. 紫孢侧耳漆酶同工酶的生物化学与分子生物学研究，2006
[66] 王强（林奇英）. 鸦胆子加工制剂的初步研制及其在植物上的残留动态，2006
[67] 黄志强（谢联辉）. 产碱性蛋白酶海洋细菌的筛选及其基因克隆，2006
[68] 陈衡（吴祖建）. R-藻红蛋白介导的 PDT 对肿瘤的作用，2006
[69] 蔡桂琴（谢联辉）. 福州养殖鲍一种病毒的初步鉴定，2007

[70] 刘舟（吴祖建）. 胜红蓟黄脉病毒福建烟草分离物 F2 及其编码的 C5 基因的分子鉴定，2007
[71] 黄美英（吴祖建）. 水稻瘤矮病毒 *P8* 和 *Pns10* 基因在 sf9 昆虫细胞中的表达，2007
[72] 贾素平（吴祖建）. 福建省四种双联病毒的分子鉴定，2007
[73] 张颖滨（吴祖建）. 菜豆荚斑驳病毒的鉴定和传毒介体的研究，2007
[74] 吴建国（吴祖建）. 水稻矮缩病毒胁迫下的水稻基因表达谱分析，2007
[75] 罗金水（谢联辉）. 两种兰花病毒的生物学特性及其抗血清的制备与应用，2007
[76] 方振兴（吴祖建）. 水稻条纹病毒侵染水稻悬浮细胞后的植物生长素检测，2007
[77] 蒋丽娟（吴祖建）. 水稻矮缩病毒在水稻悬浮细胞中的表达动态，2007
[78] 党迎国（吴祖建）. 臭椿粗提物对水稻条纹病毒在水稻悬浮细胞中的作用机制，2007
[79] 郑璐平（吴祖建）. 番茄抗叶霉菌相关基因的鉴定及 TRV 16K 基因的功能分析，2007
[80] 何敦春（王林萍）. 植保技术与农产品质量案例中主体行为的博弈分析，2007
[81] 谭庆伟（吴祖建）. 臭椿抗烟草花叶病毒活性物质的分离与结构鉴定，2007
[82] 秦梅玲（谢联辉）. 水稻条纹病毒 NSvc4 与两个水稻蛋白的互作研究，2008
[83] 吴美爱（谢联辉）. 水稻齿叶矮缩病毒三个分离物 S6-S10 片段的基因结构特征分析，2008
[84] 赵萍（谢联辉）. OsRac1 的抗体制备及其在水稻感染 RSV 前后表达变化研究，2008
[85] 杜振国（吴祖建）. RDV 侵染后水稻 miRNA 转录谱的研究和对两个核仁基因的定量，2008
[86] 潘贤（吴祖建）. 大豆花叶病毒外壳蛋白基因扩增及病害调查，2008
[87] 郭利娟（吴祖建）. 水稻条纹病毒基因在寄主体内的 mRNA 表达分析，2008
[88] 邓风林（吴祖建）. 中国番茄黄化曲叶病毒及其卫星 DNAβ 编码的 RNA 沉默抑制子的作用机理，2008
[89] 宁昭玉（魏远竹）. 桔小实蝇对福建省危害的经济损失评估与风险评价，2008
[90] 胡树泉（徐学荣）. 外来生物红火蚁在福建危害的风险及损失评估，2008
[91] 陈路劼（吴祖建）. 降解纤维素嗜热菌的筛选及其功能基因克隆，2008
[92] 许星（林奇英）. 三种食用菌的抗烟草花叶病毒（TMV）活性研究，2008
[93] 毕燕（吴祖建）. 鸦胆子粗提物、臭椿粗提物和 Y-D 对 TMV、CMV-RNA 的抑制作用，2008
[94] 何灿兵（吴祖建）. 六角仙［*Rostellularia procumbens*（L.）Nees］抗烟草花叶病毒生物活性，2008